山东栖霞牟氏庄园建筑群修缮与保护研究

（第一辑）

朱宇华　著

學苑出版社

图书在版编目（CIP）数据

山东栖霞牟氏庄园建筑群修缮与保护研究．第一辑／朱宇华著．-- 北京：学苑出版社，2022.7

ISBN 978-7-5077-6456-7

Ⅰ．①山… Ⅱ．①朱… Ⅲ．①民居—古建筑—修缮加固—研究—栖霞—清代 Ⅳ．①TU746.3

中国版本图书馆CIP数据核字（2022）第125690号

出 版 人：洪文雄
责任编辑：周 鼎 魏 桦
出版发行：学苑出版社
社　　址：北京市丰台区南方庄2号院1号楼
邮政编码：100079
网　　址：www.book001.com
电子信箱：xueyuanpress@163.com
联系电话：010-67601101（营销部）、010-67603091（总编室）
经　　销：全国新华书店
印 刷 厂：英格拉姆印刷(固安)有限公司
开本尺寸：889×1194　1/16
印　　张：26.125
字　　数：288千字
版　　次：2022年7月第1版
印　　次：2022年7月第1次印刷
定　　价：600.00元

前言

牟氏庄园位于山东省栖霞市，始建于清雍正元年（1723 年）。牟氏庄园坐北朝南，东西宽 158 米，南北深 148 米，占地面积 19000 余平方米。有三组六个院落，24 个四合院，共计 480 余间房屋，建筑面积 7860 平方米。从清雍正元年至民国二十四年（1935 年）历时 200 余年，形成现今规模。牟氏庄园各组院落均沿南北中轴线展开，是典型的北方合院式住宅。六个院落分别为宝善堂、日新堂、西忠来、东忠来、南忠来和阜有堂（师古堂）。建筑具有鲜明的胶东特色，是胶东地区民居建筑的典型代表。牟氏庄园古建筑群是我国北方规模最大，全国保存最为完整的封建地主庄园之一，具有重要的历史、艺术和科学价值。1988 年，经国务院批准，牟氏庄园被列为第三批全国重点文物保护单位。

庄园建筑梁架多用当地盛产的小叶杨树，椽子、窗扇用松木，屋面笆用荆条（当地称为“九条”）编制，为独特的地方传统工艺。整个建筑采用清式举架，木砖石结构，合瓦屋面，构件精细，形象古朴、壮观。

整个庄园建筑群，纵观重重四合院相叠，横看条条通道相间，层次清晰，主次分明。院内主体建筑多为二层楼房，雕梁画栋、明柱花窗，浮雕图案栩栩如生。在装饰方面也富有特色，比如色彩斑斓的“虎皮墙”采用形状各异、色泽不同的鹅卵石垒砌而成，在彩色墙面上暗藏“制钱莲花图”“莲生贵子”等吉祥图案，精美绝伦，让人叹为观止。

自 2009 年起，连续 5 年，清华大学文化遗产保护研究所工作组成员对牟氏庄园古建筑群中的东忠来、南忠来、日新堂、宝善堂等建筑和院落遗存开展调查清理工作。一方面对庄园建筑的建造特点进行调查研究，另一方面也配合地方文物管理部门开展相应的修缮方案编制，为后续开展文物维修做好准备工作。经过三期的勘察研究，初步掌握了牟氏庄园建筑的构造特色、建筑材料以及砌筑工艺等。

本书主要选取了牟氏庄园宝善堂、西忠来建筑组群的文物勘察情况进行梳理，从前期历史研究、现状勘察、设计方案、结构加固、保护研究、工程特色等方面进行了详细归纳和总结。虽然历时 5 年多，但是牟氏庄园的维修项目始终坚持在最小干预的原则下开展，对于原状基本完好的建筑基本不动，仅仅对存在坍塌、屋面漏雨等严重病害的建筑开展维修。同时本书也结合修缮方案，将庄园部分建筑的勘察测绘成果提供给大家，为后续同类工程提供相应的参考资料，希望能更好地促进山东民居建筑的研究与保护工作。

目录

研究篇

勘察篇

设计篇

研究篇

第一章　综合概况

牟氏庄园俗称“牟二黑子地主庄园”，坐落在山东省栖霞市中心区北端古镇——都村，是晚清胶东大地主牟墨林（1789 年 ~ 1870 年）及其家族营建的住宅，南临文水河（白洋河的支流），北倚凤彩山。

牟氏庄园始建于清雍正元年（1723 年），后时有扩建，至民国二十四年（1935 年）形成现今规模。庄园坐北朝南，东西宽 158 米，南北深 148 米，占地面积 19000 余平方米。分成三组六个院落，24 个四合院，共计 480 余间房屋，建筑面积 7860 平方米。院落沿南北中轴线展开，是典型的北方合院式住宅。六个院落分别为宝善堂、西忠来、日新堂、东忠来、南忠来和阜有堂（师古堂）。

牟氏庄园发迹人牟墨林，字松野，太学生，绰号牟二黑子。他以贩粮为手段，趁

牟氏庄园卫星图

牟氏庄园鸟瞰图

灾年之际，以粮换地，其子孙辈恪守族训，继承家风，不断扩充，至清末民初，占有土地6万余亩，山地12万余亩，佃户村153个，年收地租660万斤，成为省内外闻名的大地主。

历史上，庄园南侧至文水河之间为牟氏自家副业、农作物区。包括花园、油坊、粉坊、草房、石坊、药铺等附属建筑，佃户村围绕庄园四周。现在佃户房已成为民居，成为古镇都村的聚落群。由牟氏宅院和外围聚落组成的庄园，是我国北方现存规模最大，保存最完整，最具典型特征的农业地主庄园。

一、历史沿革

（一）兴建历程

因文字资料有限，很难确定牟氏庄园每一处建筑的始建年份。据说牟家常年备有建筑材料，从牟墨林扩建庄园到20世纪50年代，建房几乎没有间断过。根据口头传承资料，参考《牟氏庄园史实写真》《牟氏庄园三百年》等相关书籍，将牟氏庄园的兴建过程勾勒如下：

第一时期，从清康熙中期牟家十世牟国珑购地到乾隆末年十四世牟墨林迁入庄园。康熙年间（1662年～1722年）牟国珑在古镇都村购置土地，次子牟悌在这里建起第一座古楼。之后到十三世牟绥时，庄园建筑仍很简单，规模较小，“楼东北有草堂四间”。乾隆后期，因“子孙颇多，用房紧张”，牟愿相对庄园进行扩建，增建部分即今日日新堂祭祀厅与西面的一个客厅。

第二时期在乾隆年间（1736 年 ~ 1795 年）。这个时期可分为前后两个阶段，前一个阶段是牟墨林迁居牟氏庄园的初期，后一个阶段结束于对日新堂的扩建。北面的牟墨林故居是一个比较规整的三合院，20 世纪 50 年代前有西厢房，后被拆，现在的西墙是后来重建的。牟墨林真正成为庄园主人后，即大兴土木，首先扩建并修缮日新堂。他改建了大门、前厅、西群房和北群房。

第三时期发生在同光年间（同治年间，1862 年 ~ 1874 年；光绪年间，1875 年 ~ 1908 年）。这是庄园最大规模的扩建时期。日新堂竣工之后，牟墨林晚年又开始为四个儿子营建住宅。扩建工程由牟墨林与其次子牟振先后主持完成，大概进行了十年。这时牟氏庄园的四个大院已经初具规模。当时的总体布局，以日新堂为中心，三个院落分居左右。

第四时期，1912 年 ~ 1917 年，牟氏庄园六个大院全部建成，先是十六世牟宗椝与兄长牟宗梅分家，利用南忠来东面的菜地营建住宅，建成师古堂，后改成阜有堂。1930 年 ~ 1939 年，东忠来起建，大楼先建，大厅后建，东忠来的大厅是整个牟氏庄园中造得最晚的建筑。宝善堂也在这个时期建成。至此，牟氏庄园的兴建历程告一段落，成就了现在的布局和存在状态。

20 世纪五六十年代，牟氏庄园收归国有，先后被粮站、军队、学校、无线电厂等单位占用。

1970 年，成为“栖霞阶级教育展览馆”，庄园建筑因此而得到较好的保护。

1973 年，进驻单位陆续迁离。

1977 年，被列入第一批山东省省级重点文物保护单位。改革开放后成为旅游景点。

1988 年，经国务院批准，列为第三批全国重点文物保护单位。

（二）维修记录

1988 年之前，学校、无线电厂搬迁后进行了抢救性的修缮。

1988 年，公布牟氏庄园为全国重点文物保护单位，依次复建东忠来影壁一座、石砌圆门一座、方门一座、小楼前东西厢房四间，复原西忠来大厅五间。

1990 年，维修南忠来屋面，并复原屏门一座，修接墙门四道。

1991 年，对遭受雹灾的屋面进行维修。

1992 年，对阜有堂屋面倒垄维修，并复原石砌圆门一座，门楼一座，修接墙门四道，后座西厢两间。

1993 年，对宝善堂大厅进行重点修缮与局部复原工程。

1994 年，对宝善堂寝楼进行重点修缮与局部复原工程。

1995 年，对南忠来倒座房及庄园北围墙进行排险加固和局部复原工程。

1996 年，对宝善堂倒座房倒垄维修，砌筑宝善堂一进院路面，更新线路。

1997 年，对宝善堂东群厢房进行换笆、倒垄维修，并石墁宝善堂门前路面。

1998 年 3 月，重点抢修了日新堂北群房；7 月，对东忠来、西忠来、日新堂三个大院的 230 余间房屋进行了一次捉节清垄，修抹残脊。

2002 年，对南忠来客厅、北群房、正房进行挑顶翻修。

二、总体布局

整个庄园面南背北，共分三组，包括六个院，占地近两万平方米，包括房屋 480 间、门楼 30 个及其他附属建筑。宅院布局为三组六院形式，每组一至三院不等，每院四至六进相间，均呈四合院结构，具有胶东地区民居特色。

东部一组包括三个建筑单元，自东向西其堂号依次为：日新堂、西忠来、东忠来；西部分为南北两组，南一组共两个建筑单元：南忠来居西，阜有堂居东；北一组为“宝善堂”大院。建筑单元沿南北中轴线依次建门厅、正房、大厅、寝楼、北群房及东西厢房，左右两侧以高墙或群厢封闭。

三、宝善堂建筑群

宝善堂建于同治九年（1870 年）前后，牟墨林为次子牟振及其独子牟宗朴居所。

1. 门厅及南群房：门面阔 3.2 米，进深 5.0 米。

2. 客厅：面阔 17.03 米，进深 9.33 米，五架梁多开间式正房，硬山合瓦屋面，清

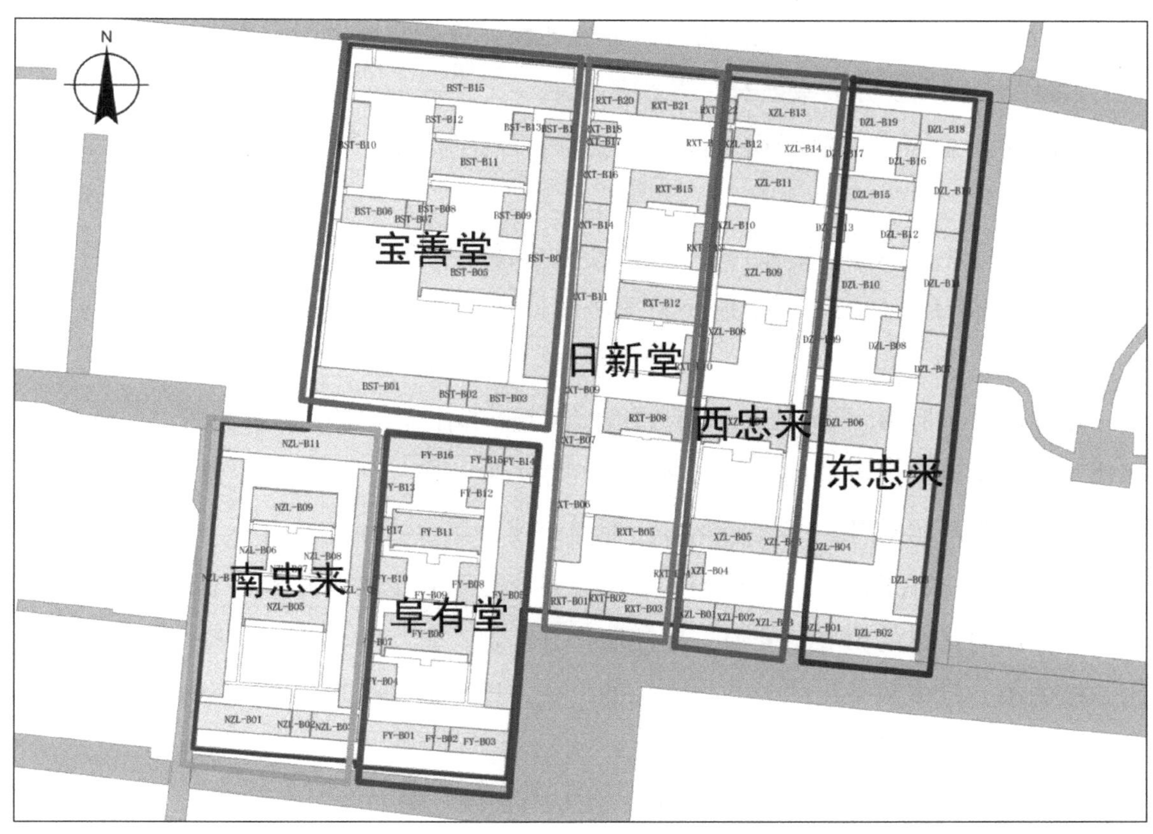

牟氏庄园总平面示意图

水脊，青砖屋笆，地面为方砖铺地地面，前带门廊。

3. 寝楼（少爷楼）及东西厢房：二层楼房，面阔 15.7 米，进深 7.1 米，明间前后檐设穿带板门，前后檐板门上方均用砖砌以精美的门罩，二层山墙开窗户，也砌筑砖雕窗罩。

4. 北群房、东西厢房、东群房、西群房：硬山合瓦屋面，五架梁，清水脊，选材粗糙，荆条屋笆，三合土夯地面。

四、日新堂组群

日新堂在最西，与东西忠来前后错位，且地平标高不同，它始建于雍正十三年（1735 年），六进六个院。

1. 门厅及南群房：门面阔 2.8 米，进深 4.82 米，五架梁多开间式正房，硬山合瓦屋面，清水脊，青砖屋笆，地面为方砖铺地地面。日新堂原大门，现在为办公部分对外出入口，包括导游办公室，安保值班室。

2. 前厅及东厢房：前厅现为内部办公室，屋内吊顶，梁架勘测未及。东厢房未开放。

3. 祭祀厅（祖堂）：面阔 15.15 米，进深 6.43 米，五架梁多开间式正房，硬山合瓦屋面，清水脊，青砖屋笆，地面为方砖铺地地面，前带门廊。为庄园最早的建筑之一。

4. 寝楼及东厢房：为 1735 年前后的牟悌建造的住宅，院中有东厢房，面宽四间；寝楼与小楼均为两层五开间，硬山坡顶，五擦梁架，当心间前后廊檐处均设有穿带板门，窗户多为两扇对开，或支摘花窗。烟囱一律设在山墙体外，由一条石条托出。建筑的立面简洁、朴素，一层用石砌，二层用砖或是三合土砌筑到顶。主采光面开窗较大且低，面向甫道的山墙不开窗，北部墙体开高窗，且尺寸较小。二楼窗的尺寸一般比一楼的小，且多数采用“天圆地方”的形式，即上面为弧形，下面为矩形。二层勘测未及。

5. 故居及东厢房：是牟墨林的卧房，院东有面阔三间的厢房；面阔 15.31 米，进深 6.71 米，五架梁多开间式正房，硬山合瓦屋面，清水脊，青砖屋笆，地面为方砖铺地地面，前带门廊。

6. 北群房，西群房：硬山合瓦屋面，五架梁，清水脊，选材粗糙，荆条屋笆，三合土夯地面。

日新堂各合院均无西厢房，表明主人早为东面的扩建做好准备。这一群体基本建于康乾盛世的末期，平面布局和结构装饰体现了清代胶东建筑的典型风格。

五、西忠来组群

西忠来居中，同治九年（1870 年）前后紧靠着日新堂建造，为牟墨林三子牟摧及其长子牟宗夔居所。西忠来七进五个小院，有二层楼三栋，共 66 间房屋，依自前而后的顺序，概述单元建筑结构情况。

1. 门厅：面阔 4.18 米，进深 5.3 米。大门台明高 1.08 米，总高为 8.10 米，门宽 4.46 米，抱框两侧各置石鼓一，其底座呈方形与门枕一体，主体为莲叶托鼓造型，通高 1.48 米，鼓径 0.68 米。

2. 西厢房：面阔三间，进深一进，五架梁硬山坡顶。

3. 前厅：五架梁多开间式群房，硬山合瓦屋面，清水脊，青砖屋笆，地面为三合土夯实地面，以中间过道与东忠来前厅相分开。

4. 体恕厅：硬山顶，六檩架梁，前檐出廊，隔扇门窗，梁架有举折，柱子有升起，正脊安望兽，垂脊有跑兽，屋面椽之上为望砖，盖瓦下施柞木炭棒，地面用青方砖铺墁，选材精良，做工讲究。

5. 书斋楼：四开间二层楼阁，面东背西，屋面取一面坡的形式。

6. 小姐楼：二层楼房，明间前后檐设穿带板门，支摘窗，烟囱由山墙挑出，造型别致，为庄园建筑的一大特色。在 2.20 米高的台明中间部位修筑了一个长方形的地窖储存室，拱券顶，为垒砌石结构。

7. 北群房：硬山合瓦屋面，五架梁，清水脊，选材粗糙，荆条屋笆，三合土夯地面。

其他建筑单元的整体布局，建筑法式及特色与西忠来基本相同，墙体腰线以下和甬路的铺设，突出了栖霞山区石多的特点。

六、东忠来组群

东忠来在庄园的东侧，为牟摧及其次子牟宗彝住所，东忠来北群房、南倒座房与西忠来一同建造于同治九年（1870 年），其他建筑建造于民国期间。

1. 老爷楼：面阔 15.05 米，进深 8.37 米，五架梁五开间二层楼房，一层为水泥地面，二层木地板。

2. 少爷楼：面阔 15.05 米，进深 6.20 米，五架梁五开间式二层楼房，二层楼板被拆除，屋面为硬山合瓦，清水脊，青砖屋笆，地面为水泥砖铺地面。

3. 少爷楼东厢房：面阔 5.25 米，进深 3.75 米，五架梁两开间式厢房，硬山合瓦屋面，清水脊，青砖屋笆，地面为水泥地面。

4. 少爷楼西厢房：面阔 5.25 米，进深 3.75 米，五架梁两开间式厢房，硬山合瓦屋面，清水脊，青砖屋笆，地面为水泥地面。

5. 少爷楼后院东厢房：屋面为硬山合瓦，五架梁两开间式群房，清水脊，选材粗糙，荆条屋笆，原为三合土夯实地面，现改为水泥地面。

6. 少爷楼后院西厢房：屋面为硬山合瓦，五架梁两开间式群房，清水脊，选材粗糙，荆条屋笆，原为三合土夯实地面，现改为水泥地面。

7. 东忠来西忠来北群房：面阔 10.62 米，进深 3.82 米，青砖铺地，硬山合瓦屋面。

七、南忠来组群

南忠来在庄园建筑群的西南角，建于同治九年 (1870 年) 前后，为牟墨林四子牟探及长子牟宗集居所。

1. 门厅及东西倒座房：门厅面阔 3.3 米，进深 5.05 米，门厅所在倒座房的偏东一点位置，把倒座分为东西两部分。

2. 前厅及防空洞：面阔 14.93 米，进深 7.24 米，五架梁多开间式群房，硬山合瓦屋面，清水脊，青砖屋笆，地面为三合土夯实地面，前院有民国时期防空洞。

3. 太房及东西厢房：面阔 14.68 米，进深 5.72 米，明间前后檐设穿带板门，硬山合瓦屋面，清水脊，木板屋笆。有火炕，烧火洞在户外，烟囱由山墙挑出，造型别致，为庄园建筑的一大特色。

4. 北群房及东西群房：硬山合瓦屋面，五架梁，清水脊，选材粗糙，荆条屋笆，三合土夯地面。

八、阜有堂组群

阜有堂在南忠来东侧，又名师古堂，牟探次子牟宗梅建于 1912 年 ~ 1917 年。

1. 门厅及东西倒座房：门面阔 2.7 米，进深 4.7 米，现为庄园游览线路出口。

2. 前厅及西厢房：面阔 15.00 米，进深 9.64 米，五架梁多开间式正房，硬山合瓦屋面，清水脊，青砖屋笆，地面为现代地砖砖铺地地面，前带门廊。

3. 寝房及东西厢房：厅堂楼房由长辈居住，面阔 15.74 米，进深 5.89 米，五架梁多开间式，硬山合瓦屋面，清水脊，青砖屋笆，地面为地砖地面，原为两层，现为通高一层。

4. 北群房、东西厢房、东群房：硬山合瓦屋面，五架梁，清水脊，选材粗糙，荆条屋笆，三合土夯地面。

其他建筑单元的整体布局，建筑法式及特色与南忠来基本相同，墙体腰线以下和甬路的铺设，突出了栖霞山区石多的特点。

第二章　价值评估

牟氏庄园古建筑群是中国较大的地主庄园建筑之一，是我国北方规模最大，全国保存最为完整的封建地主庄园之一，具有重要的历史、艺术和科学价值。

庄园建筑十分有特色，建筑梁架多以当地盛产的小叶杨树为材，椽子窗扇用松木为质，屋面笆用荆条（当地称为“九条”）编制，为独特的地方传统工艺，整个建筑采用清式举架，木砖石结构，合瓦屋面，构件精细，形象古朴、壮观。

此外，整个庄园建筑群纵观重重四合院相叠，横看条条通道相间，层次清晰，主次分明。院内主体建筑多为二层楼房，雕梁画栋、明柱花窗、浮雕图案，栩栩如生。在装饰方面也富有特色，比如色彩斑斓的“虎皮墙”采用形状各异、色泽不同的河卵石垒砌而成，在彩色墙面上暗藏“制钱莲花图”“莲生贵子”等吉祥图案，精美绝伦，叹为观止。

根据《中国文物古迹保护准则》中定义，对牟氏庄园的价值分为历史、艺术、科学和其他价值四个方面进行评价。

牟氏庄园古建筑文物价值评定表

价值论述	符合《准则》条目	历史	艺术	科学	其他
1. 牟氏庄园是全国保存最为完整的封建地主庄园之一，真实地反映了封建阶级社会的历史面貌，具有重要的历史价值。	2.3.1	●			
2. 牟氏庄园建筑群是牟氏家族几代人兴建的房屋，始建于清雍正元年（1723 年），后时有扩建，至民国二十四年（1935 年）形成现今规模，具有重要的历史价值。	2.3.1	●			
3. 牟氏庄园古建筑采用清式举架，木砖石结构，合瓦屋面，构件精细，形象古朴、壮观。具有胶东民居建筑特色，具有一定的科学研究价值。	2.3.2 2.3.3		●	●	
5. 牟氏庄园为山东省烟台地区十大旅游景点之一，是游客重要的旅游目的地，是了解传统文化及生活方式的重要场所，具有重要的社会教育和文化宣传的现实意义。					●

勘察篇

第一章　文物本体残损分析

2009年至2014年，对牟氏庄园宝善堂组群、日新堂组群、西忠来组群、东忠来组群、南忠来组群和阜有堂组群主要建筑损坏情况进行了详细勘查和测绘，以及归纳残损类型，分析残损原因，完成残损状况评估，文物本体残损分析如下。

由于建筑长期不当使用，缺少维修或无人维修使用，加上雨水侵蚀、白蚁蛀蚀、后期不当改造等自然和人为破坏，使得该各个建筑存在多方面残损问题，主要表现在屋顶瓦面损毁漏雨，局部屋面坍塌，木构架位移，墙体损毁、后砌筑、裂缝，地面破损等方面。

一、基本问题综述

（一）基础下沉问题

院内无完善合理的排水系统，积水难以排出，长期积聚于地表，极易造成建筑基础不均匀下沉，如日新堂东厢房。

建筑散水破损失效或无设置，墙基部位因水土流失，雨水渗漏，而可能导致建筑基础不稳定。从而可能导致墙体整体外闪、外鼓变形，出现结构性裂缝等，如西忠来群房。

（二）墙体重砌问题

条石墙基：宝善堂北群房前檐西侧后砌粗糙墙基，宝善堂东厢房条石墙基四个角石块缺失，整体位移松动；宝善堂西群房、北群房原门位置后封堵的条石。

青砖墙面：窗台与门口两侧青砖普遍磨损、严重缺失。

毛石抹灰墙体：局部毛石损毁漏洞，墙皮普遍严重剥落≥ 40% 墙面污染严重。

（三）整体构架加固问题

由于屋面坍塌及屋顶漏雨，坍塌房间两侧的木构架顺缝开裂、歪闪位移严重，应对整体木构架进行落架后分构件清理修补，再整体归安加固。

对于墙体与木构架之间的连接问题应根据实际情况采取重新补砌墙体或铁活加固等措施。

（四）建筑屋面抢险问题

大部分建筑最直接和紧迫的问题就是屋面普遍损坏较大。屋脊断裂、损毁、缺失，大量瓦面滑落等问题存在。屋面坍塌，瓦面滑落导致漏雨，对建筑梁架和室内墙面造成险情，这些问题的处理难度不大，但是比较紧迫。

荆条望、瓦面滑脱导致漏雨，对建筑梁架和室内墙面造成险情，这些问题的处理难度不大，但是比较紧迫。

（五）建筑防虫防腐问题

建筑中木梁、檩椽、门等木构件均存在不同程度的白蚁蛀蚀痕迹，檩椽存在较多的雨水腐朽现象。

对于这些原有的木构件，无论大木结构还是小木装修需要进行统一的防虫防腐处理和日常保养维护。

（六）基础设施问题

由于建筑长期闲置，电力线路杂乱，无消防、安防监控和防雷等基础设施，无法使用，急待重新安装。

应根据文物保护单位的安全防护要求统一进行基础设施的抢修和重新安装工作，并加强日常检查和管理。

二、结构问题综述

（一）木结构问题

建筑木结构问题主要问题有，部分房间坍塌损毁，梁架歪闪，构件变形开裂，污染严重等问题；檩子的主要问题有雨水糟朽、位移开裂等问题；椽子大部分雨水糟朽。

（二）墙体结构问题

墙体结构分为建筑外墙与室内隔墙两种类型。现场调查发现，外墙主要存在后期人为不当砌筑、石块损毁、墙皮剥落污染等现象。内墙主要存在上部缺失，整面墙后作木条隔板墙，墙面污染发霉变暗等现象。

三、构造问题综述

（一）地面构造问题

大部分房屋地面情况普遍磨损严重，部分房屋地面情况普遍为后改造水泥或水泥砖地面，部分房间大量生活杂物堆放，急需清理。

室内地面现状分为两种类型：一种是水泥，一种是三合土。

水泥地面不符合庄园传统工艺做法。

（二）屋面构造问题

建筑屋面构造比较独特，在椽檩上铺设整体荆条编织的草席，席上再铺草泥苦背，分垄宽瓦，部分屋顶损毁最严重，房间整体坍塌，屋面存在整体变形，漏雨严重。漏雨原因主要是由于椽檩大部分糟朽，承载力下降或丧失，导致屋面变形严重或由于屋面年久失修，条编望板糟朽，承载力下降或丧失，导致屋面变形严重。另外年久失修屋面苫背及瓦垄屋脊均大面积破损严重。

（三）门窗装修构造问题

各建筑的传统装修总体保存较差，门窗后期多改为现代装修门窗，有待重新更换协调。现存传统板门磨损开裂严重，门构件有缺失，应统一按原做法修补加固板门。

第二章　宝善堂组群建筑现状勘察

一、宝善堂北群房

（一）建筑现状描述

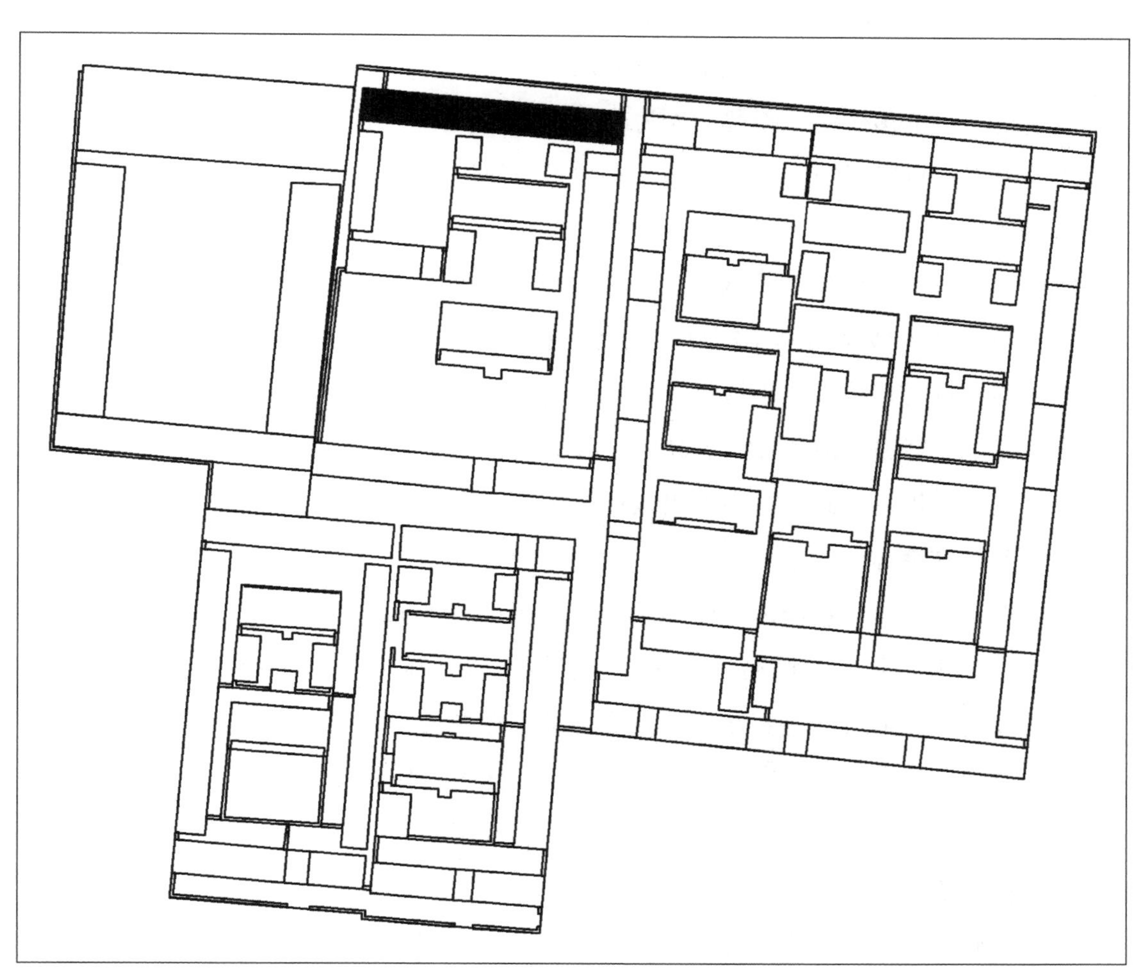

宝善堂北群房位置图

建筑年代：清代

建筑现状：北群房整体梁架基本完好，中部房间屋面坍塌，梁架缺失。屋面瓦件及正脊破损严重。室内堆放大量生活杂物及工具。荆条编望板及梁架木结构普遍糟朽，传统装修门窗改造严重，现多数为简易玻璃木格门窗。东端房间后加两隔断墙。

建筑残损现状：

1. 条石墙基

残损现状：前檐总体完整，前檐条石墙基未见明显脱节、挤压和变形。前檐西侧条石墙基为后砌筑，工艺水平较粗糙，中部原门位置现用条石砌筑，与原风貌不协调。门两侧局部条石位移松动或缺棱掉角。后檐条石墙基未见明显松动，勾缝白灰自然风化缺失严重。东山墙总体完整，未见明显变形，底部石缝较大。西山墙为近年新作，与东山墙形制不同，而且与传统工艺不协调。

残损类型：位移松动、碎裂、人为改造。

残损原因：自然侵蚀，年久失修，人为不当使用。

2. 青砖墙面

残损现状：前后檐墙及腰线青砖基本完好，门口与窗口处 70% 磨损缺棱掉角、缺失严重。东山墙青砖砌筑基本完好，局部磨损、碎裂或为后补。西山墙后作工艺技术与和青砖的质量与传统做法不协调。

残损类型：磨损、缺棱掉角、缺失、人为改造。

残损原因：年久失修，人为不当改造。

3. 毛石抹灰墙体

残损现状：前檐抹灰墙体 40% 墙皮剥落，裸漏毛石墙体；抹灰墙皮污渍腐化严重，局部毛石墙体毛石位移、松动。后檐毛石墙体整体完好，未见明显外闪、变形，局部檐口处有修补红砖痕迹，毛石墙现普遍为后补水泥勾缝。

残损类型：墙皮剥落、腐化、毛石松动、墙体毛石松动外闪、后补水泥勾缝。

残损原因：自然侵蚀，年久失修，人为不当使用。

4. 室内地面

残损现状：房间内堆积大量生活杂物及工具，三合土地面破损严重，部分房间现为破损水泥地面。

残损类型：破损、人为改造。

残损原因：年久失修，人为不当使用。

5. 室内隔墙

残损现状：土坯隔断墙，屋面坍塌房间西侧隔断墙缺失，现为简易木板临时隔断。东端室内后增两隔断墙，其他房间隔断墙无明显歪闪，墙面腐化变暗。

残损类型：破损、人为改造。

6. 梁架

残损现状：大木梁架整体较好，局部梁顺缝开裂较大，檩与椽子雨水糟朽、顺缝开裂严重，屋面坍塌房间的梁架开裂糟朽严重，除脊檩外其他檩条缺失。

残损类型：糟朽、顺缝开裂。

残损原因：自然侵蚀，年久失修。

7. 装修

残损现状：现门窗普遍为玻璃木格门窗，现存传统窗扇均有改造痕迹或它处挪用，现存传统门扇构件磨损裂缝严重，局部构件缺失。

残损类型：磨损、开裂、人为改造。

残损原因：自然侵蚀，年久失修，人为不当使用。

8. 屋面

残损现状：条编望板（亦称条编笆）普遍盐渍泛白、糟朽严重。小青瓦屋面，坍塌房间瓦片缺失，其他房间屋面瓦片70%位移松动，20%瓦片碎裂，檐口处滴水瓦40%缺失。正脊雨水侵蚀破损严重，普遍白灰勾缝断裂破损，白灰抹面断裂缺失严重。

残损类型：雨水糟朽（条编望板）、缺失、碎裂松动（瓦件）、断裂破损、缺失（正脊）。

残损原因：雨水侵蚀，年久失修。

（二）部分现状照片

宝善堂北群房东立面现状

宝善堂北群房西立面现状

后补砌墙基

墙体底部条石墙基风化错位

原门位置后封堵条石

窗台下青砖破损

墙体开裂，水泥后补

原门位置用青砖封堵，工艺粗糙

西山墙后期砌筑，工艺粗糙

墙皮严重开裂剥落，墙体内土石松散

墙体普遍墙面剥落

红砖后补墙体，不当修补

破损的三合土地面

室内地面堆砌生活杂物

屋顶漏雨，污染室内墙面

墙皮剥落严重

原土坯隔墙缺失，后期用木条薄板壁作临时隔墙

屋面坍塌部分梁架风干开裂严重

条编望板（亦称条编笆）糟朽

前檐西侧屋面后铺草梗编望糟朽严重

后檐传统窗缺失，临时用木条封钉

破损的现代装修窗

后期添加的现代门，破损严重

上部屋面整体坍塌

屋面坍塌，椽檩缺失

瓦件缺失，屋面变形

（三）现状勘测图纸

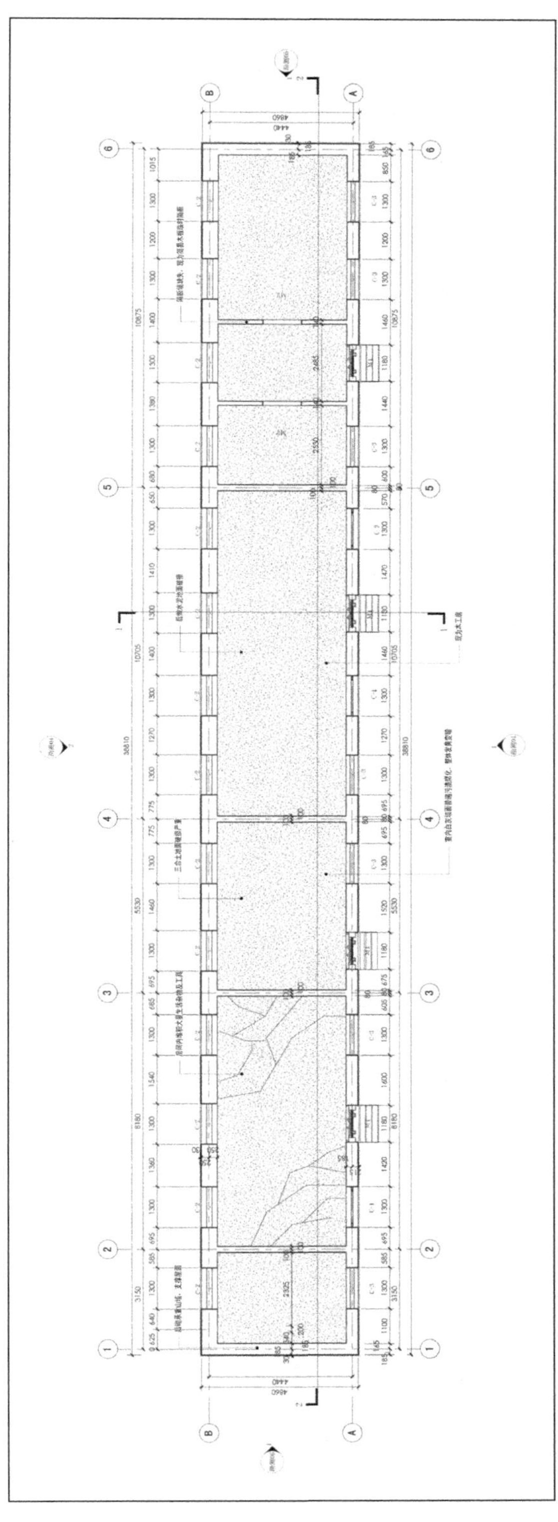

宝善堂北群房平面图

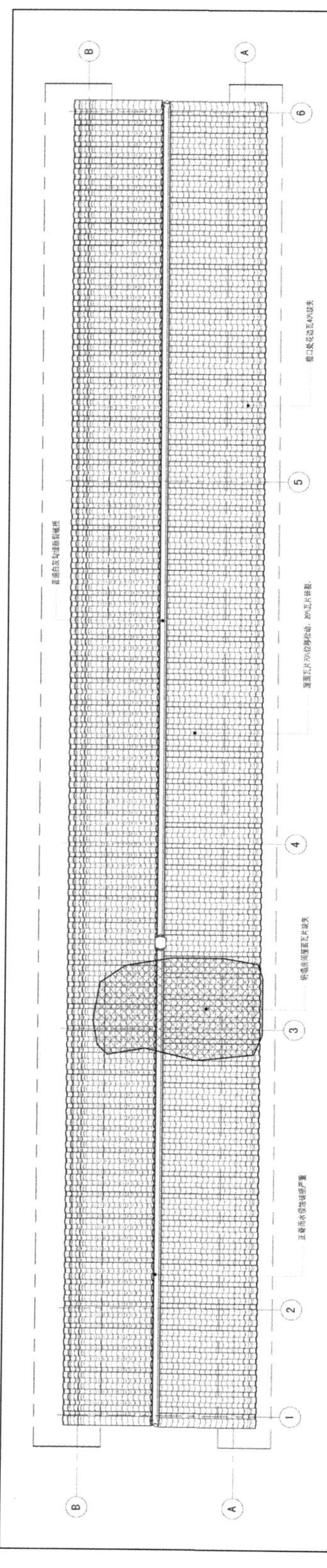

宝善堂北群房屋顶平面图

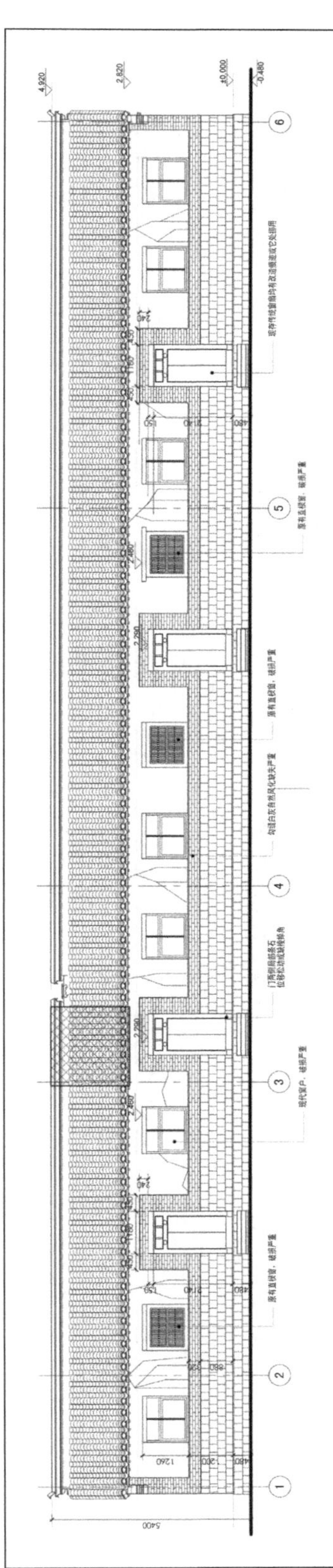

宝善堂北群房南立面图

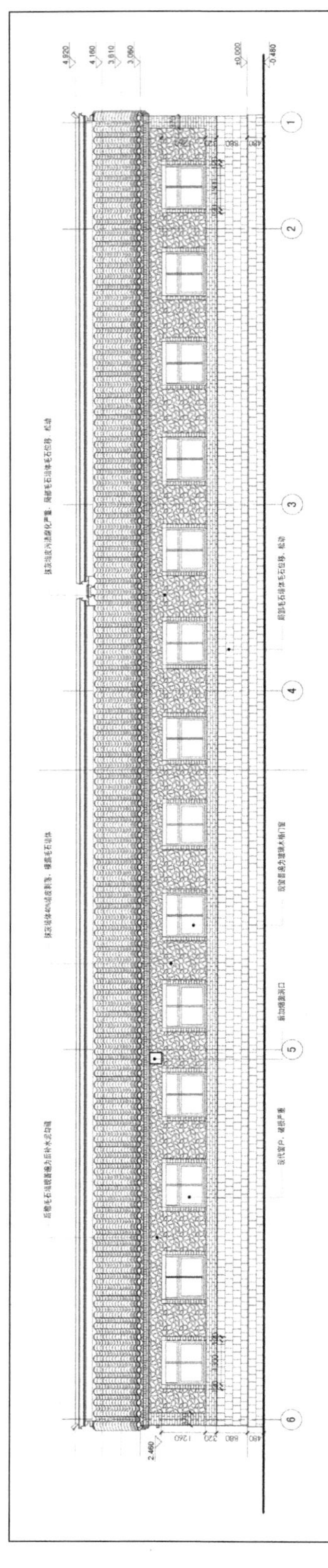

宝善堂北群房北立面图

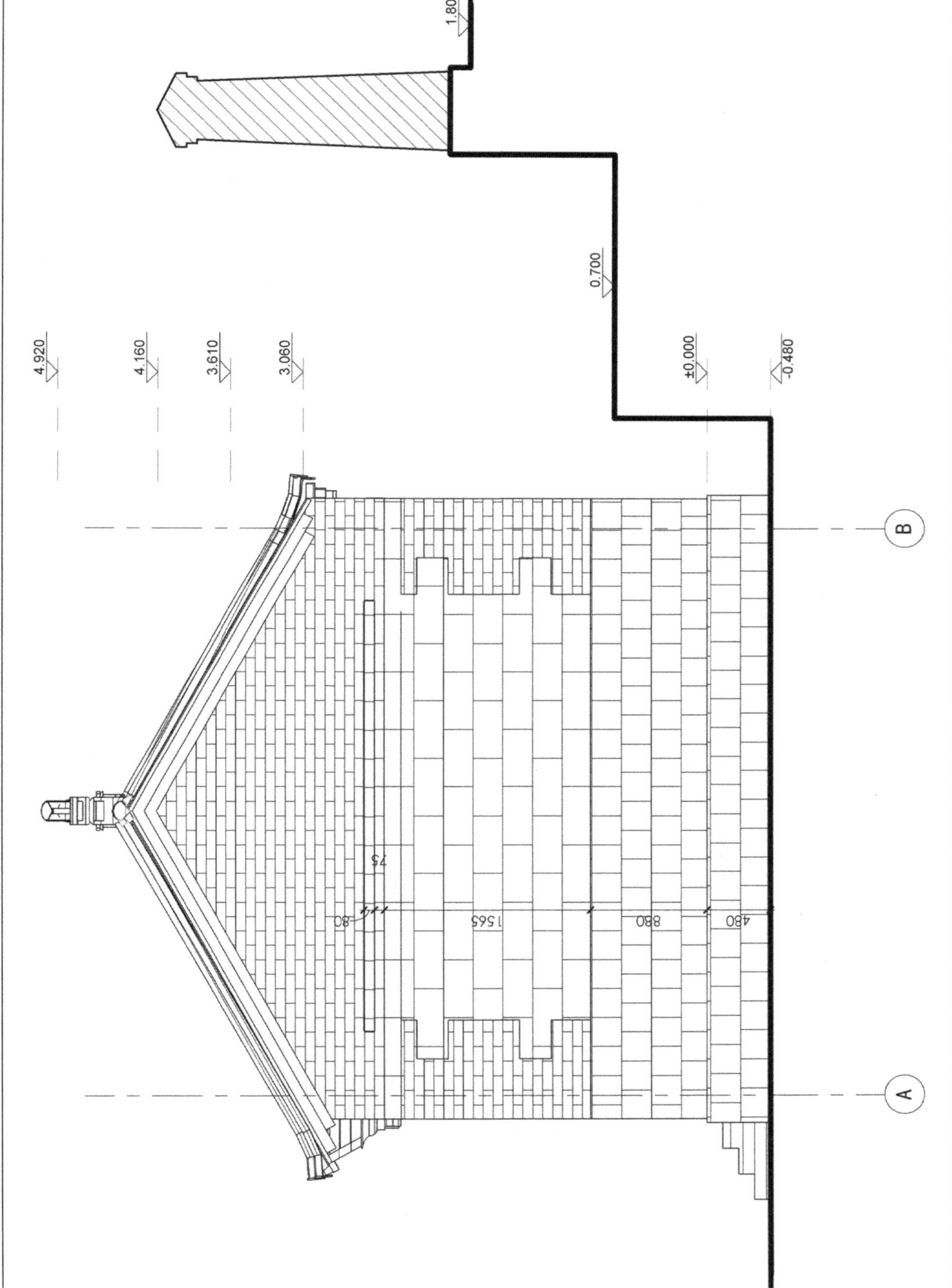

宝善堂北群房东立面图

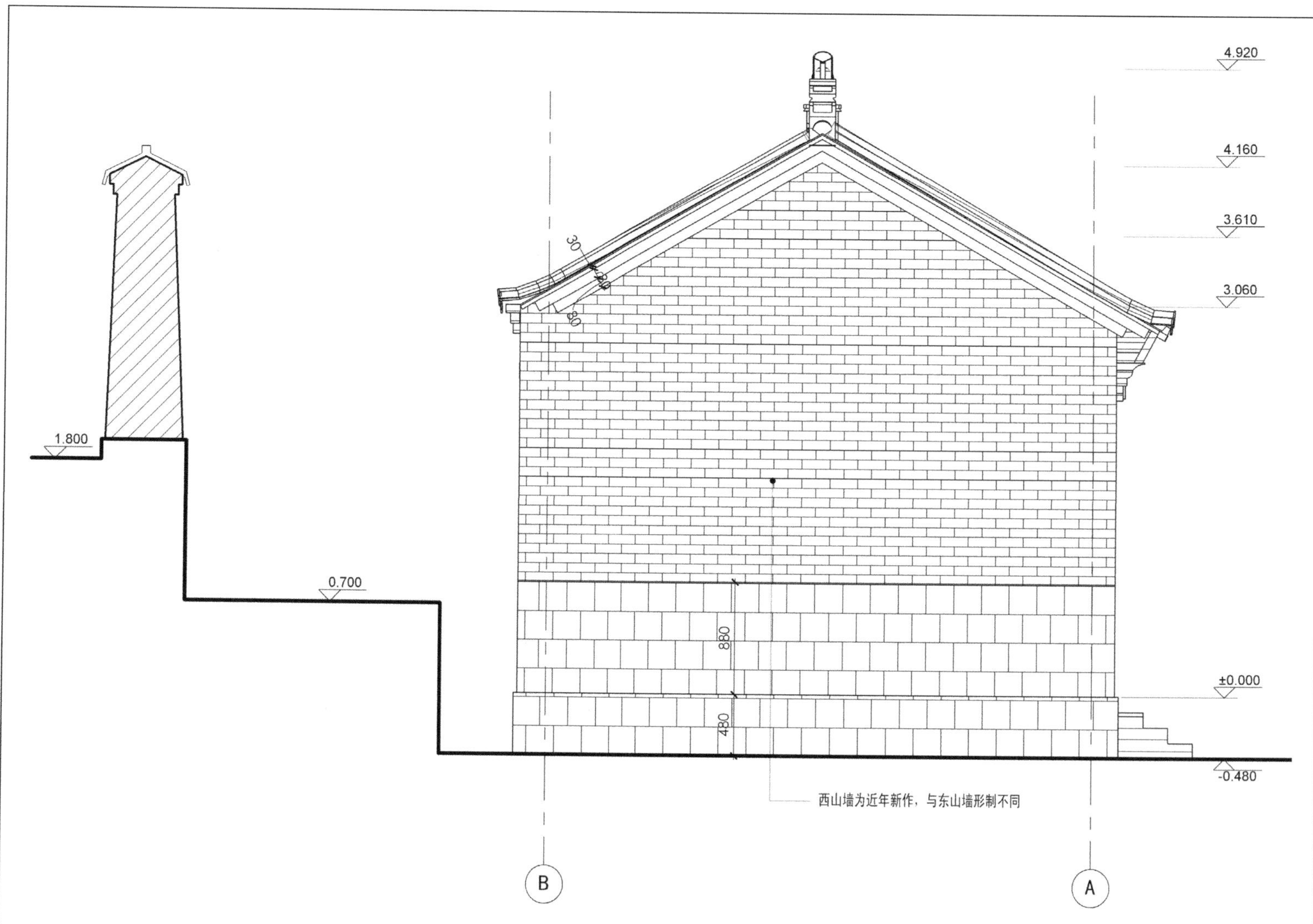
4.920
4.160
3.610
3.060
30
80
1.800
0.700
880
480
±0.000
-0.480
西山墙为近年新作，与东山墙形制不同
B
A

宝善堂北群房西立面图

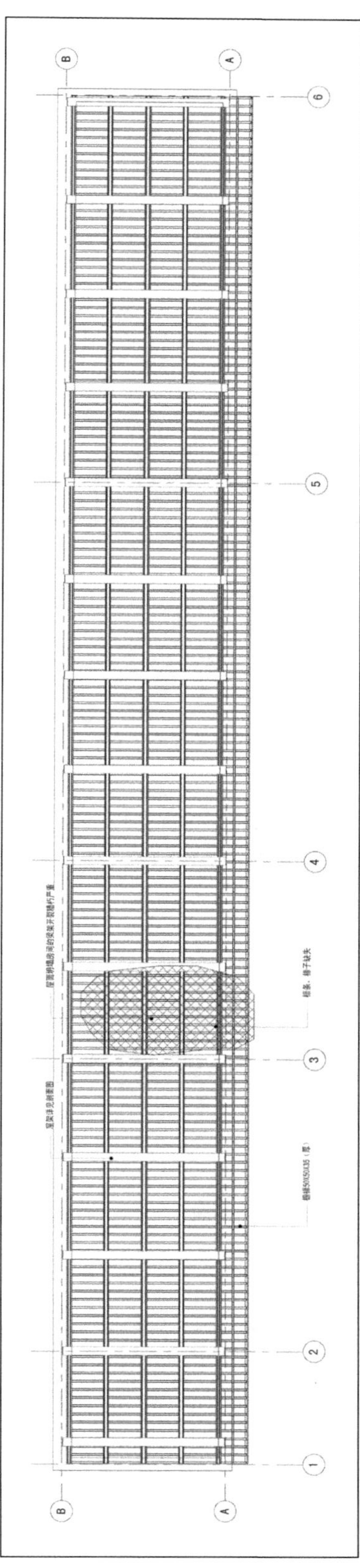

宝善堂北群房屋架仰视图

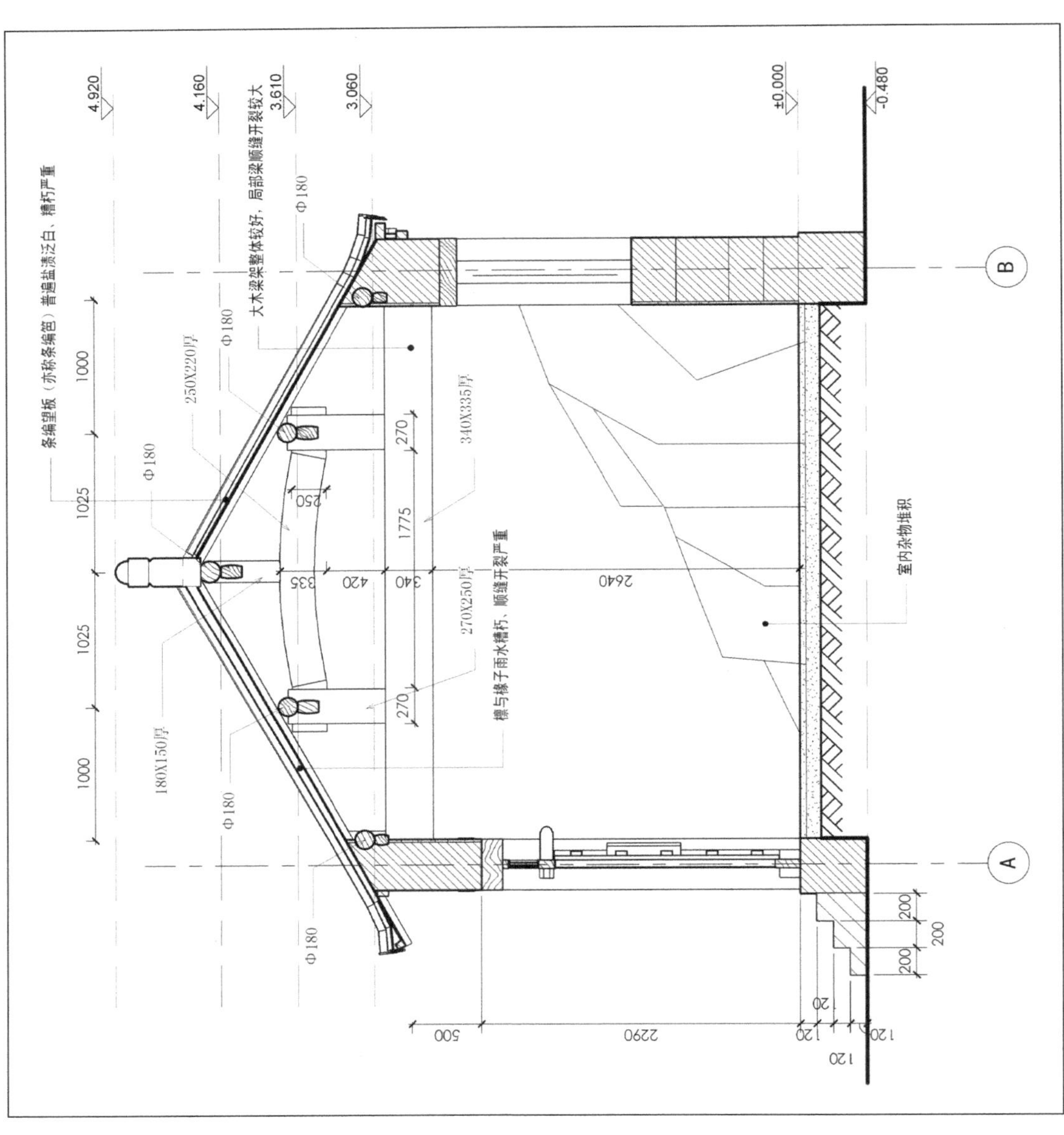

宝善堂北群房 1-1 剖面图

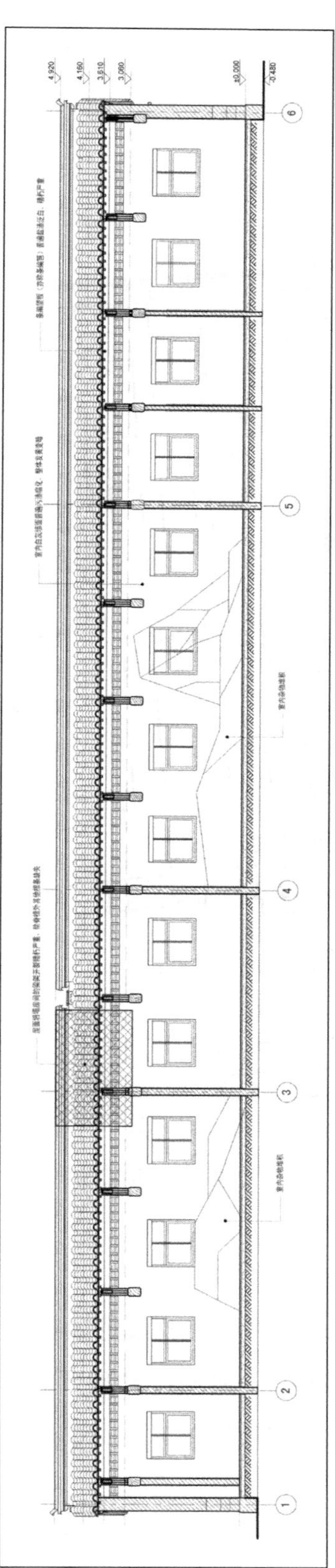

宝善堂北群房2-2剖面图

二、宝善堂西群房

（一）建筑现状描述

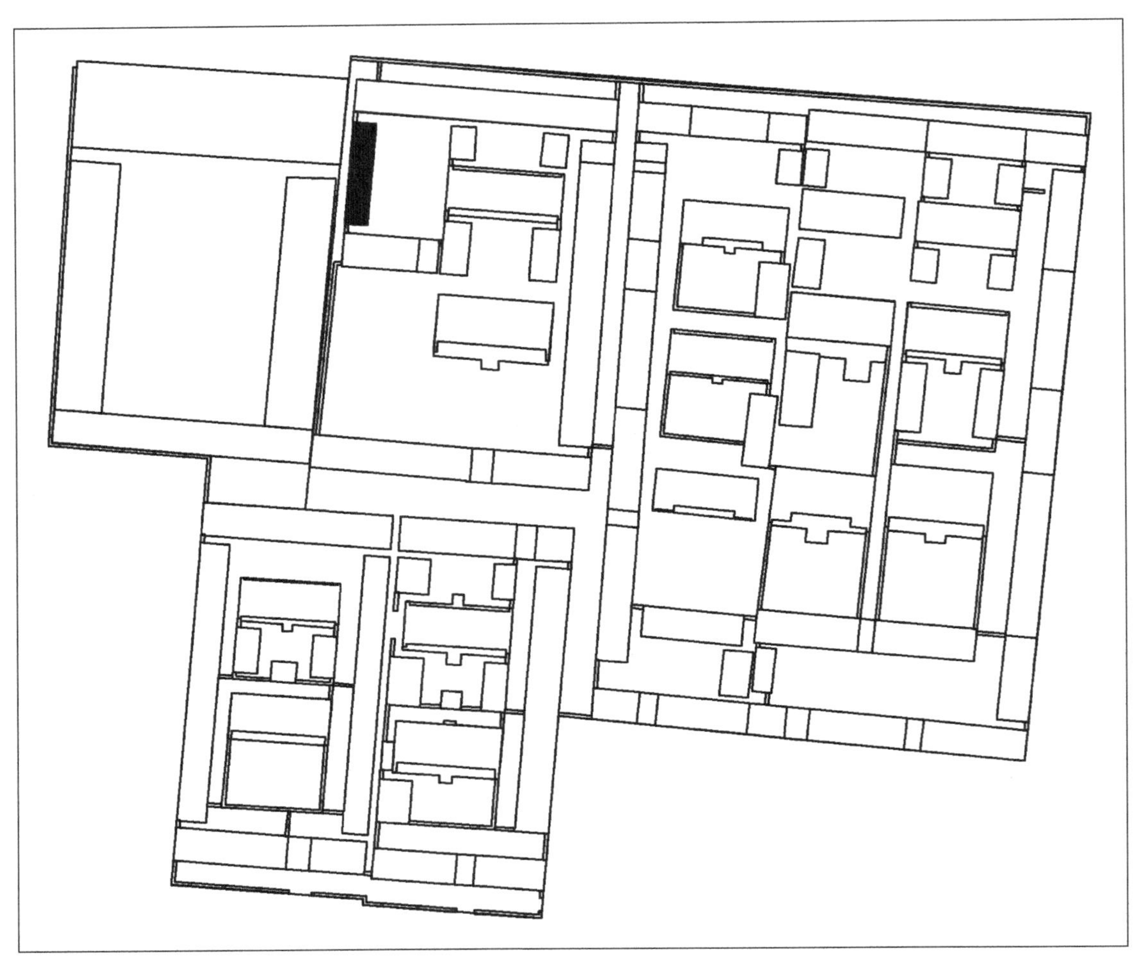

宝善堂西群房位置图

建筑年代：清代

建筑现状：西群房为废弃建筑，室内堆放大量杂物，中部约有一平方米屋面坍塌，草梗编望工艺粗糙，破损严重。梁架普遍顺缝开裂严重。现场可明显看到前后檐有三处门被封堵痕迹，正脊缺失，屋面有后改造迹象。门窗传统装修无存。

建筑残损现状：

1. 条石墙基

残损现状：前檐总体完整，前檐条石墙基未见明显脱节、挤压和变形。前檐北端原门位置为后封堵条石墙基，工艺水平较粗糙，与原风貌不协调。后檐条石墙基未见明显松动，勾缝白灰自然风化缺失严重。北山墙总体完整，未见明显松动变形，勾缝白灰自然风化缺失严重。西山墙青砖堆砌，勘测未及。

残损类型：位移松动、碎裂、人为改造。

残损原因：自然侵蚀，年久失修，人为不当使用。

2. 青砖墙面

残损现状：前后檐墙及腰线青砖基本完好，局部磨损、松动。北山墙青砖砌筑，顶部为后砌筑，工艺水平粗糙。南山墙青砖砌筑，顶部为后砌筑，工艺水平粗糙。

残损类型：磨损、缺棱掉角、缺失、人为改造。

残损原因：年久失修，人为不当改造。

3. 毛石抹灰墙体

残损现状：前檐抹灰墙体墙面污渍腐化严重，墙面污染变暗。北端后封堵门位置现有一破损洞口。后檐抹灰毛石墙体墙皮普遍剥落，裸漏毛石，毛石普遍松动，后檐原门位置现已用毛石砌筑封堵。北山墙毛石墙体普遍墙皮剥落，裸漏毛石墙体，局部毛石缺失。南山墙毛石墙体普遍墙皮剥落，裸漏毛石墙体。

残损类型：墙面腐化、变暗、人为改造、墙体毛石松动。

残损原因：自然侵蚀，年久失修，人为不当使用。

4. 室内地面

残损现状：房间内堆积大量生活杂物，地面整体情况勘测未及。

残损类型：杂物堆放。

残损原因：年久失修，人为不当使用。

5. 室内墙面

残损现状：白灰墙面普遍污渍腐化，整体发黄变暗。门两侧大面积墙皮剥落，裸漏毛石墙体。

残损类型：腐化、变暗、人为改造。

残损原因：年久失修，人为不当使用。

6. 梁架

残损现状：大木梁架普遍顺缝开裂较大，檩与椽子雨水糟朽、顺缝开裂严重。

残损类型：糟朽、顺缝开裂。

残损原因：自然侵蚀，年久失修。

7. 装修

残损现状：现门窗普遍为玻璃木格门窗，为后期人为改造，破损严重。

残损类型：破损、人为改造。

残损原因：年久失修，人为不当使用。

8. 屋面

残损现状：望板，草梗编望板普遍雨水糟朽严重；现场明显看出草梗编铺杂乱无章，工艺粗糙，原望板材料作法不详。小青瓦屋面，中部房间有坍塌屋面，屋面青瓦普遍位移松动，碎裂，檐口处滴水瓦缺失。正脊缺失，现水泥抹面。

残损类型：雨水糟朽（望板）、缺失、碎裂松动（瓦件）、缺失（正脊）。

残损原因：雨水侵蚀，年久失修，人为不当使用。

（二）部分现状照片

宝善堂西群房东立面现状

宝善堂西群房西立面现状

前檐墙体人为破坏

后檐墙体后砌筑墙体

北山墙墙体掏空破损

墙皮普遍脱落

室内墙皮剥落，裸漏毛石墙体

门槛处室内外地面

室内地面乱堆生活杂物

隔墙顶部坍塌

局部木构架糟朽开裂

现代装修窗局部破损

屋面上部破损、漏洞

正脊缺失，后期用水泥不当修补

（三）现状勘测图纸

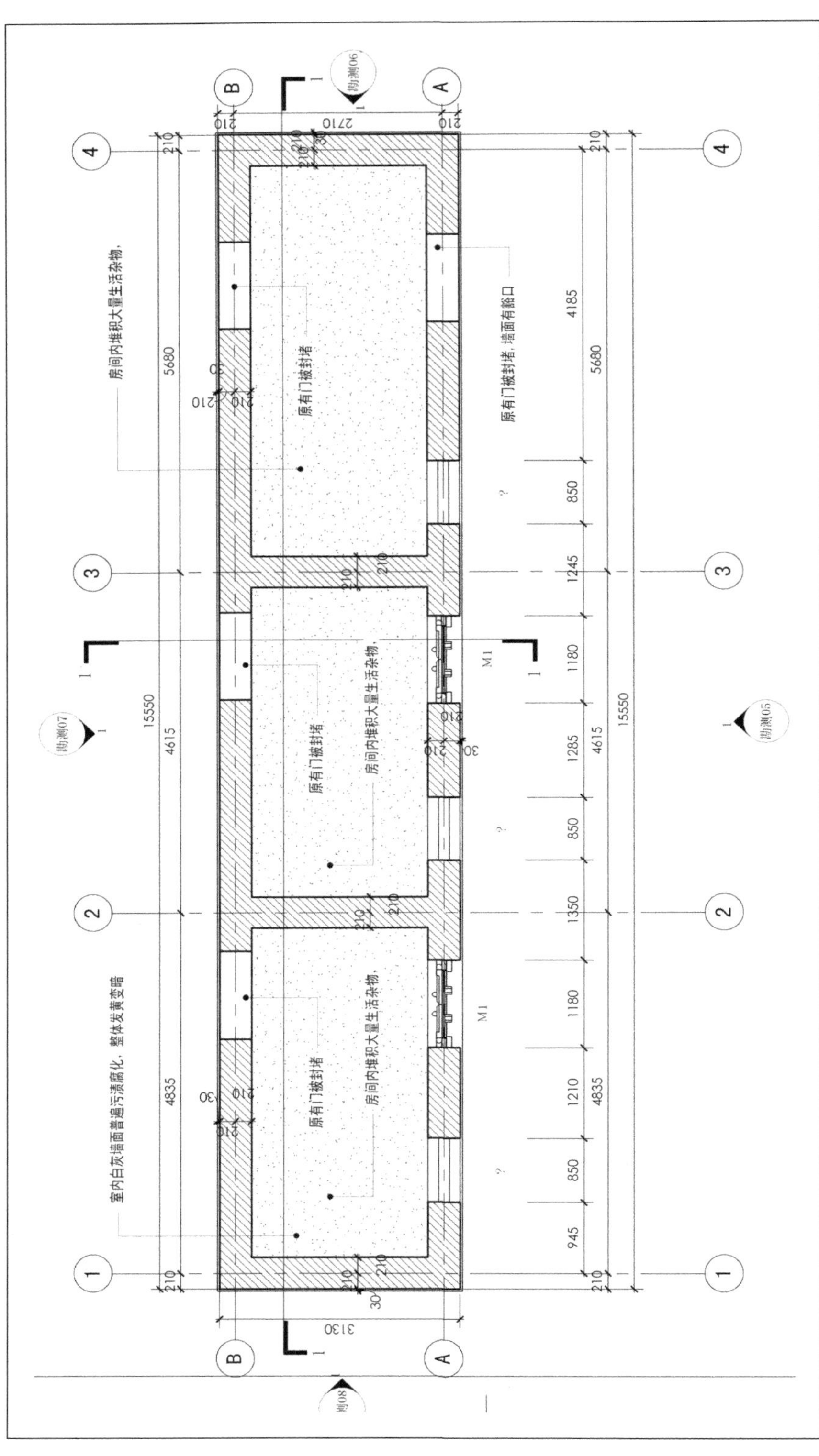

宝善堂西群房平面图

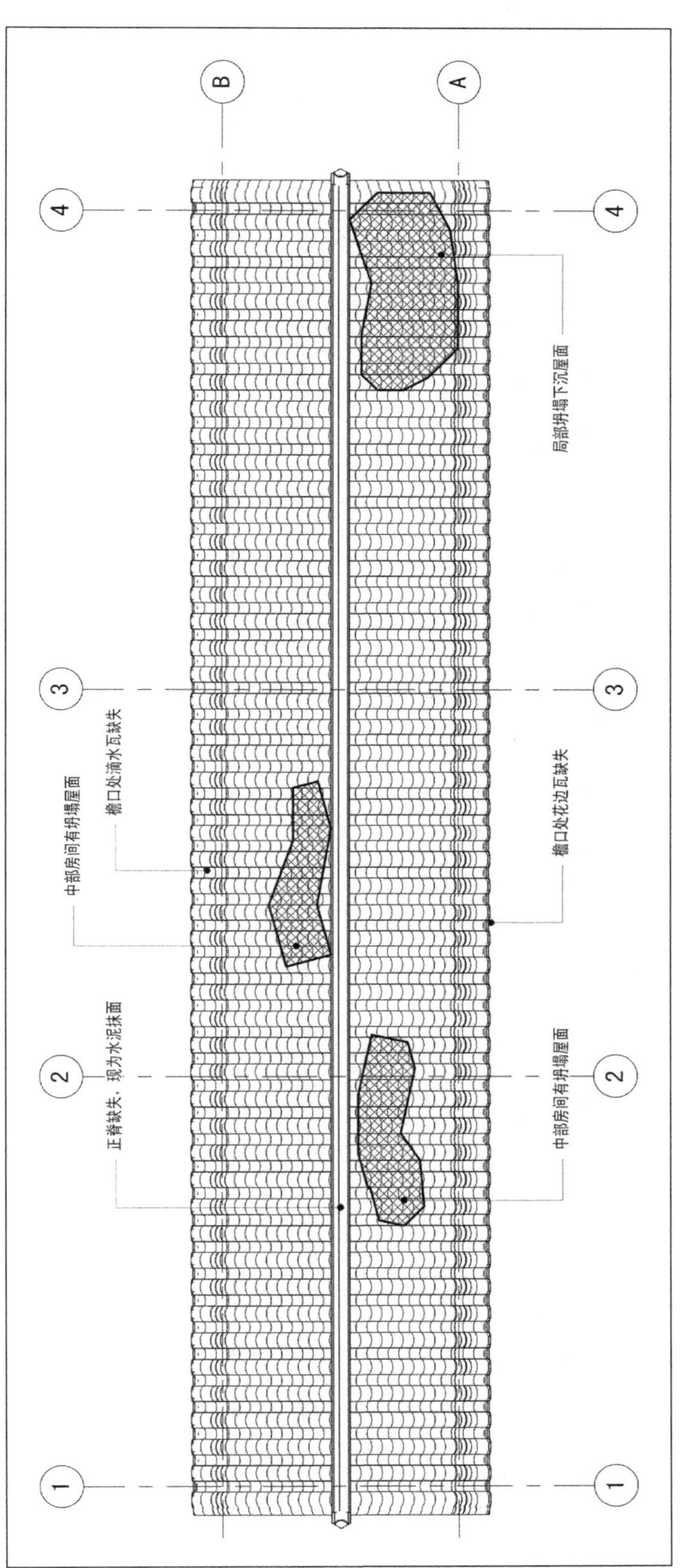

宝善堂西群房屋顶平面图

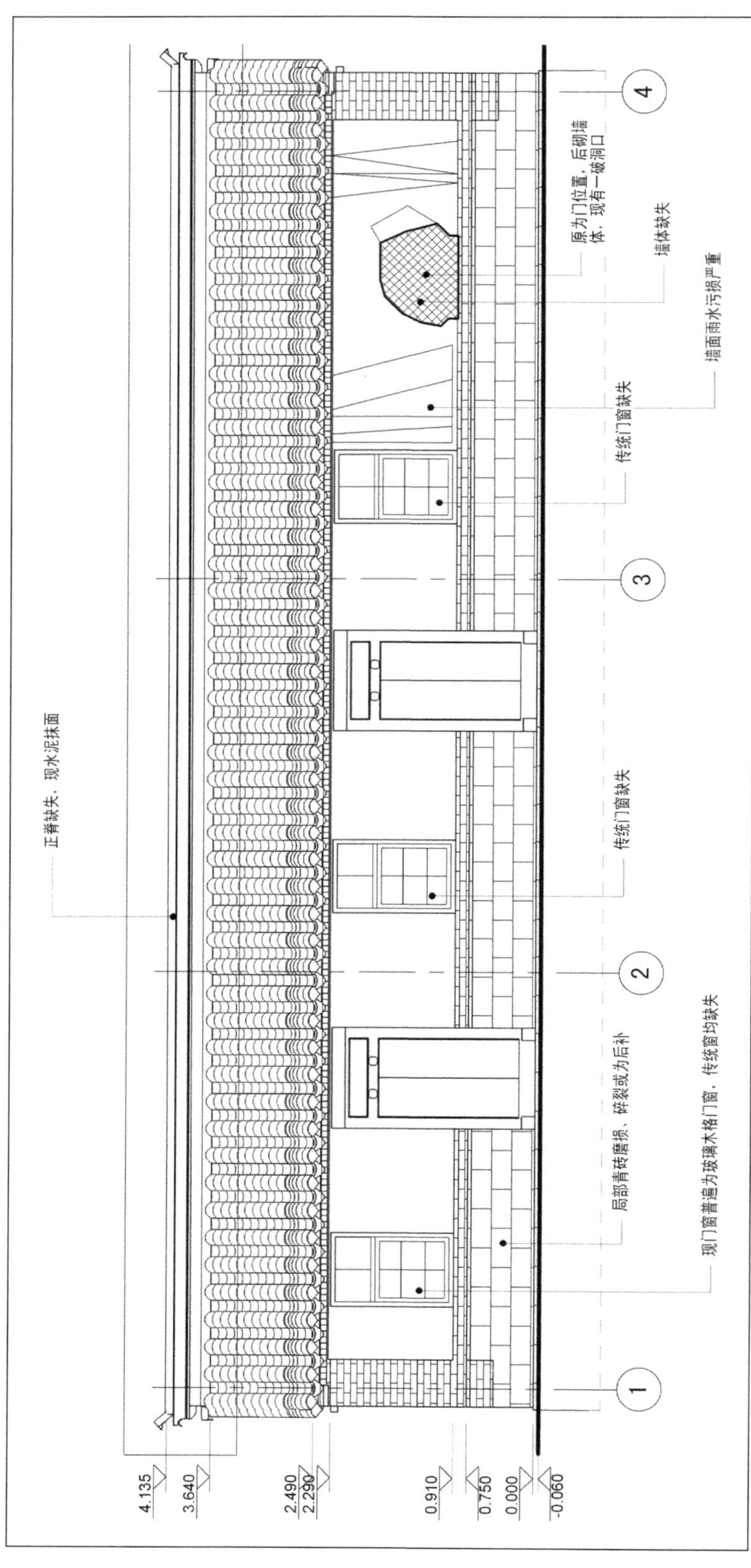
正脊缺失，现水泥抹面
原为门位置，后砌墙体，现有一破洞口
墙体缺失
墙面雨水污损严重
传统门窗缺失
传统门窗缺失
局部青砖磨损、碎裂或为后补
现门窗普遍为玻璃木格门窗，传统窗均缺失
4
3
2
1
4.135
3.640
2.490
2.290
0.910
0.750
0.000
-0.060

宝善堂西群房东立面图

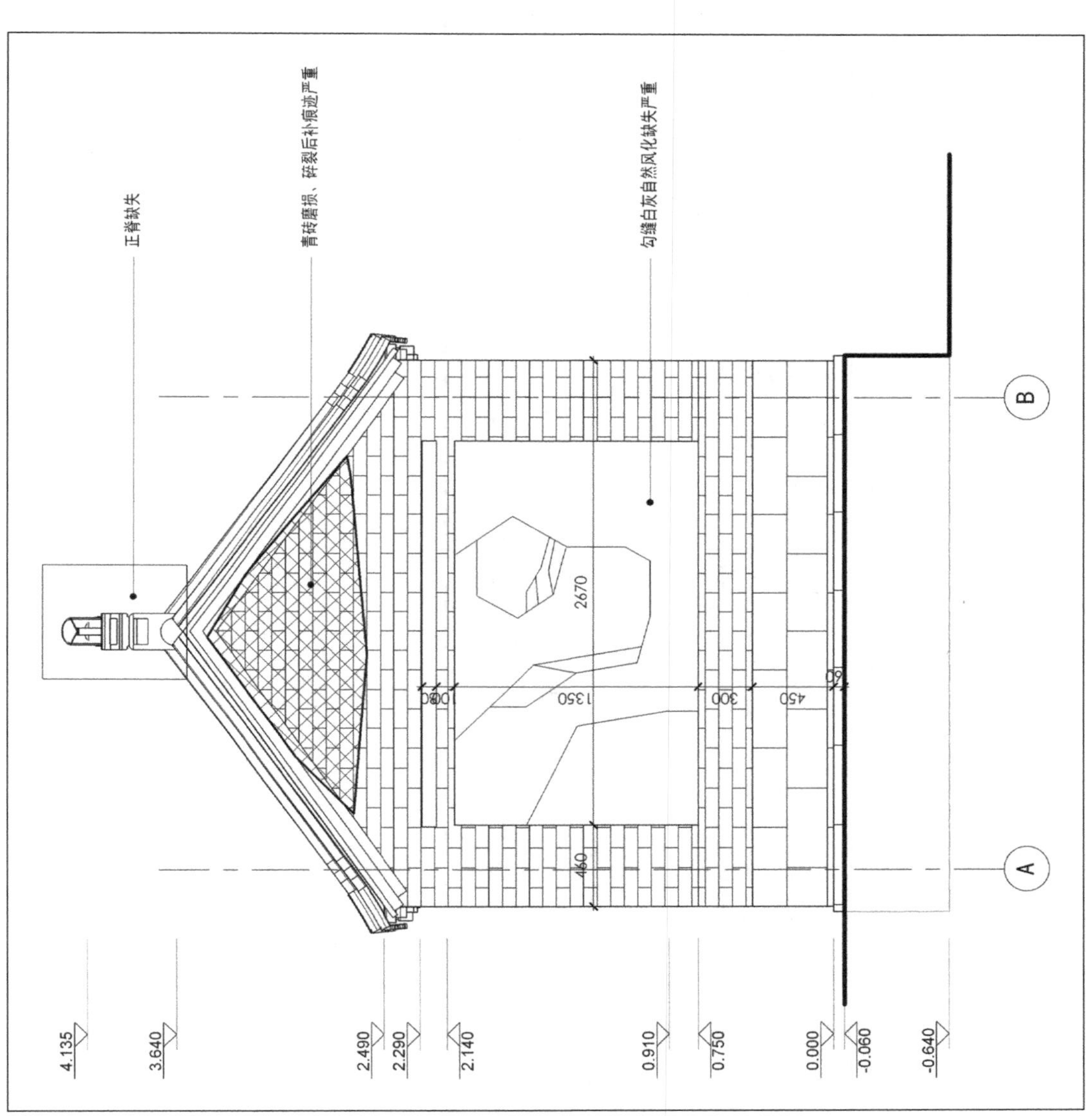
正脊缺失
青砖磨损、碎裂后补痕迹严重
勾缝白灰自然风化缺失严重
2670
1350
300
450
460
4.135
3.640
2.490
2.290
2.140
0.910
0.750
0.000
-0.060
-0.640
A
B

宝善堂西群房北立面图

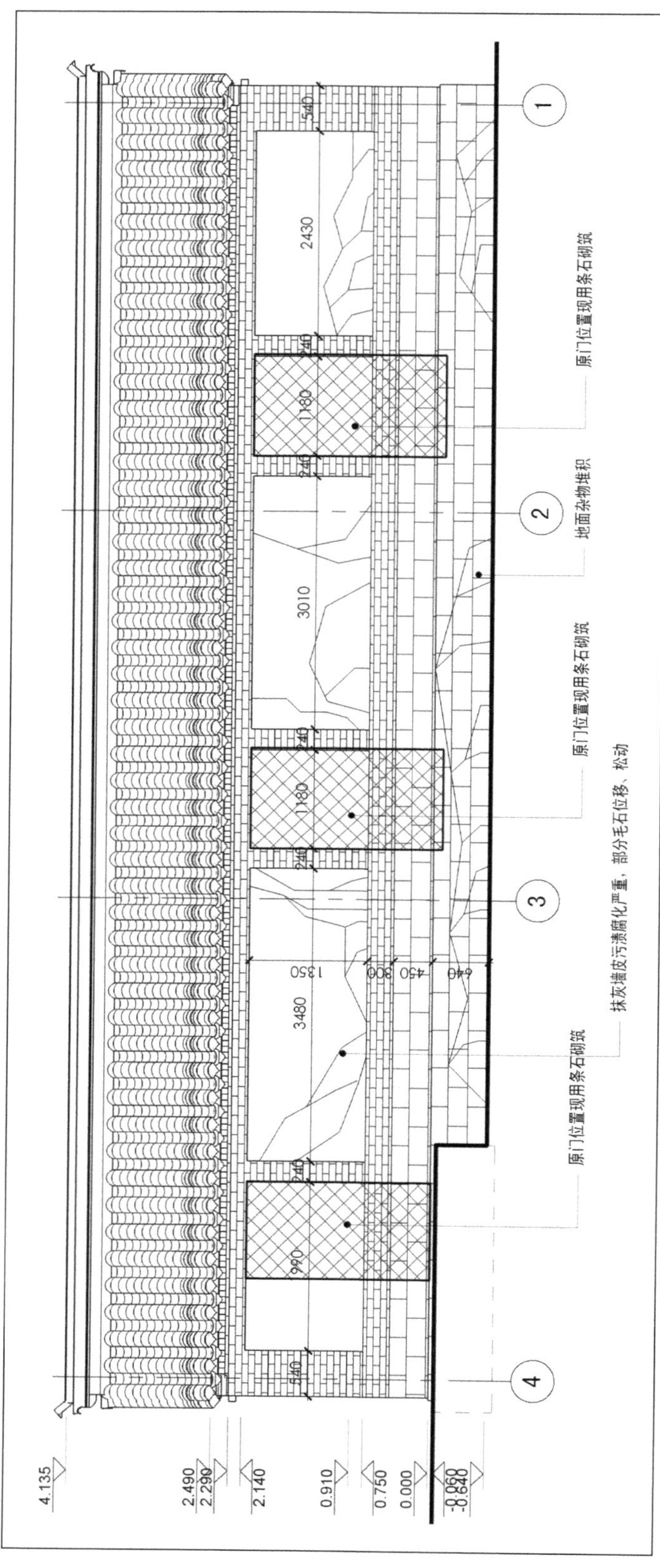
原门位置现用条石砌筑
地面杂物堆积
原门位置现用条石砌筑
抹灰墙皮污渍腐化严重，部分毛石位移、松动
原门位置现用条石砌筑

宝善堂西群房西立面图

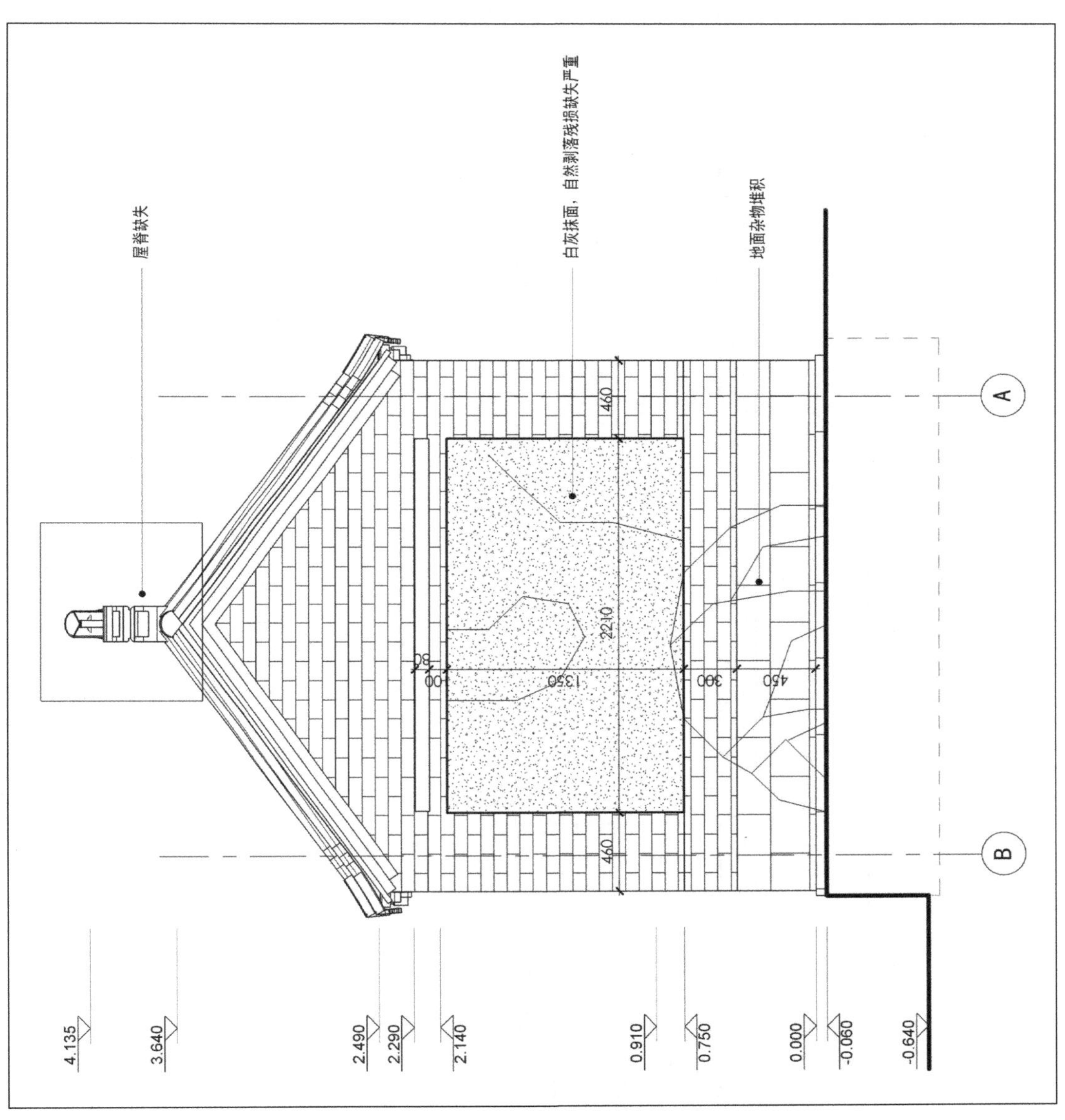
屋脊缺失
白灰抹面，自然剥落残损缺失严重
地面杂物堆积
4.135
3.640
2.490
2.290
2.140
0.910
0.750
0.000
-0.060
-0.640
460
460
2210
1350
300
450
A
B

宝善堂西群房南立面图

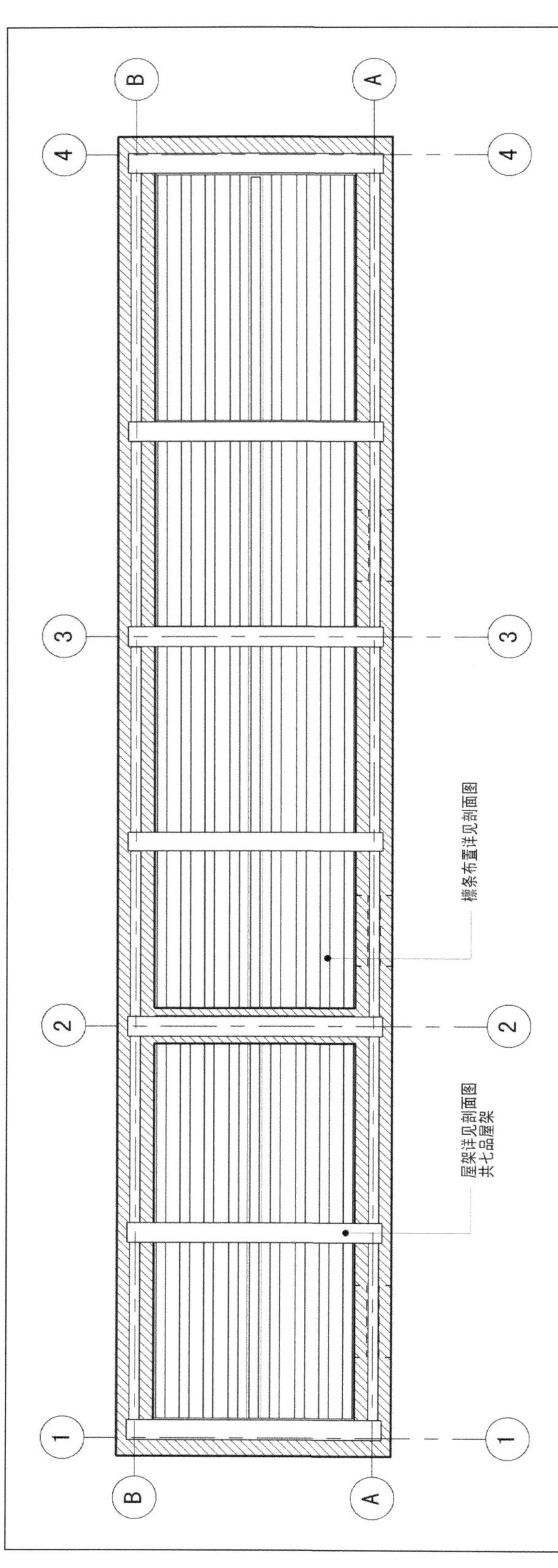

宝善堂西群房屋架仰视图

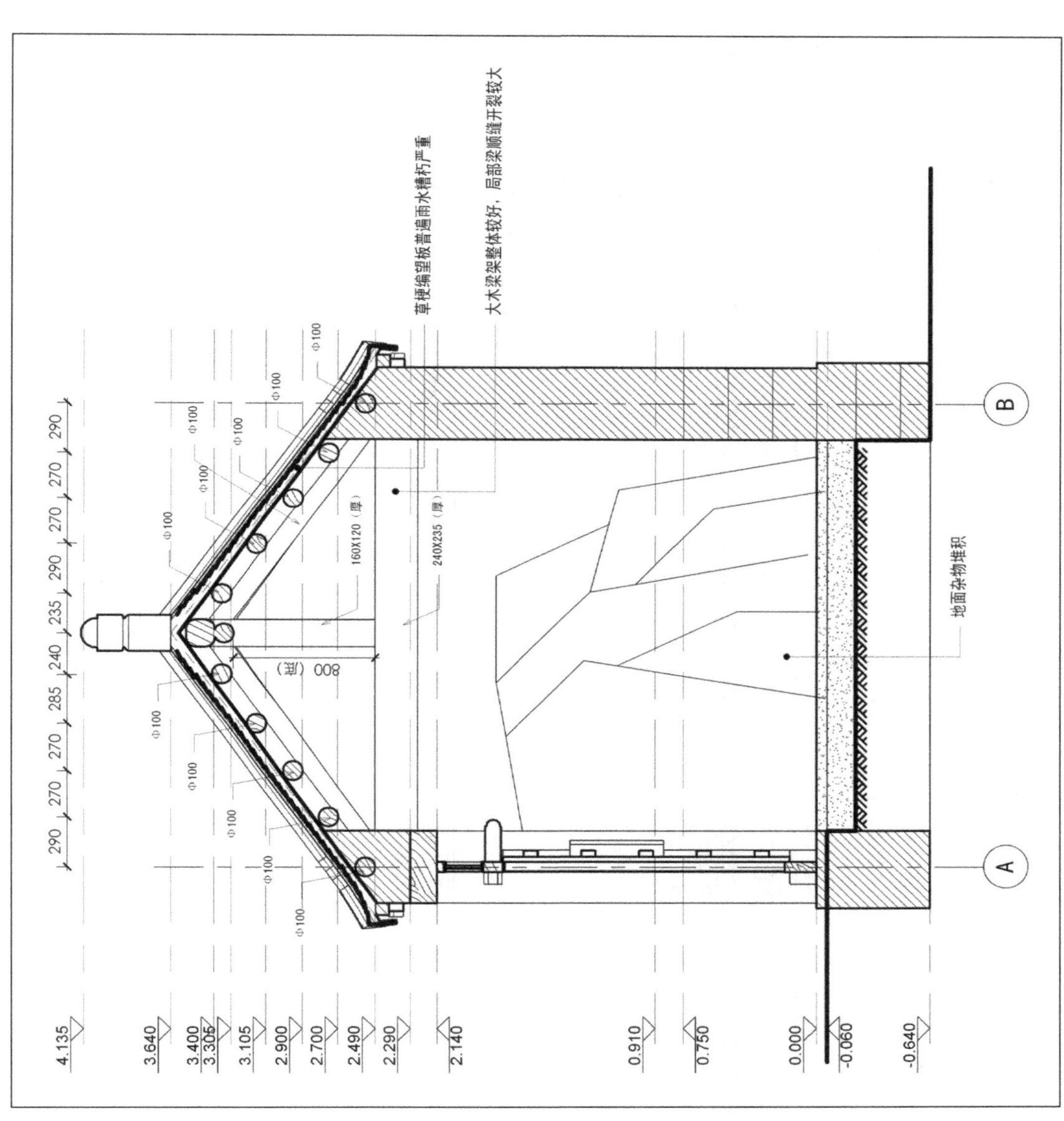

宝善堂西群房 1-1 剖面图

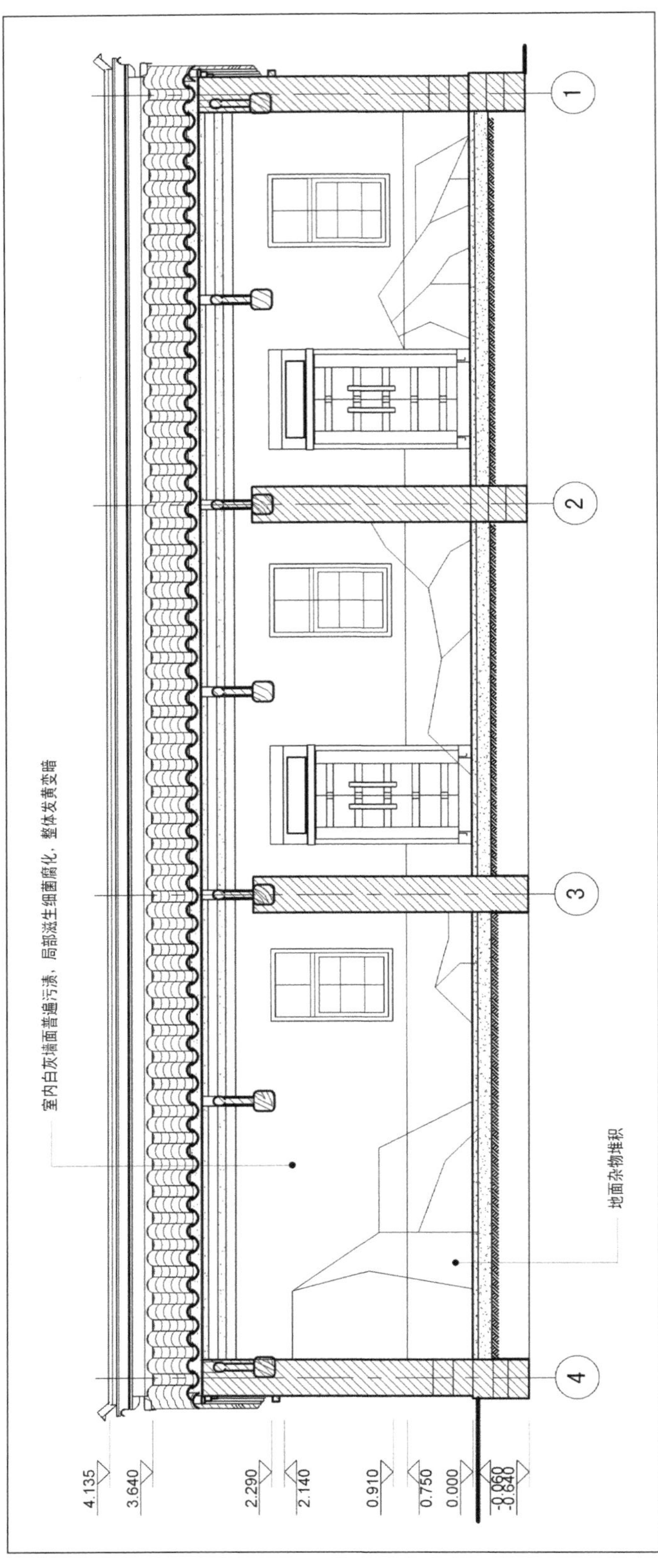

宝善堂西群房 2-2 剖面图

三、宝善堂东厢房

（一）建筑现状描述

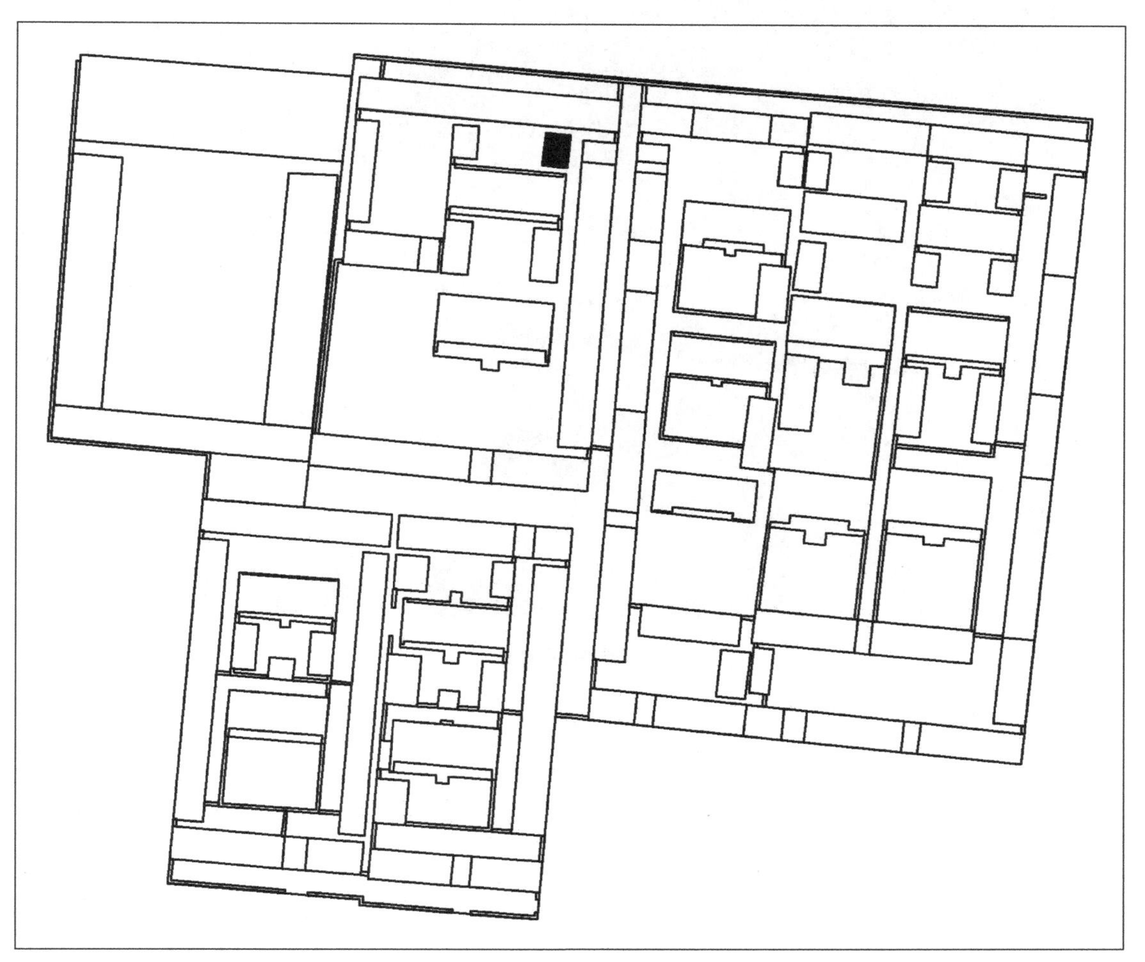

宝善堂东厢房位置图

建筑年代：清代

建筑现状：后院东厢房现仅存建筑条石墙基，条石墙基为不规则多边形条石砌筑，形式精美，保存较完整，中间杂土堆积，四个角位置处花岗岩石块均有缺失，台基上部已完全损毁，然而对称的西厢房保存完整。

（二）部分现状照片

宝善堂东厢房现状

（三）现状勘测图纸

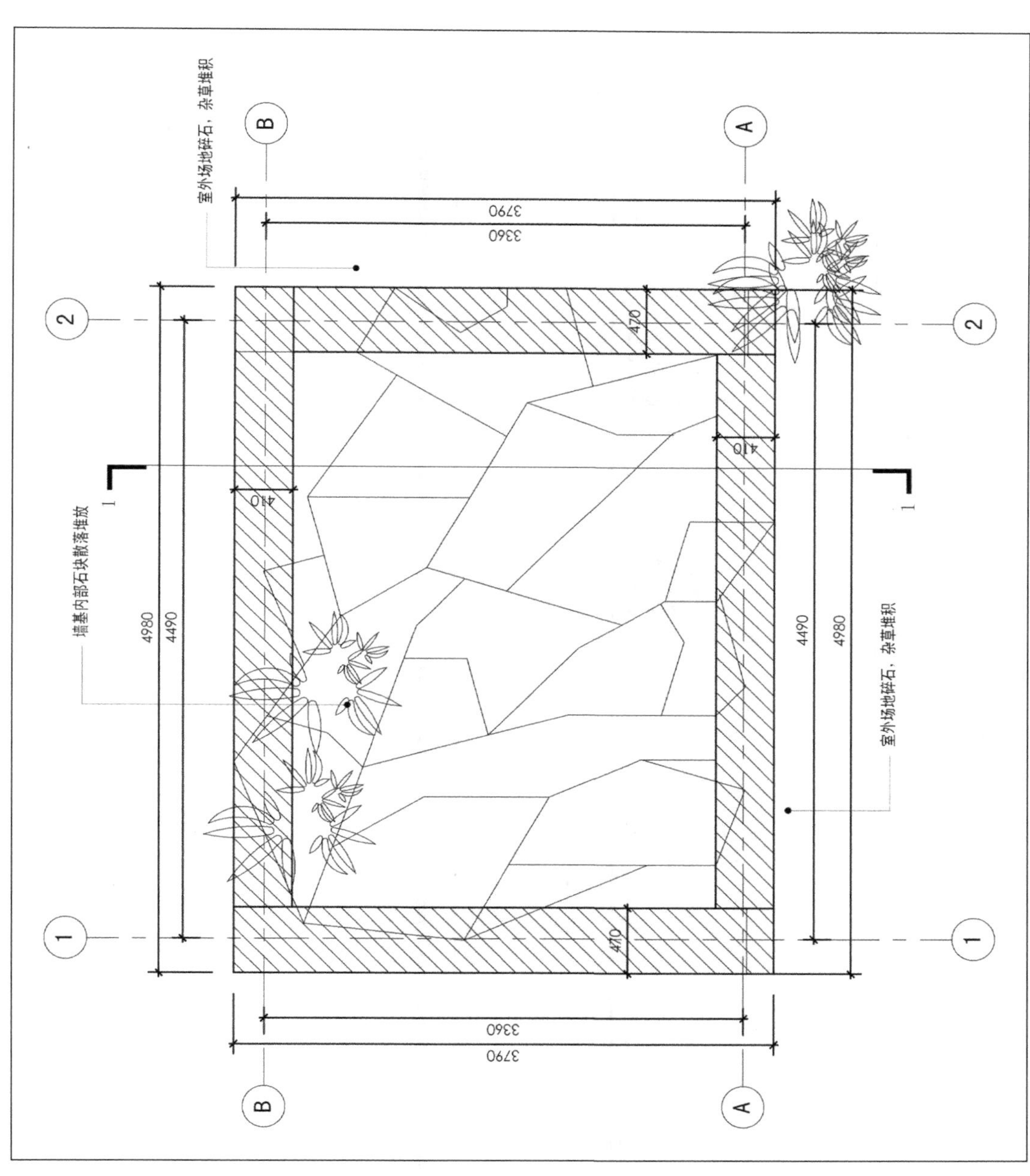
室外场地碎石，杂草堆积
墙基内部石块散落堆放
室外场地碎石，杂草堆积
3790
3360
4980
4490
470
410
宝善堂东厢房平面图

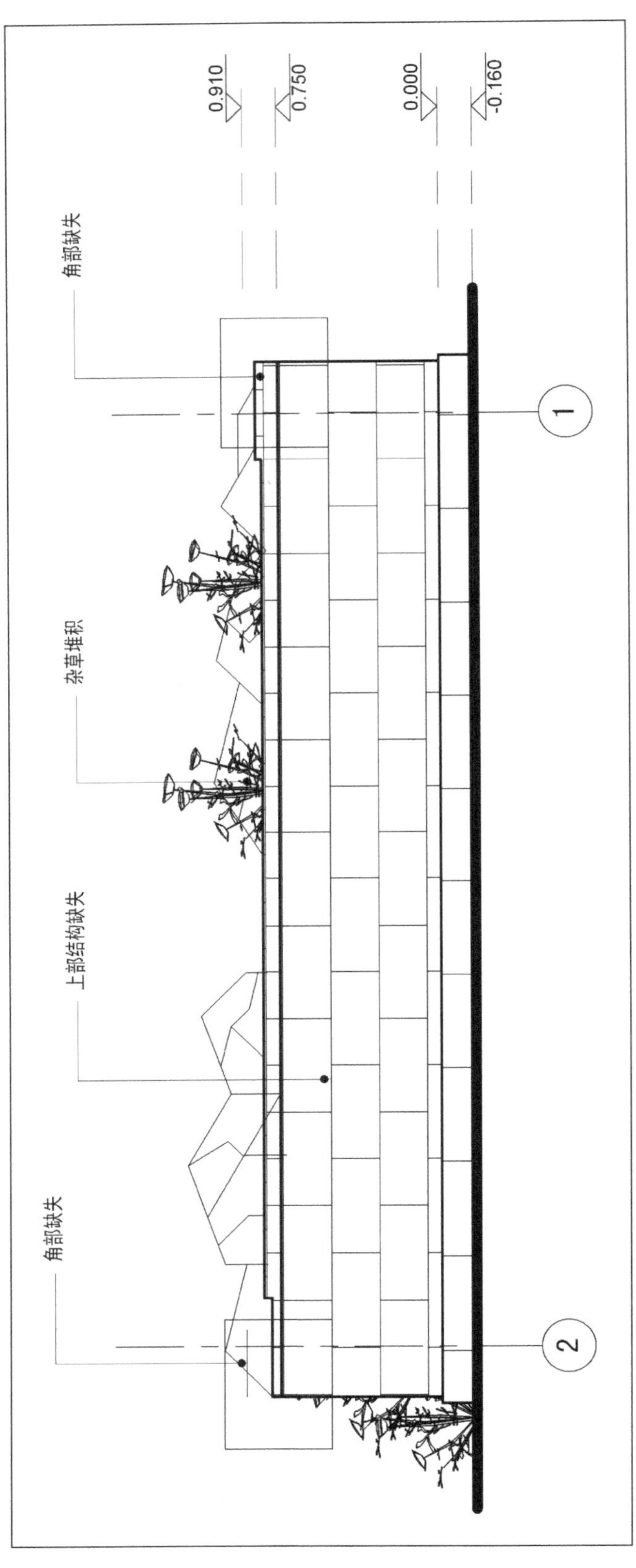

宝善堂东厢房东立面图

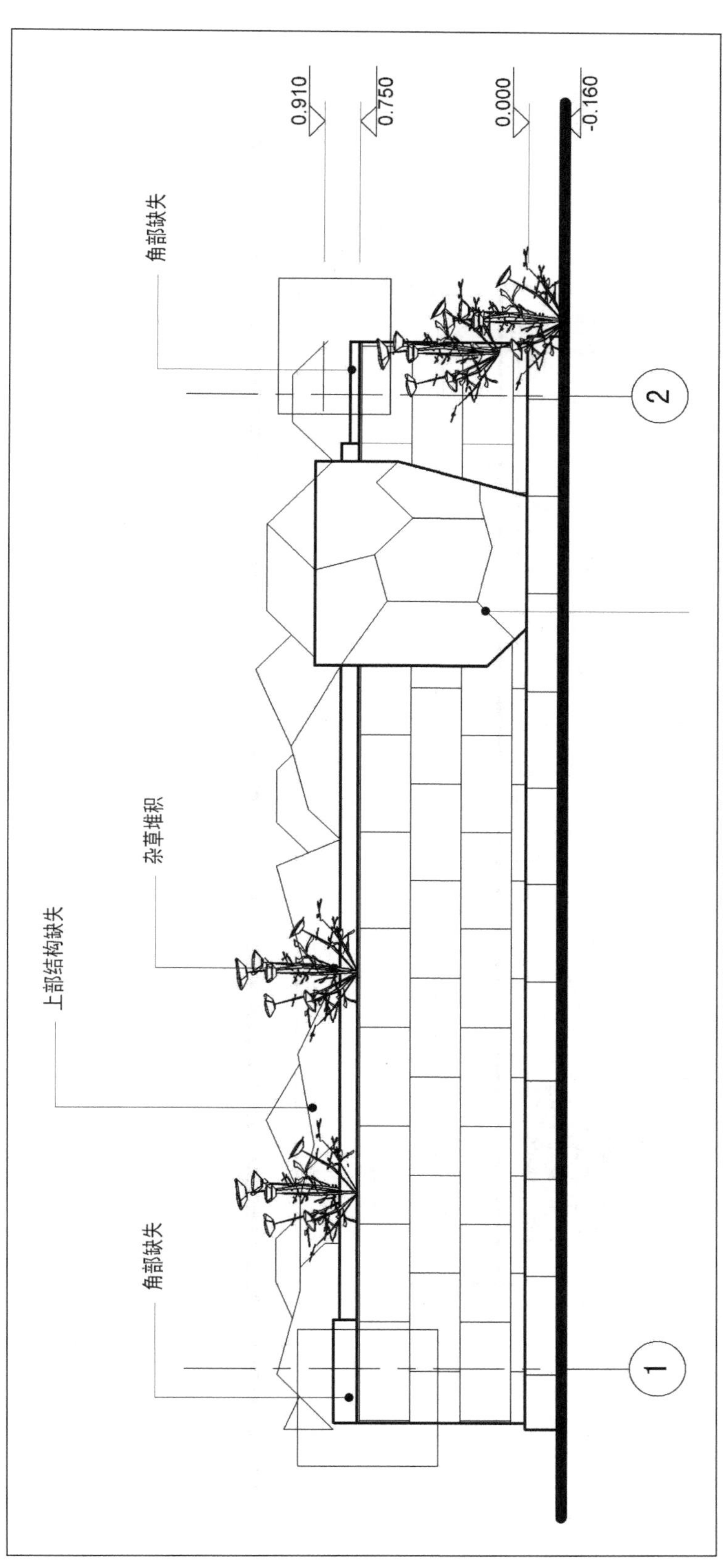

宝善堂东厢房西立面图

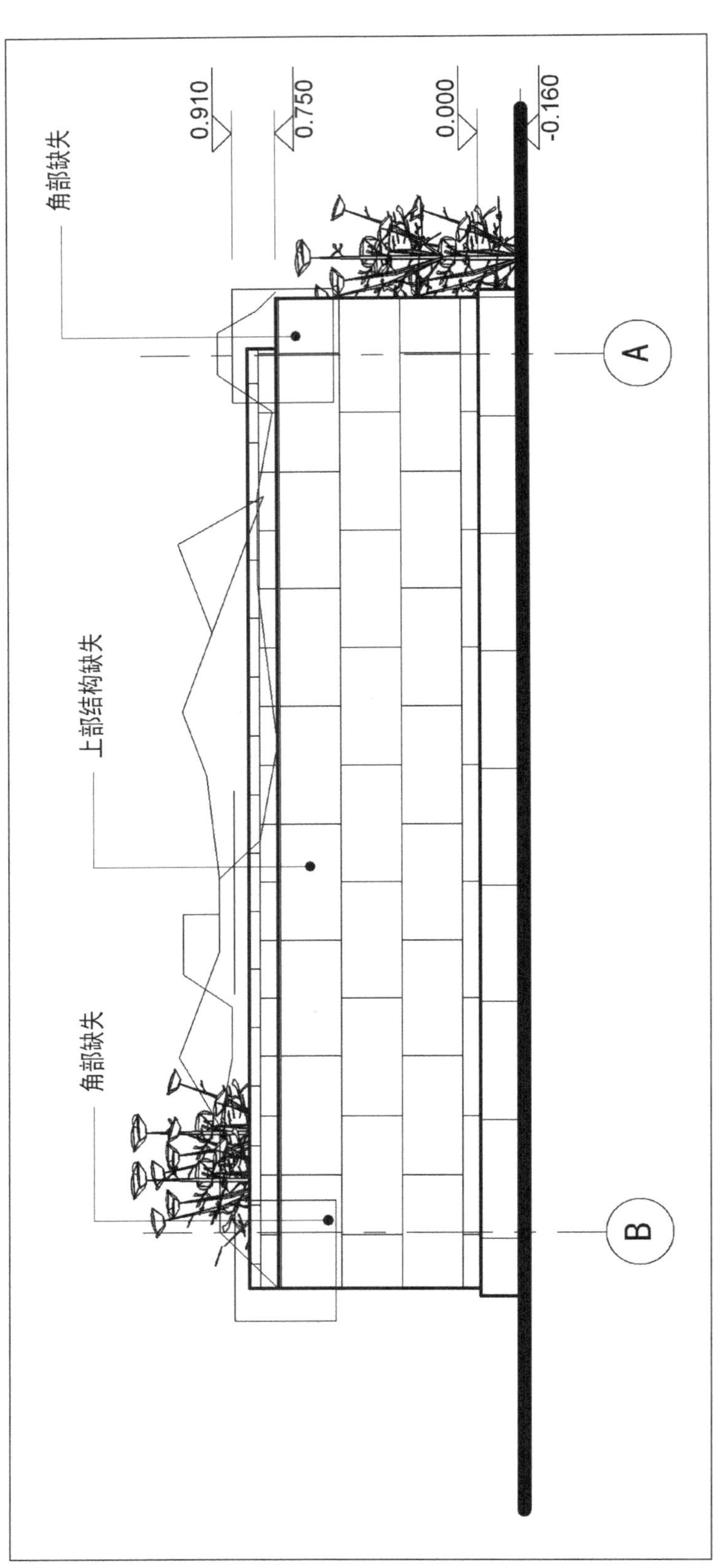

宝善堂东厢房南立面图

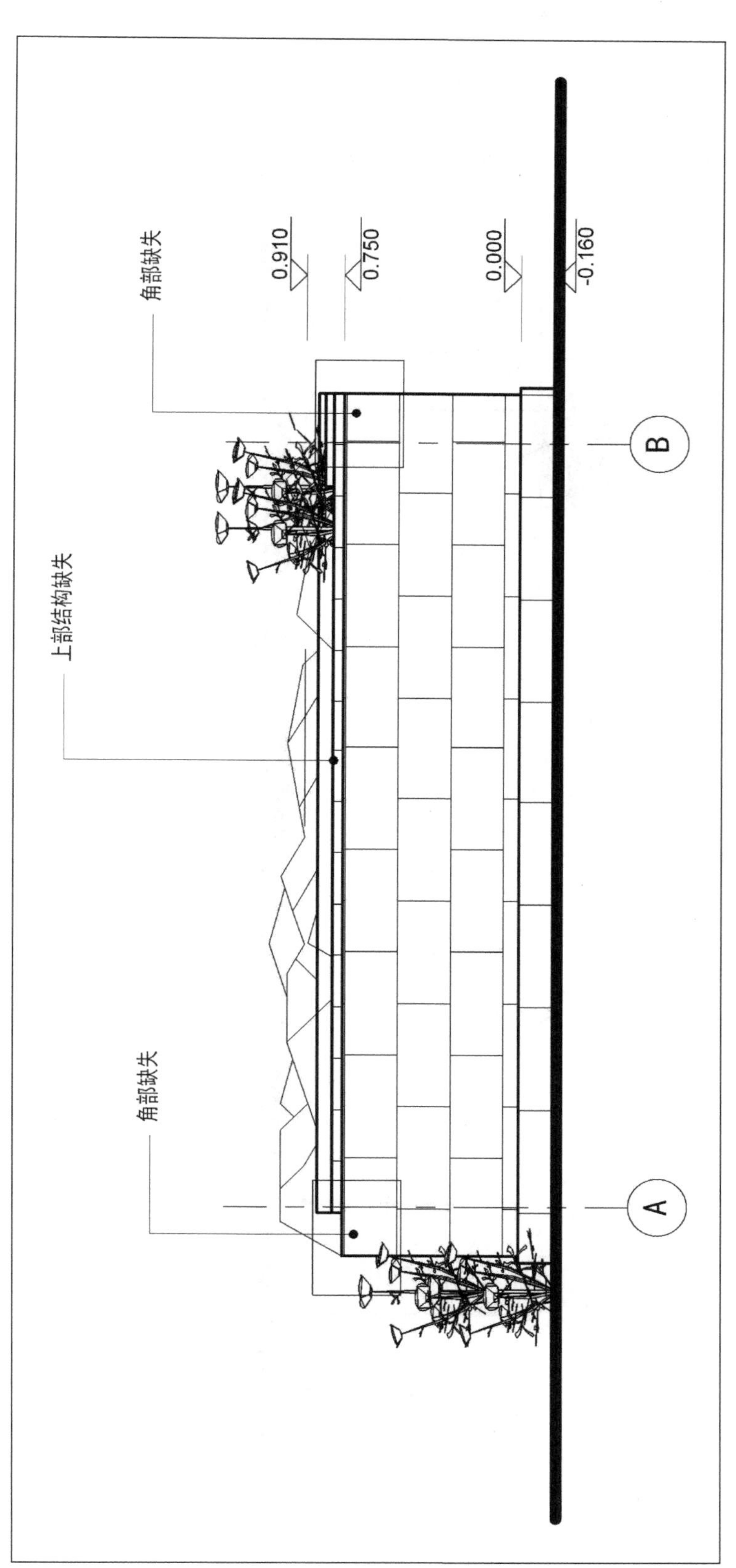

宝善堂东厢房北立面图

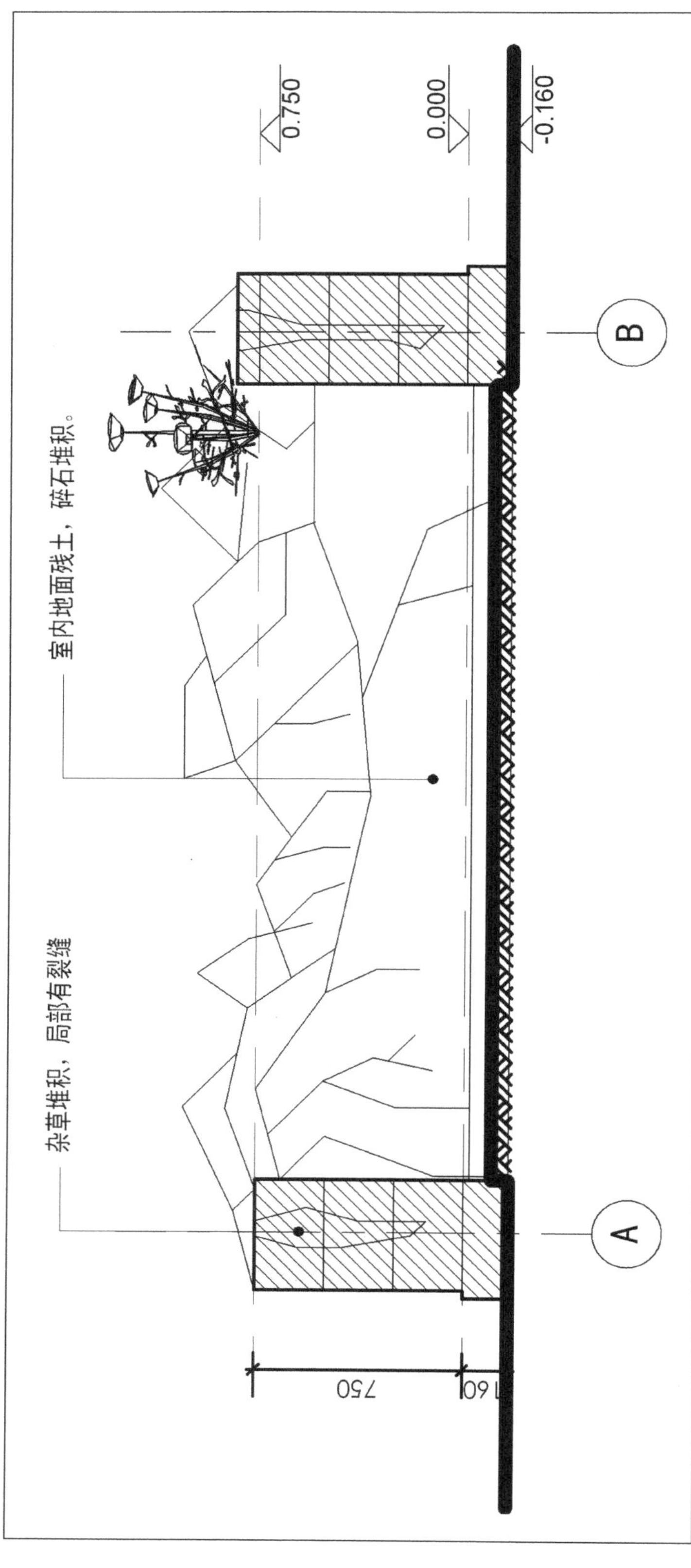

宝善堂东厢房 1-1 剖面图

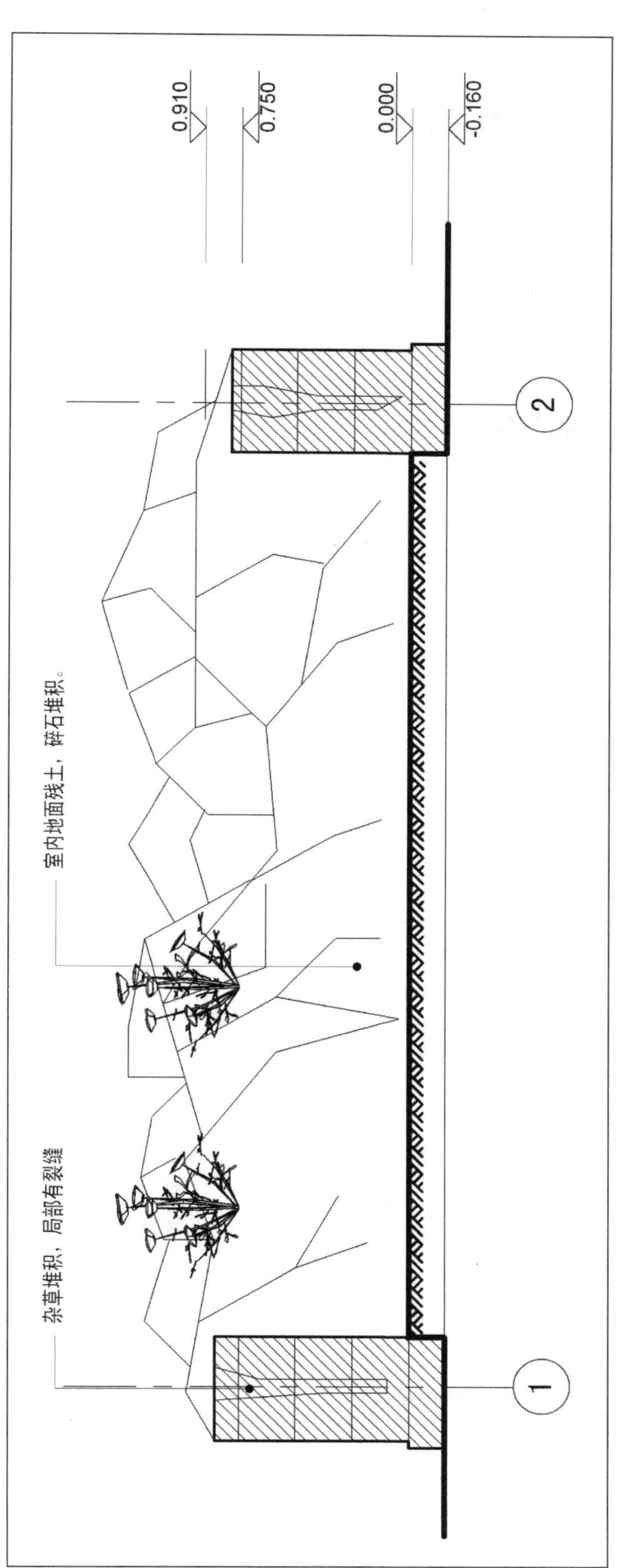

宝善堂东厢房 2-2 剖面图

第三章　西忠来组群建筑现状勘察

一、西忠来南倒座房

（一）建筑现状描述

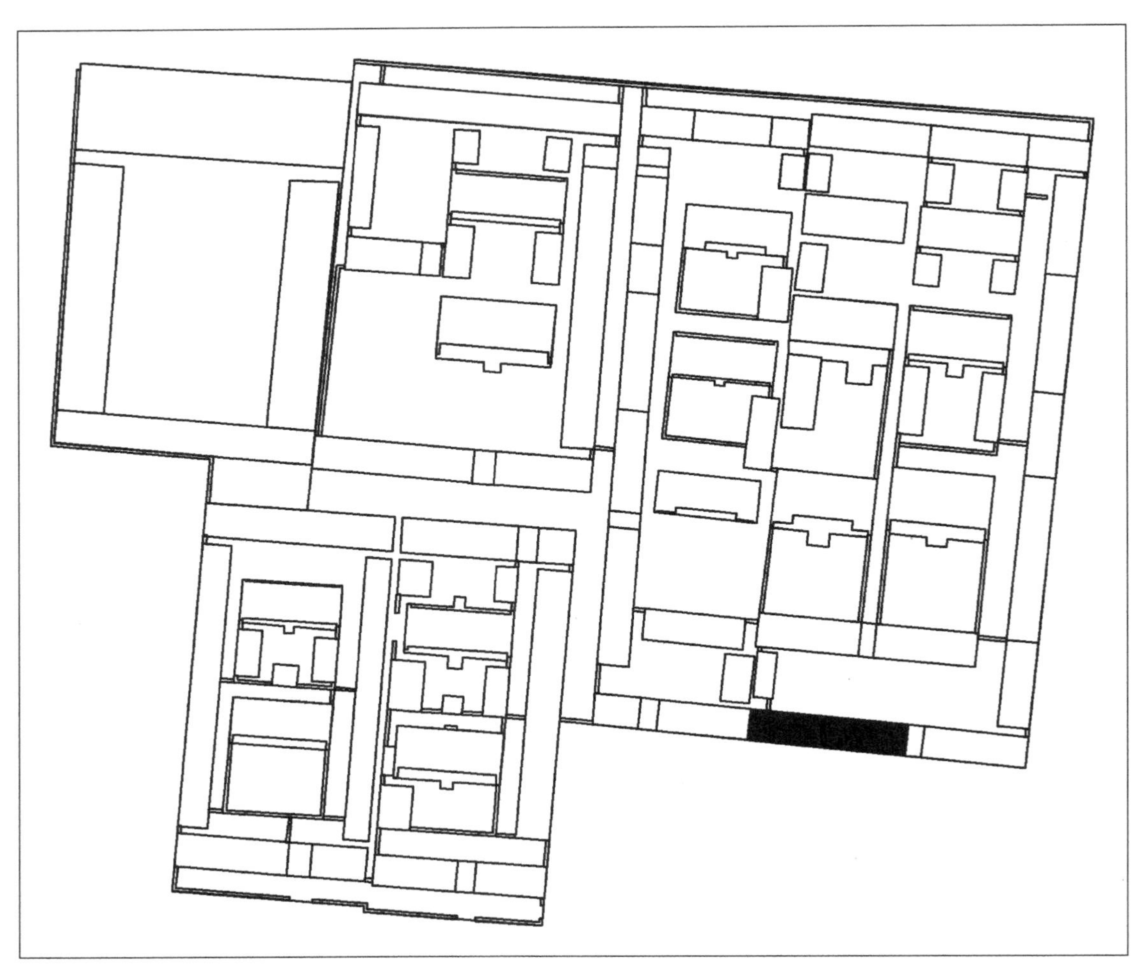

西忠来南倒座房位置图

建筑年代：清代

建筑现状：西忠来南倒座房现状残损较严重，前檐墙体均因地基下沉而外鼓面积约为 1 平方米，表面涂饰大面积脱落约为 2 平方米，屋面瓦件及正脊破损严重，荆条编望板普遍糟朽，室外部分的檐椽糟朽顺缝开裂约为 80% 残损严重，西南群室内为水泥地面。东南群室内不当改造为商业用房。

建筑残损现状：

1. 条石墙基

残损现状：前檐（院内）抹灰墙面，前檐西侧现场勘察可知，墙体轻微下沉、墙身有局部开裂（上下通缝）。接近地面处墙基普遍轻微松动、勾缝抹灰缺失严重（25% 残损缺失）。后檐（院外）条石墙基基本完好，勾缝白灰自然风化缺失严重（30% 残损）。西山墙总体较完整，未见明显变形，勾缝白灰自然风化缺失严重（30% 残损）。

残损类型：地基下沉、位移松动、碎裂、人为改造，残损等级Ⅲ级（前檐、后檐）；磨损、缺棱掉角、缺失，残损等级Ⅰ级（西山墙）。

残损原因：自然侵蚀，年久失修，人为不当使用。

2. 青砖墙面

残损现状：前檐青砖墙体基本完整，门口与窗口处 50% 磨损缺棱掉角状况。后檐基本完好，仅有青砖腰线腐蚀严重，勾缝脱落 30%。西山墙总体较完整，未见明显变形，勾缝白灰自然风化缺失严重（35% 残损）。

残损类型：磨损、缺棱掉角、缺失、裂缝，残损等级Ⅲ级。

残损原因：年久失修，人为不当改造。

3. 毛石抹灰墙体

残损现状：前檐抹灰墙体整体基本完好，有轻微小裂痕，局部抹灰墙皮轻微剥落。后檐抹灰墙体整体完好，未见明显外闪、变形，西端墙体表面有轻微墙皮剥落现象。

残损类型：墙皮剥落、墙体轻微裂缝，残损等级Ⅰ级。

残损原因：自然侵蚀，年久失修。

4. 室内地面

残损现状：水泥地面局部缺失严重，面积大约 30% 残损，倒座房东侧地面被后期改造。

残损类型：破损、人为改造，残损等级Ⅲ级。

残损原因：年久失修，人为不当改造。

5. 室内隔面

残损现状：房间隔断墙（土坯隔断墙）无明显歪闪，白色抹灰墙面基本完好。

6. 室内墙面

残损现状：白灰墙面整体完好，局部因屋顶漏雨污染、墙皮起壳剥落（20% 残损）。

残损类型：墙皮剥落、污染，残损等级 I 级。

残损原因：年久失修，人为不当使用。

7. 梁架

残损现状：大木梁架整体较较好，局部因地基下沉而整体下沉，10% 梁架顺缝开裂（0.5 厘米≤缝宽 <1.5 厘米），30% 梁架因屋脊屋面漏雨糟朽严重。檩与椽子雨水糟朽、顺缝开裂严重，屋面漏雨房间檩椽开裂糟朽严重（30% 残损），前后檐室外部分的椽头 80% 因雨水自然开裂糟朽。

残损类型：糟朽、顺缝开裂，残损等级Ⅱ级（梁）；雨水糟朽、顺缝开裂，残损等级Ⅱ级（檩椽）。

残损原因：自然侵蚀，年久失修。

8. 装修

残损现状：前檐有两扇门四扇窗户，后檐有一门五扇高窗。门窗除个别被人为改造，其他均为传统样式，整体完好，10% 门扇构件有轻微裂缝，普遍门窗油饰褪色，漆皮剥落。前檐门的门槛磨损裂缝严重。

残损类型：磨损、开裂、人为改造，残损等级Ⅲ级。

残损原因：自然侵蚀，年久失修，人为不当改造。

9. 屋面

残损现状：条编望板（亦称条编笆）整体分为两层下层为秸秆横编笆，上层为荆条编笆，普遍雨水污染年久糟朽严重；（50% 残损）。小青瓦屋面，其中屋面瓦片 20% 位移松动，20% 瓦片碎裂，檐口处滴水瓦 70% 位移松动，水泥勾抹加固。正脊整体完好，正脊出现细微断裂缝。

残损类型：雨水糟朽，残损等级Ⅳ级（条编望板）；缺失、碎裂松动，残损等级Ⅲ级（瓦件）；断裂破损、缺失，残损等级 I 级（正脊）。

残损原因：地基下沉，雨水侵蚀，年久失修。

（二）部分现状照片

西忠来南倒座房南立面现状

西忠来南倒座房北立面现状

墙基处石块松动，水土流失，勾缝缺失

地基下沉，墙体歪闪，条石墙基出现结构性裂缝

门框处青砖墙体沉降，致使青砖墙体碎裂

窗口处青砖墙体青砖位移松动

毛石抹灰墙大面积墙皮起壳开裂严重

水泥地面现长裂纹，内部不当取火

室内新做地面，吊顶均为后期商业改造

梁架表面虫蛀，有明显顺裂

檐口椽头糟朽、顺缝开裂严重

门槛磨损缺失、顺缝开裂严重，油饰剥落

窗被后期不当改造

正脊下沉约 5 厘米，中部断裂，整体不平

（三）现状勘测图纸

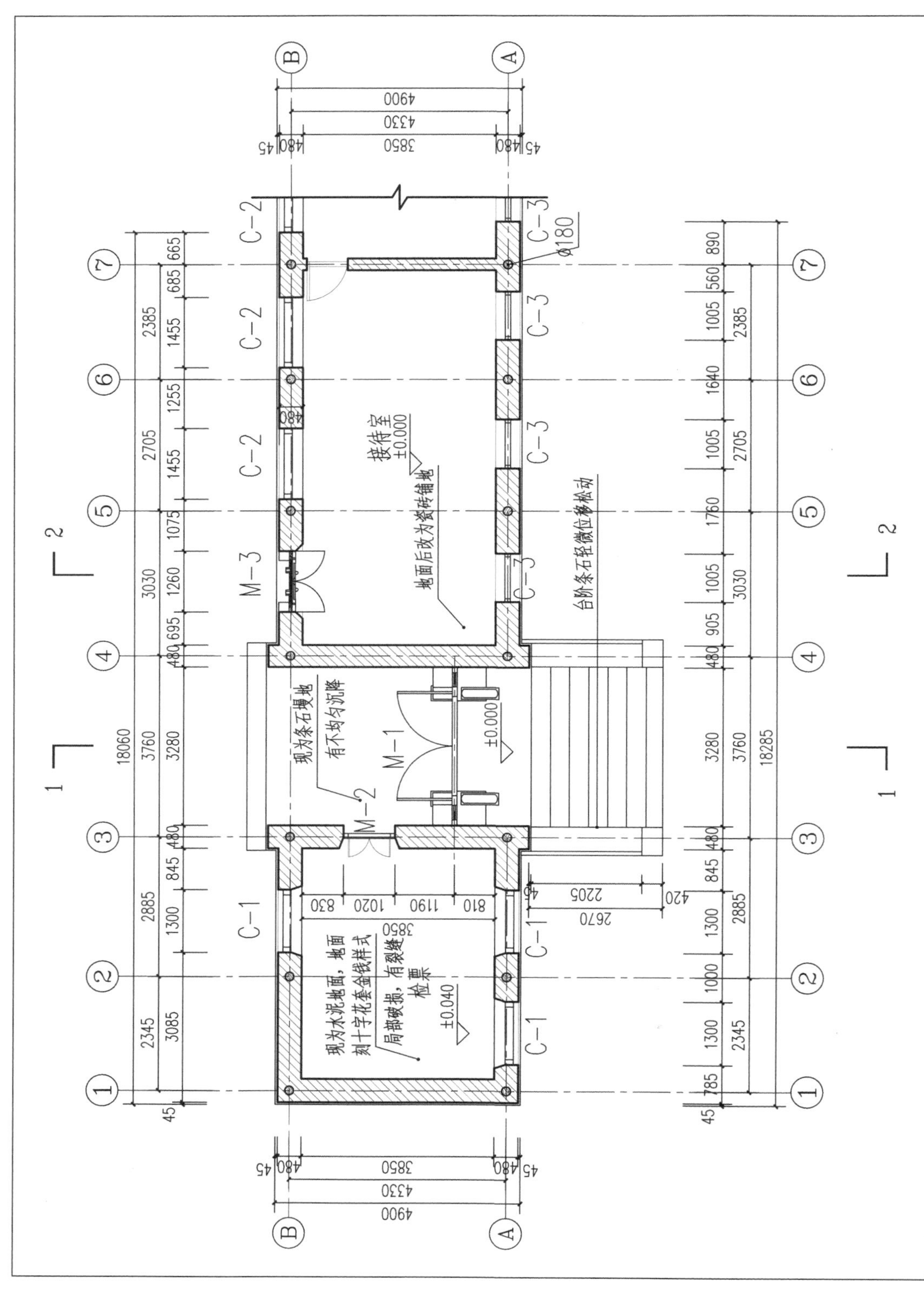

西忠来南倒座房平面图

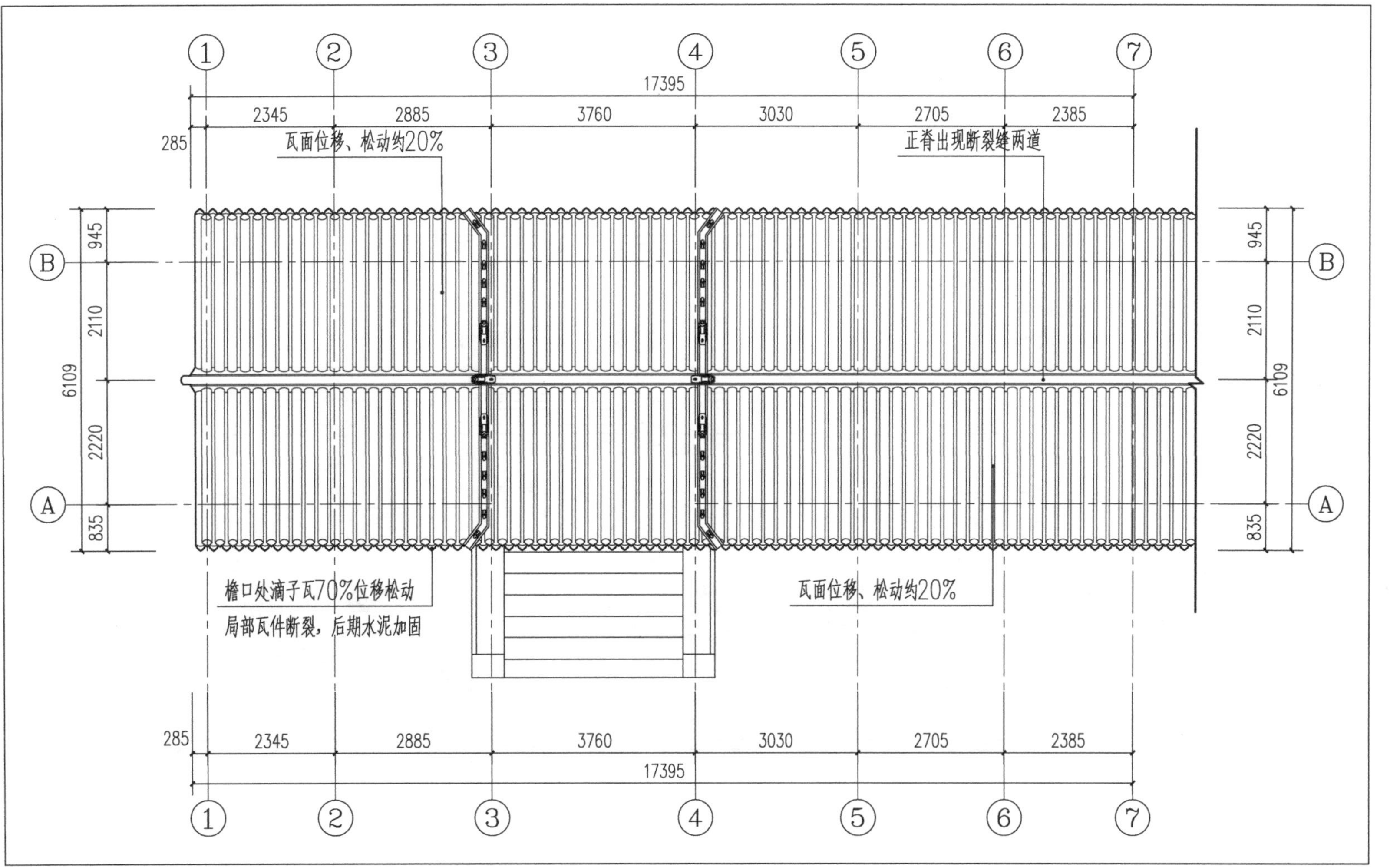

西忠来南倒座房屋顶平面图

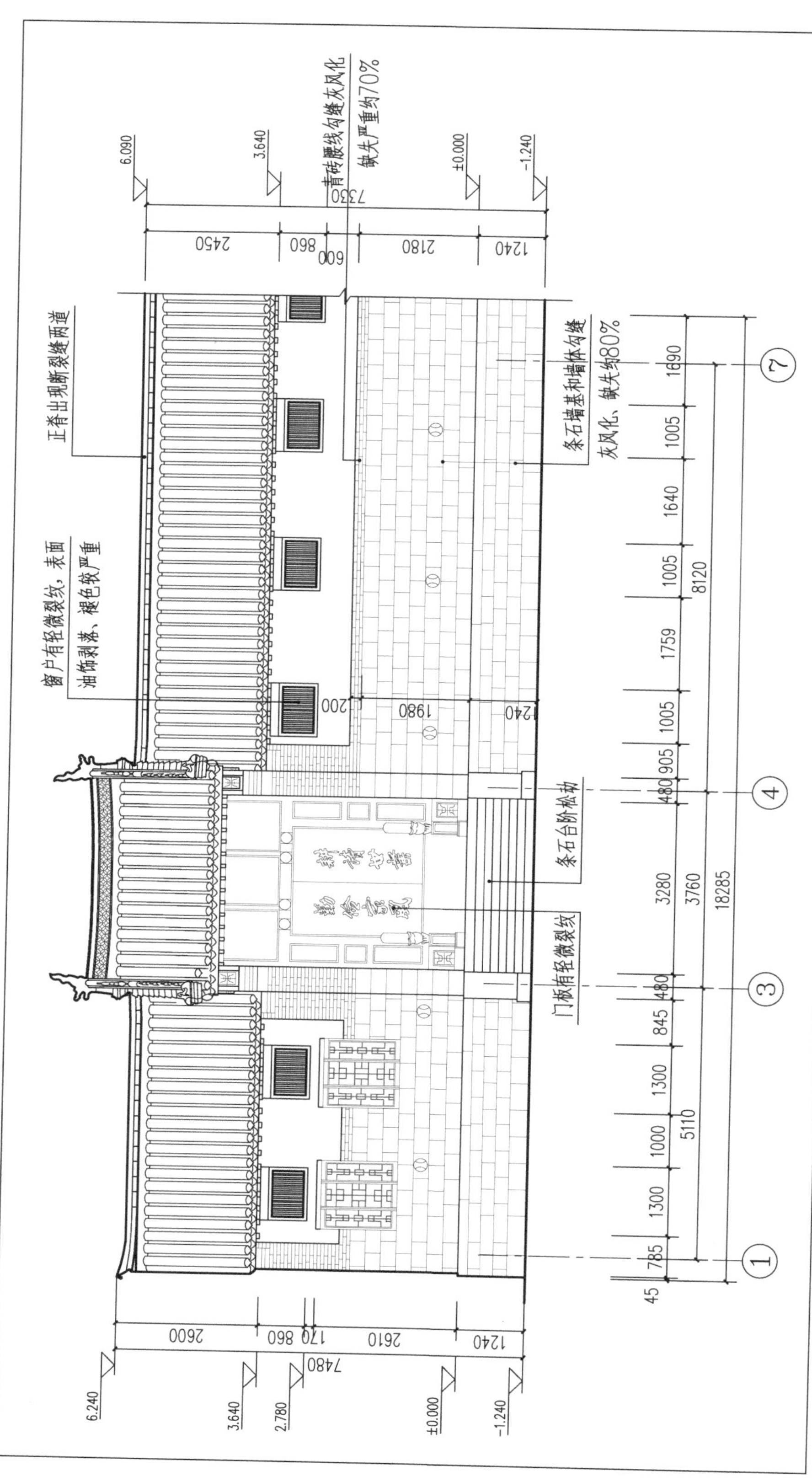

西忠来南倒座房南立面图

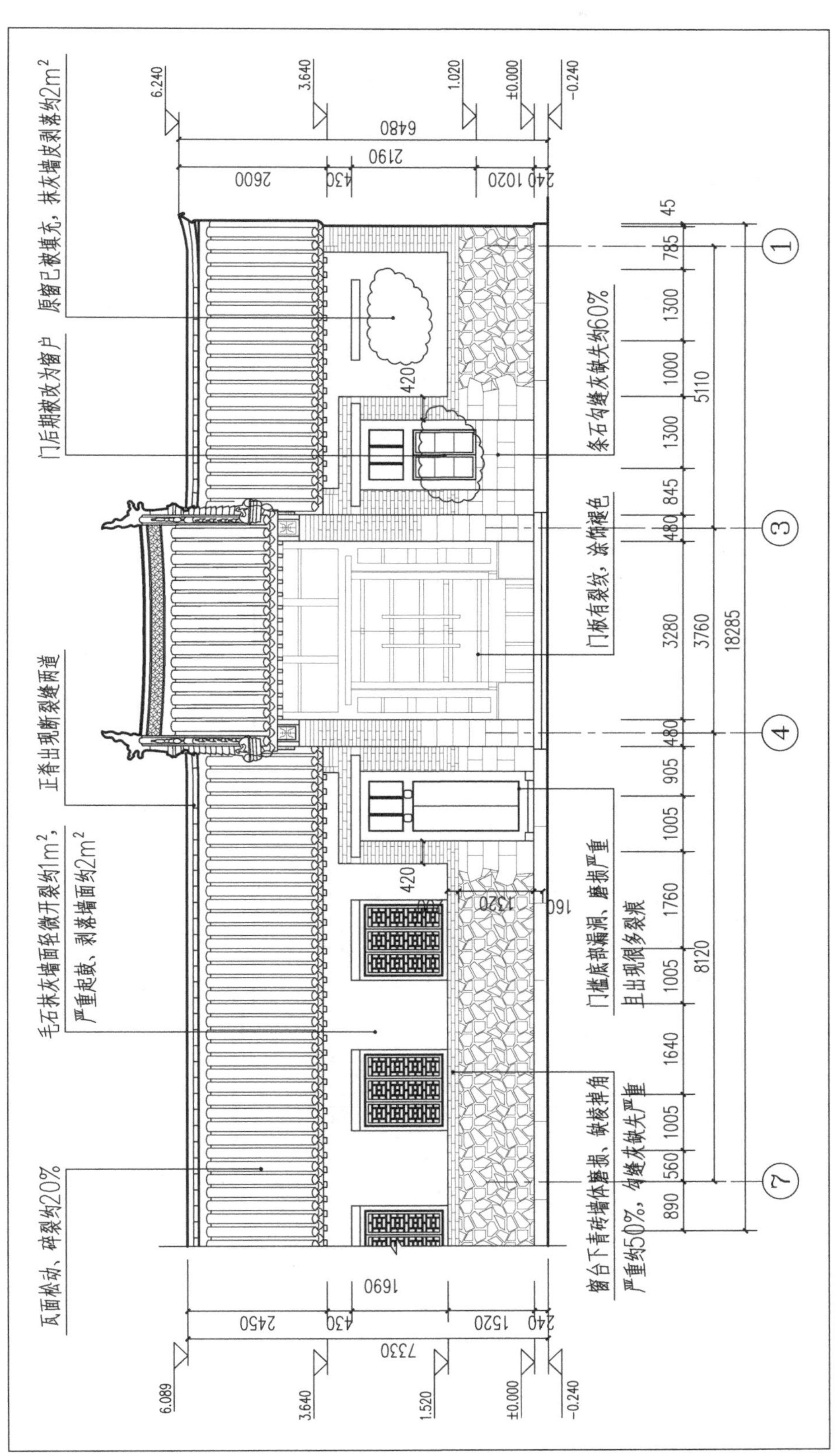

西忠来南倒座房北立面图

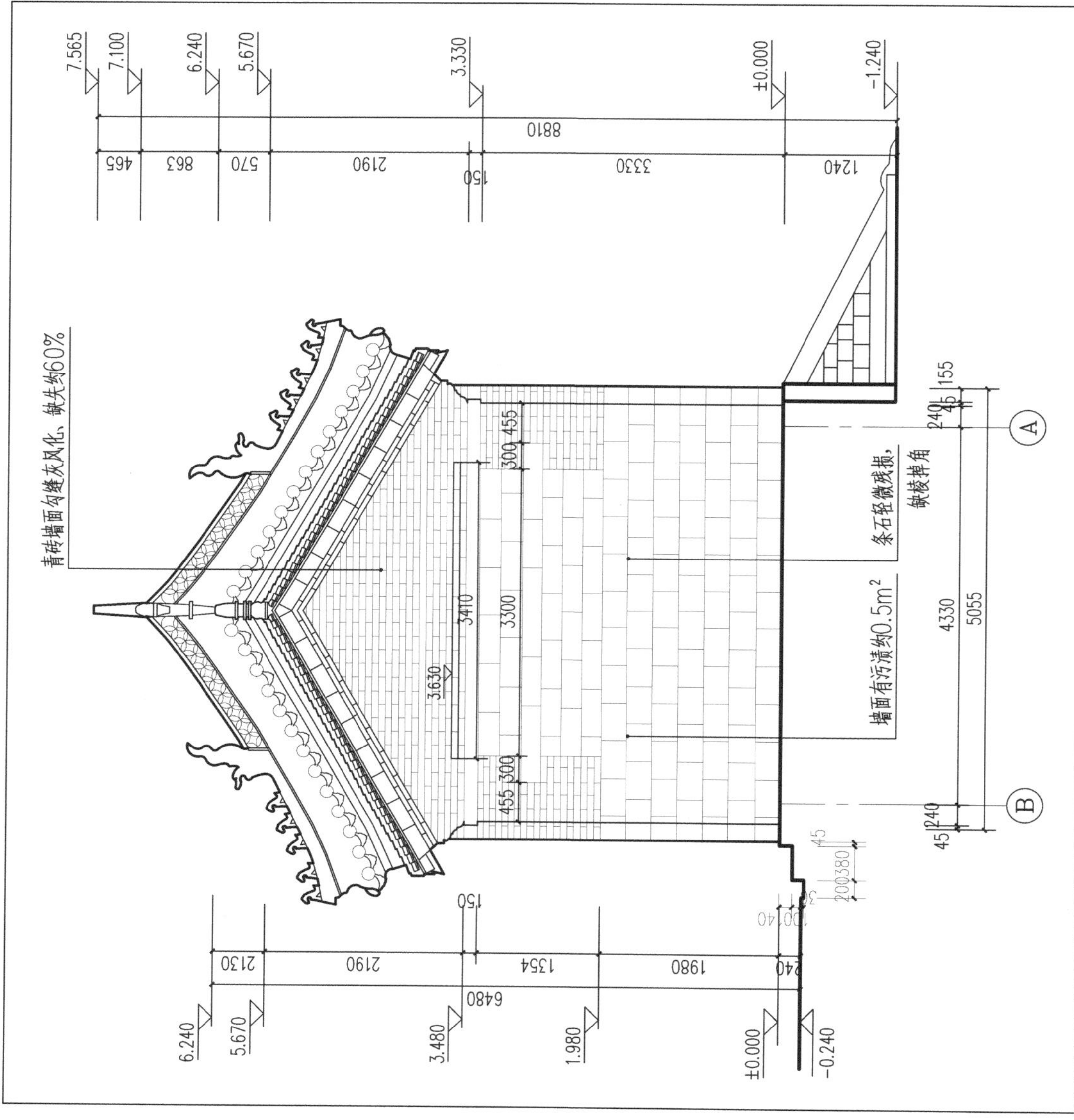

西忠来南倒座房西立面图

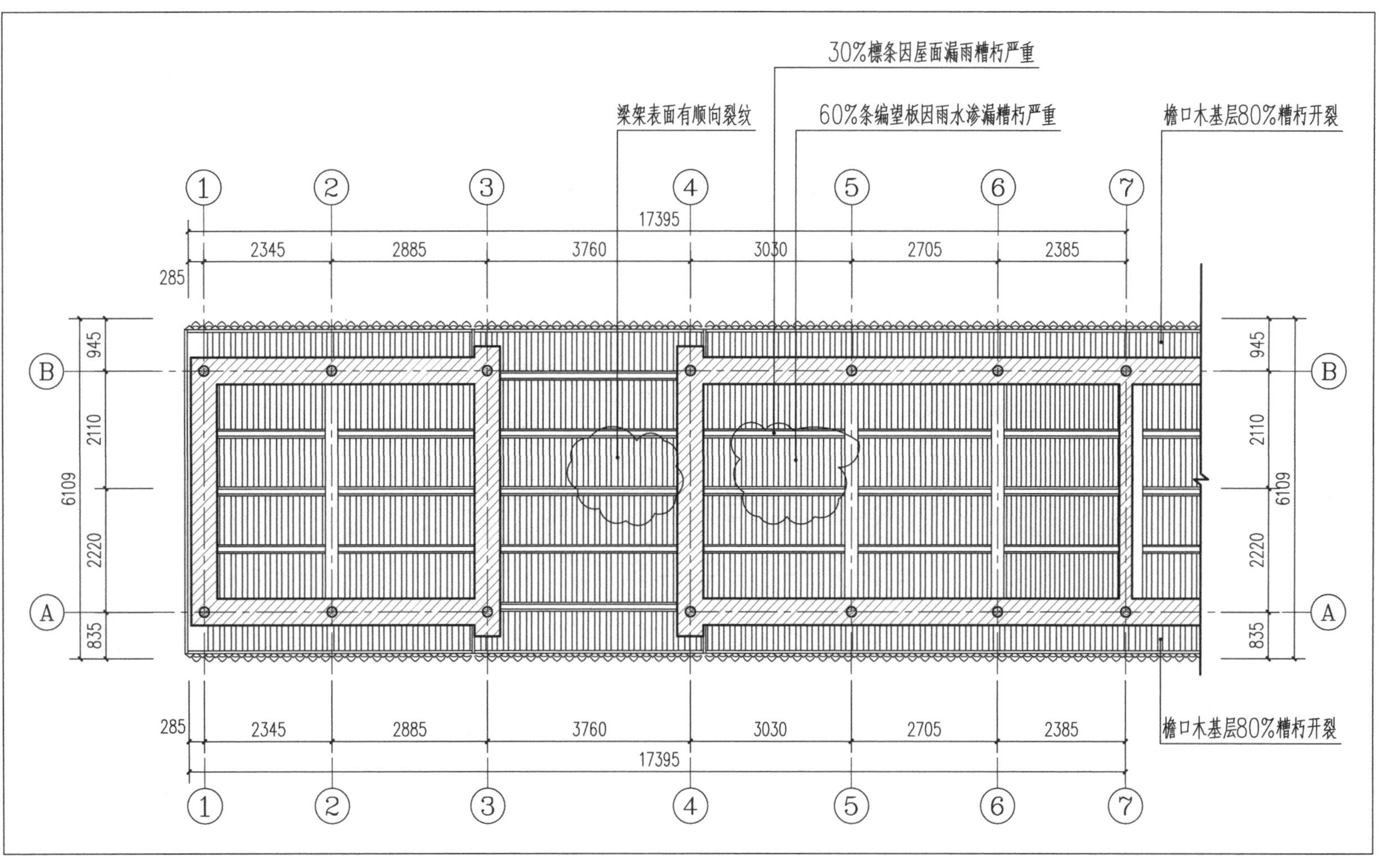

西忠来南倒座房屋顶仰视图

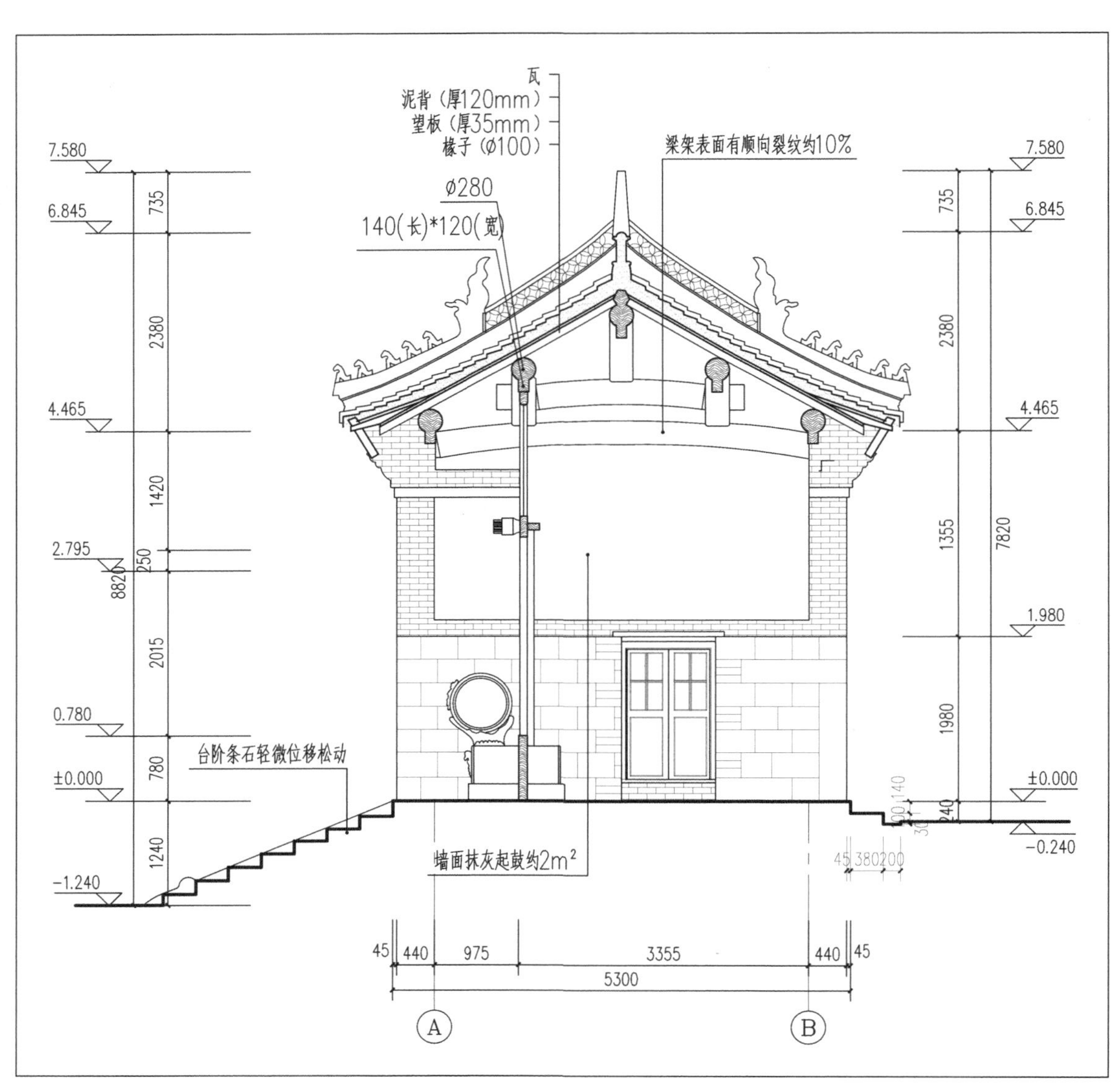

西忠来南倒座房 1–1 剖面图

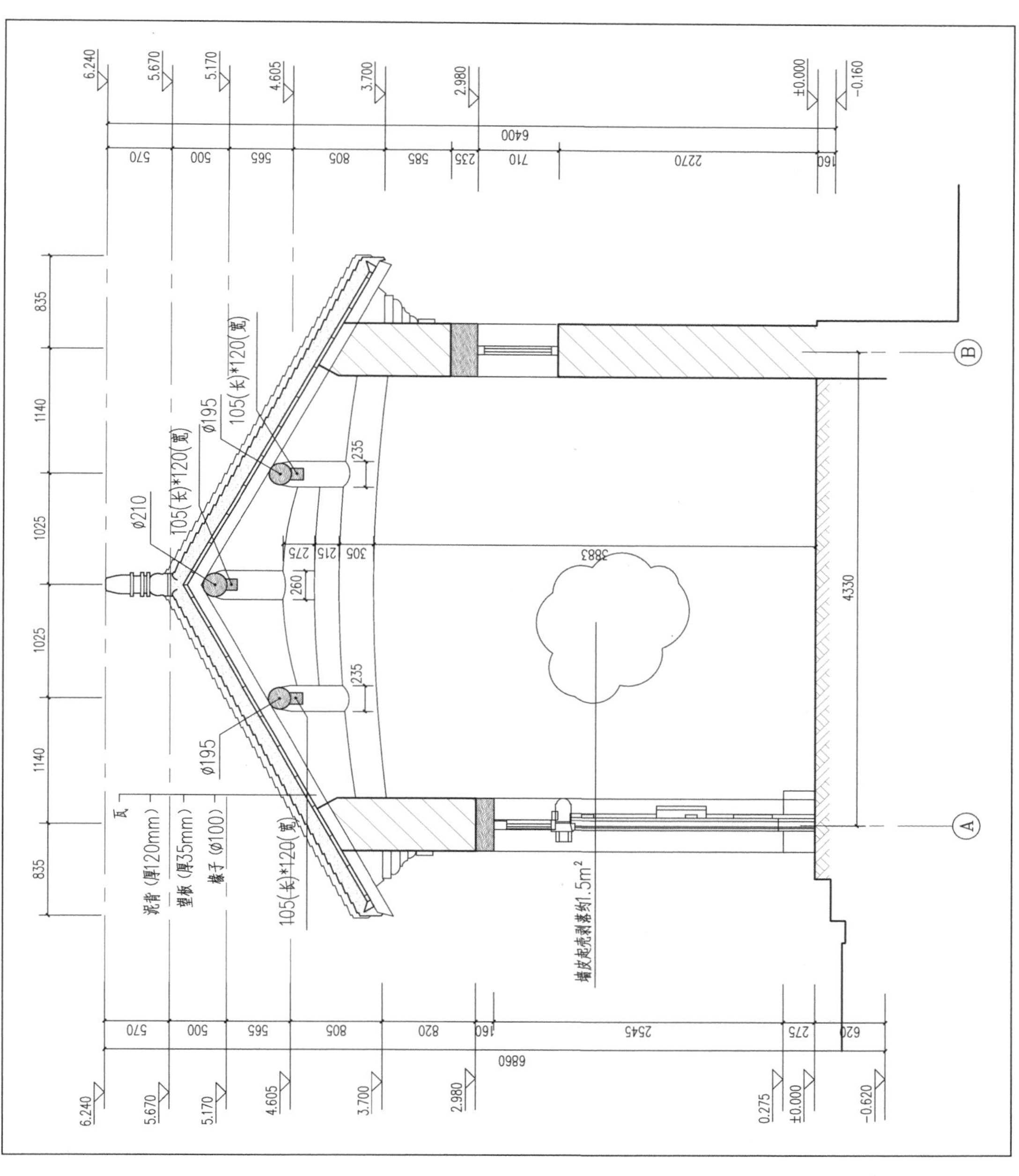

西忠来南倒座房 2-2 剖面图

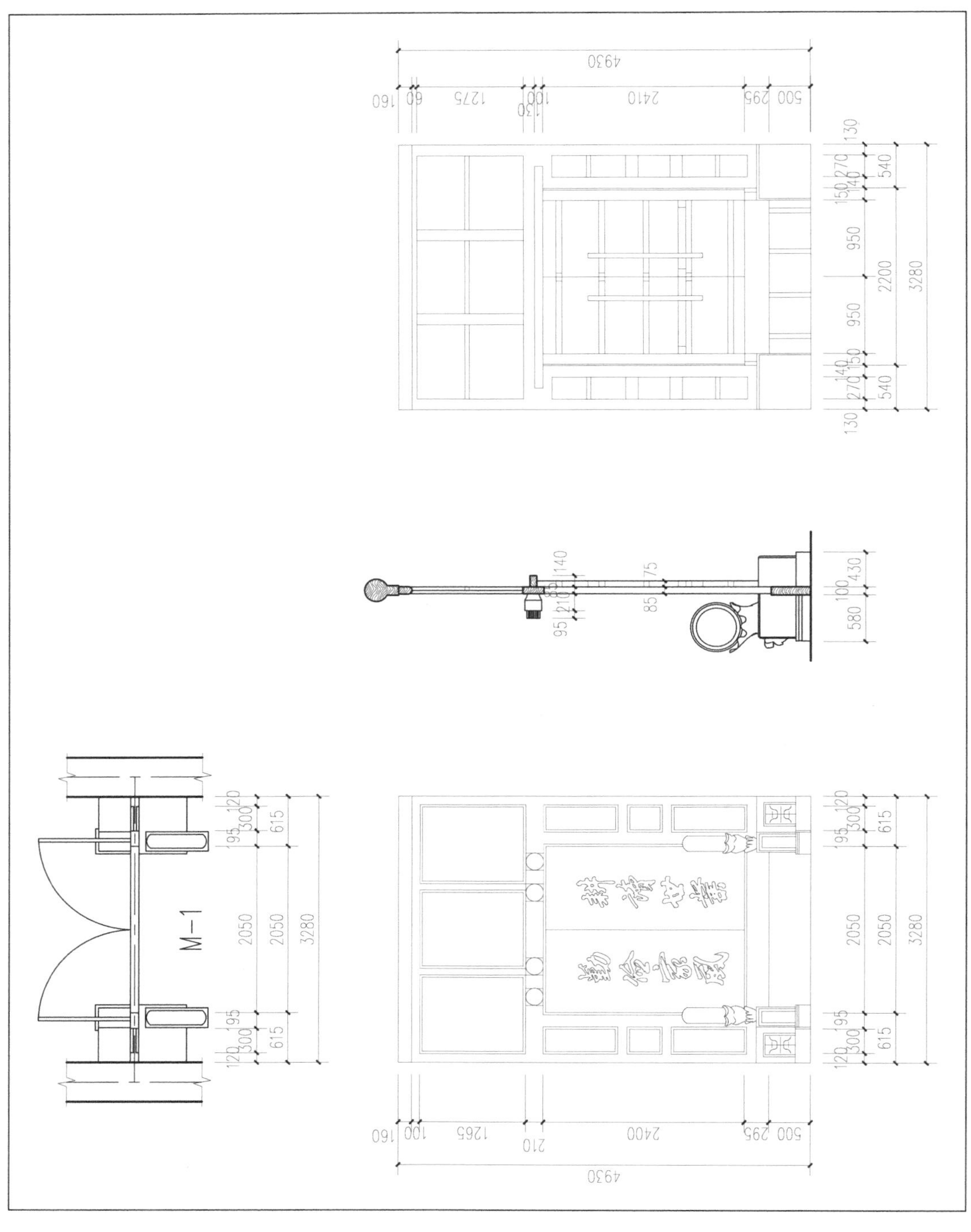

西忠来南倒座房 M-1 大样图

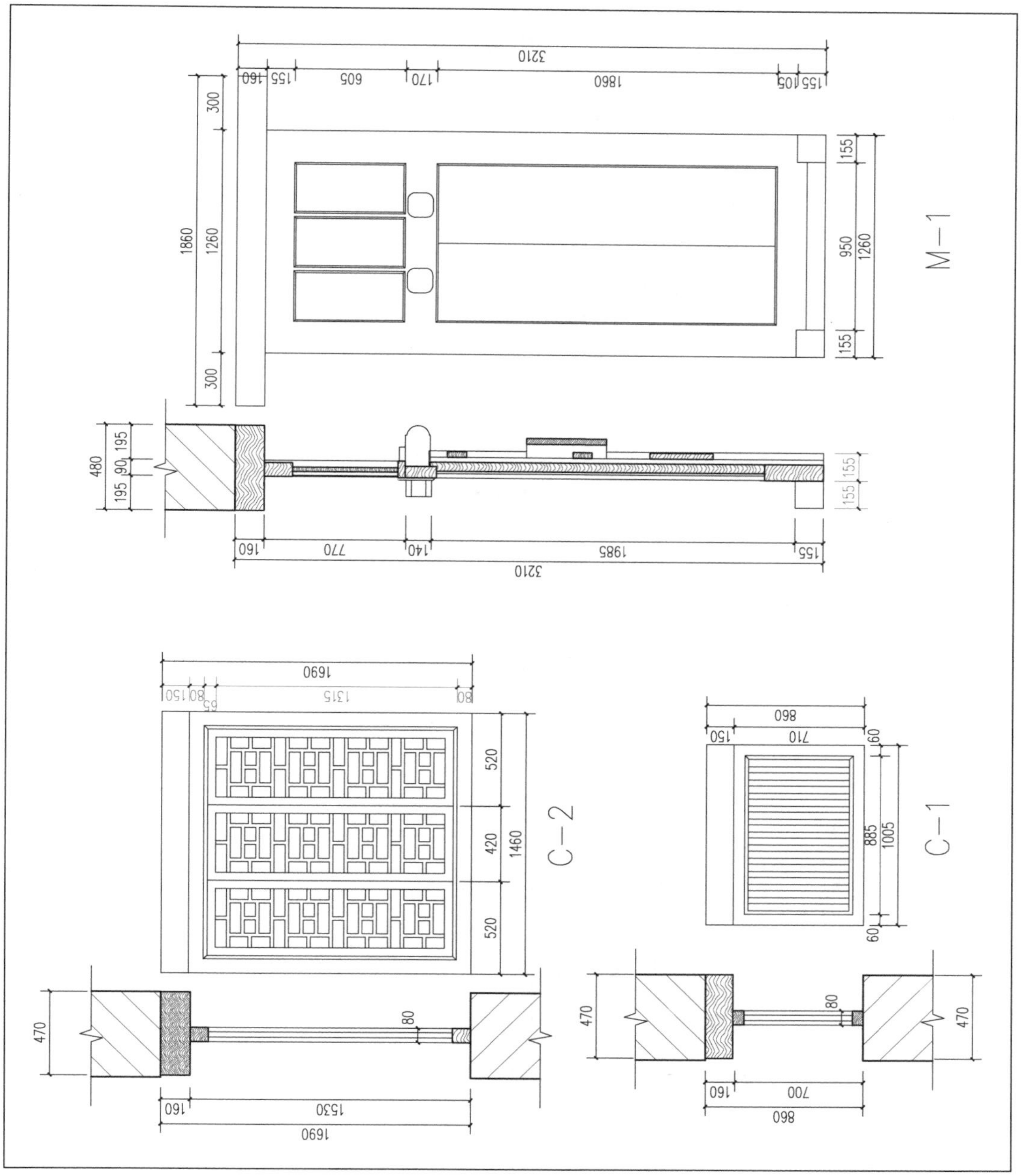

西忠来南倒座房门窗大样图

西忠来南倒座房大门抱鼓石大样图

二、西忠来西厢房

（一）建筑现状描述

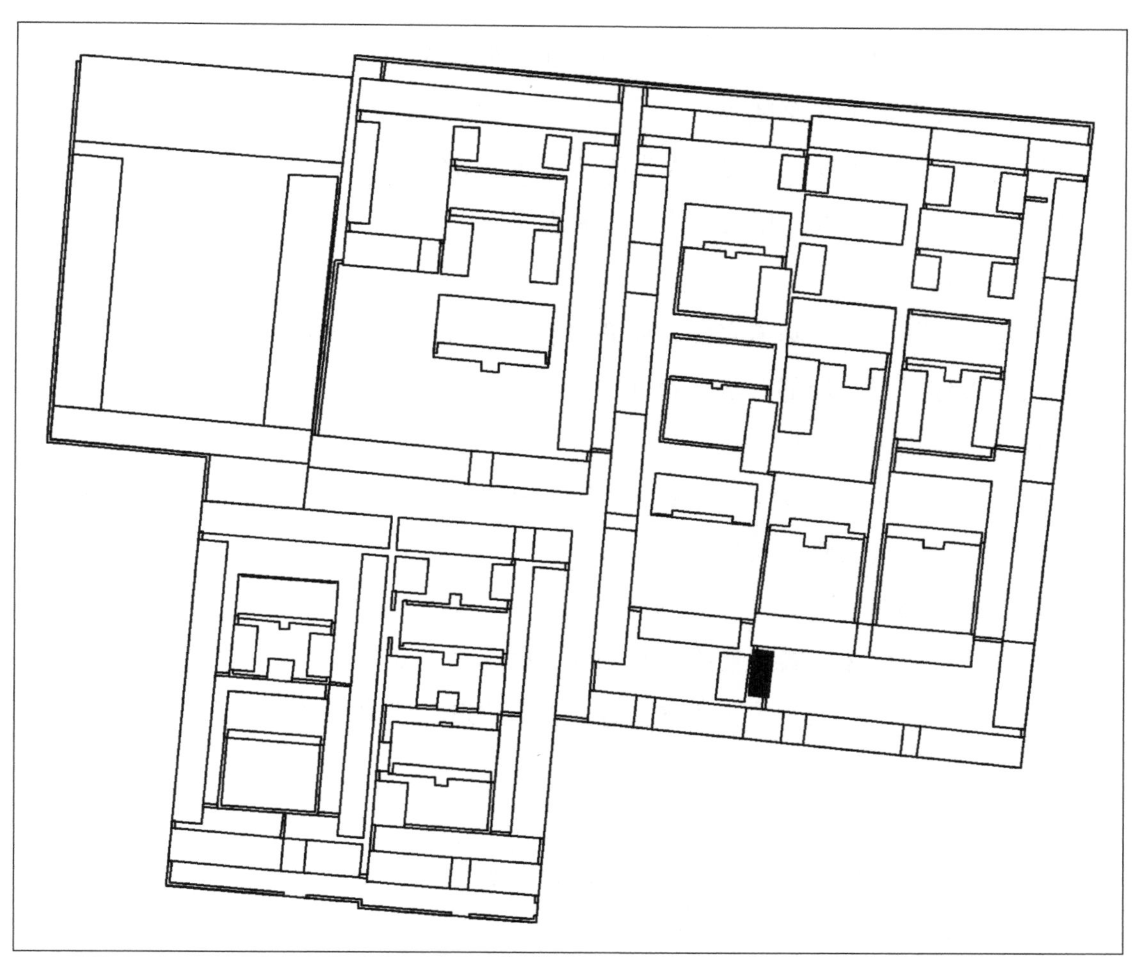

西忠来西厢房位置图

建筑年代：民国时期

建筑现状：西厢房条编望板糟朽破损严重。梁架普遍顺缝开裂严重。后檐墙体整体垮塌缺失，结构外露。南侧山墙被人为不当改造，有结构性裂纹。

建筑残损现状：

1. 条石墙基

残损现状：前檐总体完整，前檐条石墙基未见明显脱节、挤压和变形。局部条石轻微松动、勾缝抹灰剥落(10% 残损)。后檐条石墙体垮塌。北山墙总体完整，未见明显松动变形，勾缝白灰自然风化缺失严重（20% 残损）。南山墙明显松动变形，勾缝白灰自然风化缺失严重（40% 残损）。

残损类型：位移松动、碎裂、人为改造，残损等级Ⅲ级。

残损原因：自然侵蚀，年久失修，人为不当使用。

2. 青砖墙面

残损现状：前檐青砖基本完好，局部磨损、松动，勾缝脱落（30% 残损）。北山墙青砖砌筑，整体完好。局部有水泥勾缝加固痕迹（20% 残损）。南山墙青砖砌筑，青砖缺棱掉角残损严重（40% 残损）。

残损类型：磨损、缺棱掉角、缺失、人为改造，残损等级Ⅲ级。

残损原因：年久失修，人为不当改造。

3. 毛石抹灰墙体

残损现状：前檐抹灰墙体整体基本完好，局部边界处墙皮起壳开裂轻微。

残损类型：墙面腐化、普遍墙皮剥落、人为改造，残损等级Ⅰ级。

残损原因：自然侵蚀，年久失修。

4. 室内地面

残损现状：水泥地面局部碎裂，整体磨损较为严重。

残损类型：磨损，残损等级Ⅰ级。

残损原因：年久失修，人为不当使用。

5. 室内墙面

残损现状：白灰墙面整体完好，局部因屋顶漏雨污染、墙皮起壳剥落（20% 残损）。

残损类型：墙皮剥落、污染，残损等级Ⅰ级。

残损原因：年久失修，人为不当使用。

6. 梁架

残损现状：大木梁架整体无明显歪闪，20% 顺缝开裂、虫蛀糟朽严重。檩与椽子

50% 雨水糟朽、顺缝开裂严重。

残损类型：糟朽、顺缝开裂，残损等级Ⅲ级。

残损原因：自然侵蚀，年久失修。

7. 装修

残损现状：传统木门窗基本完好，轻微磨损裂缝。普通油饰褪色严重。

残损类型：破损、裂缝，残损等级Ⅰ级。

残损原因：年久失修，人为不当使用。

8. 屋面

残损现状：屋面后改造吊顶，勘测未及。小青瓦屋面，普遍位移松动，碎裂，檐口处滴水瓦破损缺失（30% 残损）。正脊出现细微断裂缝。

残损类型：缺失、碎裂松动，残损等级Ⅱ级（瓦件）；断裂破损、缺失，残损等级Ⅰ级（正脊）。

残损原因：雨水侵蚀，年久失修，人为不当使用。

（二）部分现状照片

西忠来西厢房东立面现状

石块松动，水土流失，勾缝缺失

砖墙体青砖位移松动

水泥地面磨损、开裂严重，并有严重污渍

内墙墙面涂料翘起脱落严

大木梁架普遍雨渍糟朽，局部梁檩顺缝开裂

檐口椽头糟朽、顺缝开裂严重

（三）现状勘测图纸

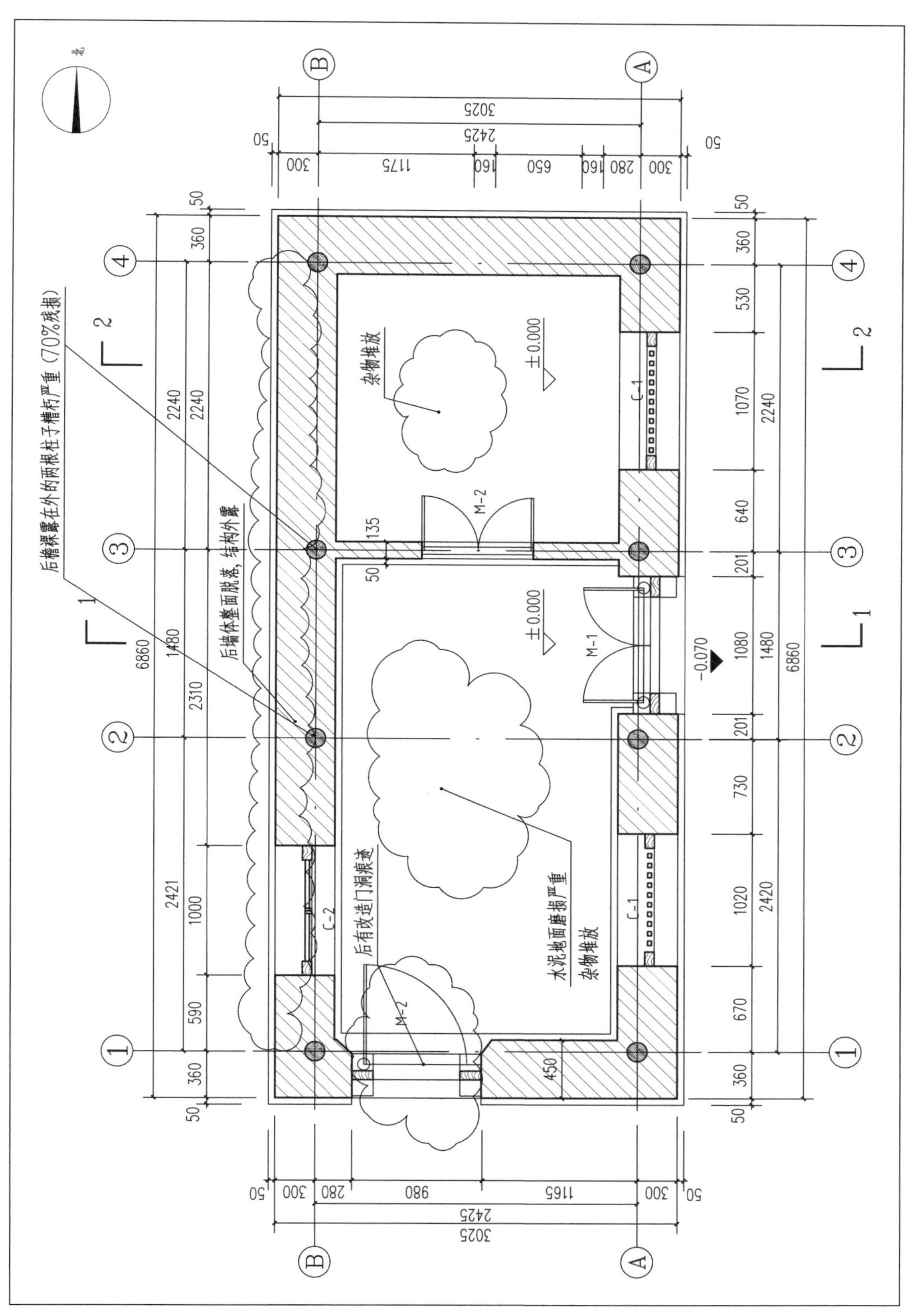

西忠来西厢房平面图

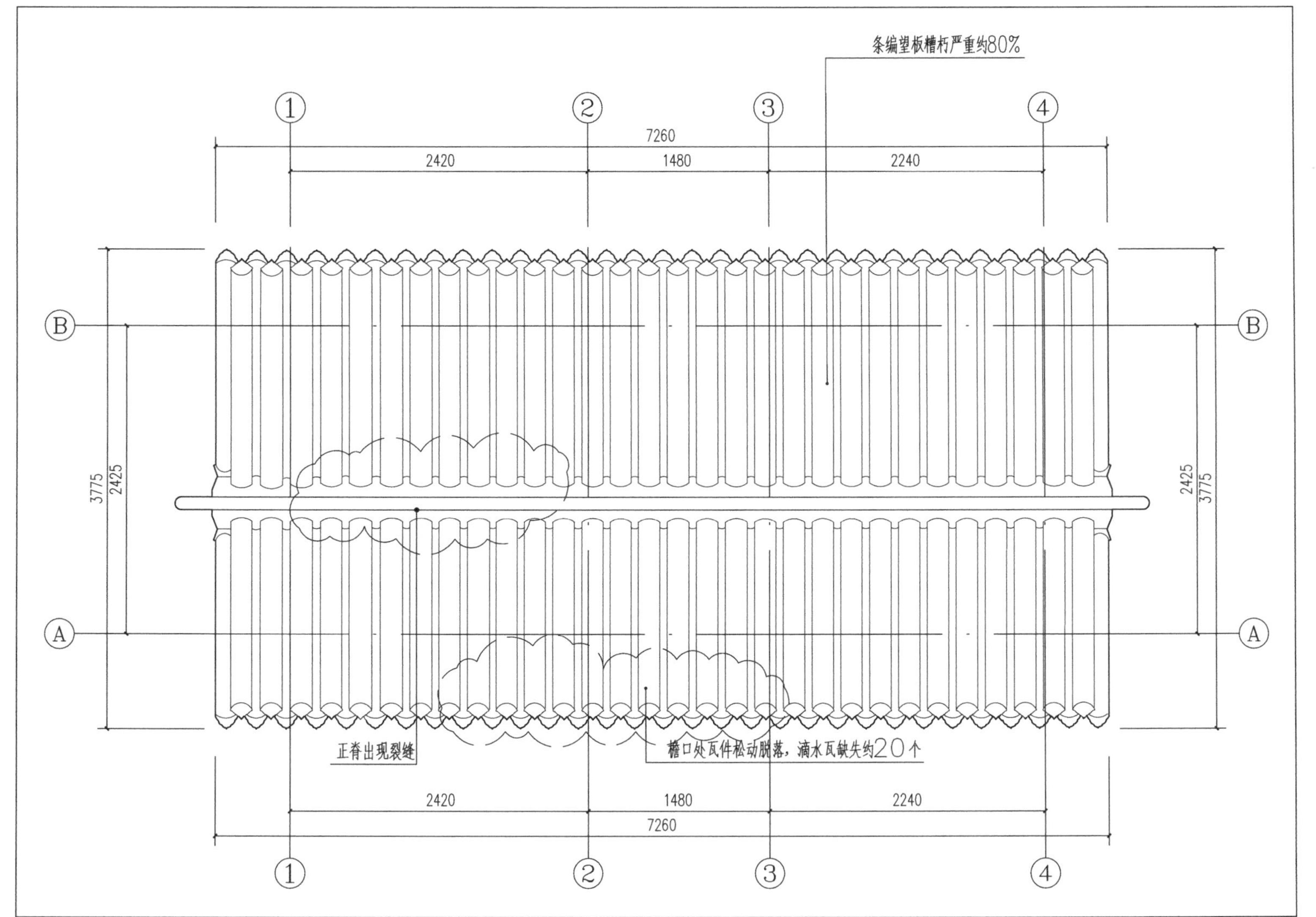

西忠来西厢房屋顶平面图

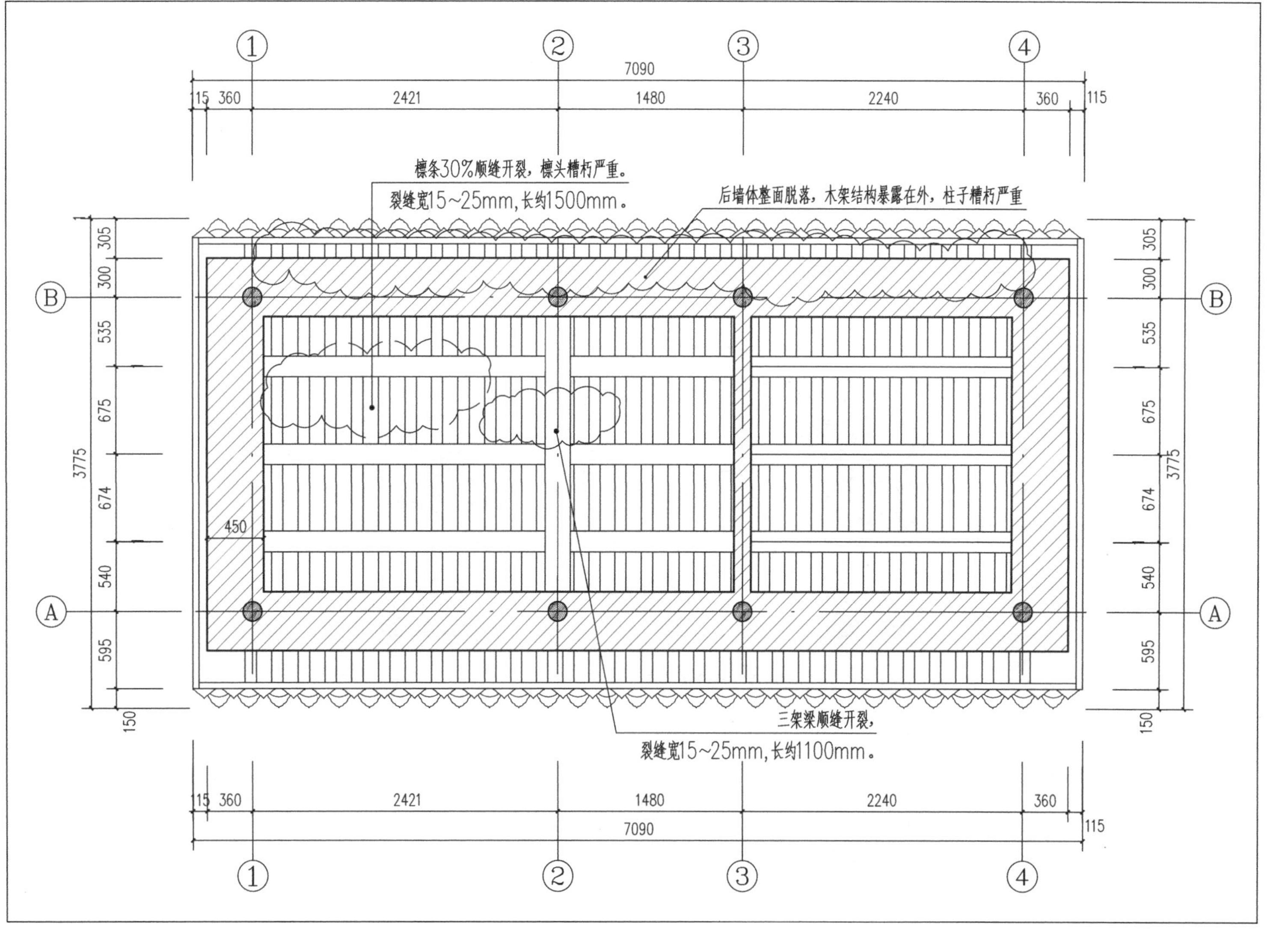

西忠来西厢房仰视平面图

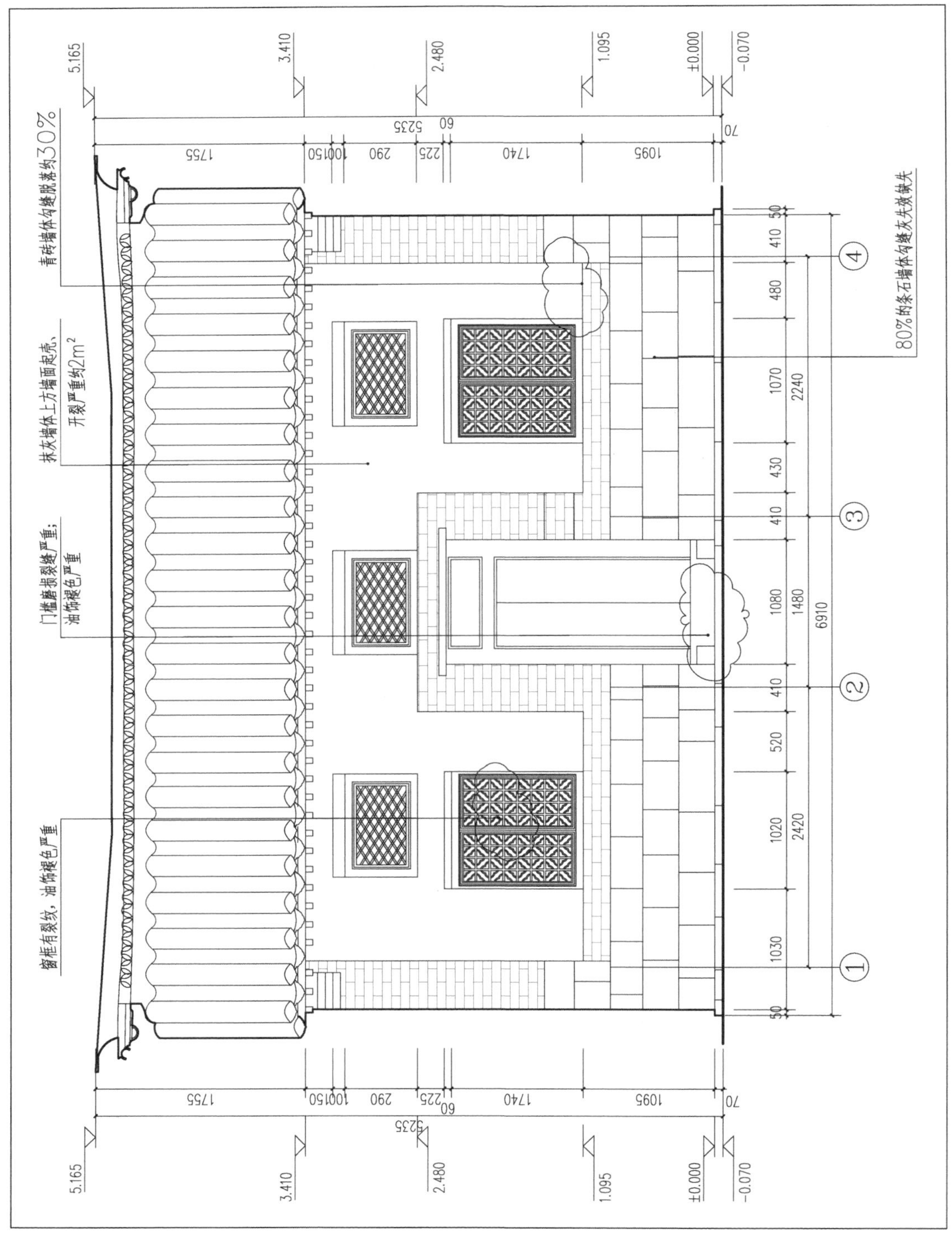
青砖墙体勾缝脱落约30%
抹灰墙体上方墙面起壳、
开裂严重约2m²
门槛磨损裂缝严重；
油饰褪色严重
窗框有裂纹，油饰褪色严重
80%的条石墙体勾缝灰失效缺失
5.165
3.410
2.480
1.095
±0.000
-0.070
5235
1755
100150
290
225
60
1740
1095
70
410
480
1070
2240
430
1080
1480
6910
520
1020
2420
1030
50

西忠来西厢房正立面图

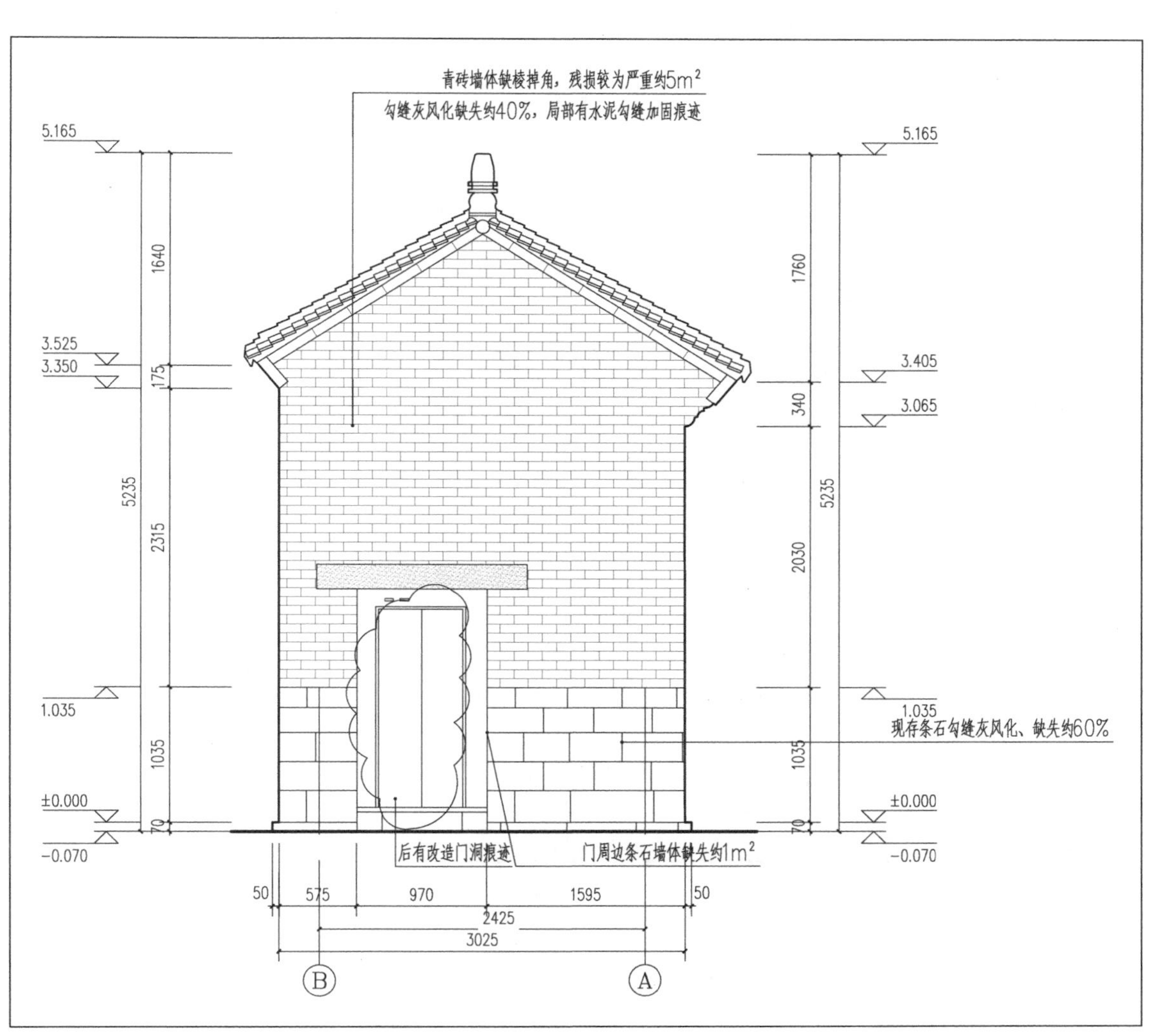

西忠来西厢房南侧立面图

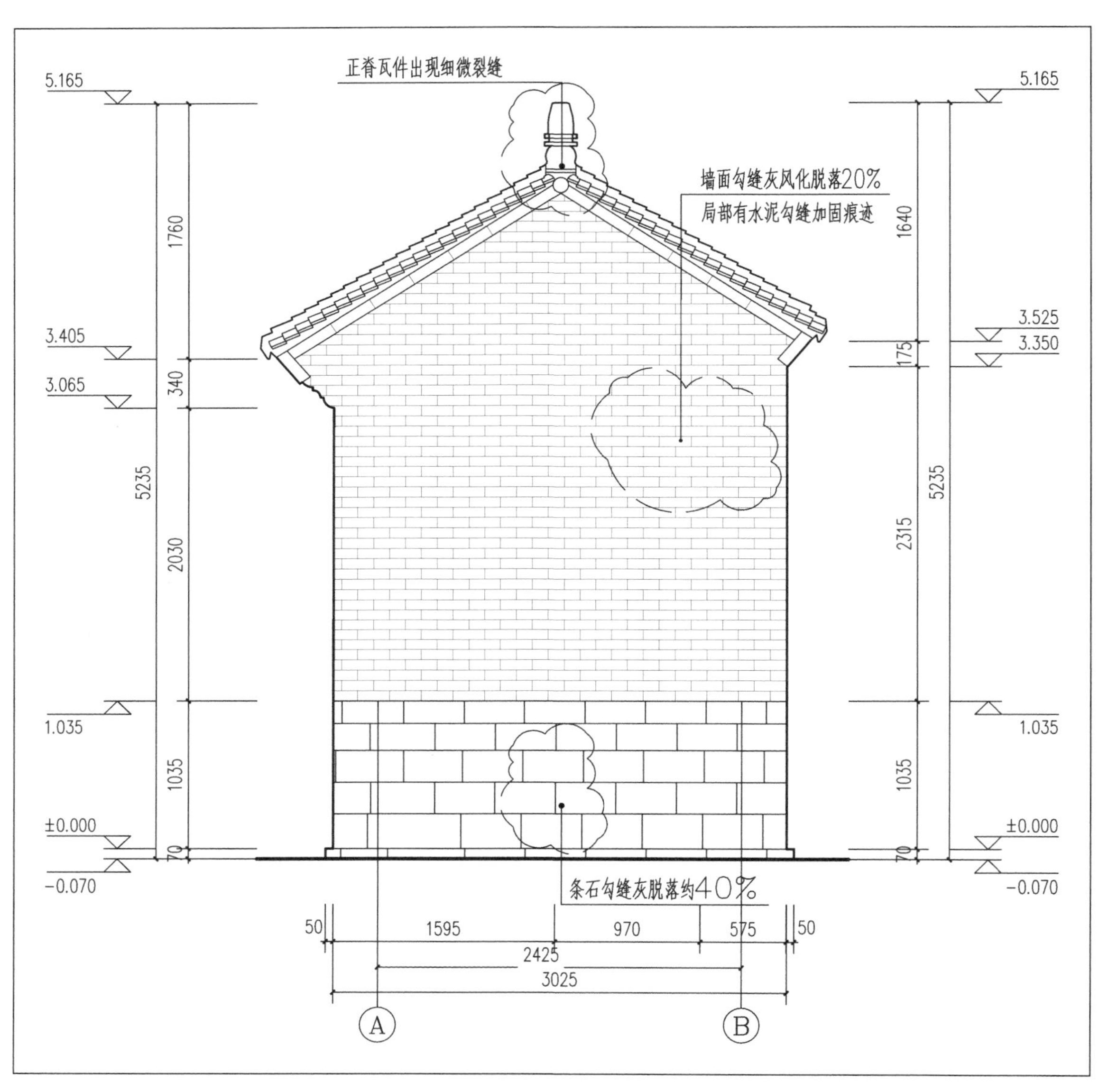

西忠来西厢房北侧立面图

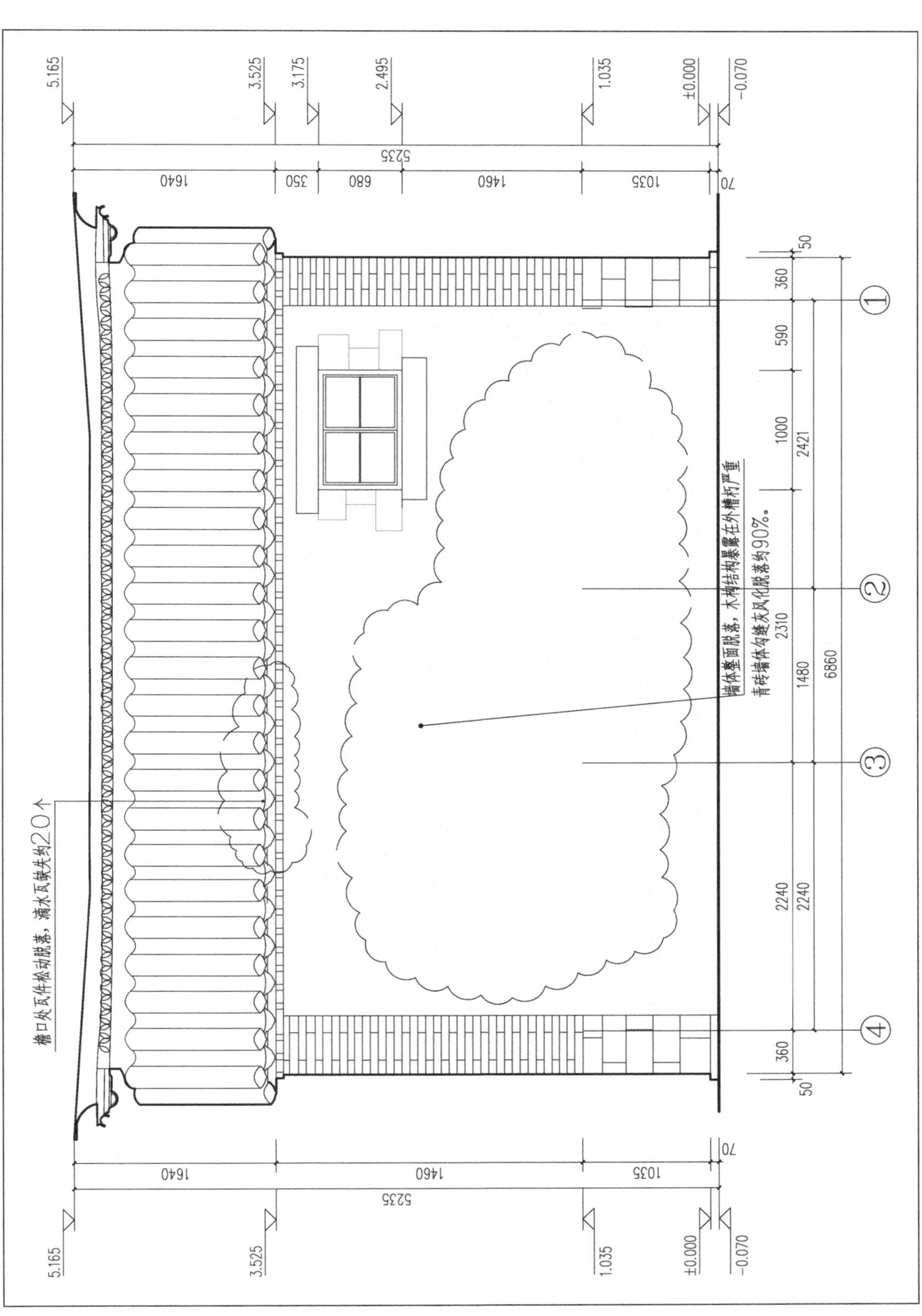
檐口处瓦件松动脱落，滴水瓦缺失约20个
墙体整面脱落，木构结构暴露在外糟朽严重
青砖墙体勾缝灰风化脱落约90%。
5.165
3.525
3.175
2.495
1.035
±0.000
-0.070
5235
1640
350
680
1460
1035
70
50
360
590
1000
2421
2310
1480
6860
2240
①
②
③
④

西忠来西厢房背立面图

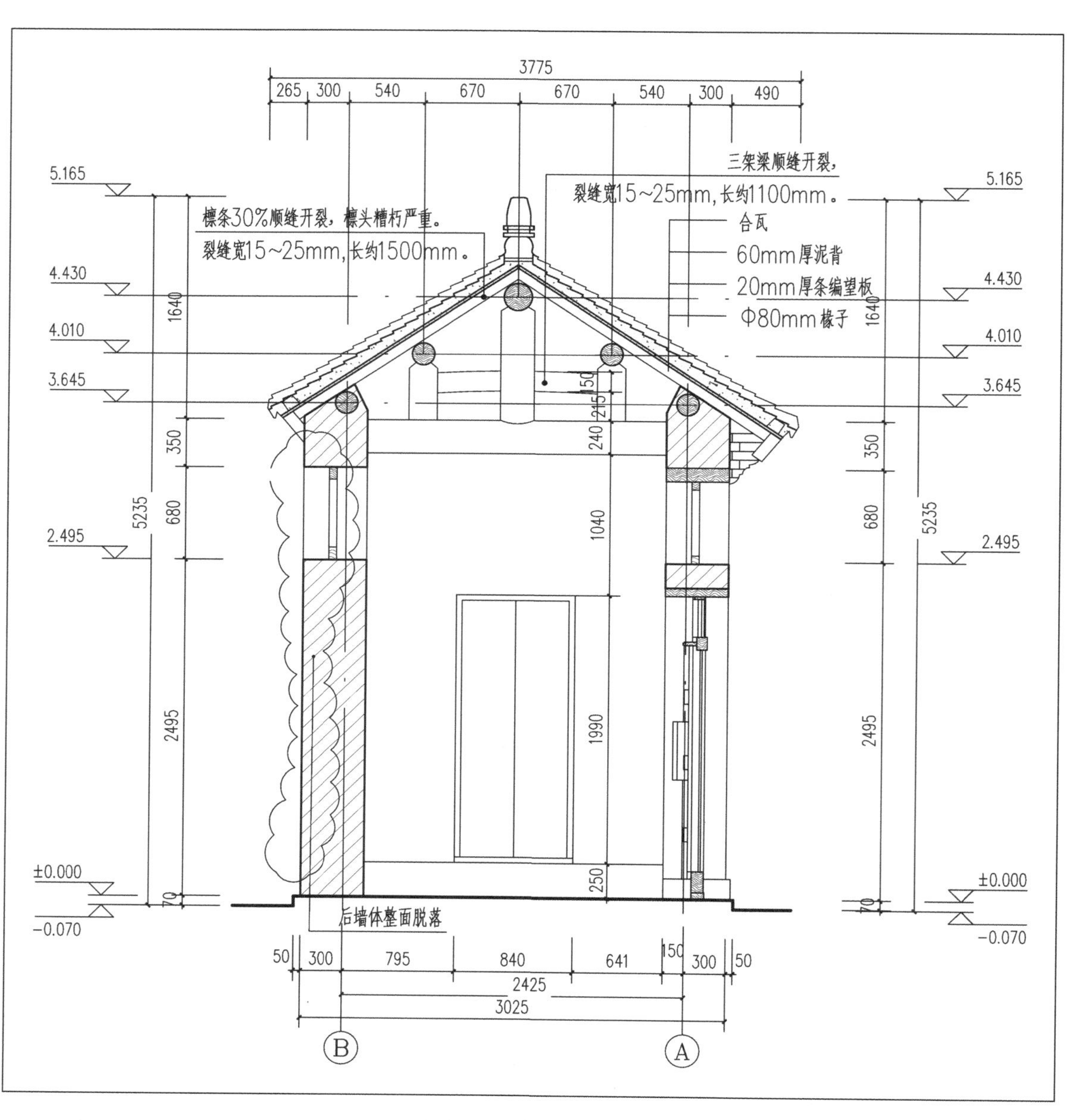

西忠来西厢房 1–1 剖面图

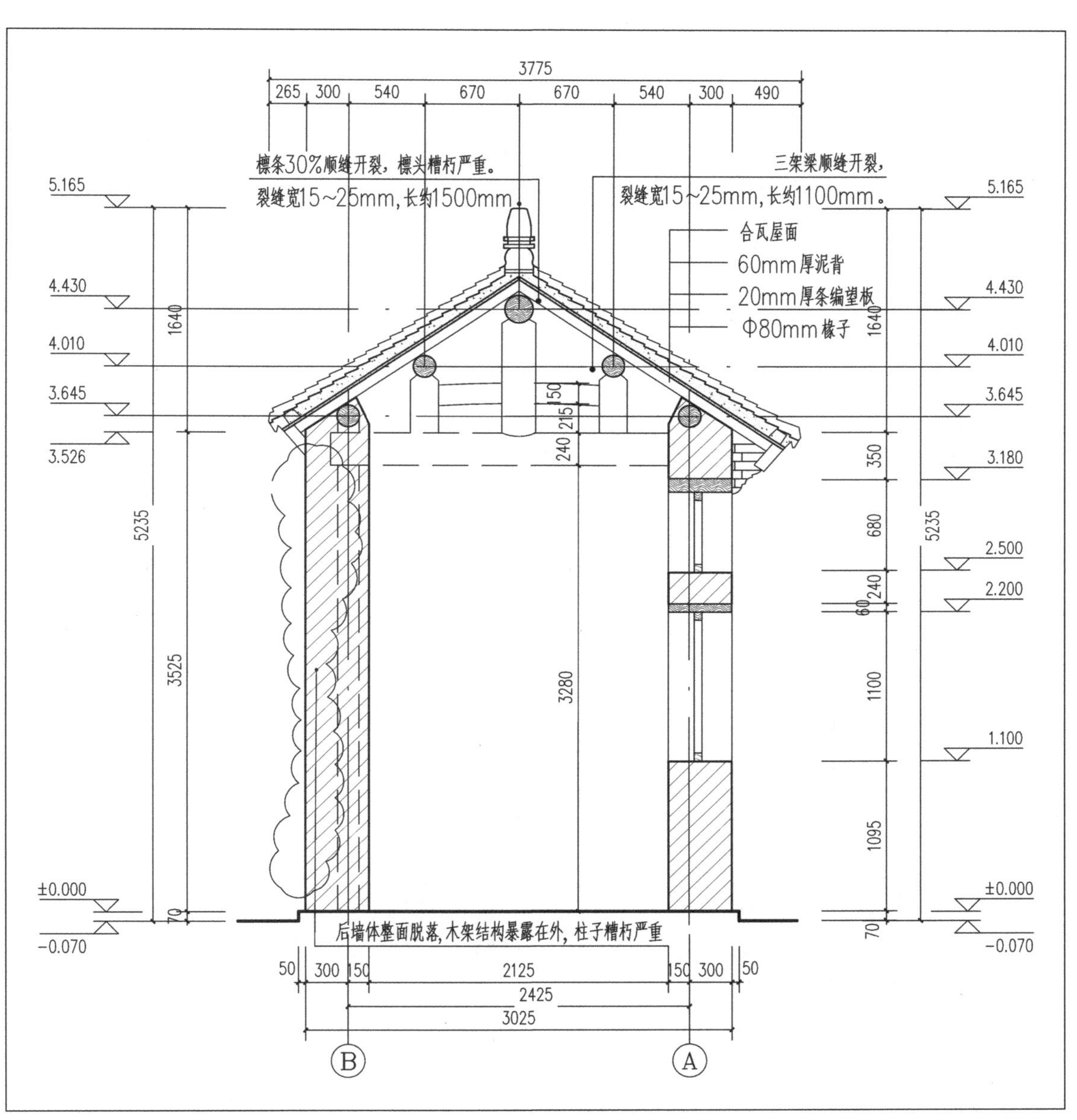

西忠来西厢房 2–2 剖面图

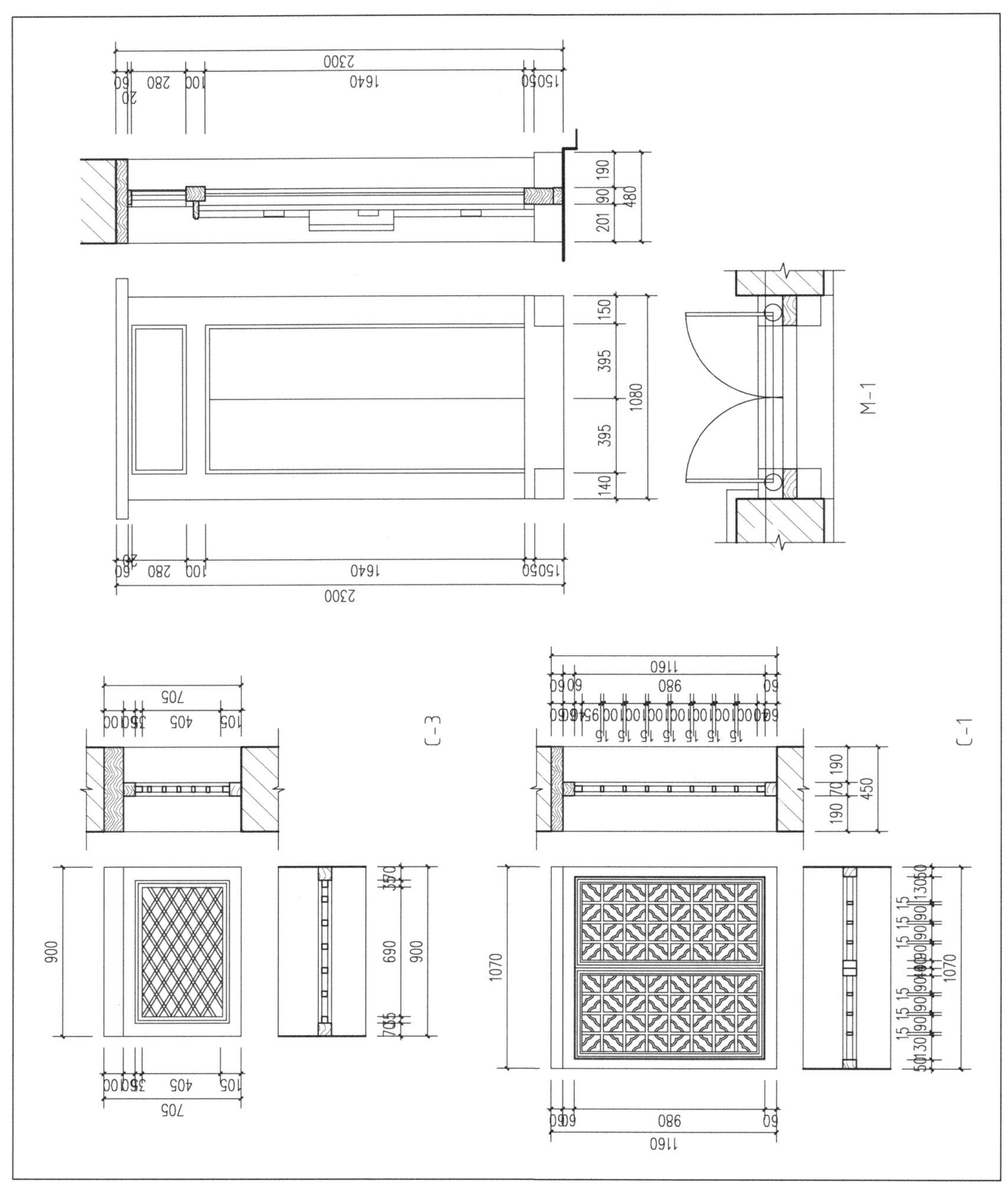

西忠来西厢房门窗大样图

三、西忠来前厅

（一）建筑现状描述

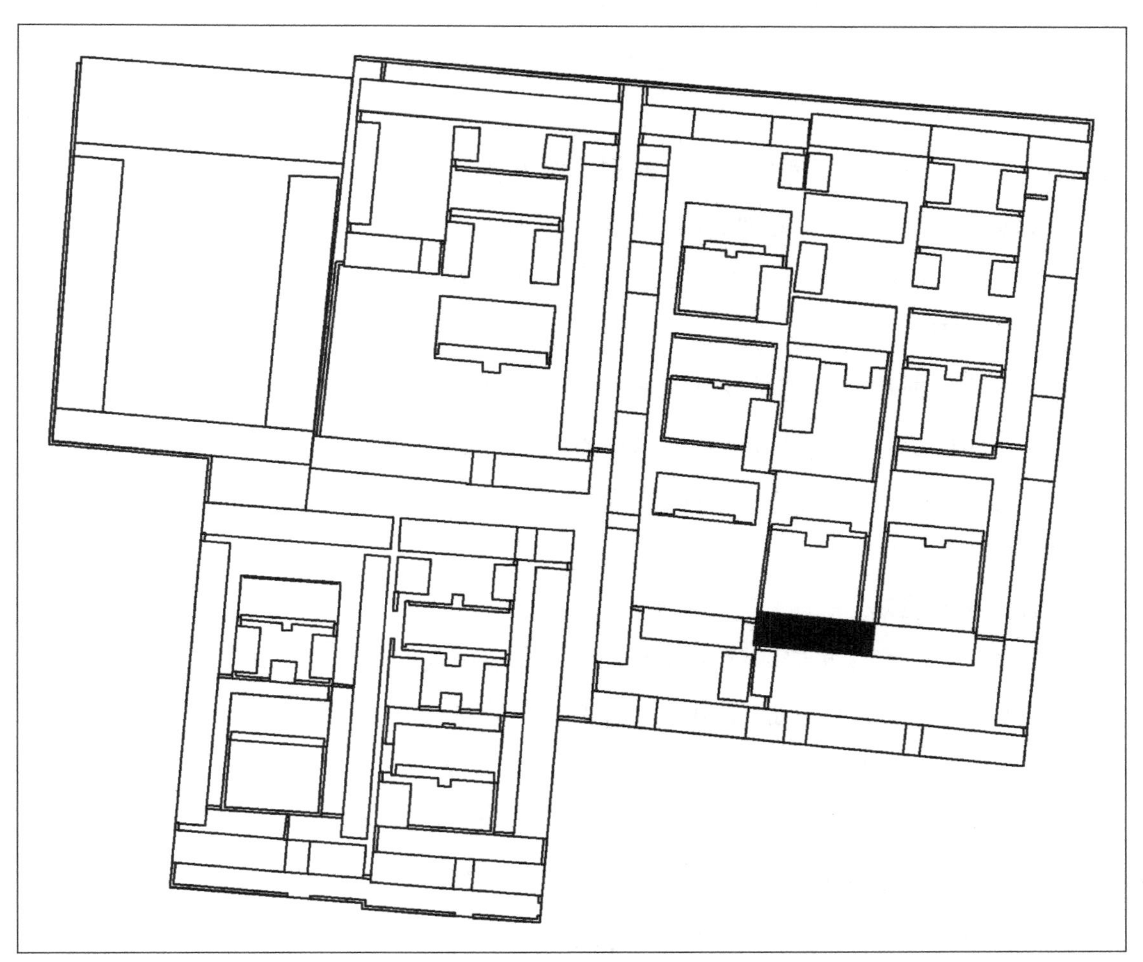

西忠来前厅位置图

建筑年代：民国时期

建筑现状：前厅现为展示陈列用房，室内地面为水泥地面，前檐墙体墙皮脱落严重，后檐条石墙体有明显的后期砌筑痕迹。

建筑残损现状：

1. 条石墙基

残损现状：前檐花岗石块砌筑墙体，总体完整。现状墙面墙基返潮严重，墙皮大面积脱落，勾缝脱落严重。后檐条石墙窗口下端墙体松动裂缝，局部后水泥勾缝加固，勾缝白灰自然风化缺失严重（30% 残损）。西山墙总体完整，未见明显变形，墙体无破损痕迹。

残损类型：墙基返潮墙皮脱落，残损等级Ⅱ级（前檐）；地基下沉、墙体外闪，残损等级Ⅱ级（后檐）；墙基返潮、墙皮脱落，残损等级Ⅰ级（西山墙）。

残损原因：自然侵蚀，年久失修，人为不当使用。

2. 青砖墙面

残损现状：前檐青砖墙体基本完整，无明显位移松动迹象，局部勾缝脱落。后檐青砖腰线中部松动，勾缝脱落严重。西山青砖砌筑墙体基本完好，无损坏现象。

残损类型：松动脱落，残损等级Ⅱ级。

残损原因：年久失修，人为不当改造。

3. 毛石抹灰墙体

残损现状：前檐抹灰墙体整体基本完好，局部抹灰墙皮轻微剥落。

残损类型：墙皮剥落、墙体裂缝，残损等级Ⅰ级。

残损原因：自然侵蚀，年久失修。

4. 室内地面

残损现状：目前室内地面水泥地面，地面磨损严重。

残损类型：破损、人为改造，残损等级Ⅰ级。

残损原因：年久失修，人为不当使用。

5. 室内墙面

残损现状：白灰墙面整体完好，局部灰尘污染严重，局部因屋顶漏雨污染、墙皮起壳剥落（20% 残损），局部有轻微裂缝。

残损类型：墙皮剥落、污染、人为改造使用，残损等级Ⅰ级。

残损原因：年久失修，人为不当使用。

6. 梁架

残损现状：大木梁架整体较较好，10% 梁架顺缝开裂（0.5 厘米≤缝宽 <1.5 厘

米），30% 梁架因屋脊屋面漏雨糟朽严重。檩与椽子雨水糟朽、顺缝开裂严重，屋面漏雨房间檩椽开裂糟朽严重（30% 残损），前后檐室外部分的椽头 80% 因雨水自然开裂糟朽。

残损类型：糟朽、顺缝开裂，残损等级Ⅱ级（梁）；雨水糟朽、顺缝开裂，残损等级Ⅱ级（檩椽）。

残损原因：自然侵蚀，年久失修。

7. 装修

残损现状：门窗均为传统样式，整体完好，10% 门扇构件有轻微裂缝，门窗油饰褪色，漆皮剥落。

残损类型：磨损、开裂、人为改造，残损等级Ⅰ级。

残损原因：自然侵蚀，年久失修，人为不当改造。

8. 屋面

残损现状：望砖基本完好，表面有雨水痕迹。小青瓦屋面，其中屋面瓦片 20% 位移松动，檐口处滴水瓦 30% 位移松动，水泥勾抹加固。正脊整体完好，20% 搭接处轻微断裂破损。

残损类型：雨水侵蚀，残损等级Ⅲ级（望砖）。缺失、碎裂松动，残损等级Ⅲ级（瓦件）；断裂破损，缺失，残损等级Ⅰ级（正脊）。

残损原因：雨水侵蚀，年久失修。

（二）部分现状照片

西忠来前厅南立面现状

西忠来前厅北立面现状

西山墙青砖墙面青砖有缺棱掉角现象

抹灰墙面鼓起，墙面涂料翘起脱落严重

水泥地面磨损裂缝严重，并有严重污渍

由于雨水浸湿，墙面发霉墙皮糟朽

梁表面糟朽有裂痕

门窗均为传统样式，整体完好

门板顺缝开裂严重，油饰剥落

由于雨水渗透，望砖表面潮湿

瓦件缺失，瓦片碎裂

（三）现状勘测图纸

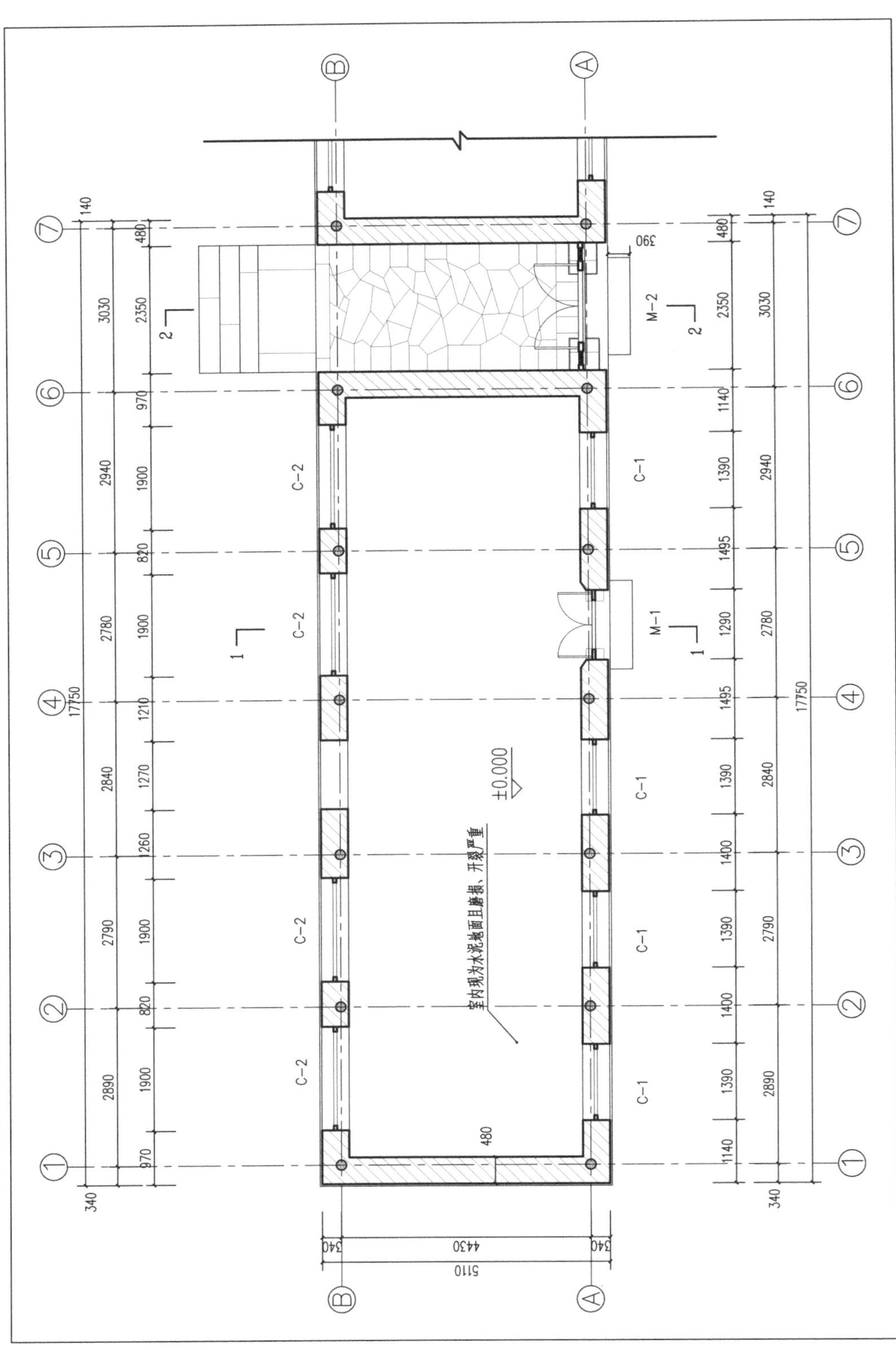

西忠来前厅平面图

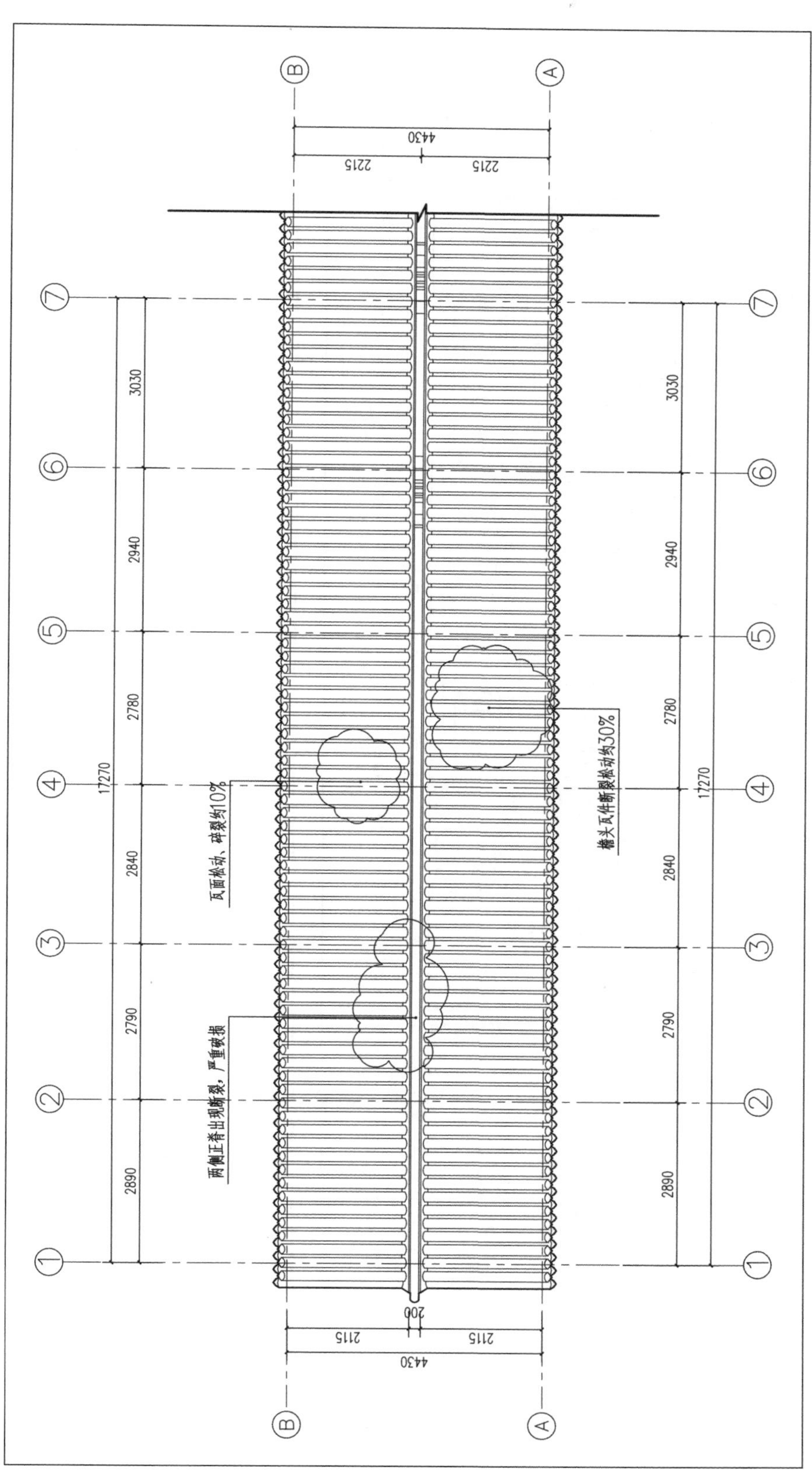
瓦面松动，碎裂约10%
两侧正脊出现断裂，严重破损
檐头瓦件断裂松动约30%
17270
2890
2790
2840
2780
2940
3030
4430
2215
2115
200

西忠来前厅屋面平面图

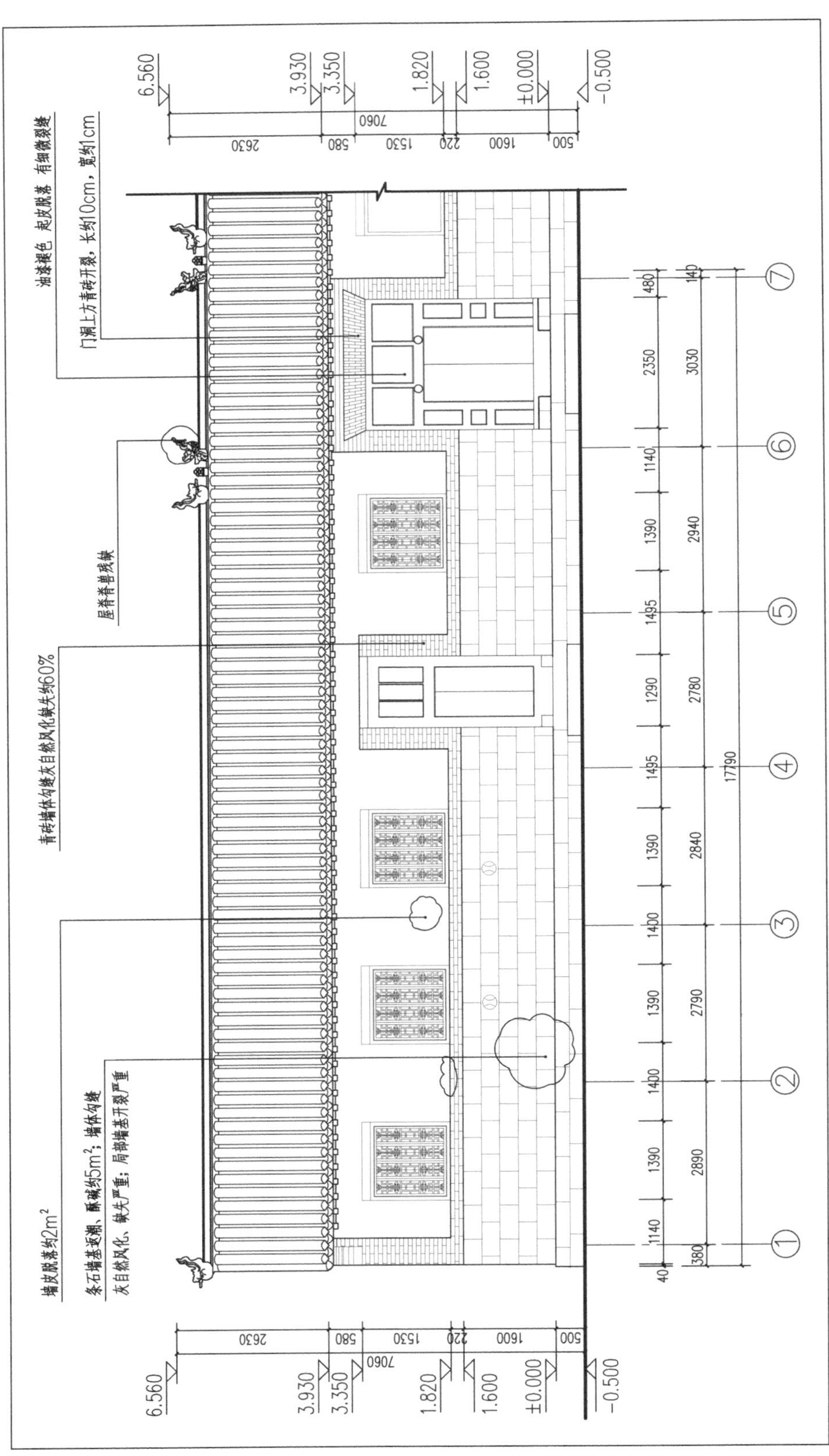
6.560
3.930
3.350
1.820
1.600
±0.000
−0.500
2630
580
1530
220
1600
500
7060
墙皮脱落约2m²
条石墙基返潮、酥碱约5m²；墙体勾缝
灰自然风化、缺失严重；局部墙基开裂严重
青砖墙体勾缝灰自然风化缺失约60%
屋脊脊兽残缺
油漆褪色 起皮脱落 有细微裂缝
门洞上方青砖开裂，长约10cm，宽约1cm
1140
1390
1400
1390
1400
1390
1495
1495
1390
1140
2350
480
380
2890
2790
2840
2780
2940
3030
140
40
17790
1
2
3
4
5
6
7

西忠来前厅南立面图

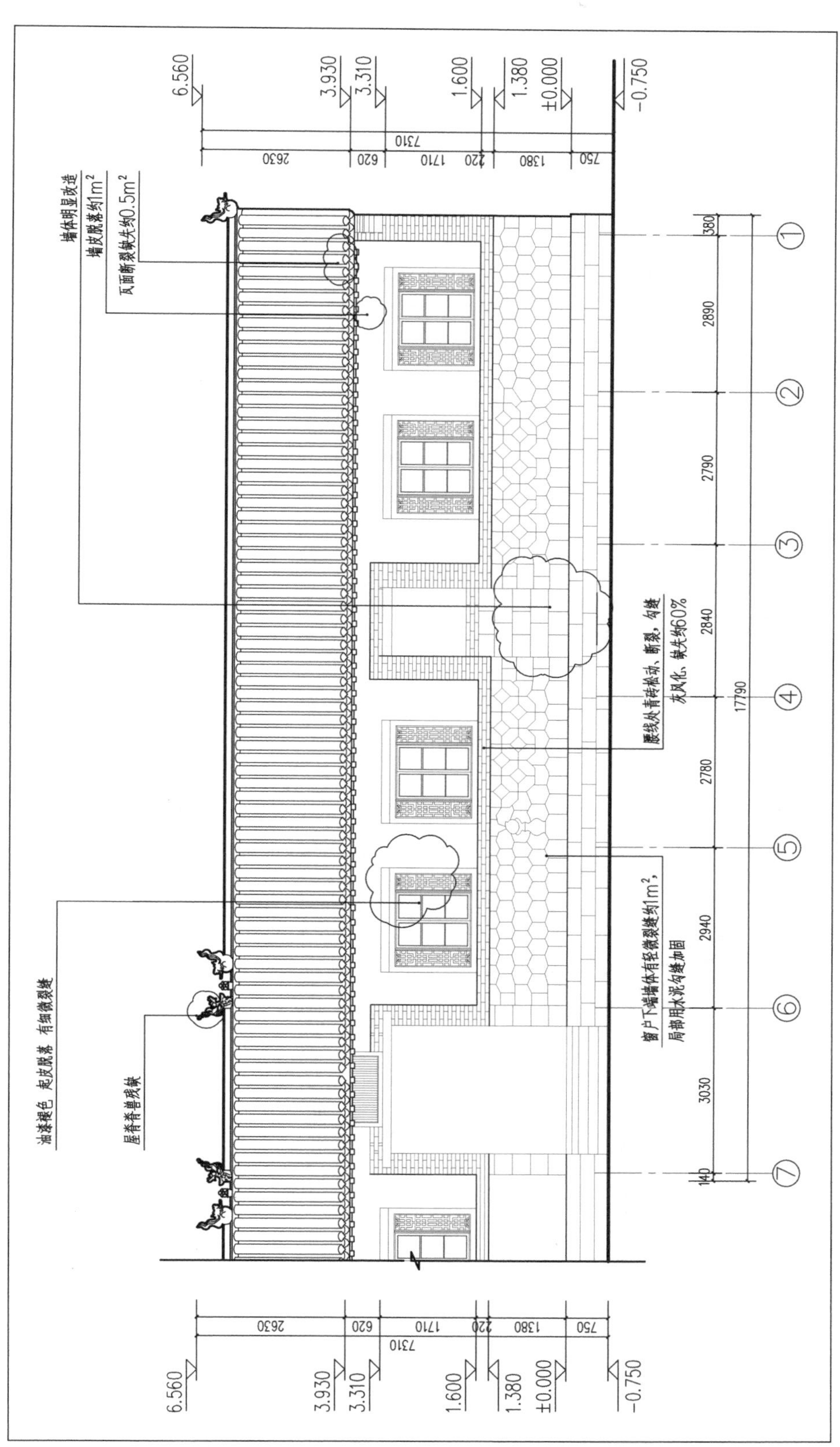

墙体明显改造
墙皮脱落约1m²
瓦面断裂缺失约0.5m²
腰线处青砖松动、断裂，勾缝灰风化，缺失约60%
窗户下端墙体有轻微裂缝约1m²，局部用水泥勾缝加固
油漆褪色 灰皮脱落 有细微裂缝
屋脊脊兽残缺
6.560
3.930
3.310
1.600
1.380
±0.000
−0.750
7310
2630
620
1710
220
1380
750
380
2890
2790
2840
2780
2940
3030
140
17790

西忠来前厅北立面图

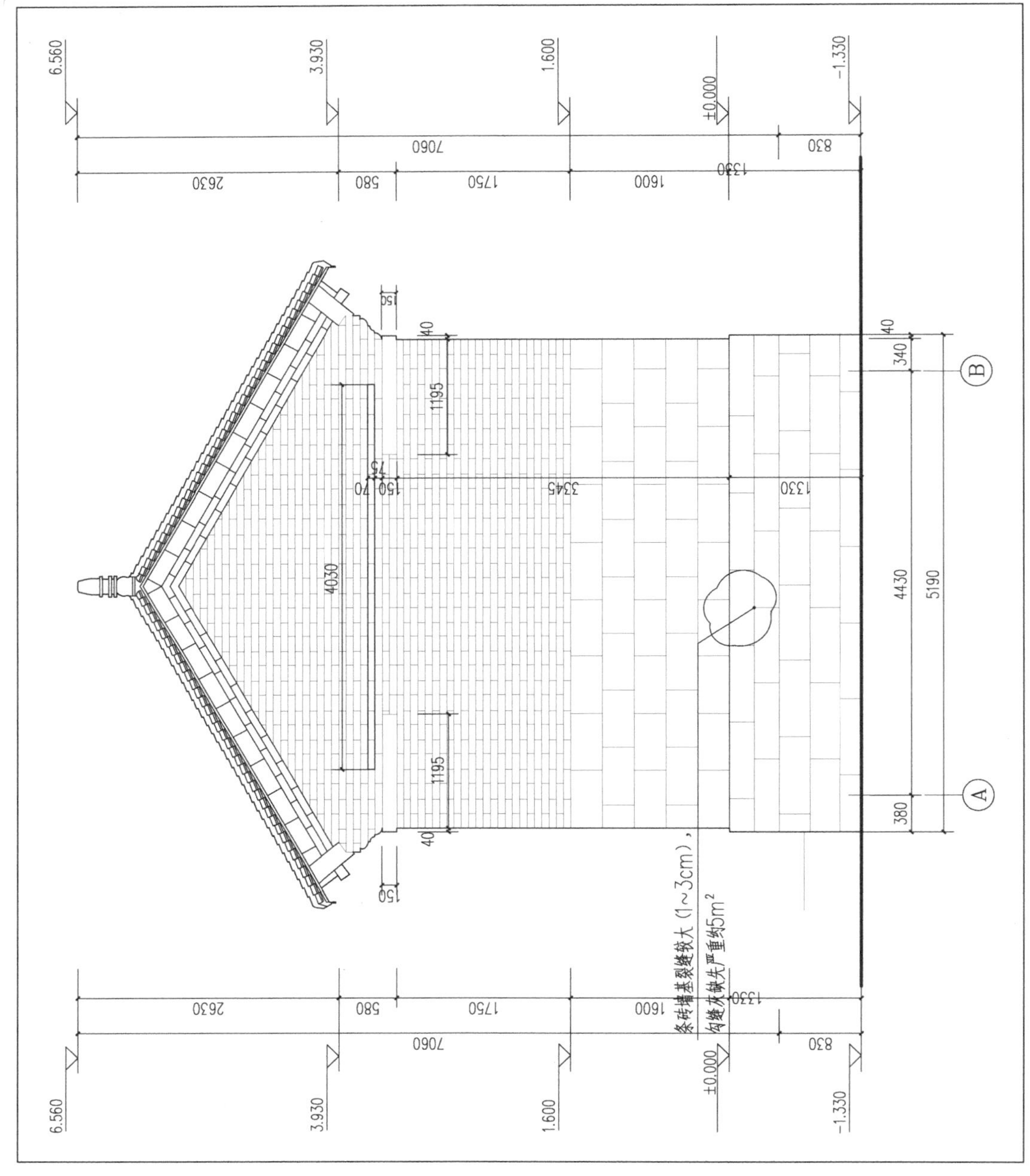

西忠来前厅西立面图

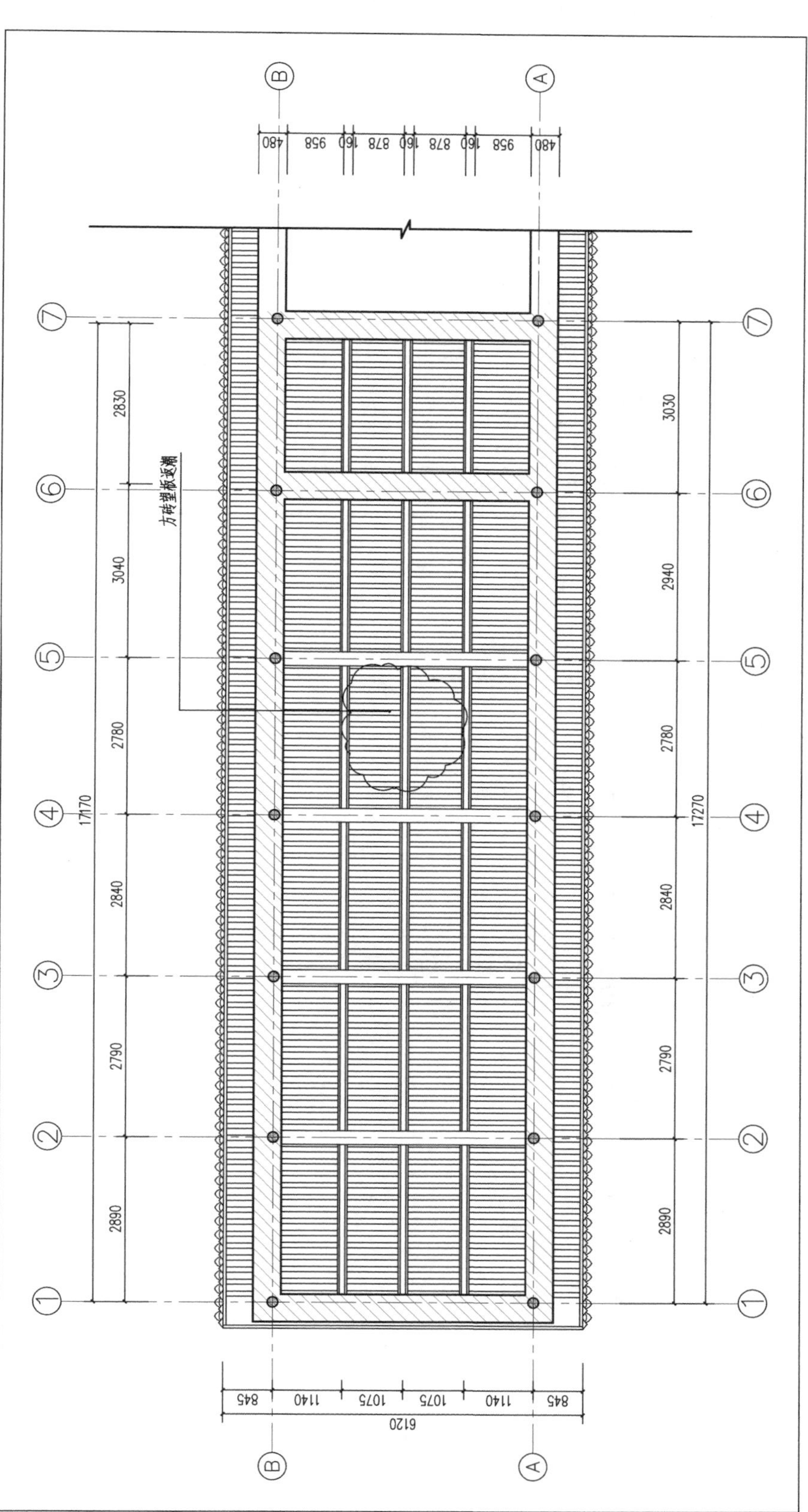
方砖望板返潮
2830
3040
2780
2840
2790
2890
17170
3030
2940
2780
2840
2790
2890
17270
480
958
160
878
160
878
160
958
480
845
1140
1075
1075
1140
845
6120

西忠来前厅屋顶仰视图

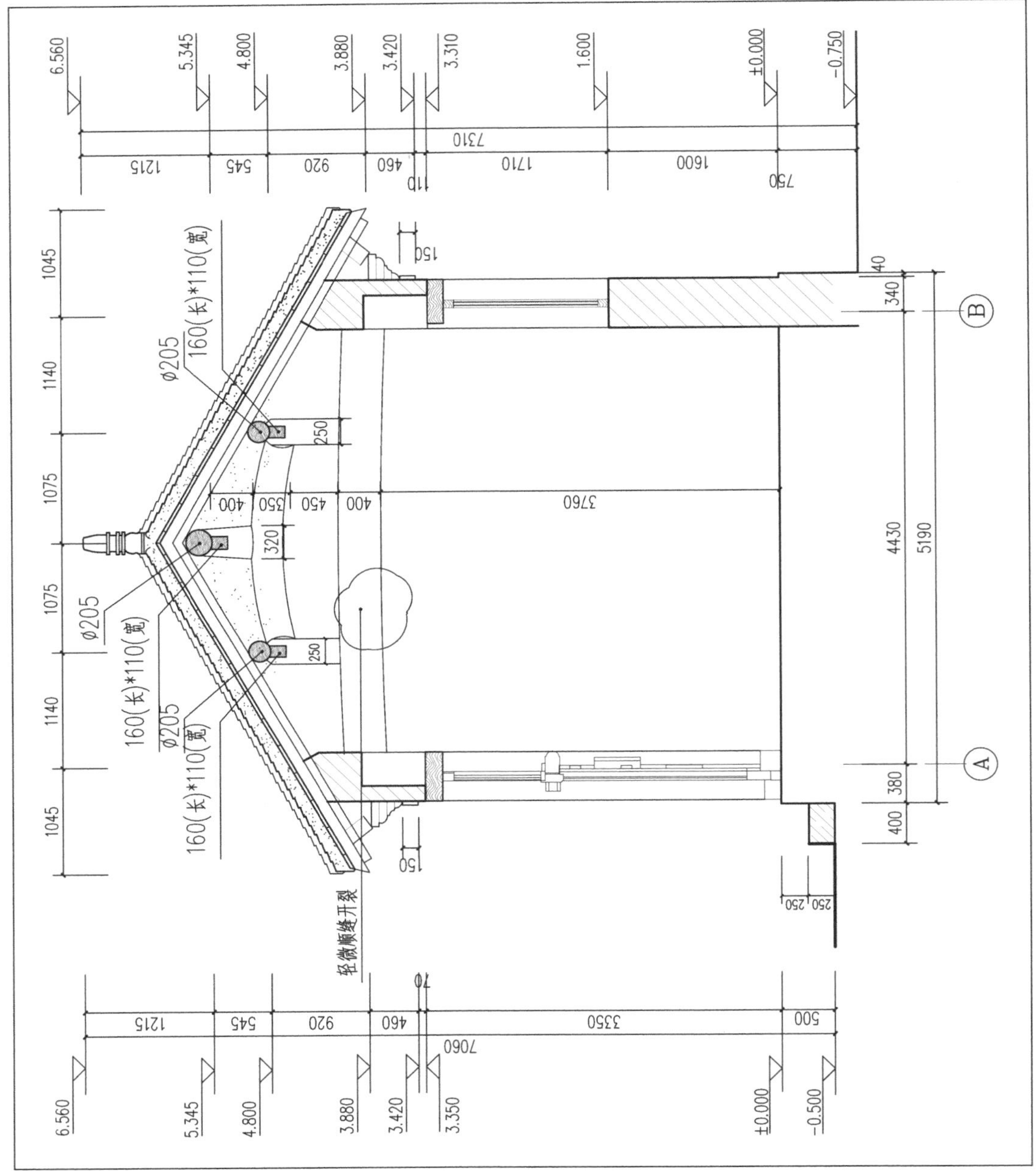
轻微顺缝开裂
160(长)*110(宽)
ø205
A
B
6.560
5.345
4.800
3.880
3.420
3.310
3.350
1.600
±0.000
-0.750
-0.500
7310
7060
4430
5190
3760

西忠来前厅1-1剖面图

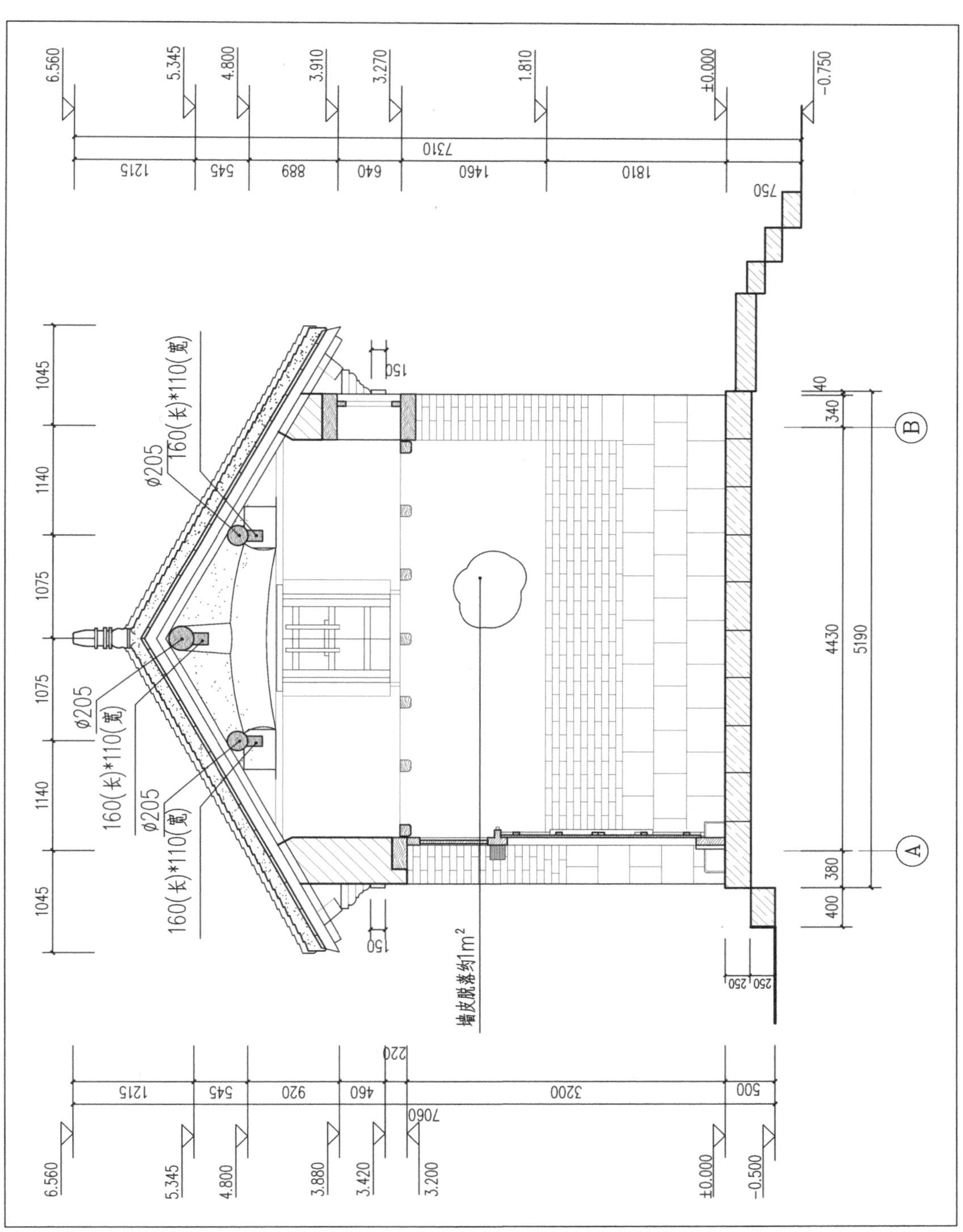
6.560
5.345
4.800
3.910
3.270
1.810
±0.000
-0.750
7310
1215
545
889
640
1460
1810
750
1045
1140
1075
1075
1140
1045
Ø205
160(长)*110(宽)
150
40
340
4430
5190
380
400
250
250
墙皮脱落约1m²
220
7060
500
3200
460
920
3.880
3.420
3.200
-0.500
A
B

西忠来前厅2-2剖面图

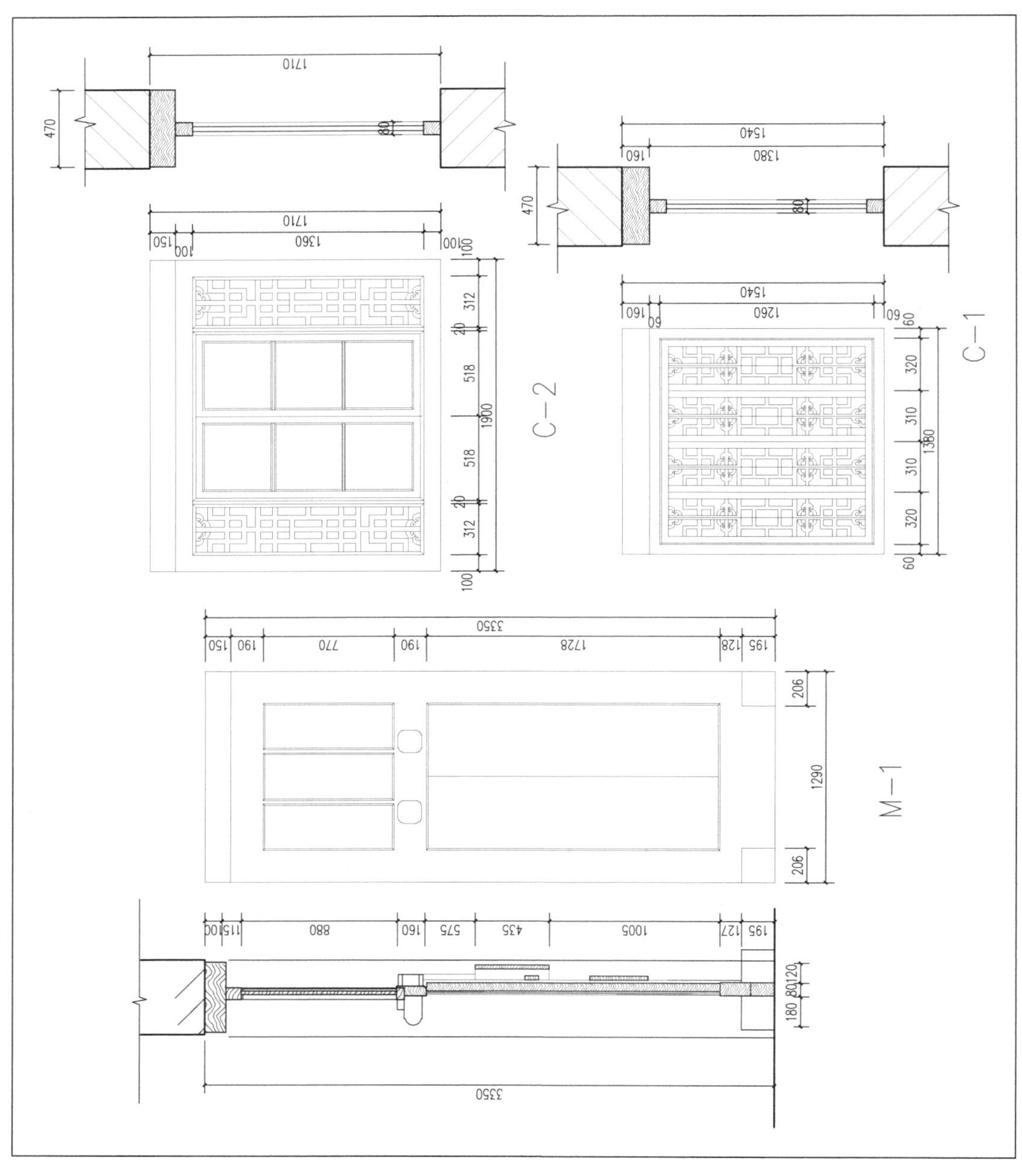
C-2
C-1
M-1
西忠来前厅门窗详图（一）

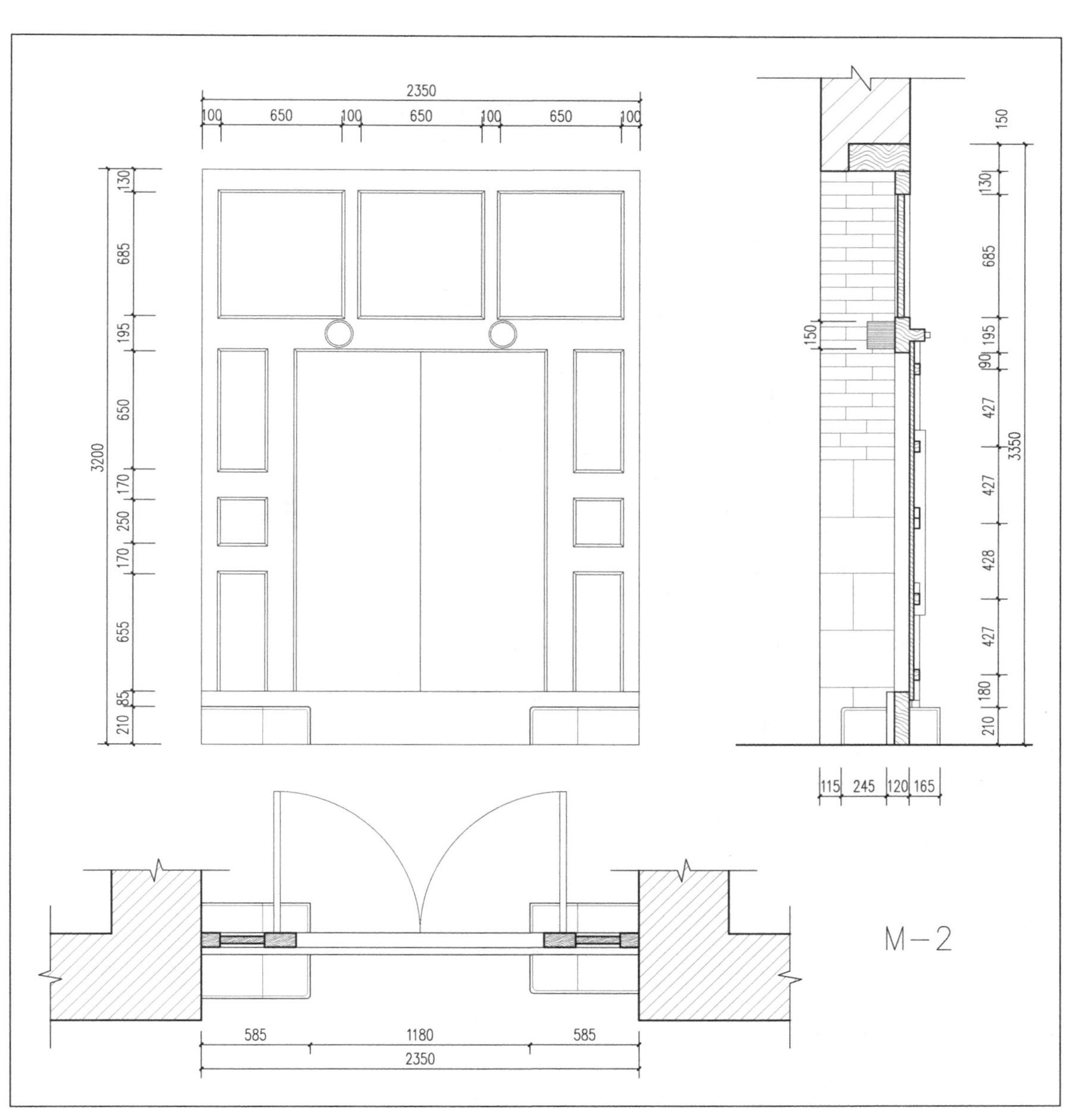
2350
100
650
100
650
100
650
100
130
685
195
650
170
250
170
655
85
210
3200
150
150
130
685
195
90
427
427
428
427
180
210
3350
115
245
120
165
585
1180
585
2350
M-2

西忠来前厅门窗详图（二）

四、西忠来体恕厅

（一）建筑现状描述

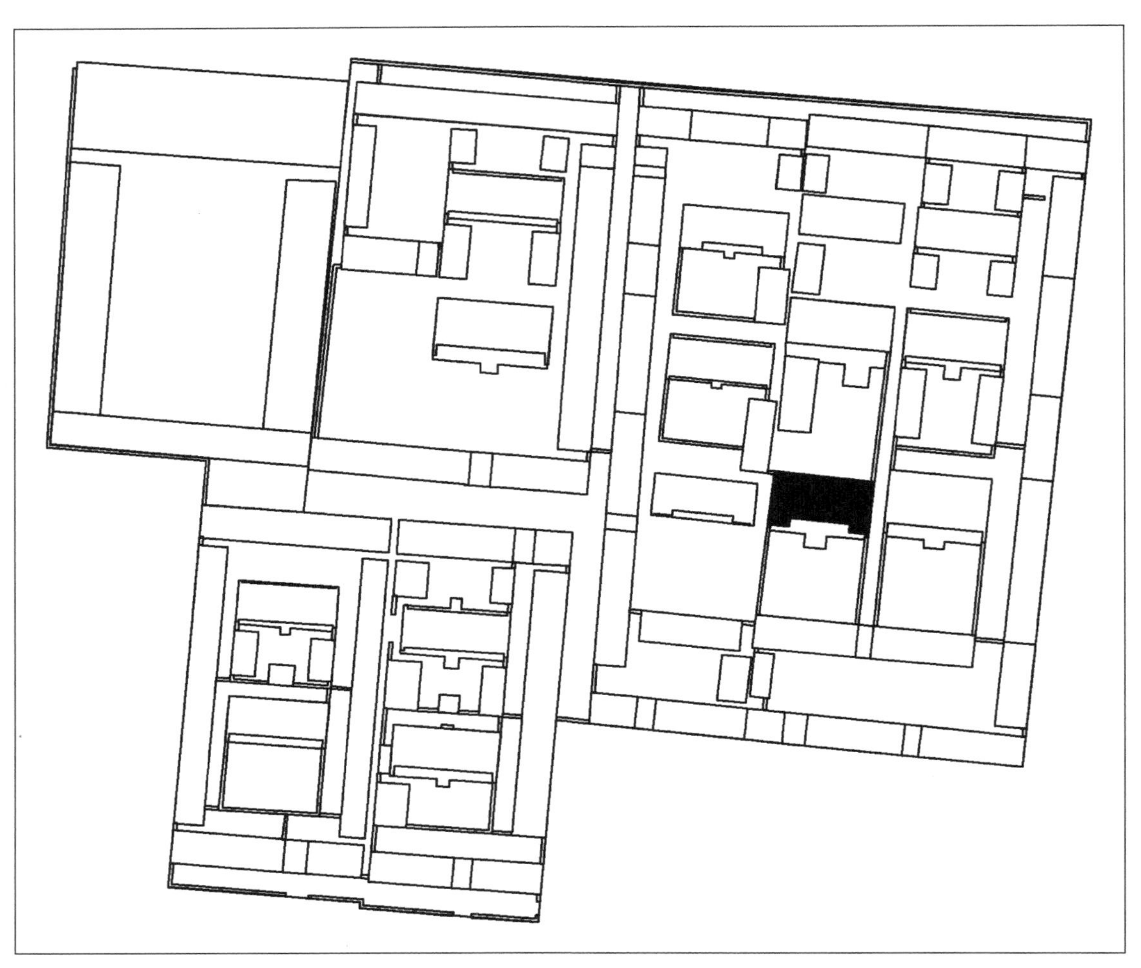

西忠来体恕厅位置图

建筑年代：民国时期

建筑现状：体恕厅现为陈列展示用房，南北通透无隔断墙，地面现为水泥方砖地面。屋顶正脊断裂漏洞，多处漏雨，木构架糟朽顺缝开裂严重，不能有效解决漏雨侵害问题，墙体基本完好，门窗传统装修灰尘污，及裂纹严重。

建筑残损现状：

1. 条石墙基

残损现状：前檐总体完整，前檐条石墙基未见明显脱节、挤压和变形。局部条石轻微松动、勾缝抹灰剥落。外檐柱身裂纹严重。后檐条石墙体未见明显松动，条石墙面碎裂掉角现象严重，勾缝白灰自然风化缺失严重、普遍水泥勾缝修补痕迹。西山墙总体完整，未见明显松动变形，勾缝白灰自然风化缺失严重（20% 残损）。东山墙总体完整，未见明显松动变形，勾缝白灰自然风化缺失严重，墙面有轻微碎裂掉角现象（20% 残损）。

残损类型：位移松动、碎裂、人为改造，残损等级Ⅱ级。

残损原因：自然侵蚀，年久失修，人为不当使用。

2. 青砖墙面

残损现状：前檐、后檐青砖基本完好，局部磨损、松动（20% 残损）。西山墙青砖砌筑，由于地基下沉，有上下结构性通缝，局部墙面潮湿有污渍。东山墙青砖砌筑，整体完好。局部有水泥勾缝加固痕迹（10% 残损）。

残损类型：磨损、缺棱掉角、人为改造，残损等级Ⅲ级（前檐、后檐）；墙体开裂、残损等级Ⅲ级（西山墙）。

残损原因：年久失修，人为不当改造。

3. 毛石抹灰墙体

残损现状：前檐抹灰毛石墙体整体完好，局部边界处墙皮起壳开裂轻微。

残损类型：墙面腐化、变暗、人为改造，残损等级Ⅰ级。

残损原因：自然侵蚀，年久失修。

4. 室内地面

残损现状：斜铺 45 度水泥方砖地面，地面方砖基本完好，方砖勾缝全部脱落。

残损类型：人为改造。

残损原因：人为不当使用。

5. 室内墙面

残损现状：白灰抹面墙面有严重的起鼓现象，墙面多处有裂缝痕迹。

残损类型：墙皮剥落、污染，残损等级Ⅰ级。

残损原因：年久失修，人为不当使用。

6. 梁架

残损现状：大木梁架整体无明显歪闪，30% 顺缝开裂、虫蛀糟朽严重。檩与椽子 70% 雨水糟朽、顺缝开裂严重。

残损类型：糟朽、顺缝开裂，残损等级Ⅲ级（梁）；雨水糟朽、顺缝开裂，残损等级Ⅱ级（檩椽）。

残损原因：自然侵蚀，年久失修。

7. 装修

残损现状：传统木门窗基本完好，轻微磨损裂缝。普通油饰褪色严重。

残损类型：破损、裂缝，残损等级Ⅰ级。

残损原因：年久失修，人为不当使用。

8. 屋面

残损现状：望砖基本完好，表面有雨水痕迹。小青瓦屋面，普遍位移松动，碎裂，檐口处滴水瓦碎裂（50% 残损）。屋檐滴水瓦松动严重。正脊处多处屋面漏雨严重，约 30% 局部抹灰松动脱落。

残损类型：雨水侵蚀，残损等级Ⅲ级（望砖）；缺失、碎裂松动，残损等级Ⅱ级（瓦件）；缺失，残损等级Ⅲ级（正脊）。

残损原因：雨水侵蚀，年久失修，人为不当使用。

（二）部分现状照片

西忠来体恕厅南立面现状

西忠来体恕厅北立面现状

台基表面条石松动碎裂，水泥勾缝脱落

青砖墙体松动，局部脱落

局部条石松动，返潮

方砖地面磨损严重，地面返潮返碱

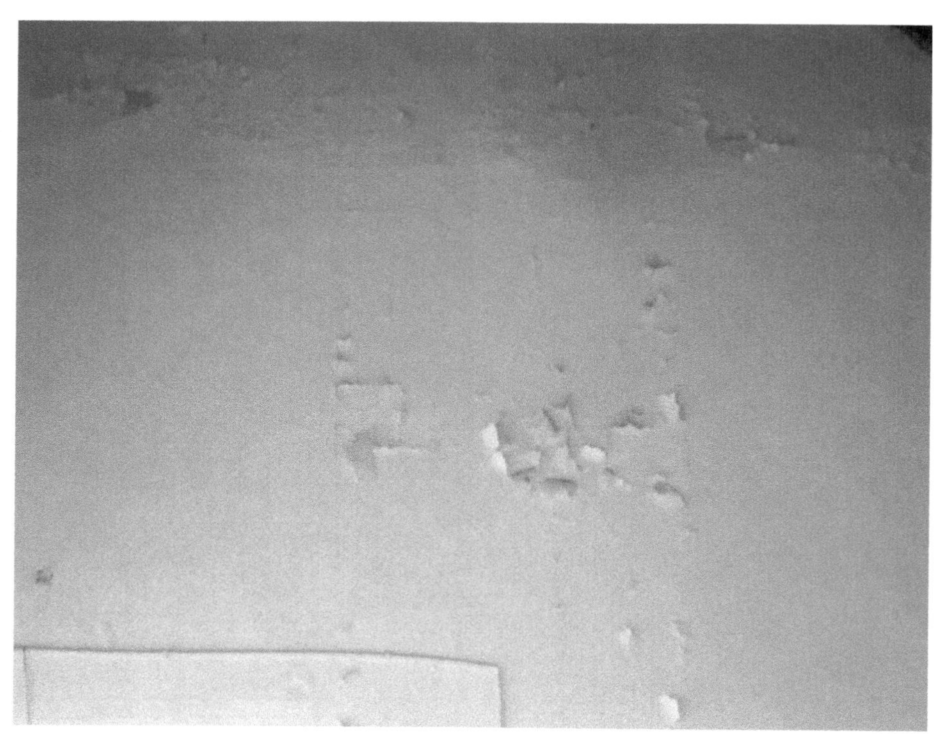

抹灰墙面鼓起，墙面涂料翘起脱落严重

梁架表面有裂痕，表面涂饰脱落

屋面渗漏椽子糟朽顺缝开裂

瓦片碎裂，有修补痕迹

（三）现状勘测图纸

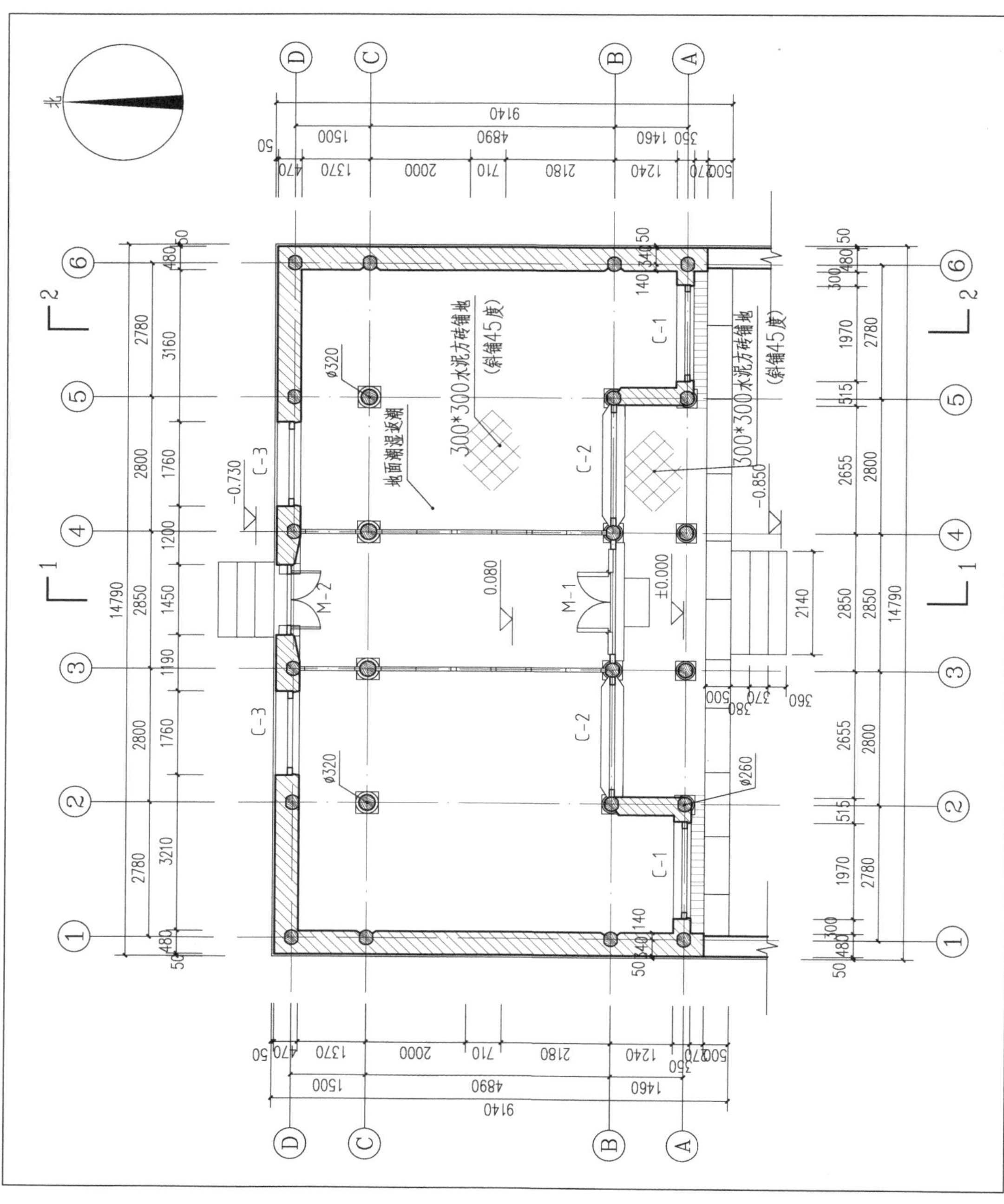
北
300*300水泥方砖铺地
(斜铺45度)
地面潮湿返潮
C-1
C-2
C-3
M-1
M-2
ø320
ø260
±0.000
0.080
-0.730
-0.850
9140
4890
14790
西忠来体恕厅平面图

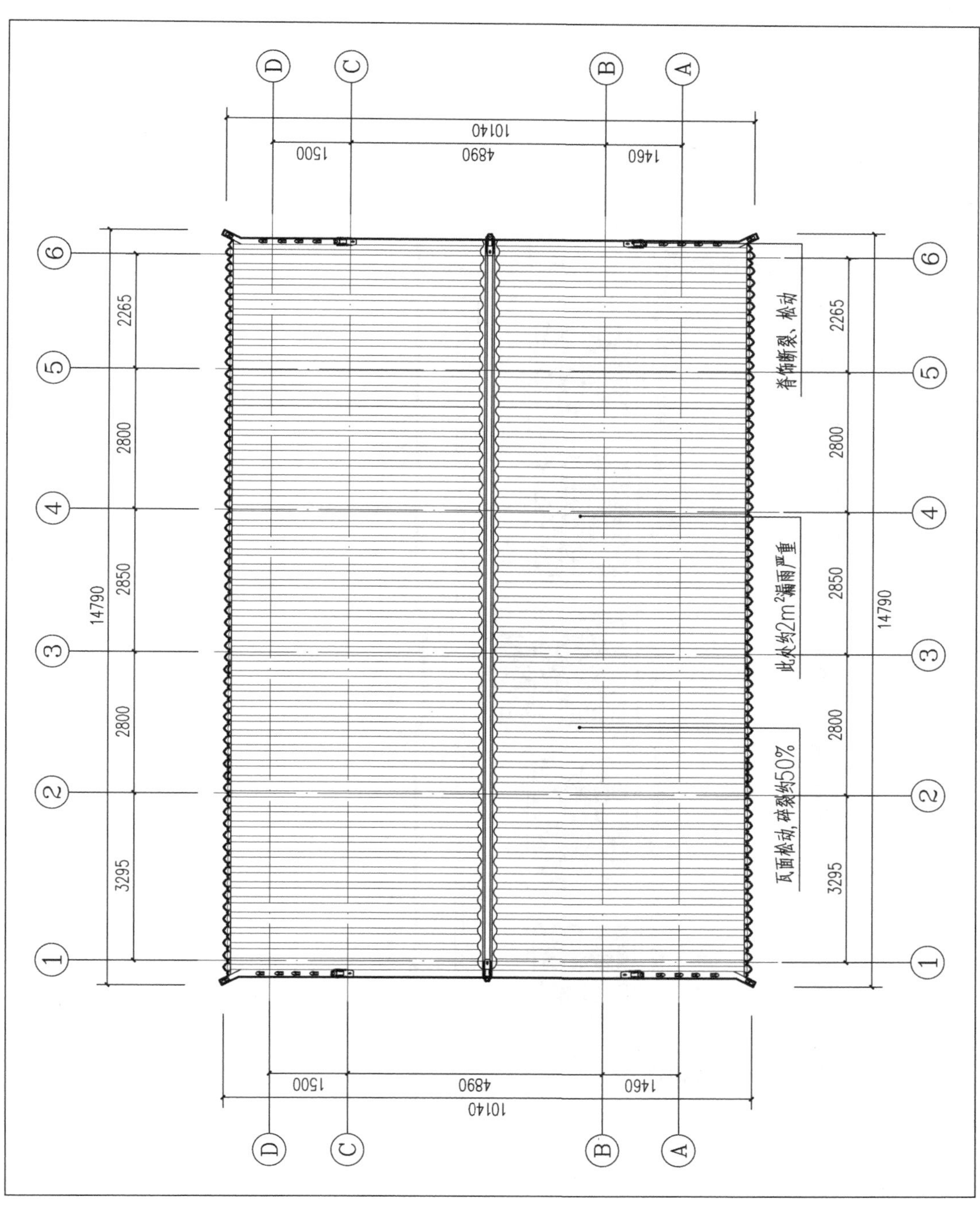

西忠来体恕厅屋顶平面图

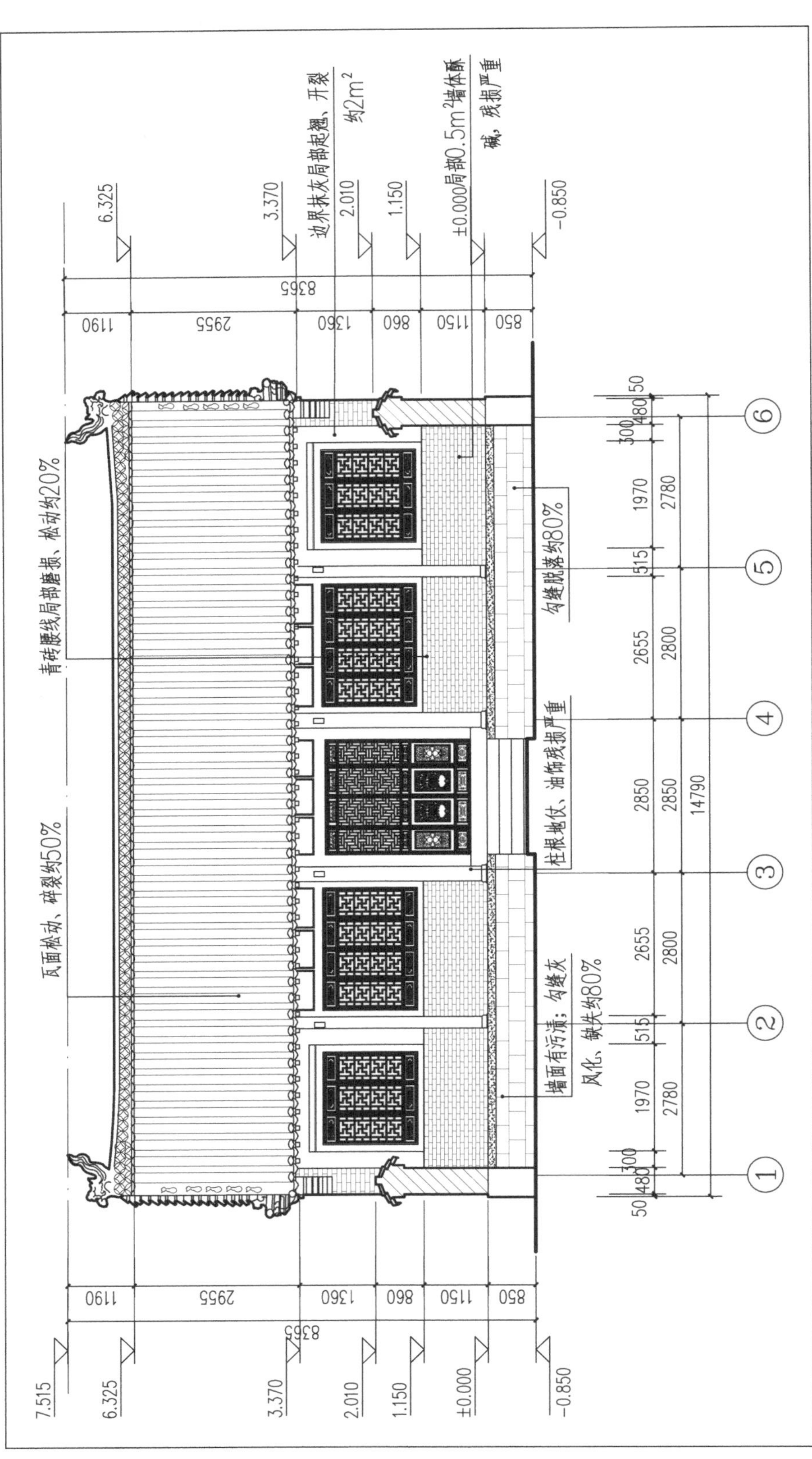
瓦面松动、碎裂约50%
青砖腰线局部磨损、松动约20%
边界抹灰局部起翘、开裂约2m²
±0.000局部0.5m²墙体酥碱，残损严重
勾缝脱落约80%
柱根地仗、油饰残损严重
墙面有污渍；勾缝灰风化、缺失约80%
7.515
6.325
3.370
2.010
1.150
±0.000
-0.850
8365
14790

西忠来体恕厅南立面图

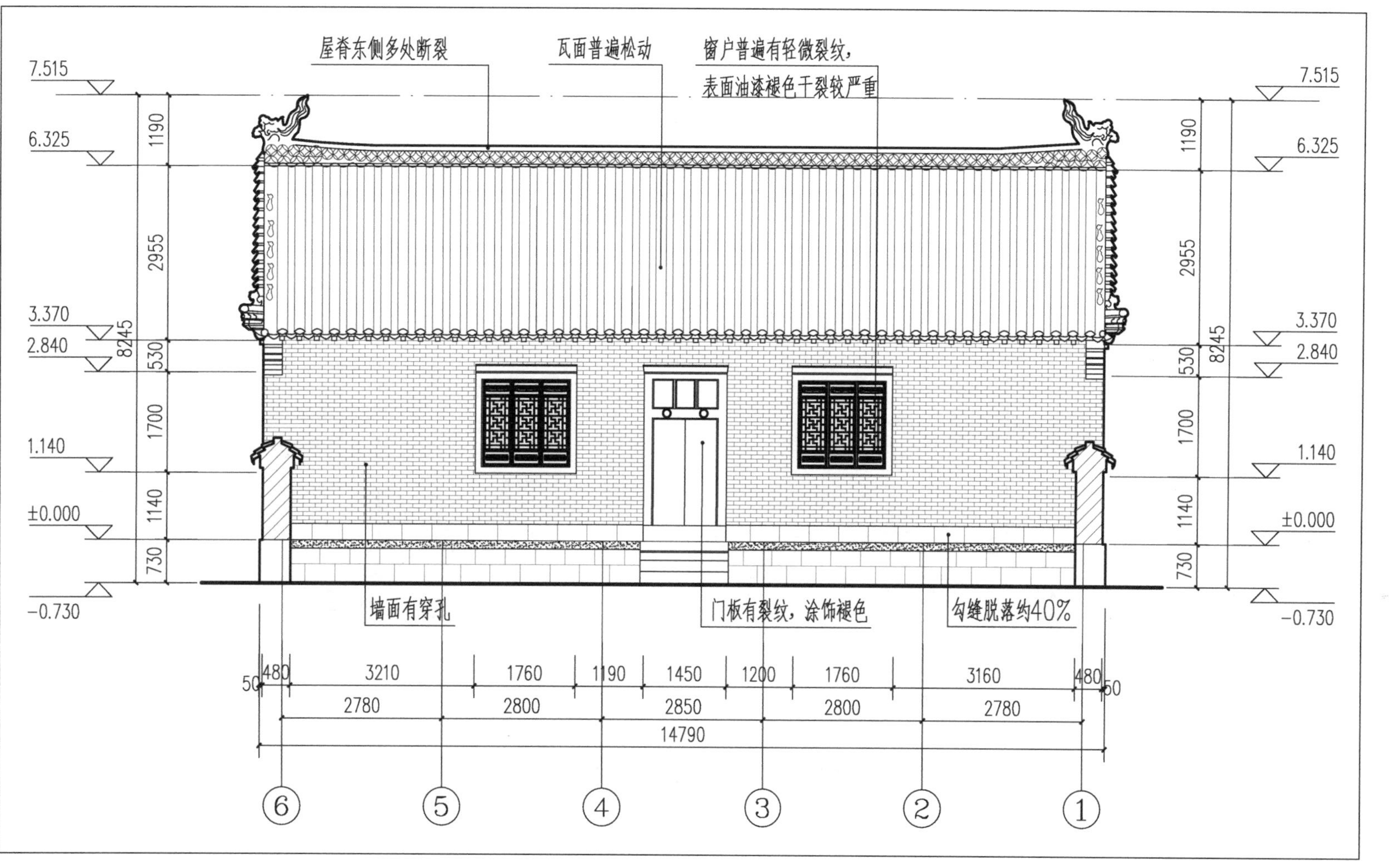
屋脊东侧多处断裂
瓦面普遍松动
窗户普遍有轻微裂纹，
表面油漆褪色干裂较严重
墙面有穿孔
门板有裂纹，涂饰褪色
勾缝脱落约40%
7.515
6.325
3.370
2.840
1.140
±0.000
-0.730
1190
2955
530
1700
1140
730
8245
50
480
3210
1760
1190
1450
1200
1760
3160
480
50
2780
2800
2850
2800
2780
14790
⑥
⑤
④
③
②
①

西忠来体恕厅北立面图

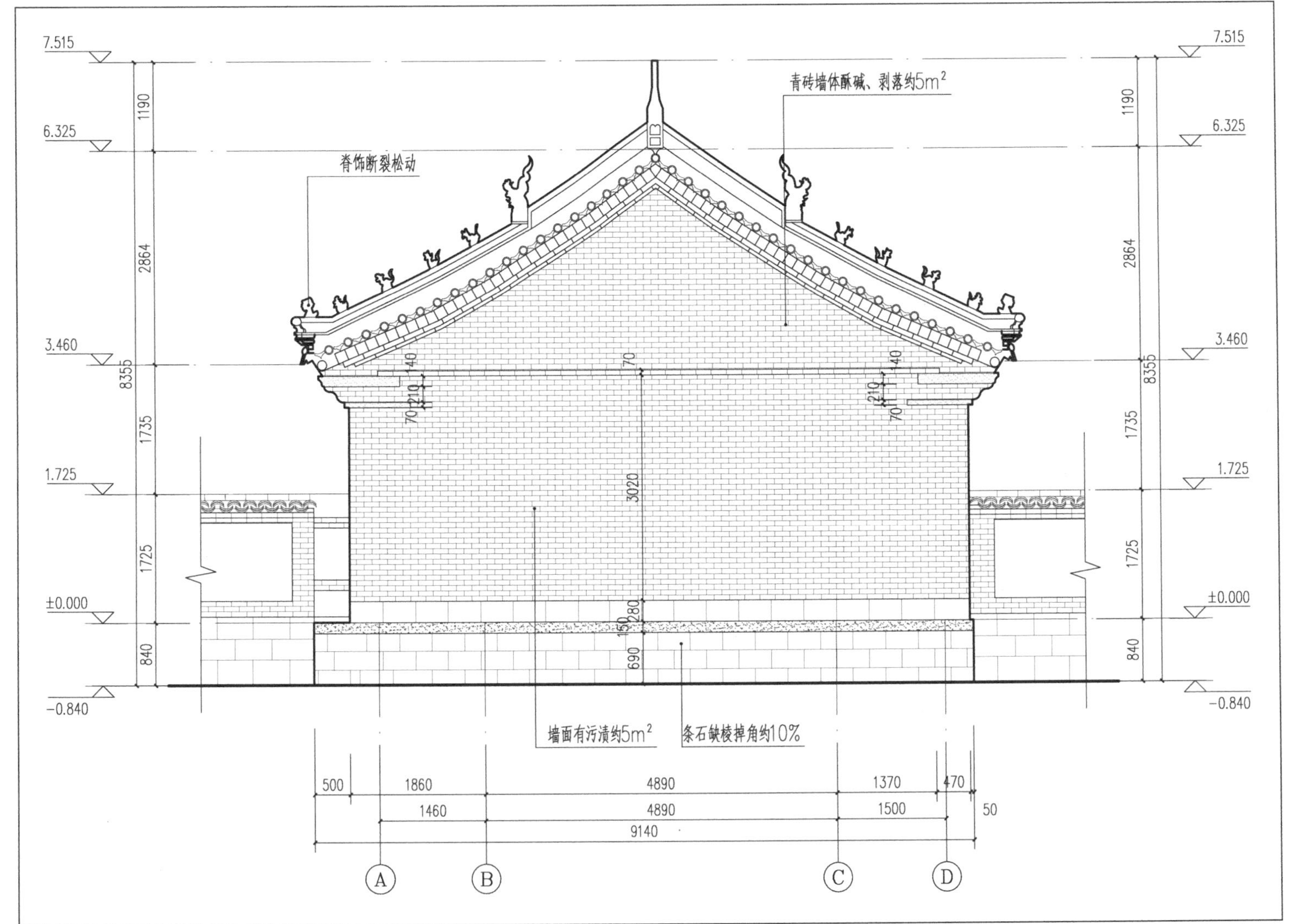

西忠来体恕厅东立面图

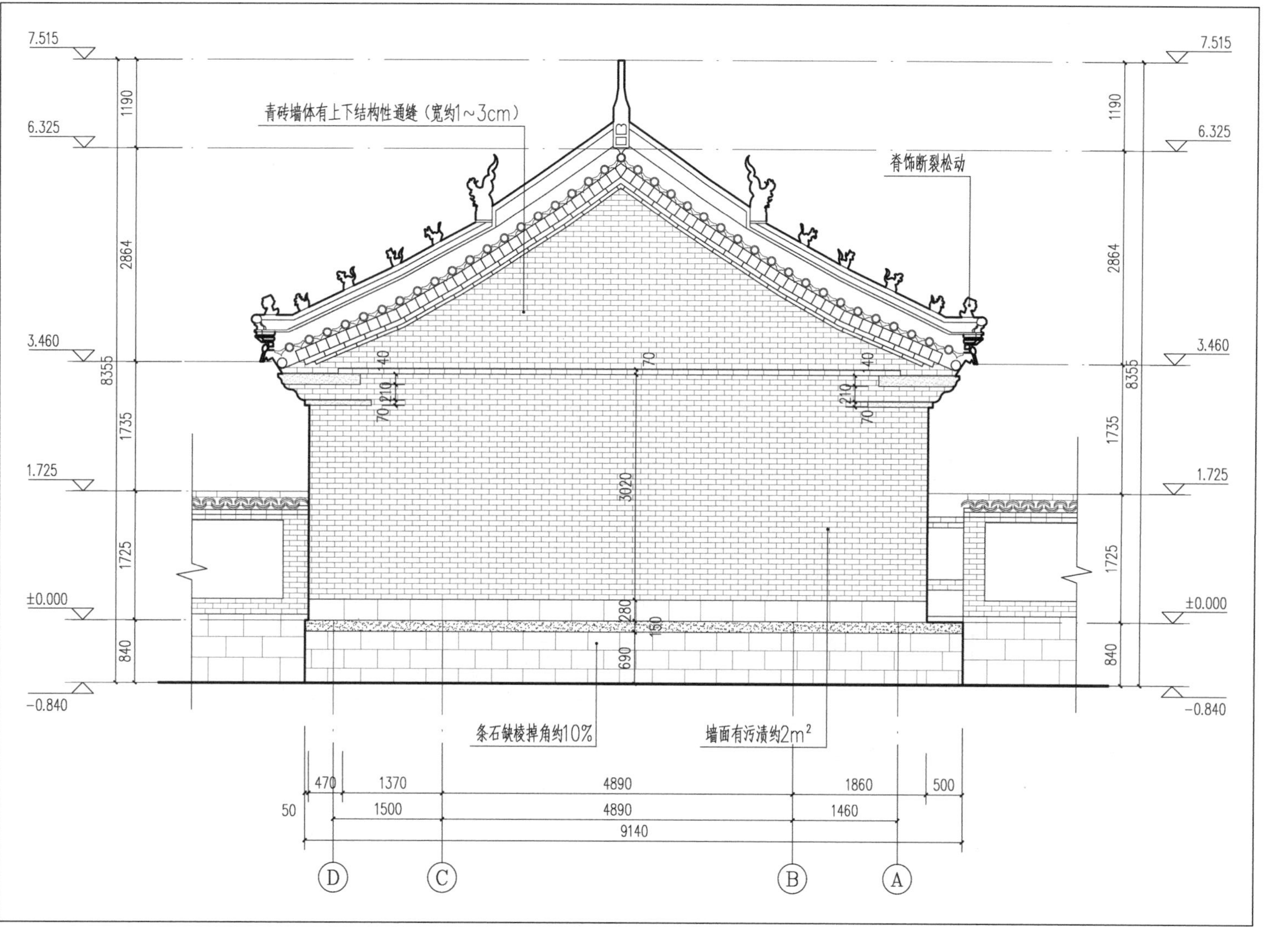

7.515
6.325
3.460
1.725
±0.000
-0.840
1190
2864
1735
1725
840
8355
青砖墙体有上下结构性通缝（宽约1~3cm）
脊饰断裂松动
3020
280
150
690
条石缺棱掉角约10%
墙面有污渍约2m²
470
1370
4890
1860
500
50
1500
1460
9140
D
C
B
A

西忠来体恕厅西立面图

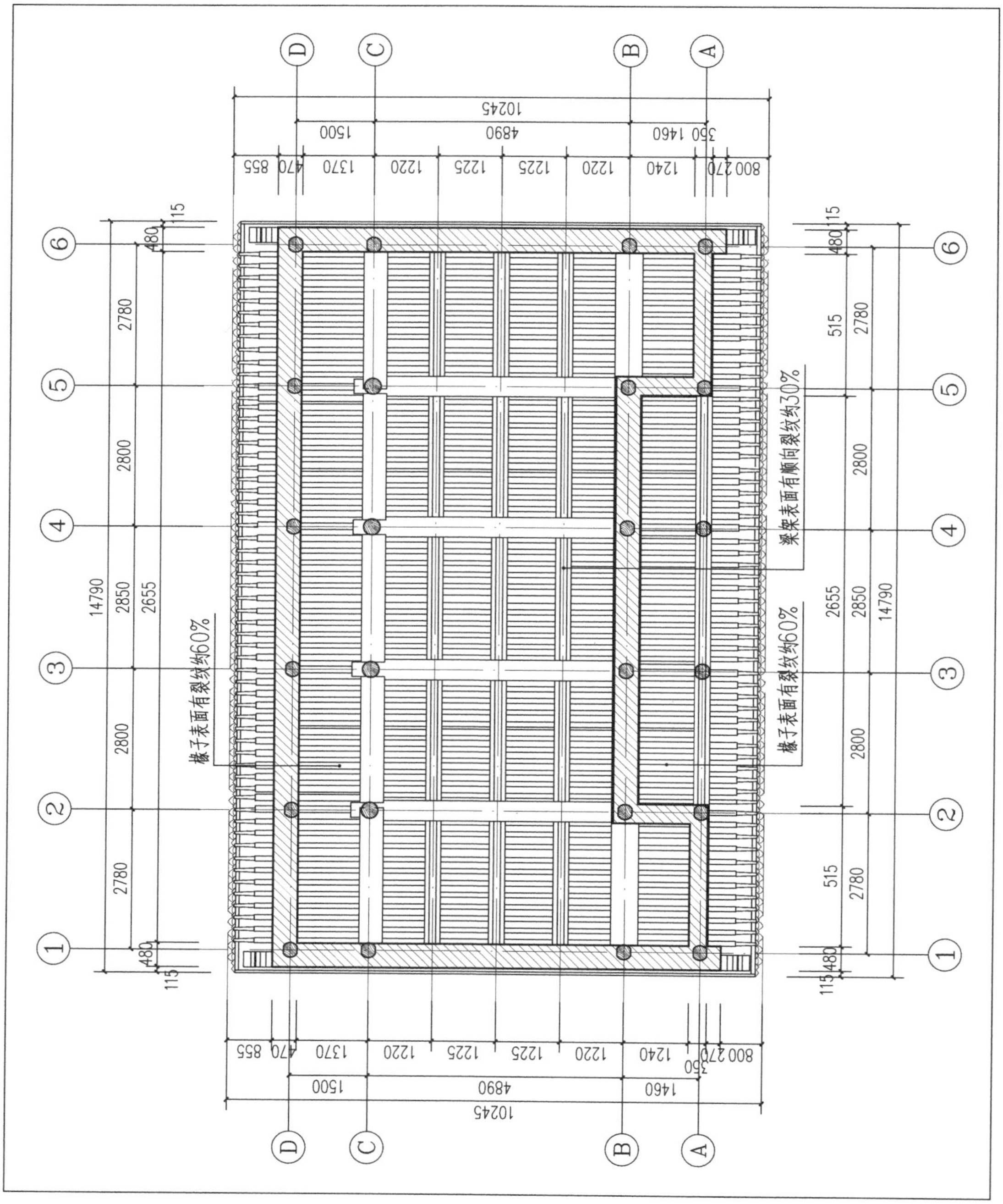

椽子表面有裂纹约60%

梁架表面有顺向裂纹约30%

椽子表面有裂纹约60%

西忠来体恕厅仰视图

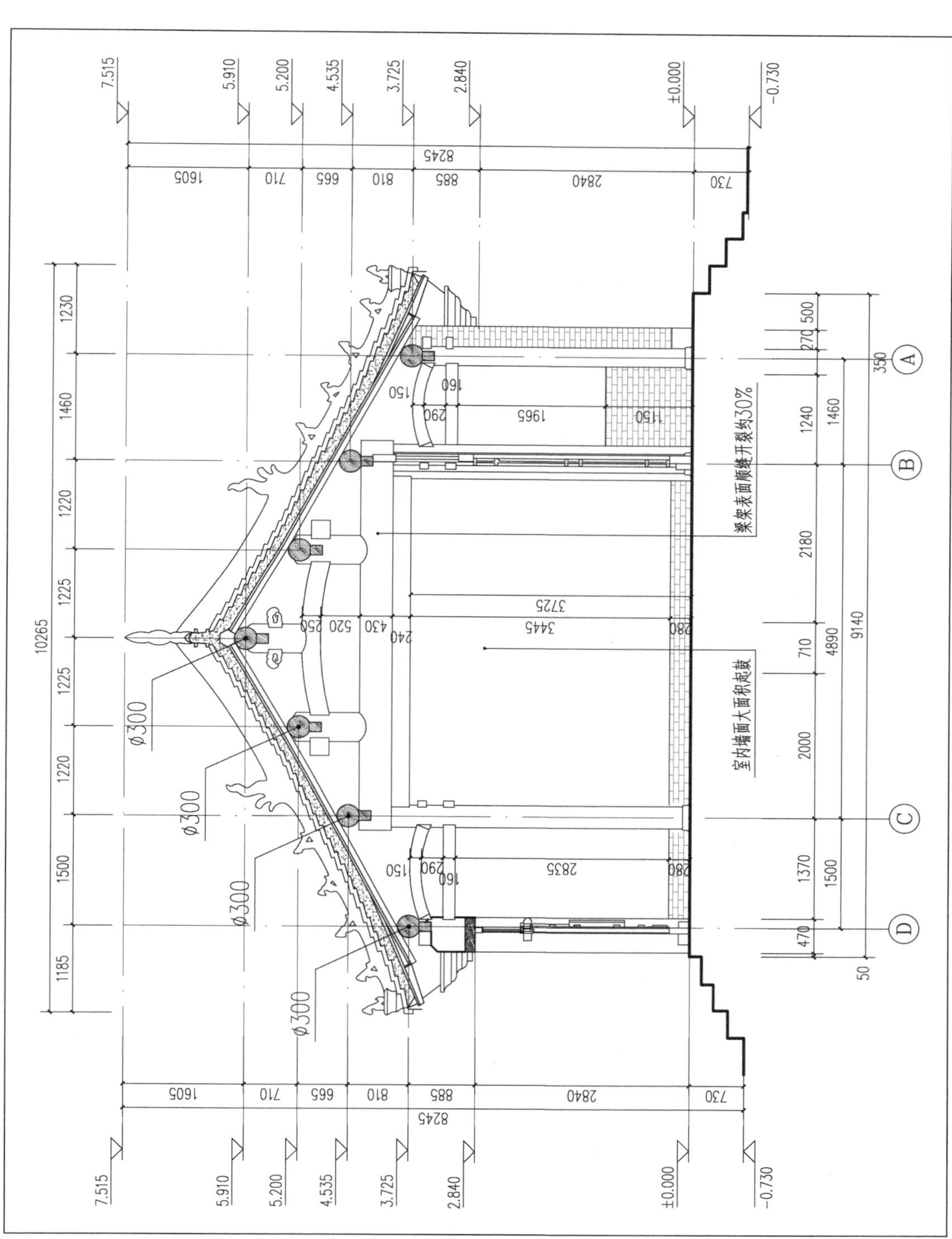

西忠来体恕厅 1−1 剖面图

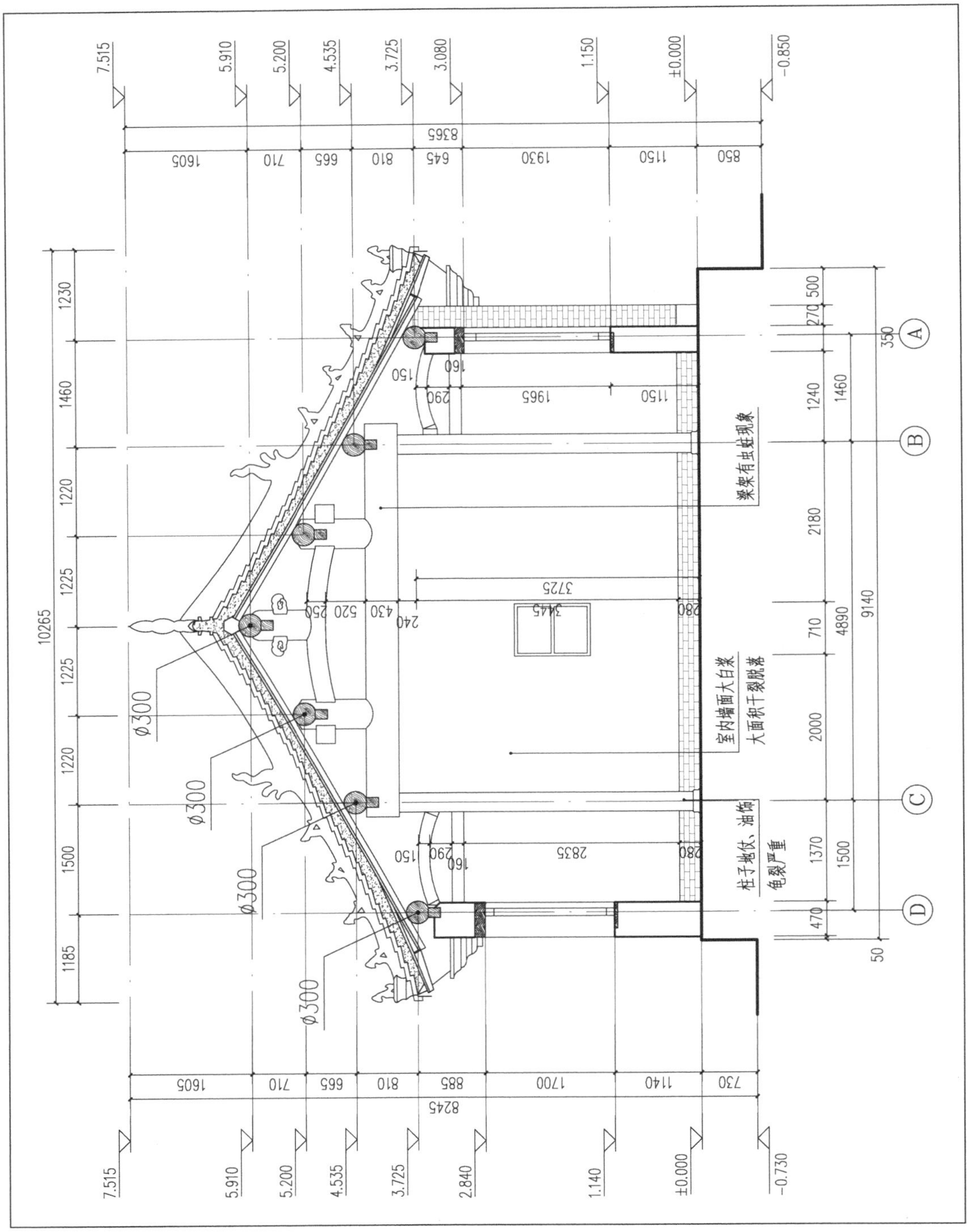

梁架有虫蛀现象

室内墙面大白浆
大面积干裂脱落

柱子地仗、油饰
龟裂严重

西忠来体恕厅2-2剖面图

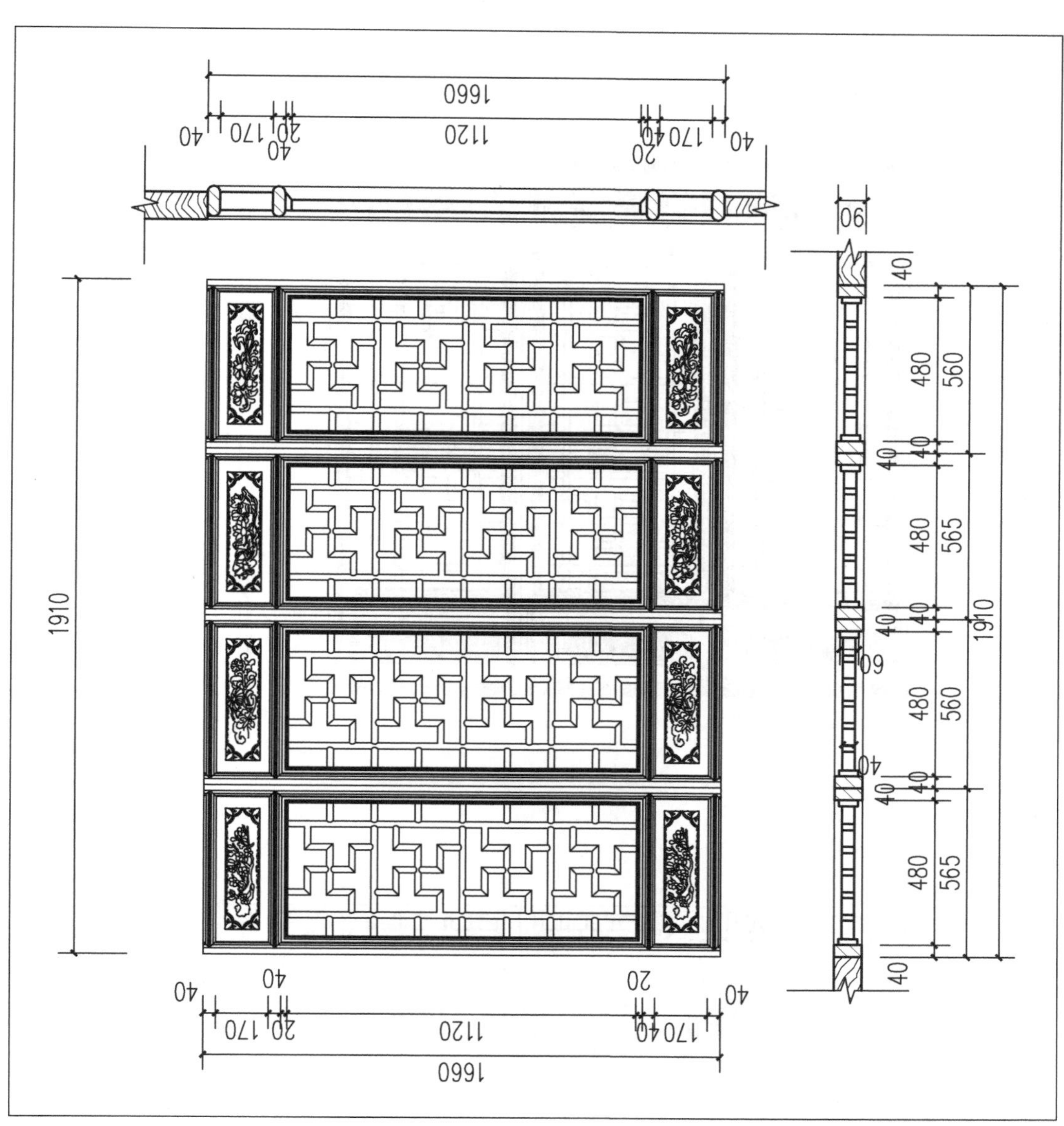

西忠来体恕厅窗户大样图（一）

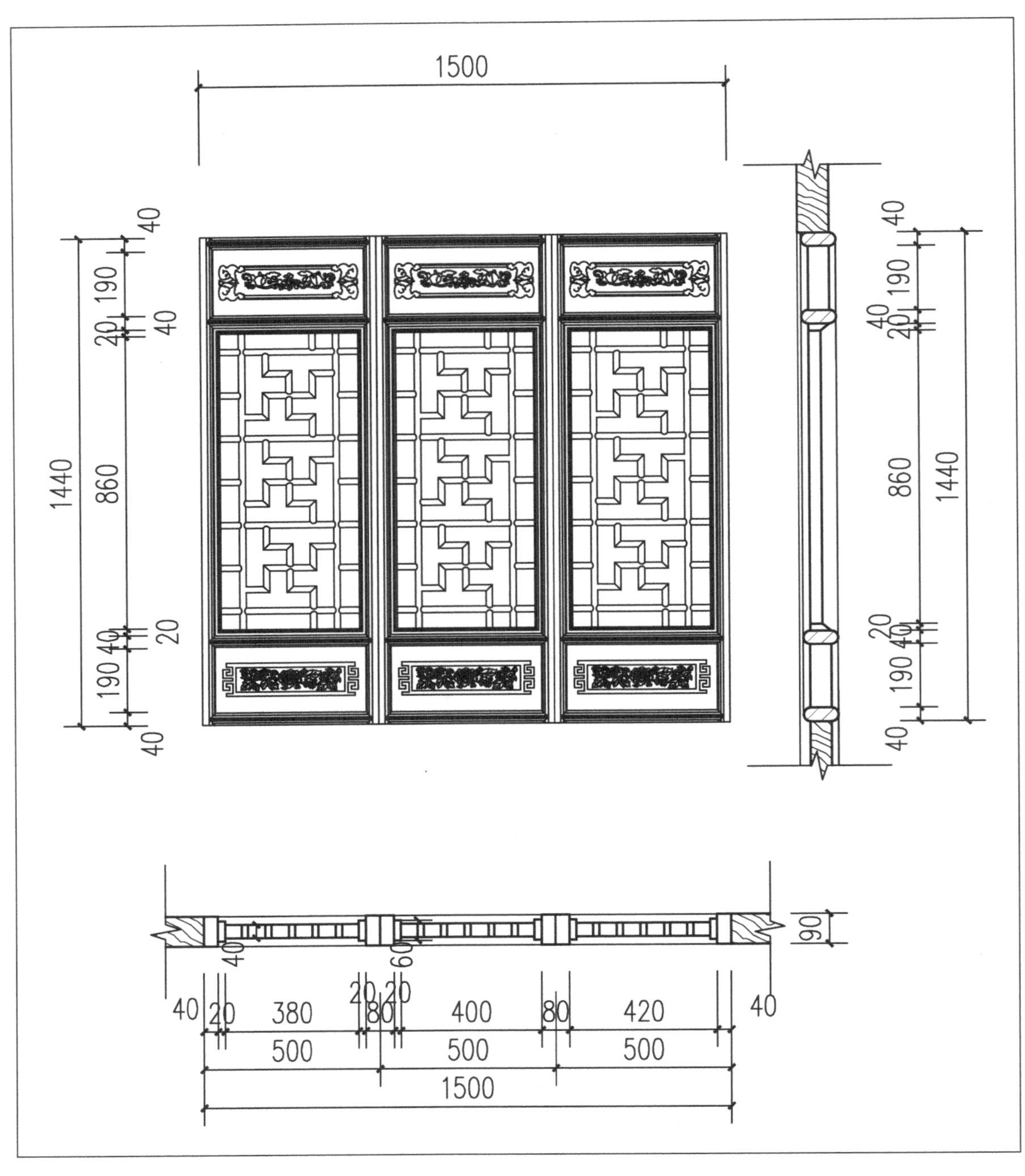

西忠来体恕厅窗户大样图（二）

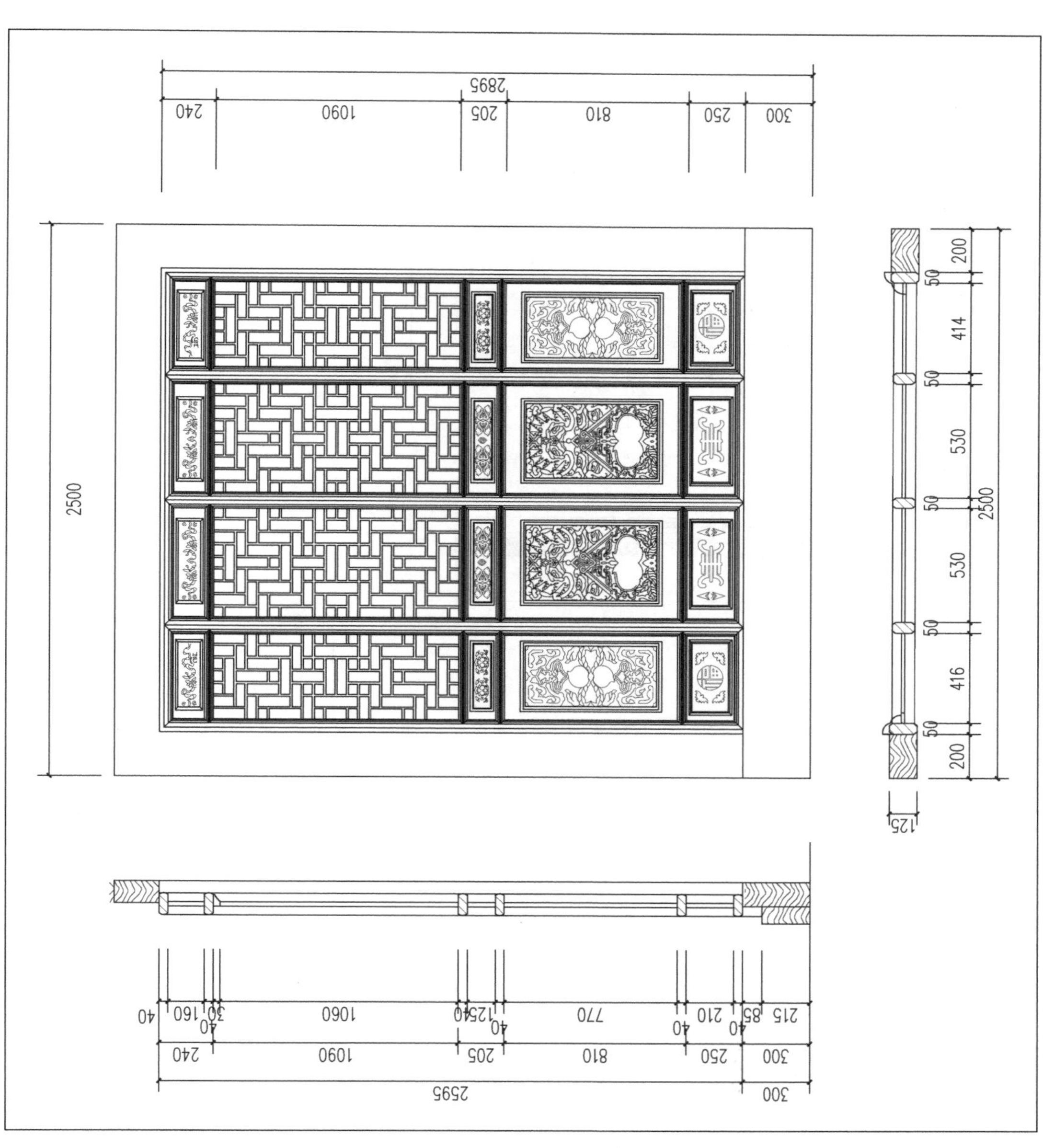

西忠来体恕厅 M-1 大样图

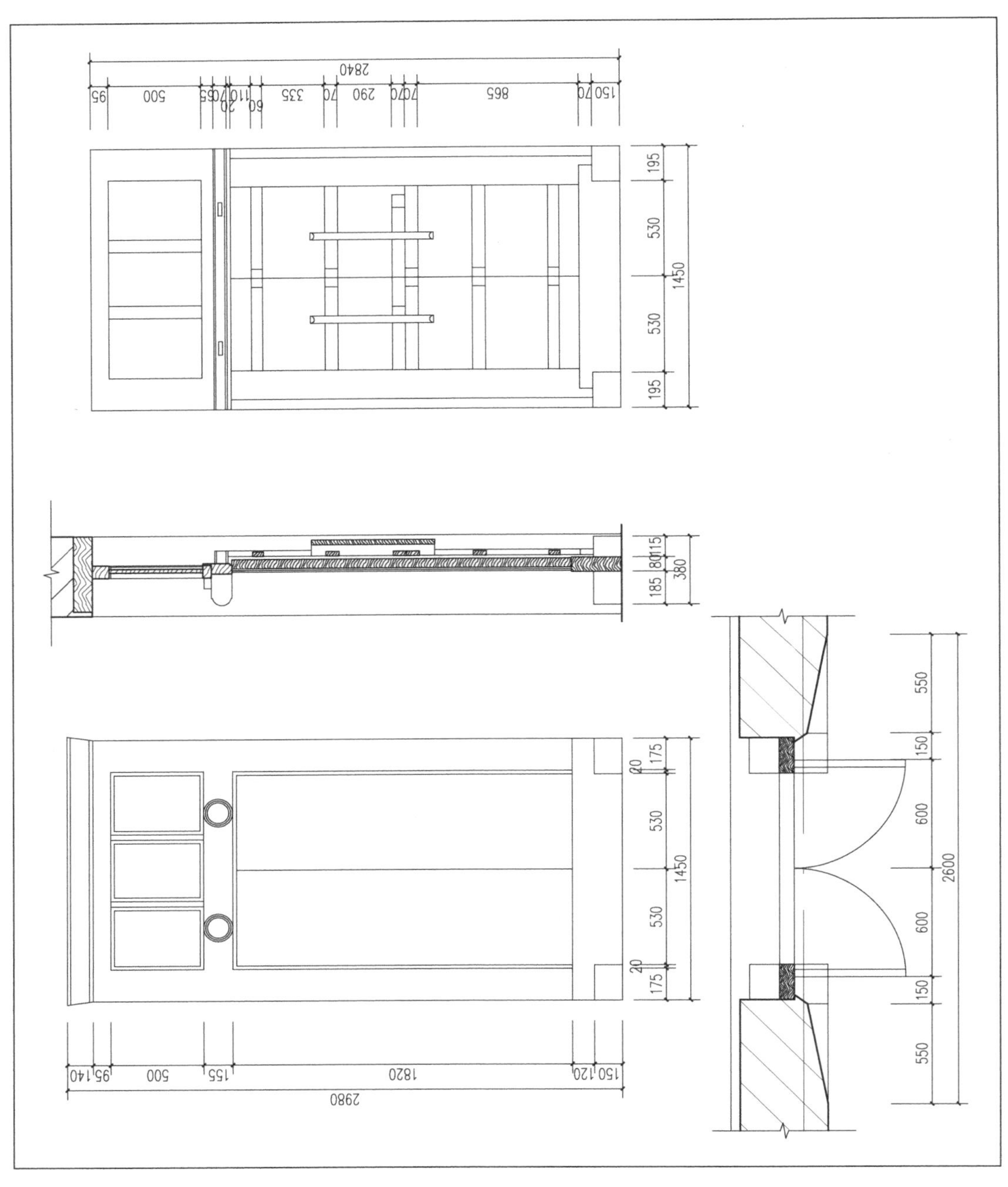

西忠来体恕厅 M-2 大样图

五、西忠来书斋楼

（一）建筑现状描述

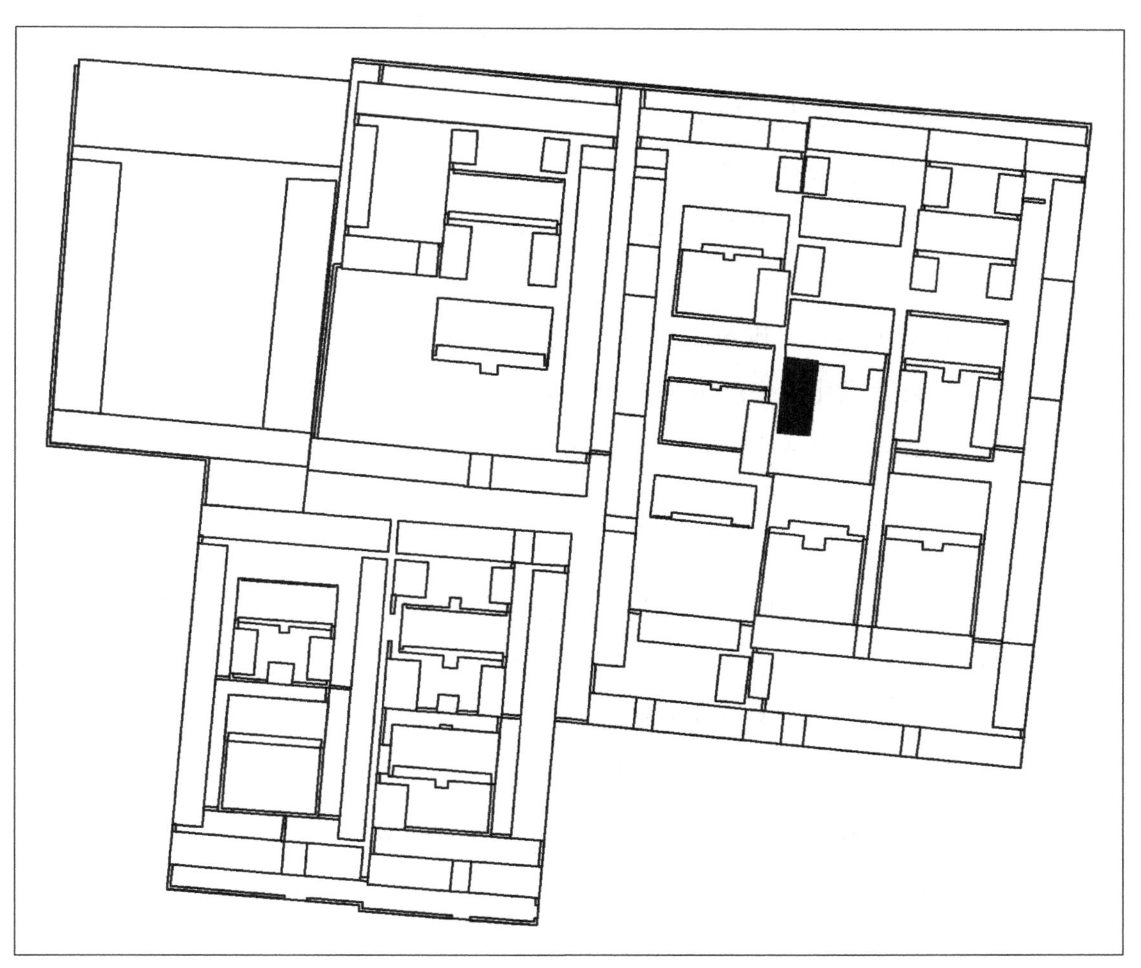

西忠来书斋楼位置图

建筑年代：民国时期

建筑现状：书斋楼一层现被改造为商业用房，此建筑为二层砖石木结构，正脊处屋面落雨严重，木望板糟朽破损严重。梁架 30% 顺缝开裂严重。后檐窗户被改造。

建筑残损现状：

1. 条石墙基

残损现状：前檐总体完整，前檐条石墙基未见明显脱节、挤压和变形。局部条石轻微松动、勾缝抹灰剥落(10% 残损)。后檐后檐条石墙体未见明显松动，青砖墙面有大面积勾缝，灰缝自然风化缺失严重(30% 残损)。南山墙总体完整，未见明显松动变形，勾缝白灰自然风化缺失严重（20% 残损)。北山墙条石墙面上墙表面勾缝脱落。

残损类型：位移松动、碎裂、人为改造，残损等级Ⅱ级。

残损原因：自然侵蚀，年久失修，人为不当使用。

2. 青砖墙面

残损现状：南山墙青砖砌筑，整体完好。局部有水泥勾缝加固痕迹（20% 残损)。北山墙勾缝白灰自然风化缺失严重（30% 残损)。

残损类型：磨损、缺棱掉角、人为改造，残损等级Ⅲ级。

残损原因：年久失修，人为不当改造。

3. 室内地面

残损现状：一层为水泥地面磨损严重，二层是青砖地面，局部下沉严重。

残损类型：磨损、人为改造，残损等级Ⅱ级。

残损原因：年久失修，人为不当改造。

4. 室内墙面

残损现状：白灰墙面抹灰表面污染严重，5% 破损有裂缝痕迹和墙皮翘起现象。

残损类型：墙皮剥落、污染，残损等级Ⅱ级。

残损原因：年久失修，人为不当使用。

5. 梁架

残损现状：大木梁架整体无明显歪闪，30% 顺缝开裂。檩与椽子 30% 雨水糟朽、顺缝开裂严重，并被改造。

残损类型：糟朽、顺缝开裂，残损等级Ⅱ级（梁)；雨水糟朽、顺缝开裂，残损等级Ⅲ级（檩椽)。

残损原因：自然侵蚀，年久失修。

6 装修

残损现状：传统木门窗，有磨损严重，普通油饰褪色严重。

残损类型：破损、裂缝，残损等级Ⅱ级。

残损原因：自然侵蚀，年久失修。

7. 屋面

残损现状：屋顶望板为木结构，望板被后期涂刷红漆，且局部有漏雨现象。小青瓦屋面，普遍位移松动，碎裂，檐口处滴水瓦缺失（30% 残损）。正脊整体完好，20% 搭接处轻微断裂破损。

残损类型：破损、裂缝，残损等级Ⅰ级（望板）；缺失、碎裂松动，残损等级Ⅲ级（瓦件）；断裂缺失、碎裂松动，残损等级Ⅰ级（正脊）。

残损原因：雨水侵蚀，年久失修，人为不当使用。

（二）部分现状照片

西忠来书斋楼东立面现状

局部条石松动，条石勾缝脱落

青砖墙体勾缝有后修补痕迹

青砖地面磨损严重，局部沉降

砖墙面磨损严重，有修补痕迹

梁表面糟朽有裂痕

椽子糟朽，虫蛀严重

木窗框顺缝开裂，窗花破损严重

瓦片缺失，碎裂、有修补痕迹

（三）现状勘测图纸

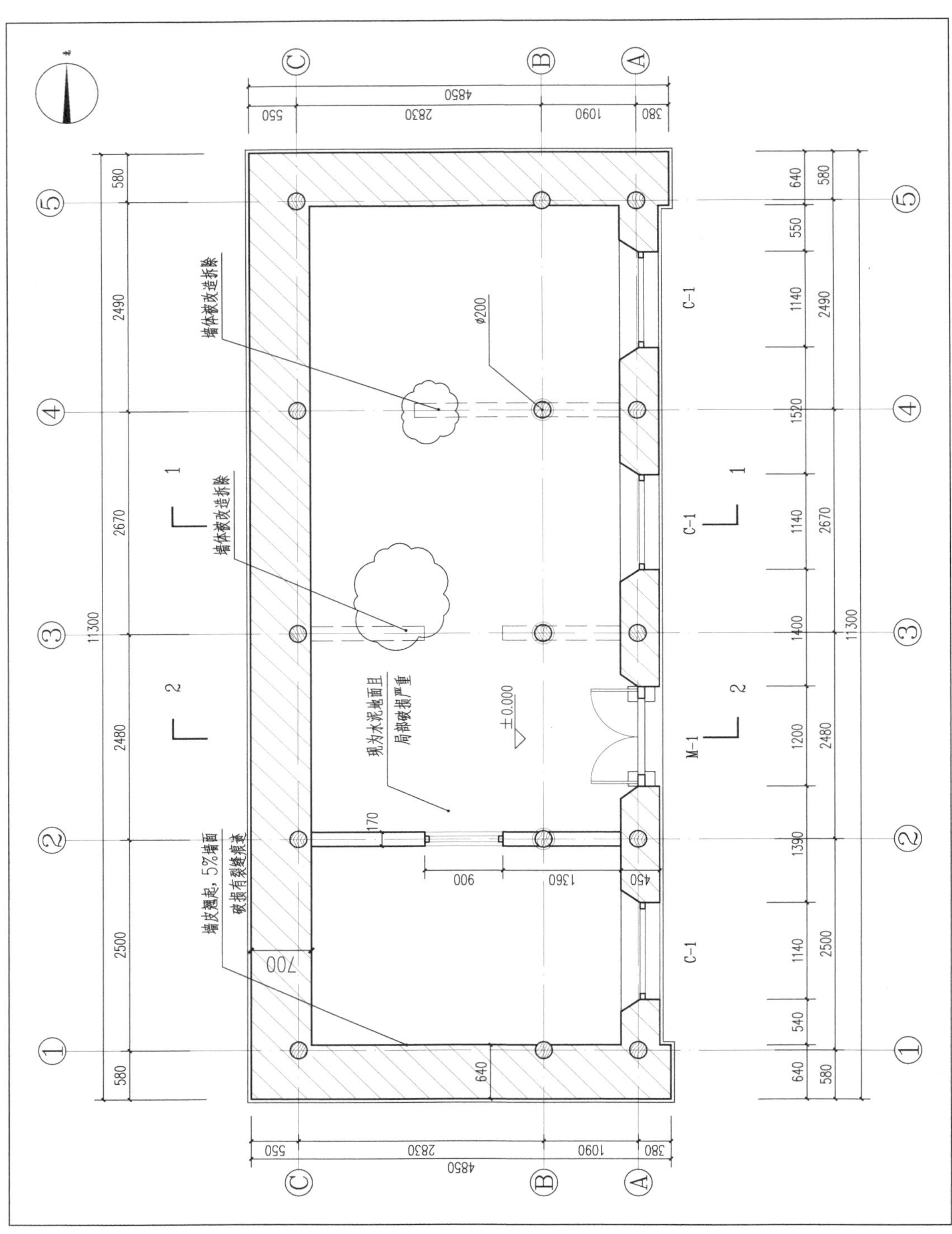

西忠来书斋楼一层平面图

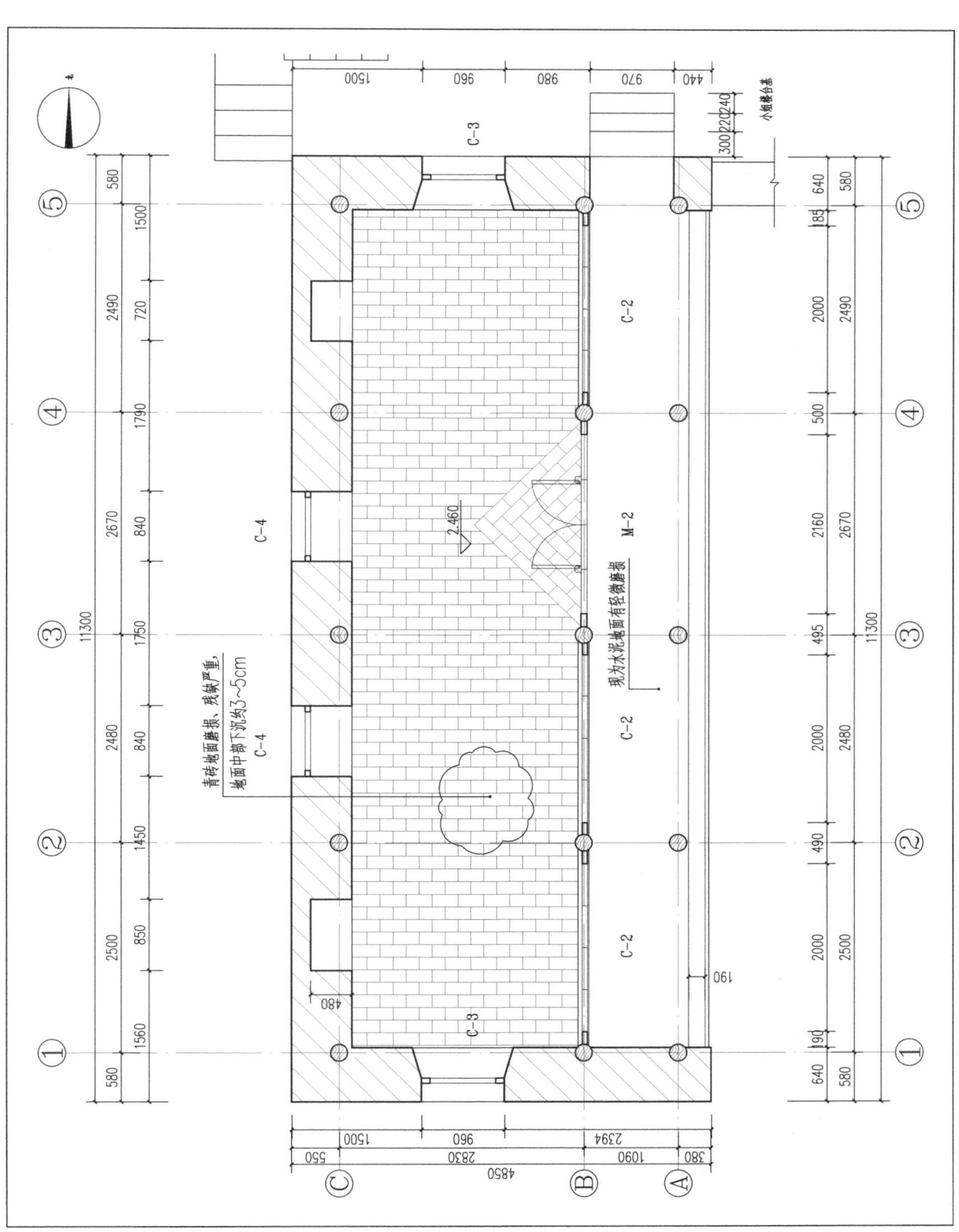

西忠来书斋楼二层平面图

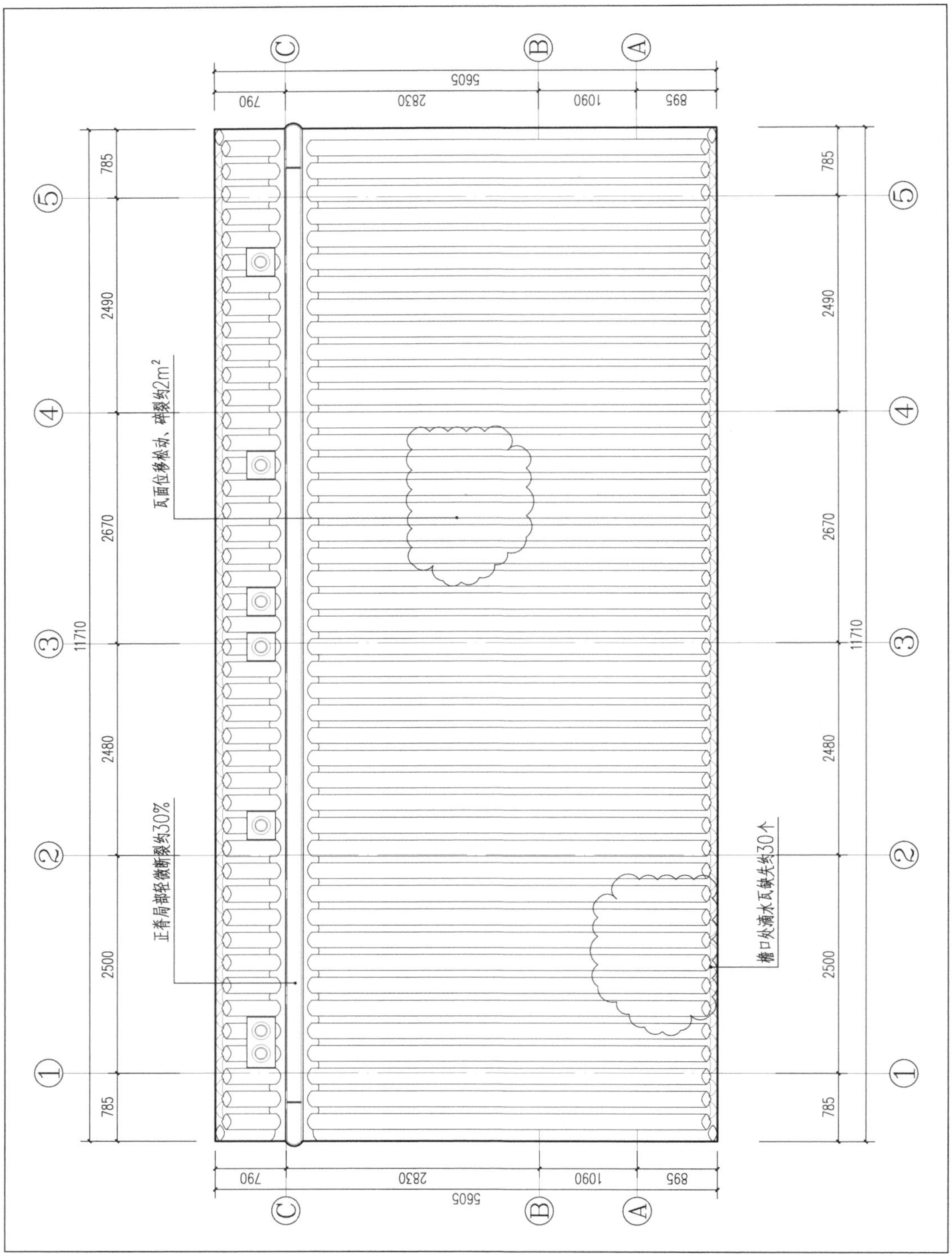

瓦面位移松动，碎裂约2m²

正脊局部轻微断裂约30%

檐口处滴水瓦缺失约30个

西忠来书斋楼屋顶平面图

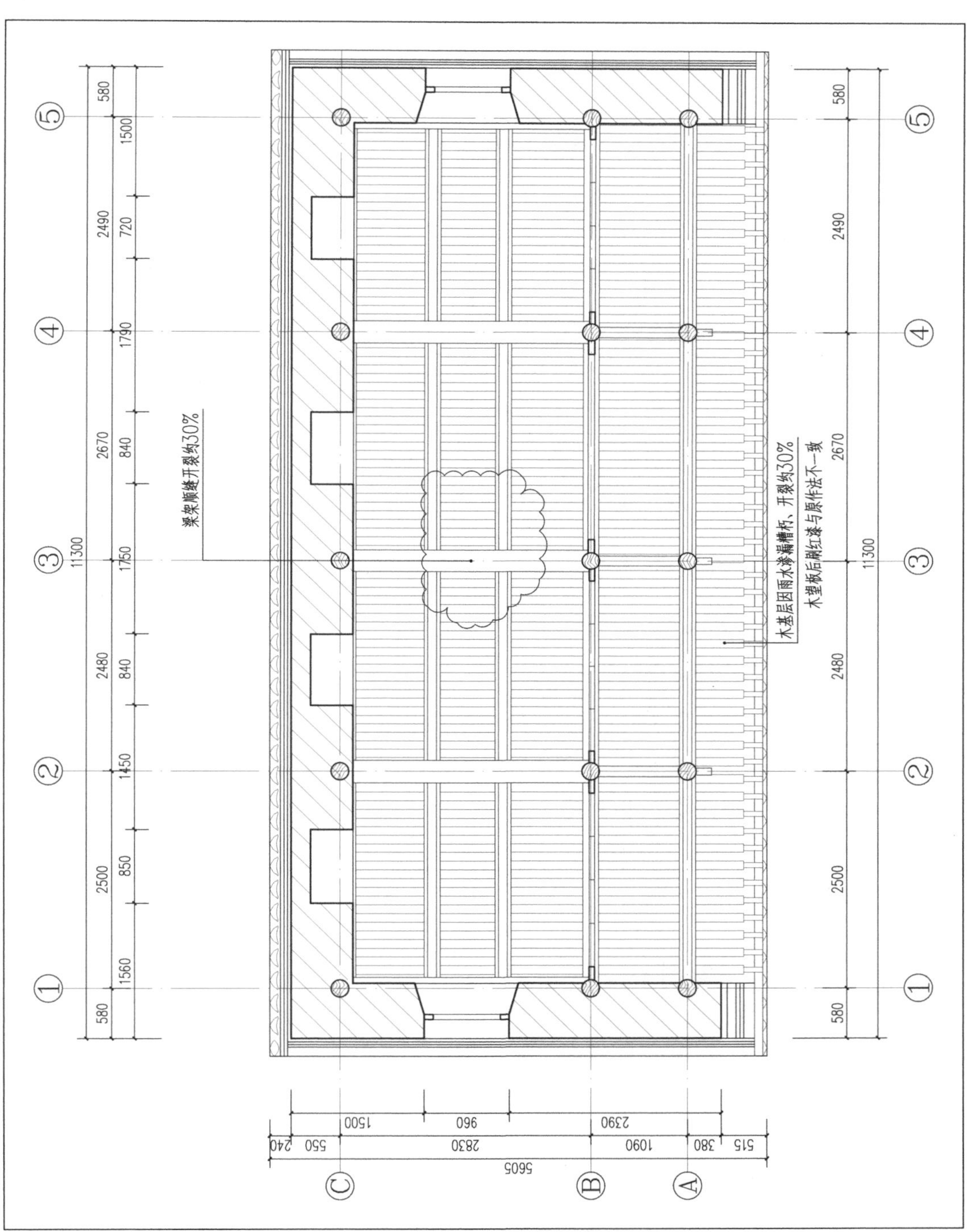

西忠来书斋楼屋架仰视平面图

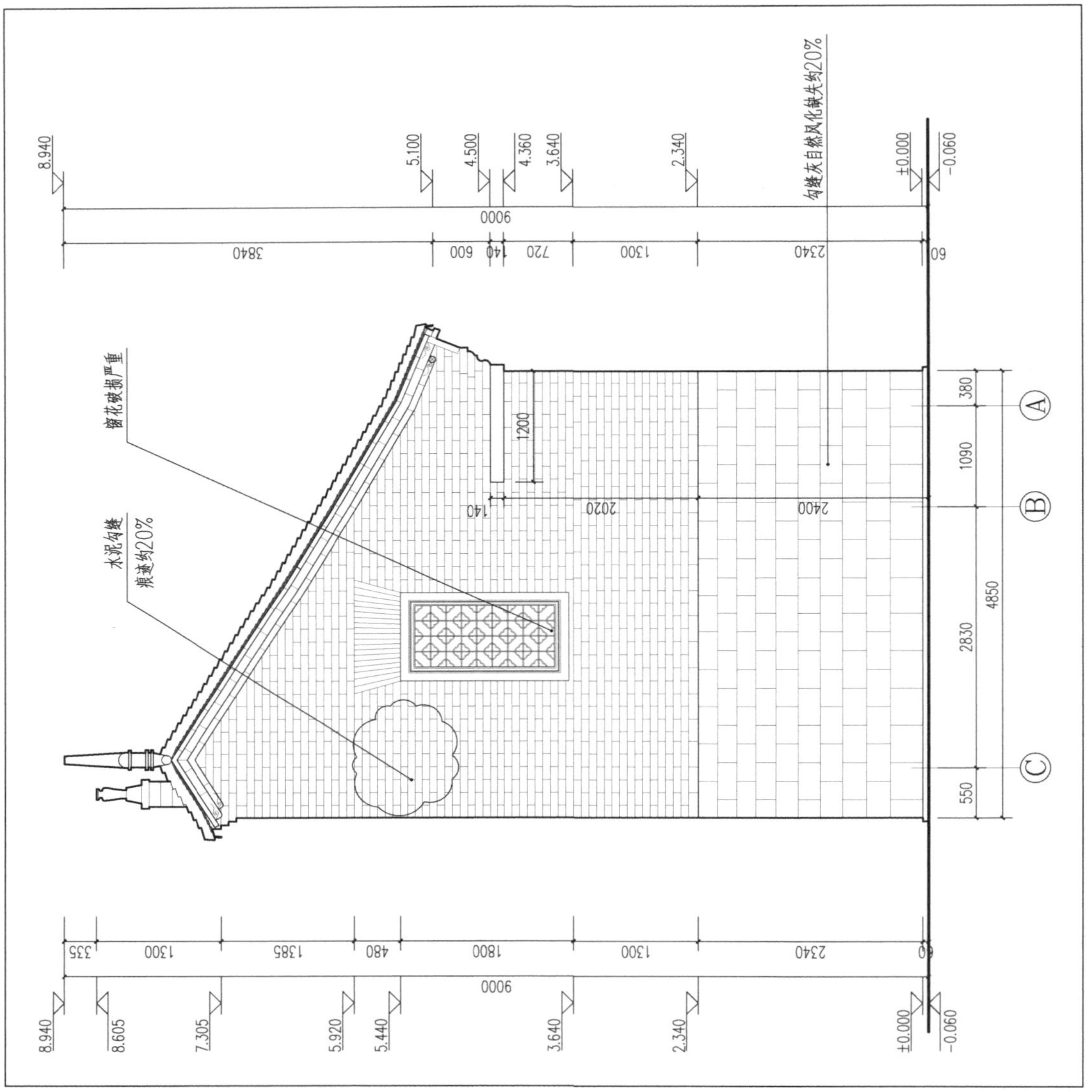

窗花破损严重

水泥勾缝
损坏约20%

勾缝灰自然风化缺失约20%

西忠来书斋楼南立面图

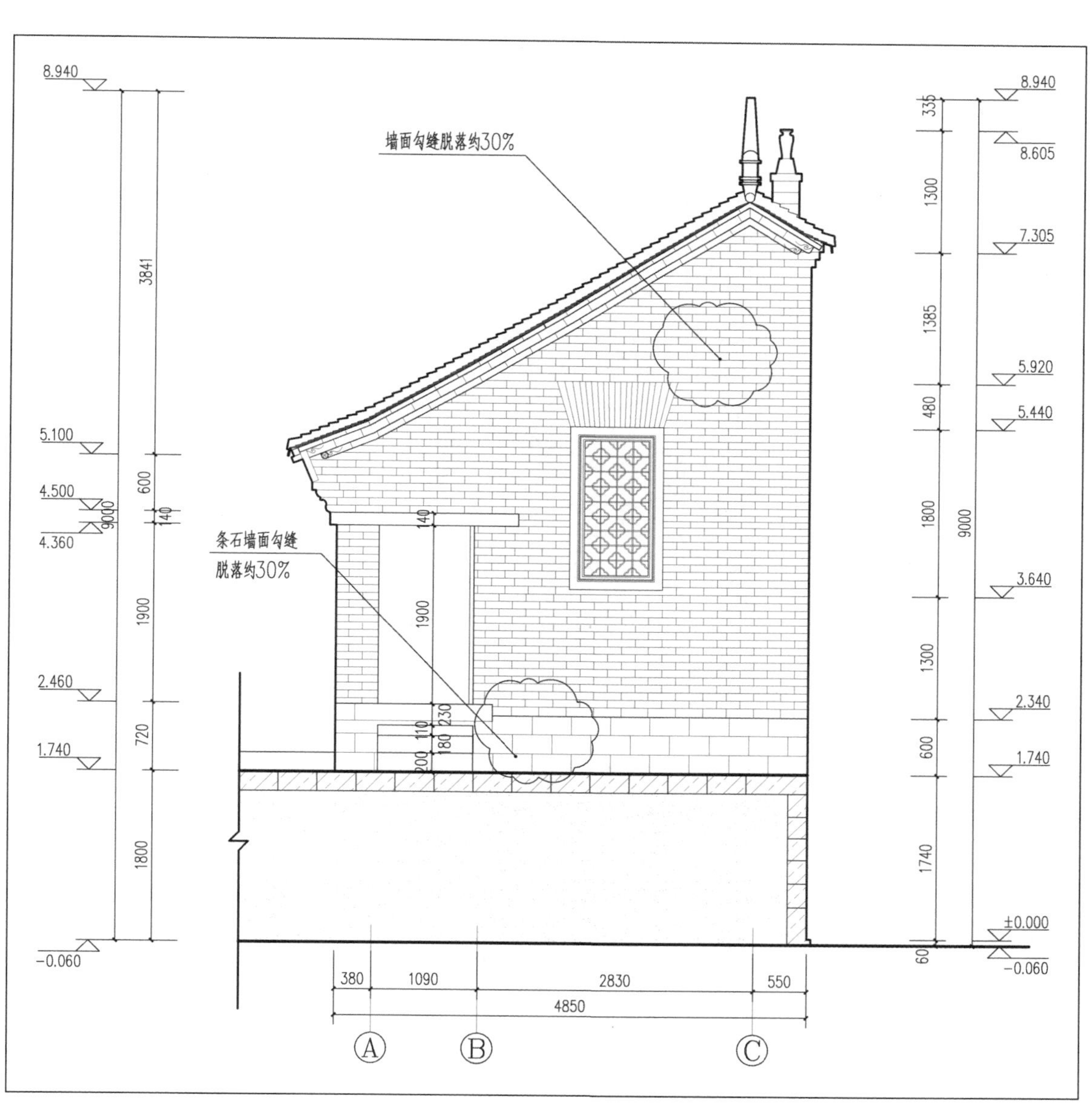

墙面勾缝脱落约30%
条石墙面勾缝
脱落约30%
8.940
5.100
4.500
4.360
2.460
1.740
-0.060
3841
600
140
9000
1900
720
1800
335
8.605
1300
7.305
1385
5.920
480
5.440
1800
3.640
1300
2.340
600
1.740
1740
±0.000
60
-0.060
140
1900
230
110
180
200
380
1090
2830
550
4850
A
B
C

西忠来书斋楼北立面图

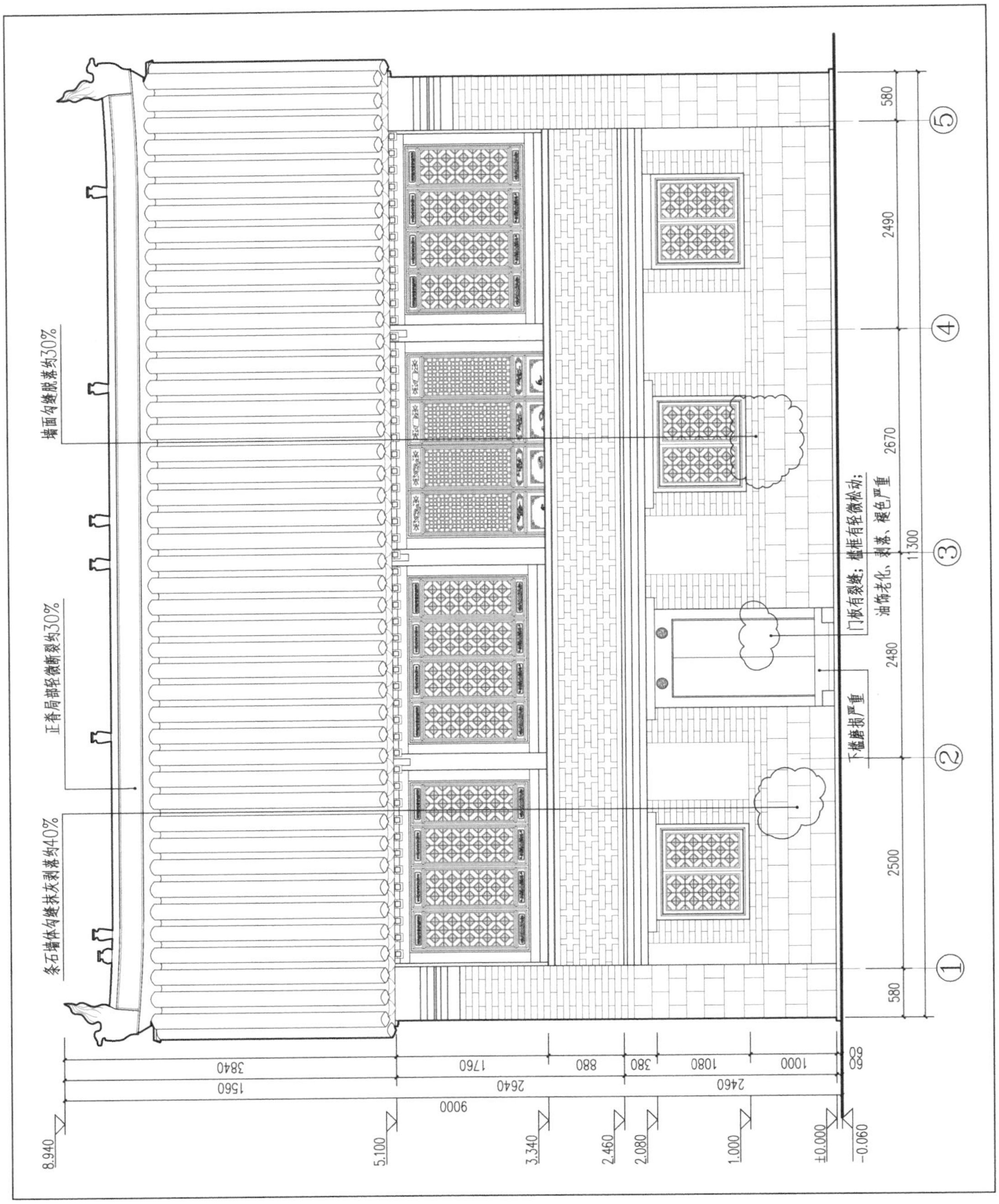

条石墙体勾缝抹灰剥落约40%
正脊局部轻微断裂约30%
墙面勾缝脱落约30%
下槛磨损严重
门板有裂缝；槛框有轻微松动；
油饰老化、剥落、褪色严重
8.940
5.100
3.340
2.460
2.080
1.000
±0.000
-0.060
1560
3840
9000
2640
1760
880
380
2460
1080
1000
60
60
580
2500
2480
2670
2490
580
11300
①
②
③
④
⑤

西忠来书斋楼东立面图

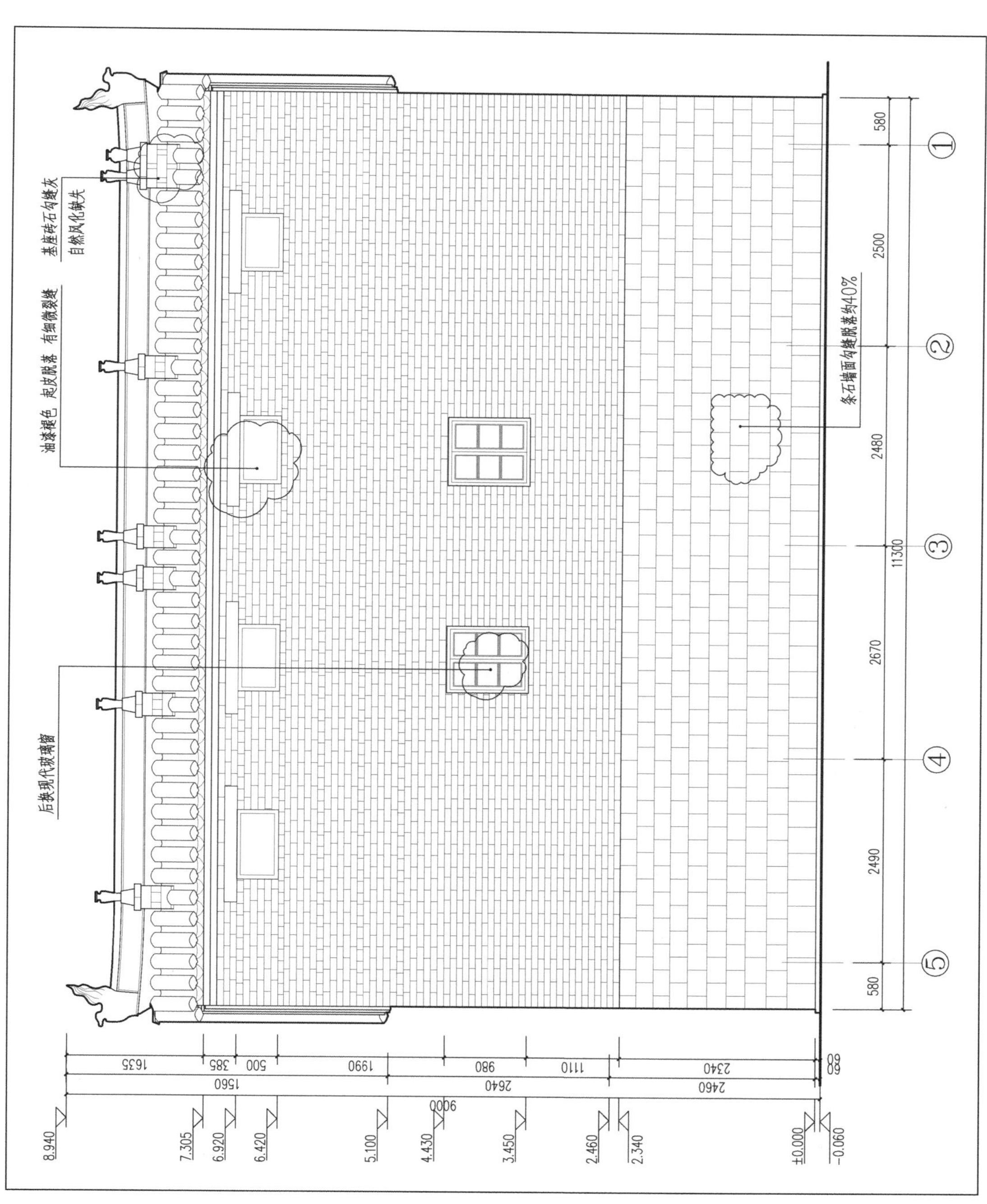

西忠来书斋楼西立面图

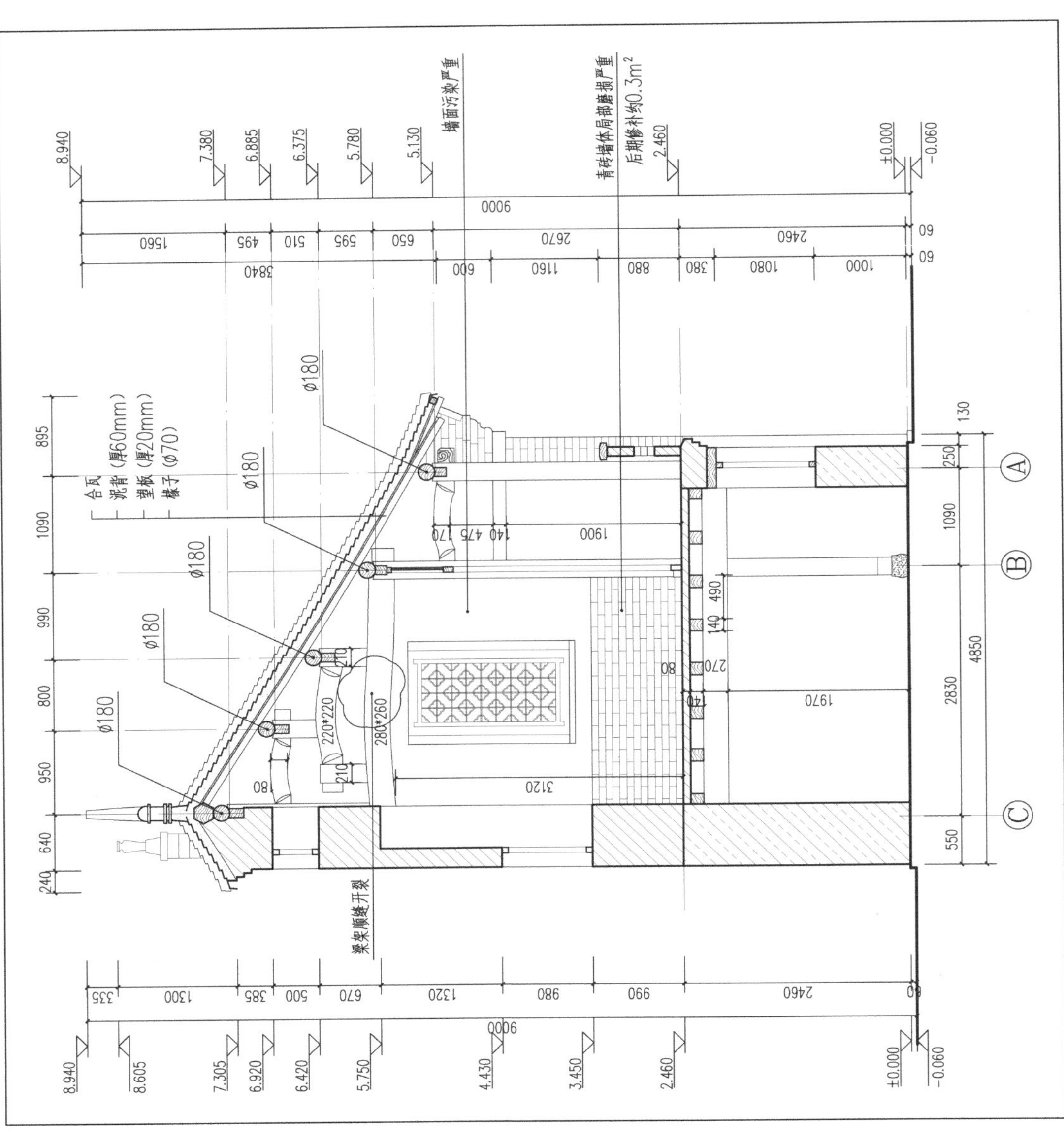

西忠来书斋楼 1-1 剖面图

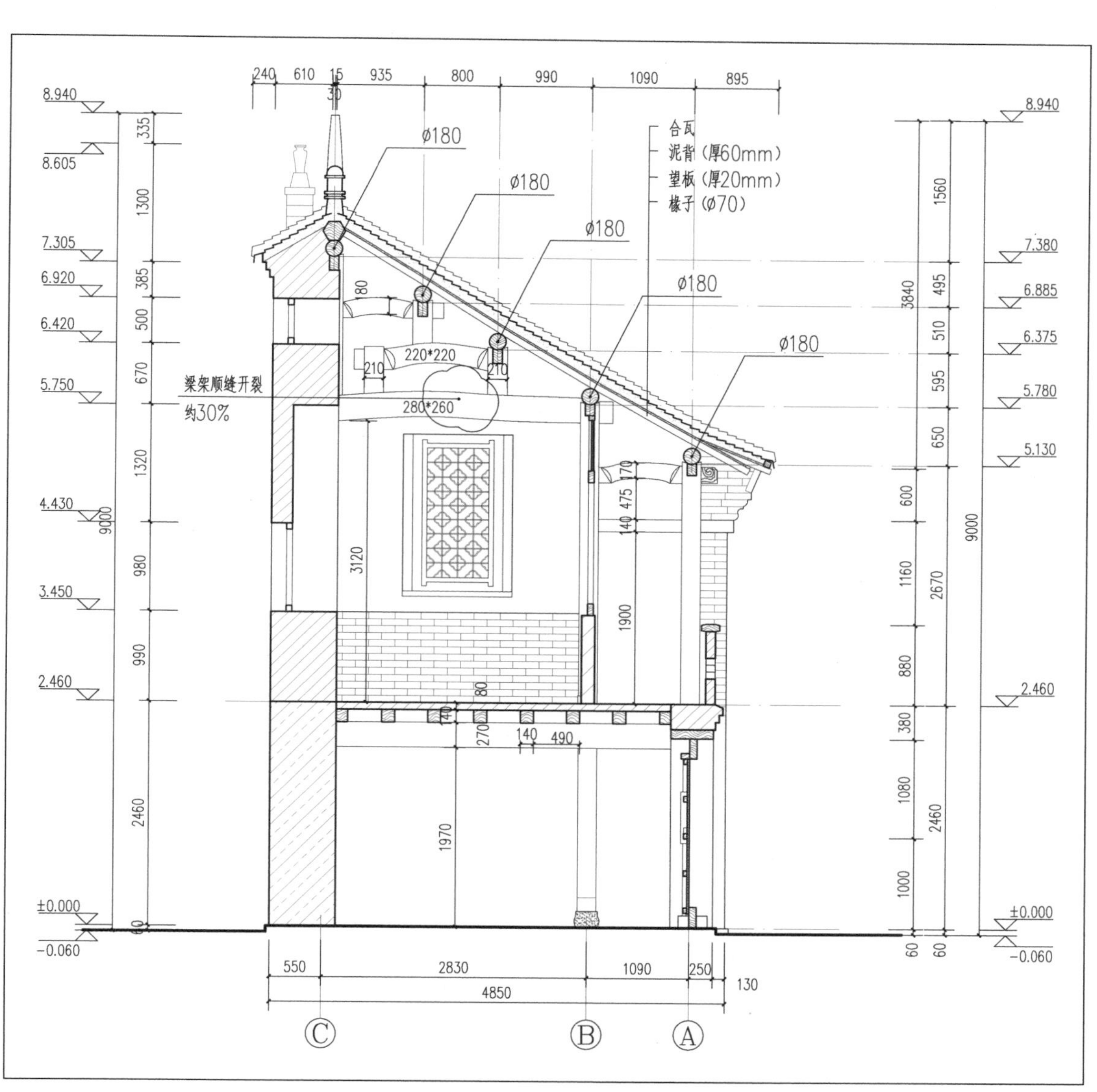

西忠来书斋楼 2–2 剖面图

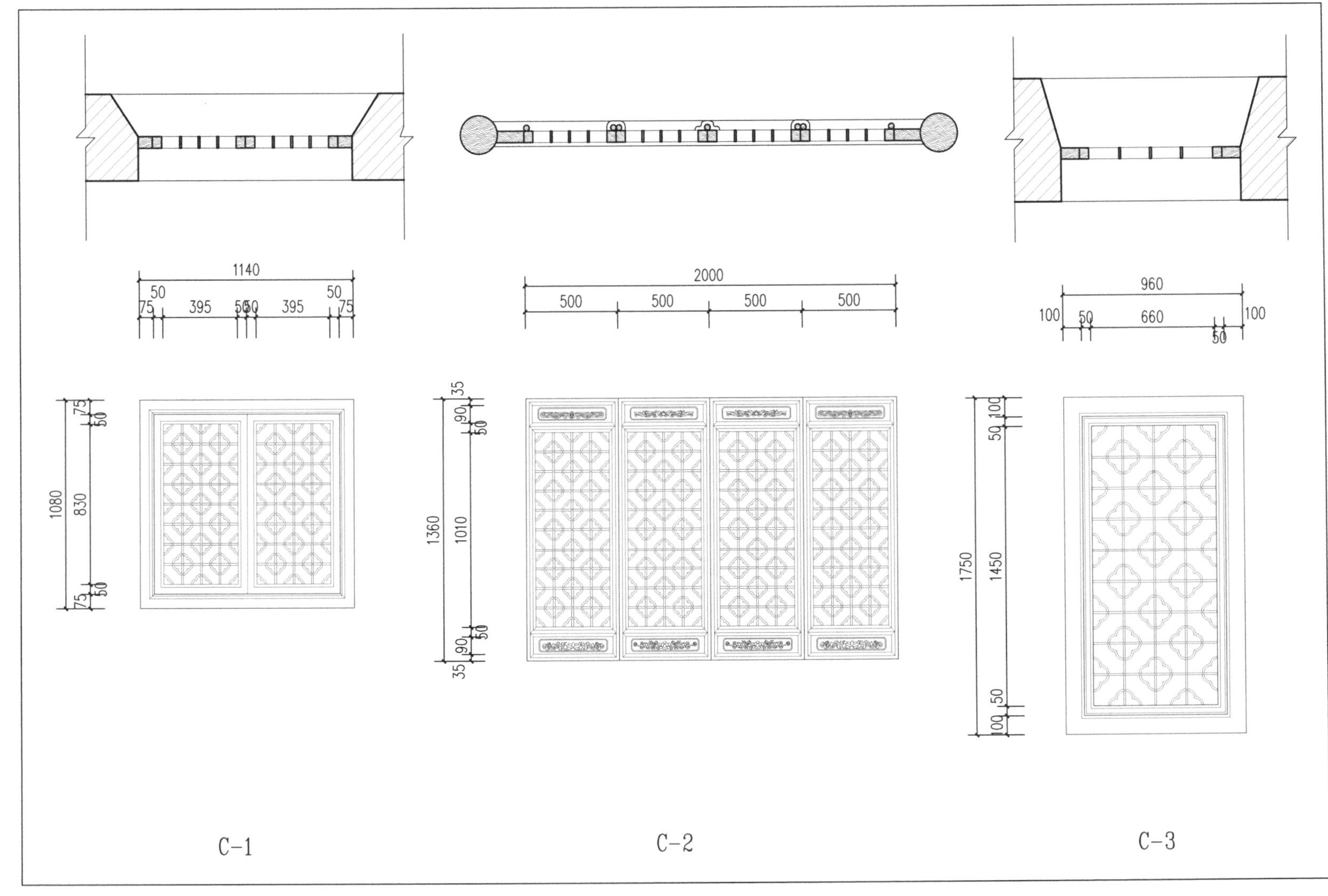

西忠来书斋楼门窗大样（一）

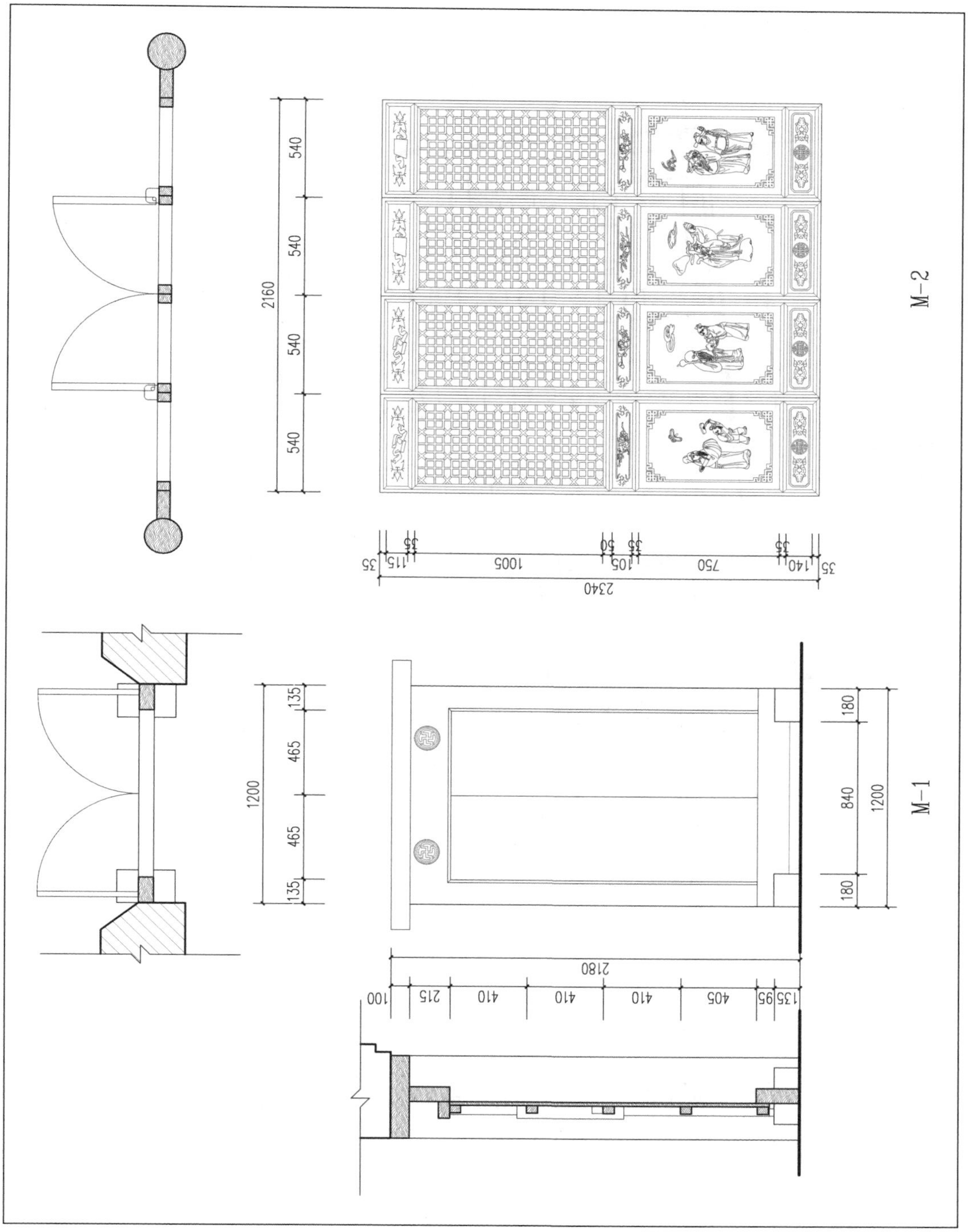

西忠来书斋楼门窗大样（二）

六、西忠来小姐楼

（一）建筑现状描述

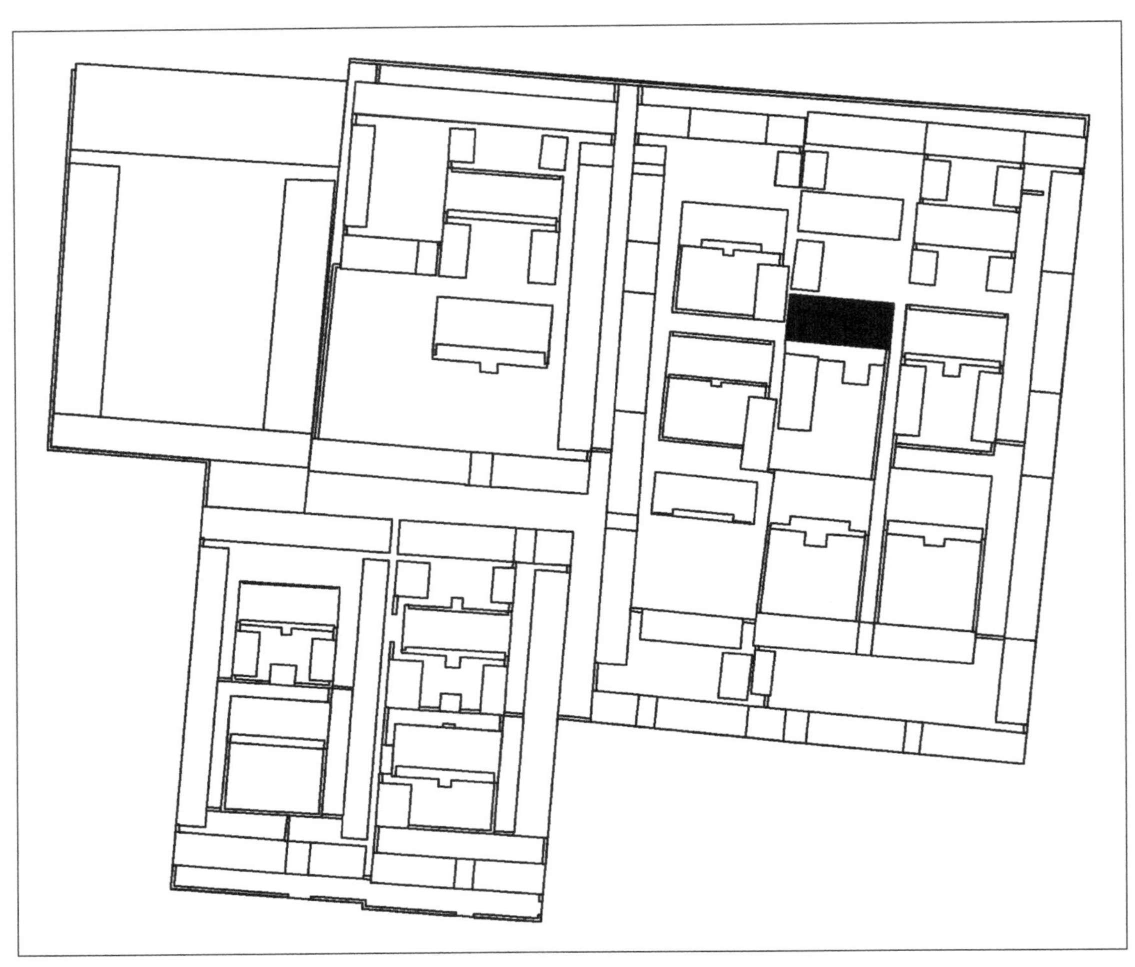

西忠来小姐楼位置图

建筑年代：民国时期

建筑现状：小姐楼为展示陈列用房，此建筑为二层砖石木结构，正脊处屋面落雨严重，梁架 30% 顺缝开裂严重。台明中间部位长方形的地窖储存室，拱券顶，为垒砌石结构。

建筑残损现状：

1. 条石墙基

残损现状：前檐总体完整，前檐条石墙基未见明显脱节、挤压和变形。局部条石轻微松动、勾缝抹灰剥落(10%残损)。后檐条石墙体未见明显松动，青砖墙面有大面积勾缝，灰缝自然风化缺失严重(30%残损)。西山墙总体完整，未见明显松动变形，勾缝白灰自然风化缺失严重。(20%残损)。东山墙条石墙面上墙表面勾缝脱落，局部有水泥勾缝加固痕迹。

残损类型：位移松动、碎裂、人为改造，残损等级：Ⅱ级。

残损原因：自然侵蚀，年久失修，人为不当使用。

2. 青砖墙面

残损现状：西山墙青砖砌筑，整体完好，局部有水泥勾缝加固痕迹(20%残损)，烟筒保存完整。东山墙勾缝白灰自然风化缺失严重(30%残损)。

残损类型：磨损、缺棱掉角、人为改造、开裂，残损等级Ⅲ级。

残损原因：年久失修，人为不当改造。

3. 室内地面

残损现状：一层为水泥地面，磨损严重，二层为木板铺地，局部漏雨糟朽。

残损类型：磨损、人为改造，残损等级Ⅲ级。

残损原因：年久失修，人为不当改造。

4. 室内墙面

残损现状：墙面白灰抹灰表面污染严重，10%破损有裂缝痕迹和墙皮翘起现象。

残损类型：墙皮剥落、污染，残损等级Ⅱ级。

残损原因：年久失修，人为不当使用。

5. 梁架

残损现状：大木梁架整体无明显歪闪，30%顺缝开裂。檩与椽子30%雨水糟朽、顺缝开裂严重，并被改造。

残损类型：糟朽、顺缝开裂，残损等级Ⅲ级(梁)；雨水糟朽、顺缝开裂，残损等级Ⅱ级(檩椽)。

残损原因：自然侵蚀，年久失修。

6. 装修

残损现状：传统木门窗，有磨损严重，普通油饰褪色严重。

残损类型：磨损、开裂、人为改造，残损等级Ⅰ级。

残损原因：自然侵蚀，年久失修，人为不当改造。

7. 屋面

残损现状：望砖基本完好，表面有雨水痕迹。小青瓦屋面，普遍位移松动，碎裂，檐口处滴水瓦缺失（30% 残损）。屋脊表面约 40% 抹灰松动脱落。

残损类型：雨水污渍，残损等级Ⅲ级（条编望板）；缺失、碎裂松动，残损等级Ⅲ级（瓦件）；断裂破损、缺失、碎裂松动，残损等级Ⅱ级（正脊）。

残损原因：雨水侵蚀，年久失修，人为不当使用。

（二）部分现状照片

西忠来小姐楼南立面现状

台基表面条石松动，水泥勾缝脱落

局部条石松动，条石勾缝脱落，有后期修补痕迹

墙面污渍严重

屋面漏雨，地板局部糟朽 10 平方米

墙面水渍污染严重，墙面抹灰大块脱落

梁表面糟朽有裂痕

（三）现状勘测图纸

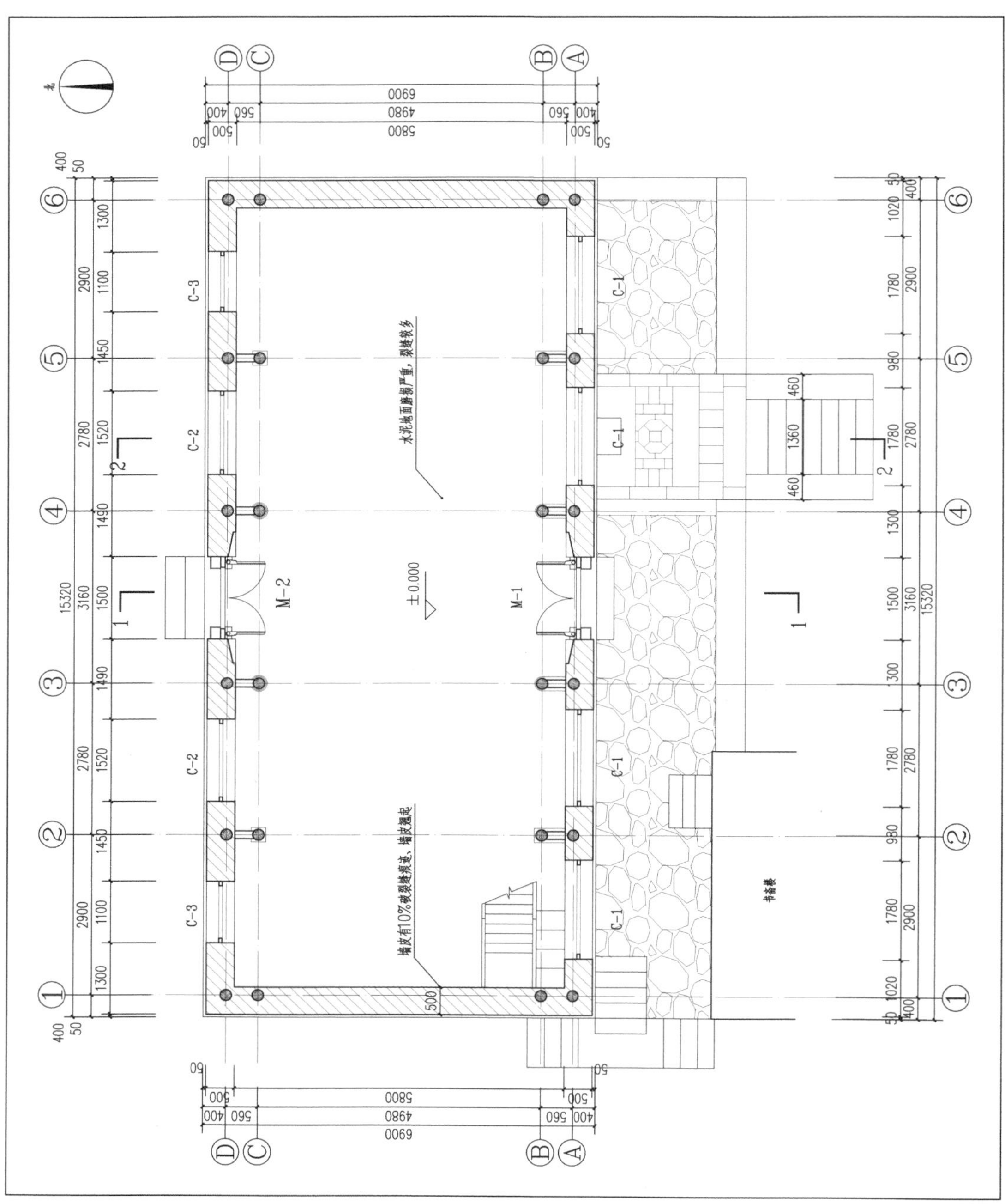

西忠来小姐楼一层平面图

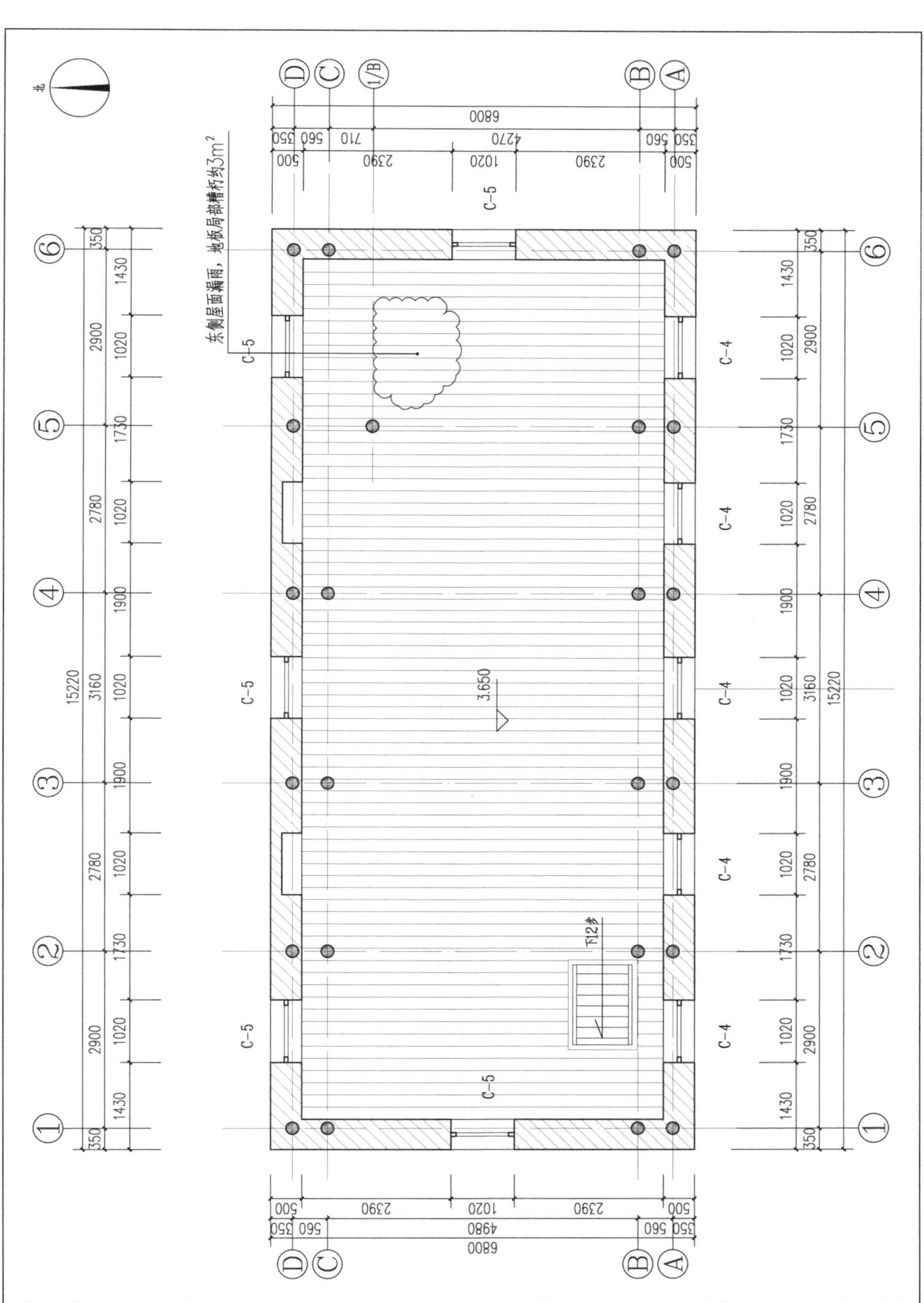

西忠来小姐楼二层平面图

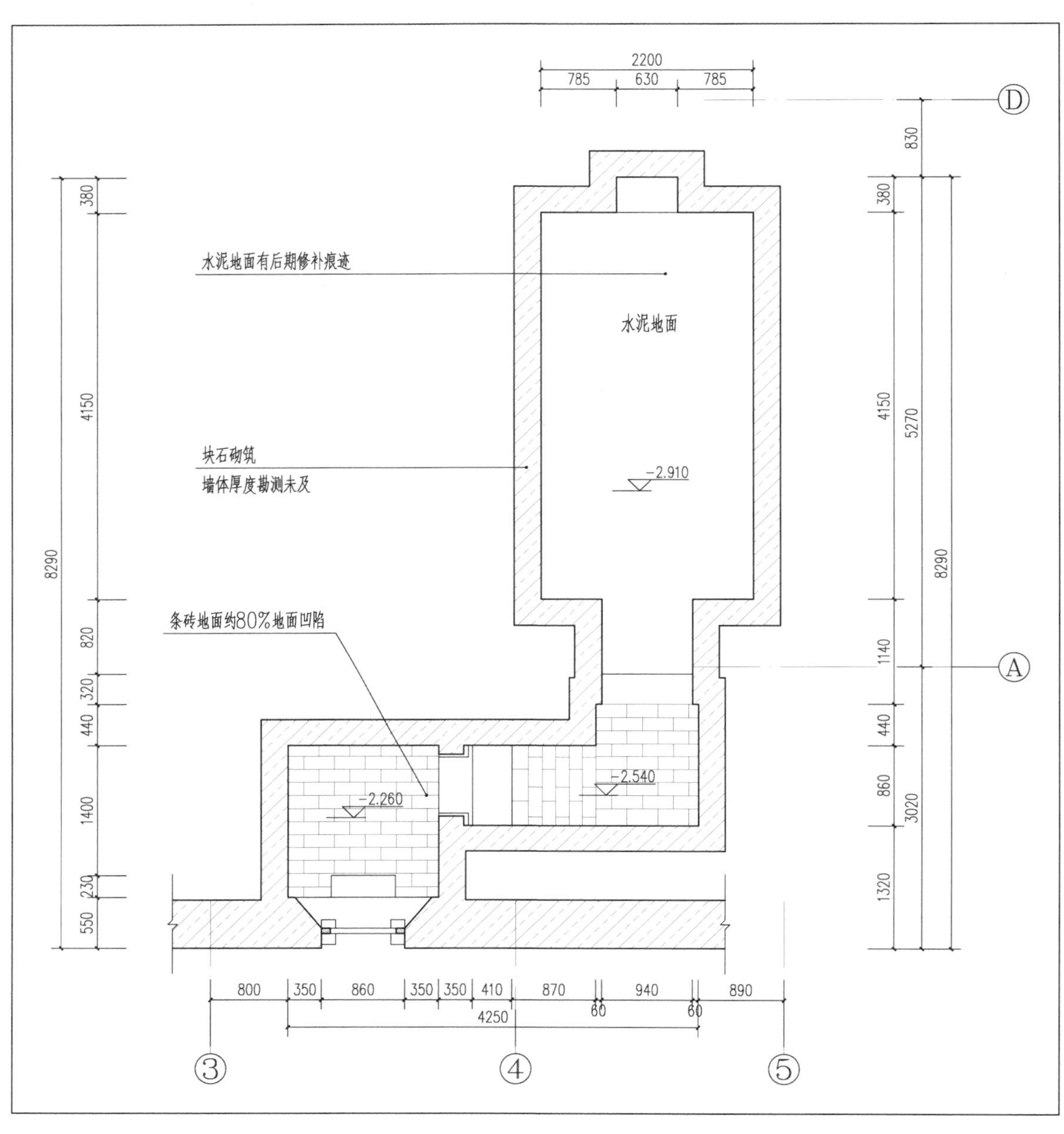

西忠来小姐楼地窖平面图

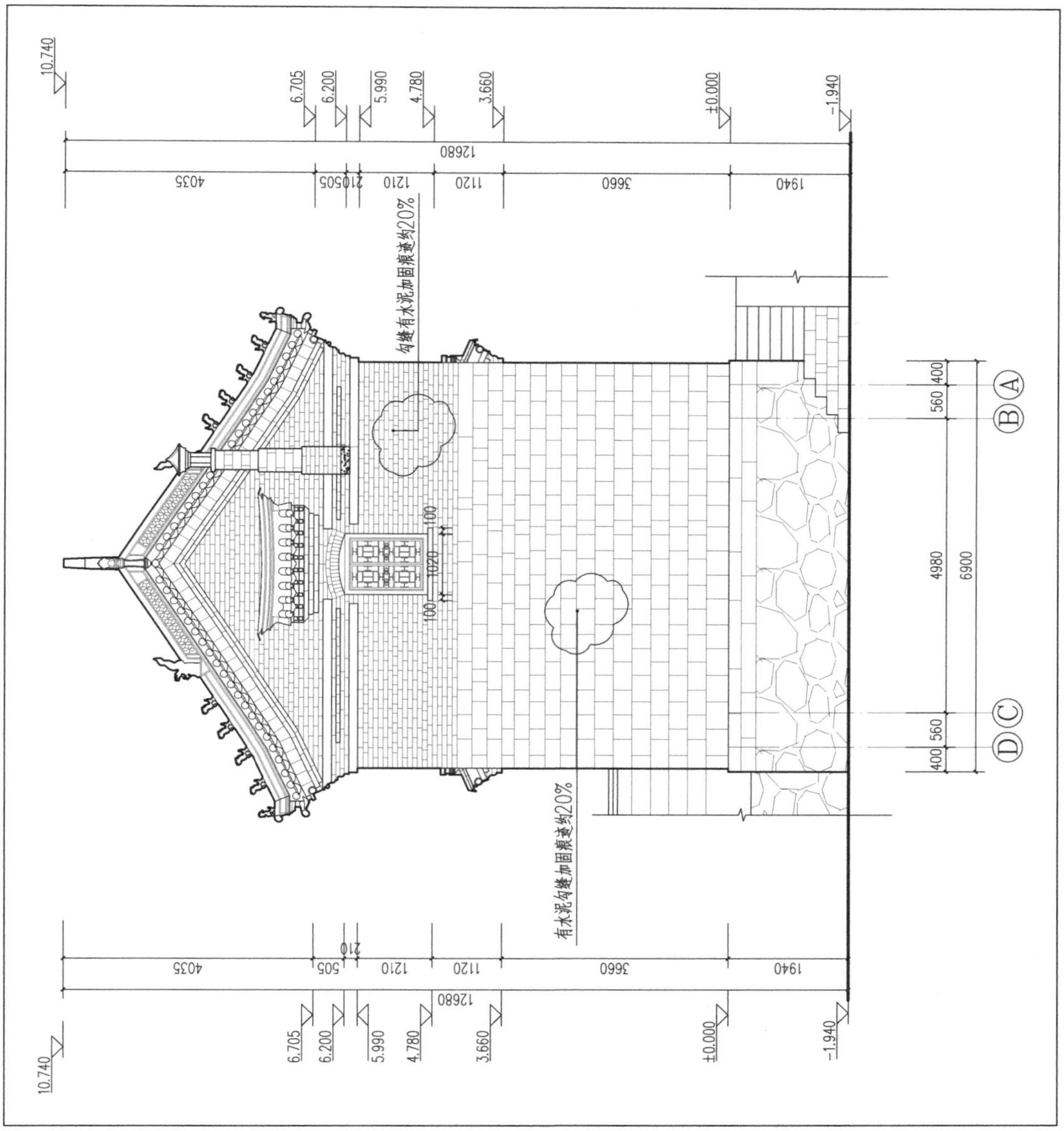

西忠来小姐楼西立面图

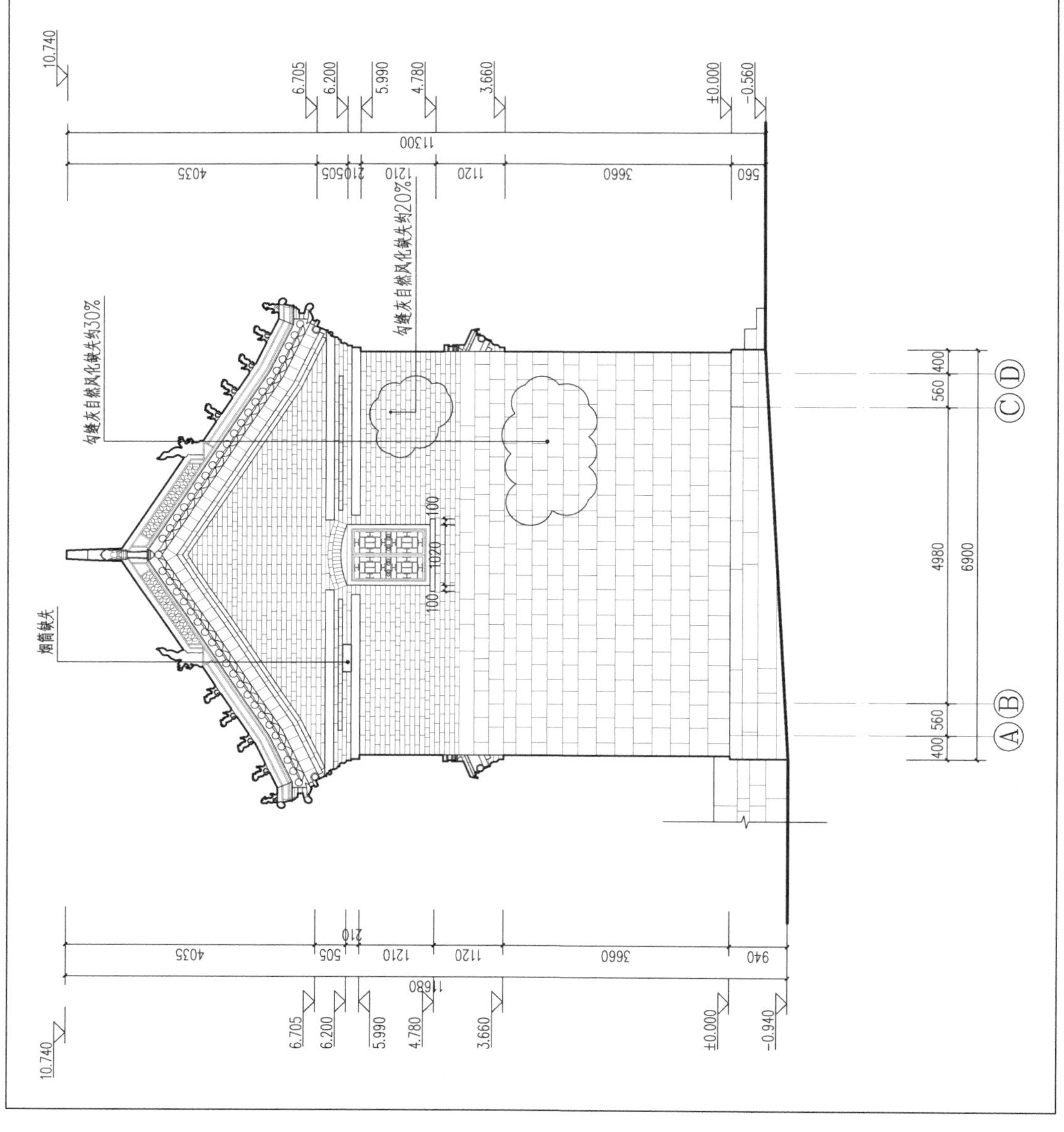
勾缝灰自然风化缺失约30%
勾缝灰自然风化缺失约20%
烟筒缺失
10.740
6.705
6.200
5.990
4.780
3.660
±0.000
-0.560
-0.940
11300
11680
4035
505
210
1210
1120
3660
560
940
1020
100
400
4980
6900
A
B
C
D

西忠来小姐楼东立面图

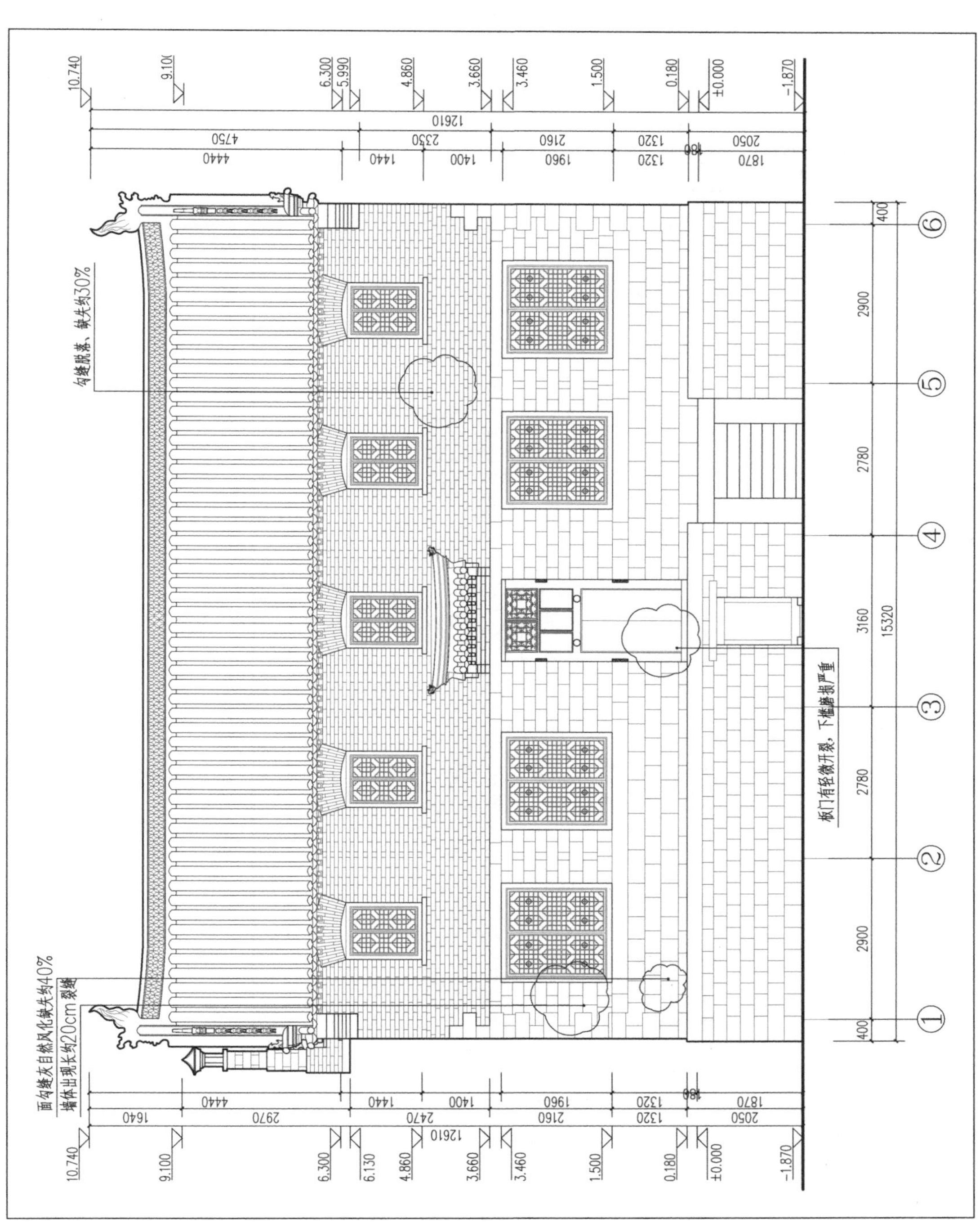

西忠来小姐楼南立面图

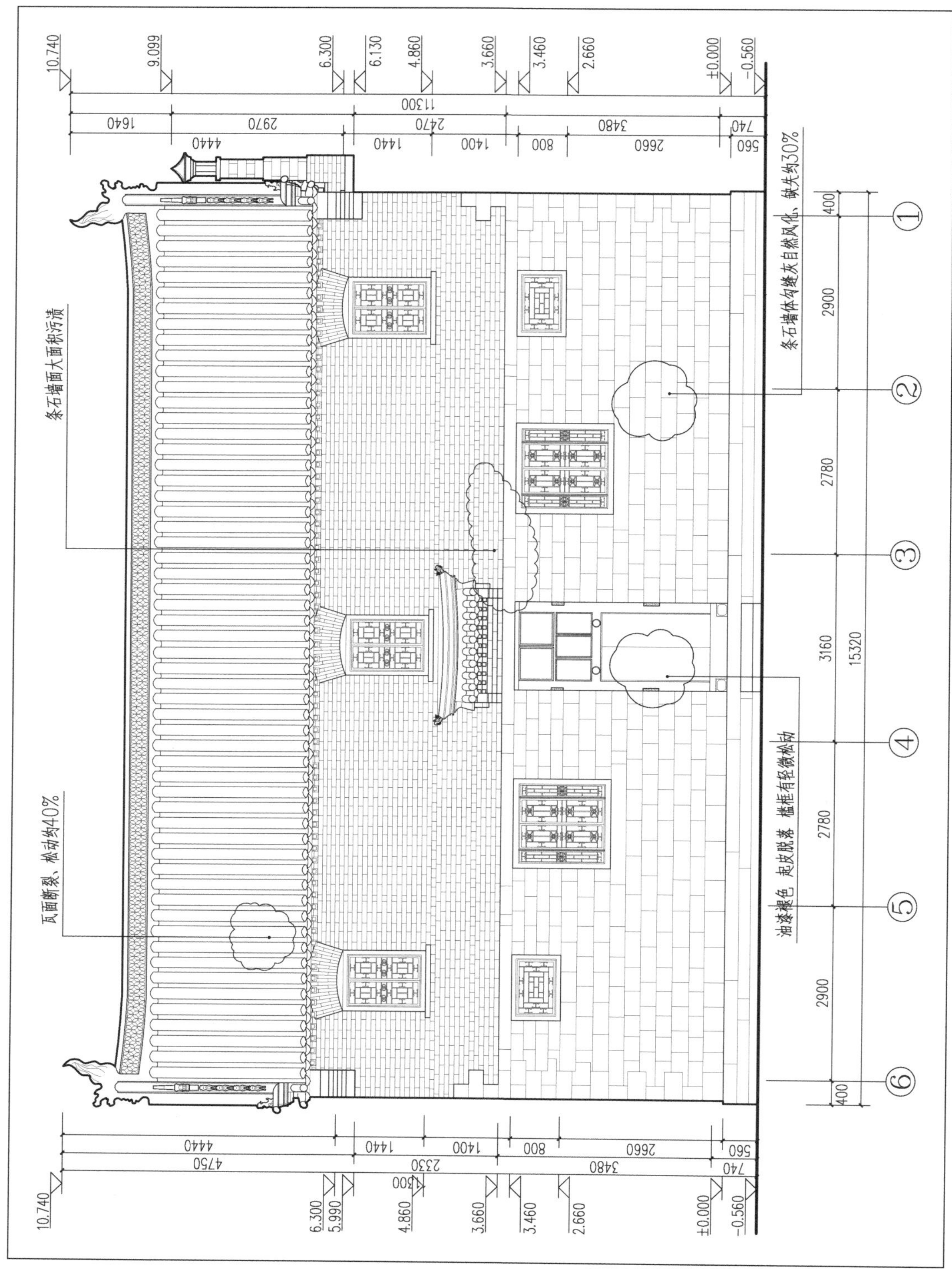

西忠来小姐楼北立面图

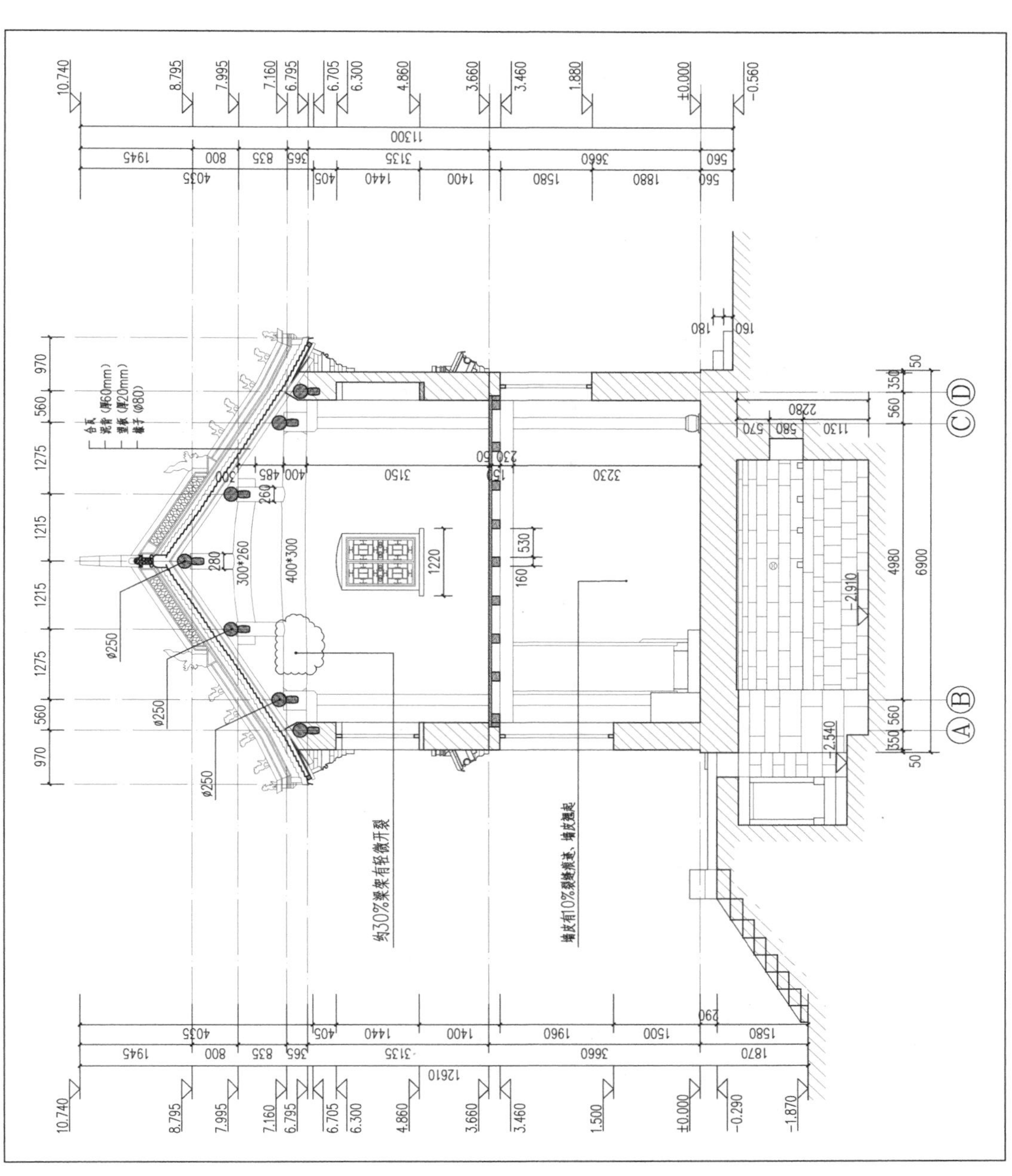

西忠来小姐楼 1-1 剖面图

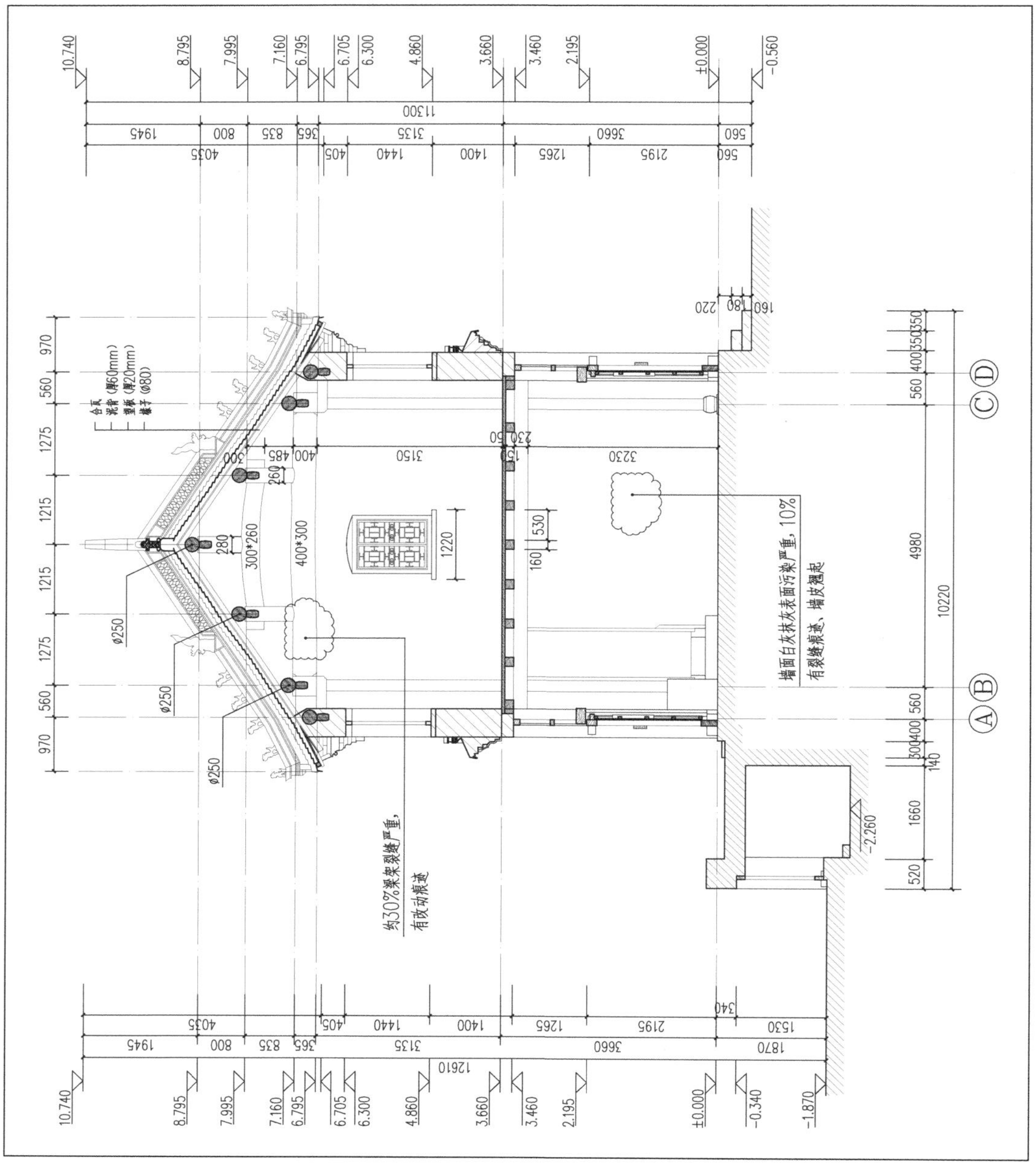

西忠来小姐楼 2-2 剖面图

七、西忠来佛堂

（一）建筑现状描述

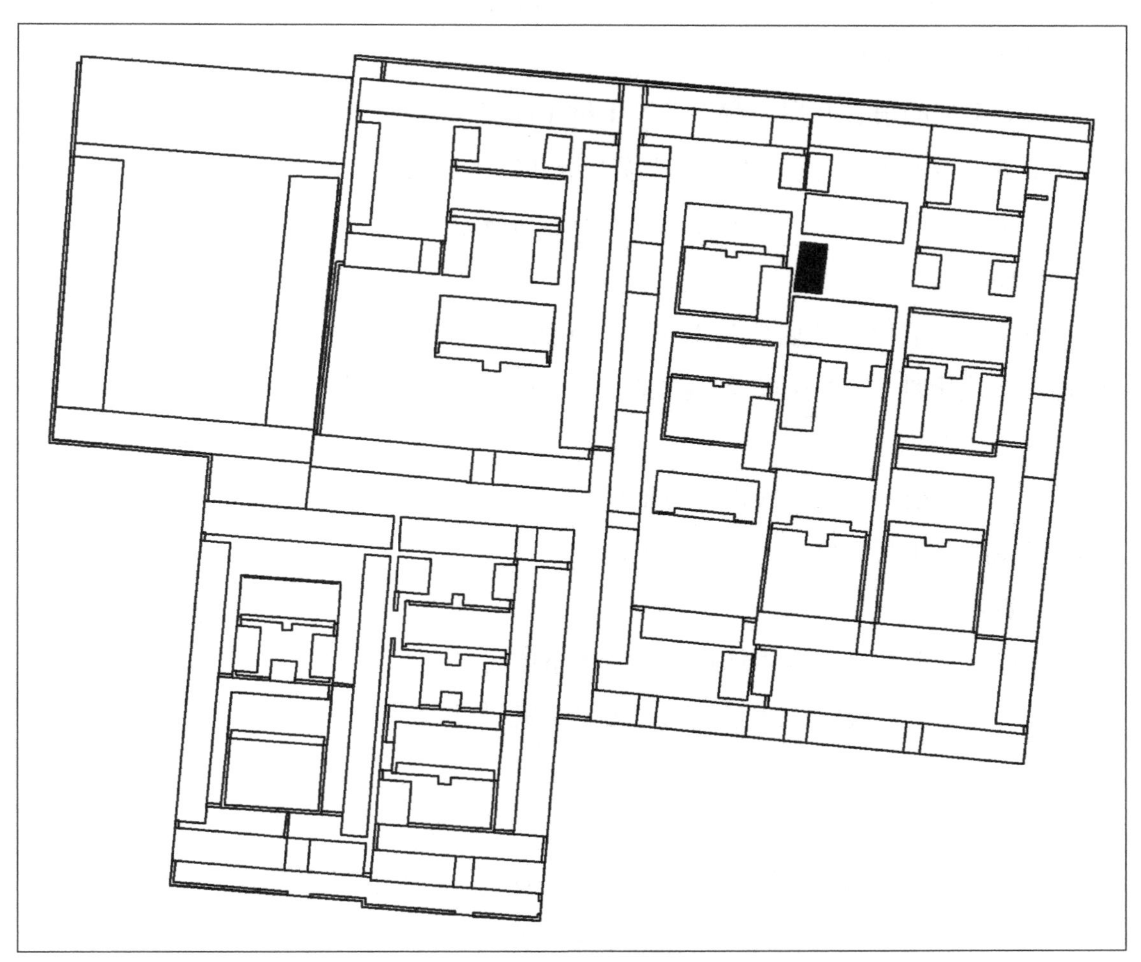

西忠来佛堂位置图

建筑年代：清代

建筑现状：西忠来佛堂为小式五檩梁架，硬山合瓦屋面，硬山坡屋顶，合瓦屋面，屋顶不施吻兽，墙体腰线砖以下为石材砌筑，腰线砖（两皮～三皮），灰浆填缝，表面由白色抹灰覆盖。背立面腰线以下为石材砌筑，以上用青砖砌至檐口，室内地面为青砖地面，破损严重。前檐墙体墙皮出现脱落现象。80% 梁架顺缝开裂，屋面后改造为木质望板，原有条编望板被拆除。

建筑残损现状：

1. 条石墙基

残损现状：前檐未见明显脱节、挤压和变形，局部条石轻微松动、勾缝抹灰剥落。后檐毛石墙体松动裂缝严重，局部后水泥勾缝加固，勾缝白灰自然风化。北山墙总体完整，局部勾缝白灰风化缺失。

残损类型：磨损、开裂，残损等级Ⅰ级（前檐）；位移松动、碎裂、人为改造，残损等级Ⅲ级（后檐）；磨损、开裂，残损等级Ⅱ级（北山墙）。

残损原因：自然侵蚀，年久失修，人为不当使用。

2. 青砖墙面

残损现状：前檐青砖墙体基本完整，无明显位移松动迹象，局部勾缝脱落。后檐后檐青砖腰线中部轻微松动，勾缝脱落。北山墙青砖砌筑墙面磨损、松动，勾缝白灰自然风化、缺失。

残损类型：松动脱落，残损等级Ⅲ级。

残损原因：年久失修，人为不当改造。

3. 抹灰墙体

残损现状：前檐抹灰墙体抹灰毛石墙体整体完好。

残损类型：墙面腐化、变暗，残损等级Ⅰ级。

残损原因：自然侵蚀。

4. 室内地面

残损现状：青砖地面磨损、残缺严重，地面中部磨损下沉约 3 厘米 ~ 5 厘米。

残损类型：破损、人为改造，残损等级Ⅲ级。

残损原因：年久失修，人为不当使用。

5. 室内墙面

残损现状：白灰墙面整体完好，后加装塑料广告布，局部灰尘污染严重，局部有裂缝。

残损类型：墙皮剥落、污染、人为改造，残损等级Ⅱ级。

残损原因：年久失修，人为不当使用。

6. 梁架

残损现状：大木梁架整体明显歪闪，70% 顺缝开裂、出现虫蛀糟朽现象，表面油饰普遍脱落。檩条严重歪斜，部分腐朽缺失。前后檐室外部分的椽头 40% 因雨水自然开裂糟朽。

残损类型：糟朽、顺缝开裂，残损等级Ⅲ级（梁）；雨水糟缝开裂，残损等级Ⅱ级（檩椽）。

残损原因：自然侵蚀，年久失修。

7. 装修

残损现状：门窗均为传统样式，整体完好，10% 门扇构件有轻微裂缝，门窗油饰褪色，漆皮剥落。

残损类型：磨损、开裂，残损等级Ⅱ级。

残损原因：自然侵蚀，年久失修，人为不当使用。

8. 屋面

残损现状：屋面条编望板被木板代替，大部分腐朽开裂，原有条编望板被拆除。小青瓦屋面，其中屋面瓦片 30% 位移松动，檐口处滴水瓦 40% 位移松动，水泥勾抹加固。正脊整体完好，局部顺缝开裂。

残损类型：雨水糟朽、缺失，残损等级Ⅲ级（条编望板）；碎裂松动，残损等级Ⅲ级（瓦件）；断裂破损、缺失，残损等级Ⅱ级（正脊）。

残损原因：自然侵蚀，雨水侵蚀，年久失修，人为不当使用。

（二）部分现状照片

西忠来佛堂东立面现状

西忠来佛堂南立面现状

地基下沉，墙体歪闪，条石墙基出现结构性碎裂

墙砖墙体松动碎裂，局部替换，后水泥勾缝加固

檐口瓦件椽位移松动

椽、望板表面顺缝开裂、出现虫蛀糟朽现象

门槛磨损、顺缝开裂严重，油饰剥落

瓦面均有不同程度的位移松动，瓦片碎裂，约5平方米

（三）现状勘测图纸

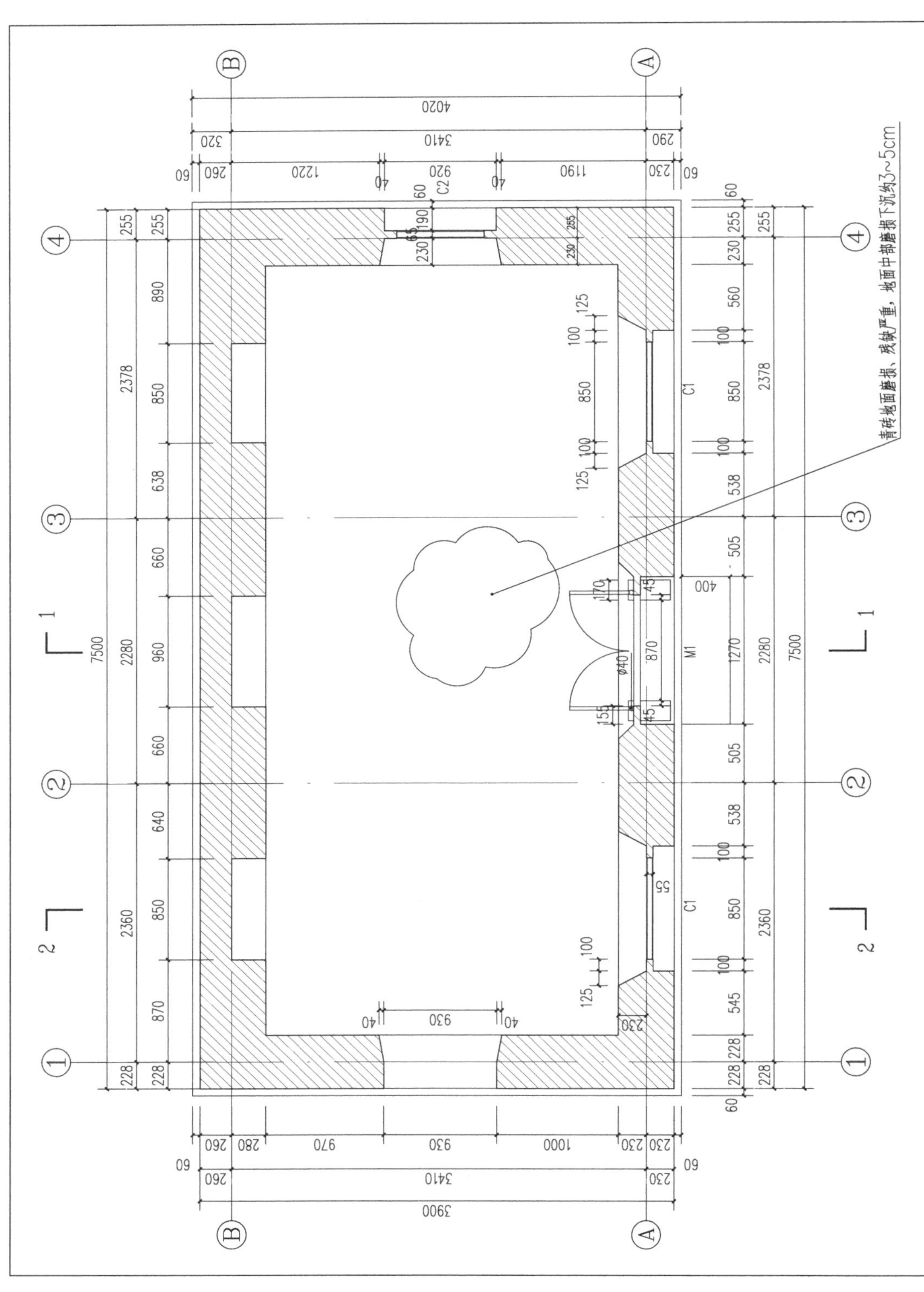

西忠来佛堂平面图

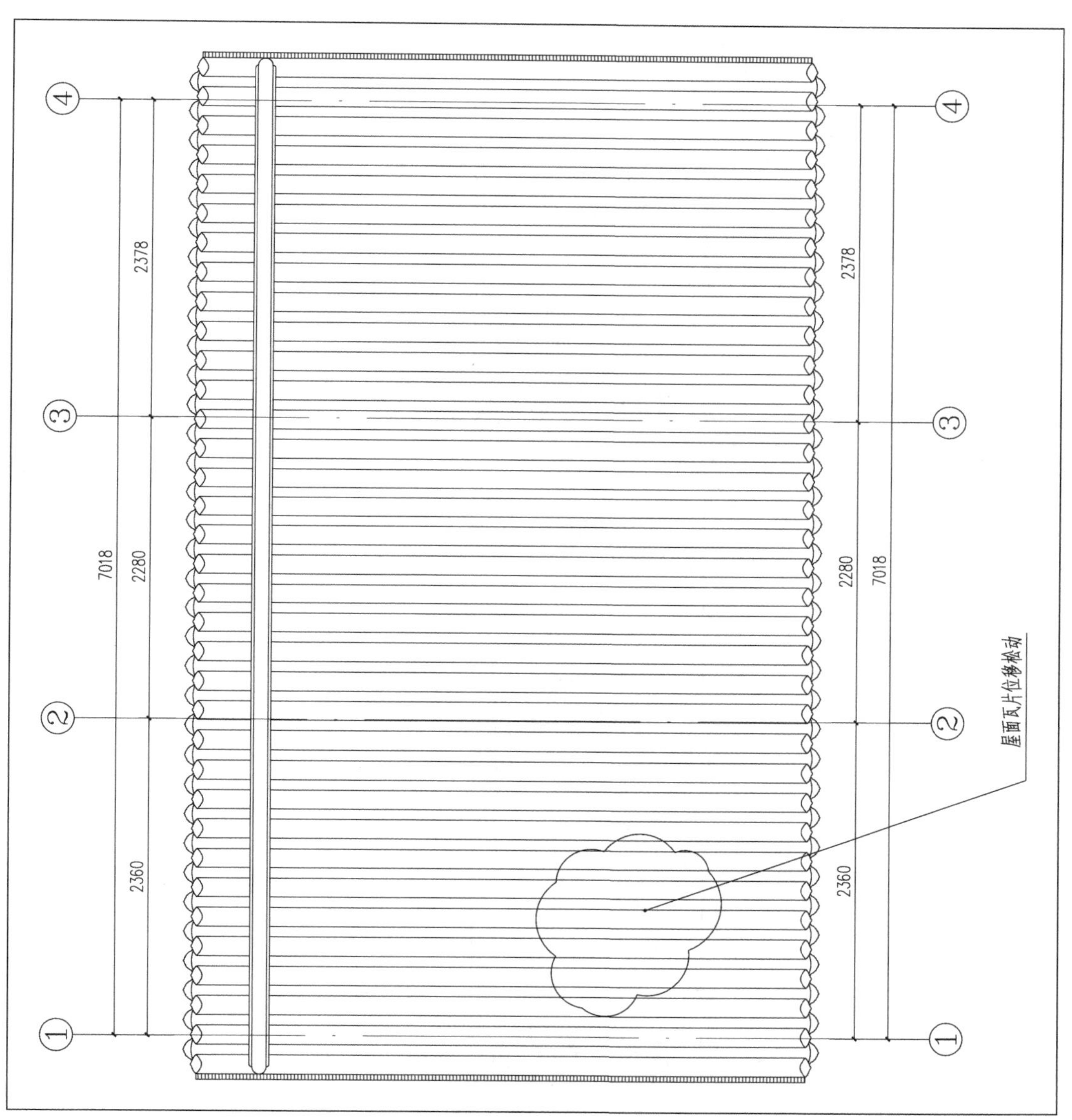

西忠来佛堂屋顶平面图

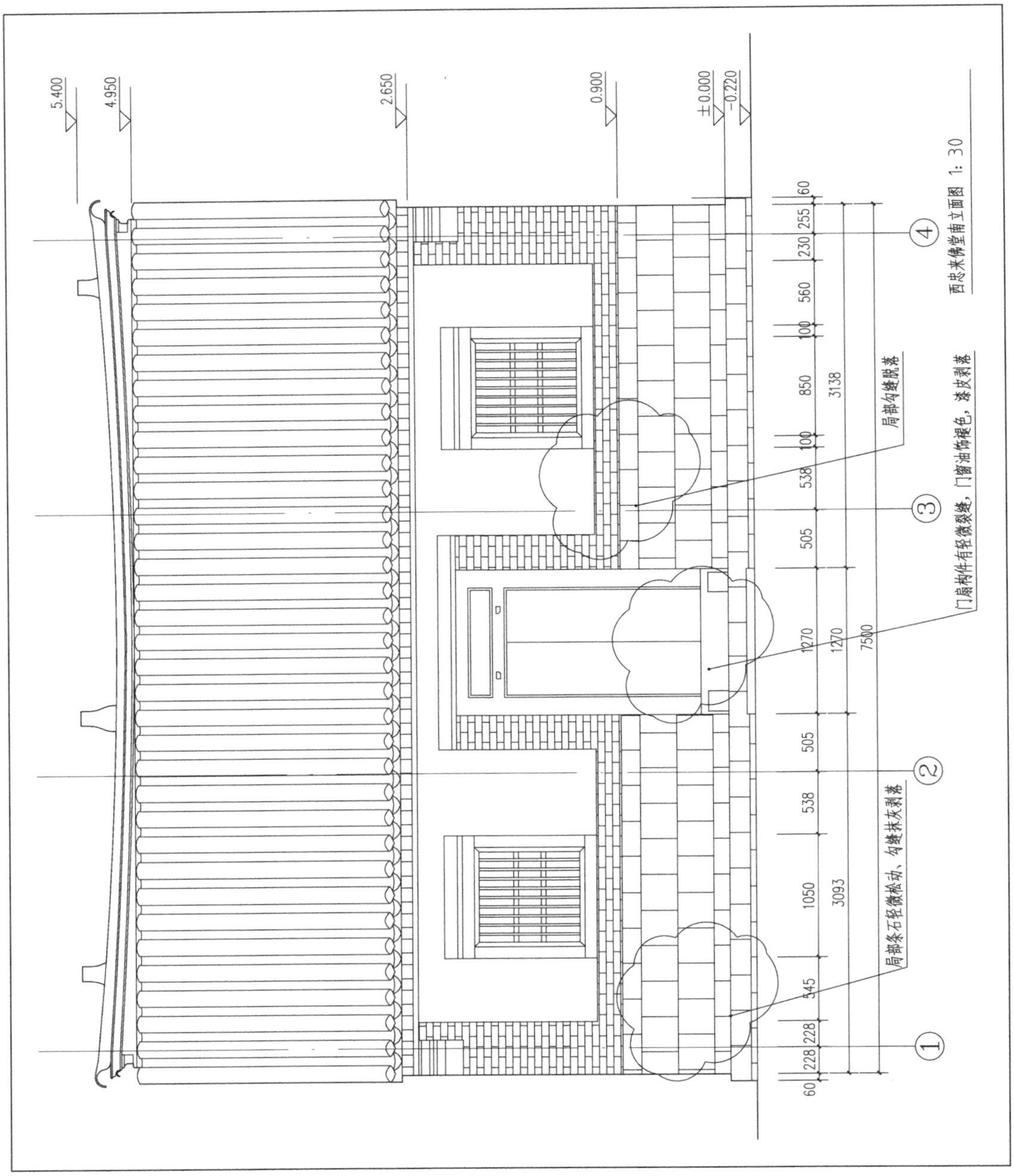

5.400
4.950
2.650
0.900
±0.000
-0.220

局部条石轻微松动，勾缝抹灰剥落
局部勾缝脱落
门扇构件有轻微裂缝，门窗油饰褪色，漆皮剥落

60 228 228 545 1050 538 505 1270 505 538 100 850 100 560 230 255 60
3093 1270 3138
7500

① ② ③ ④

西忠来佛堂南立面图 1：30

西忠来佛堂南立面图

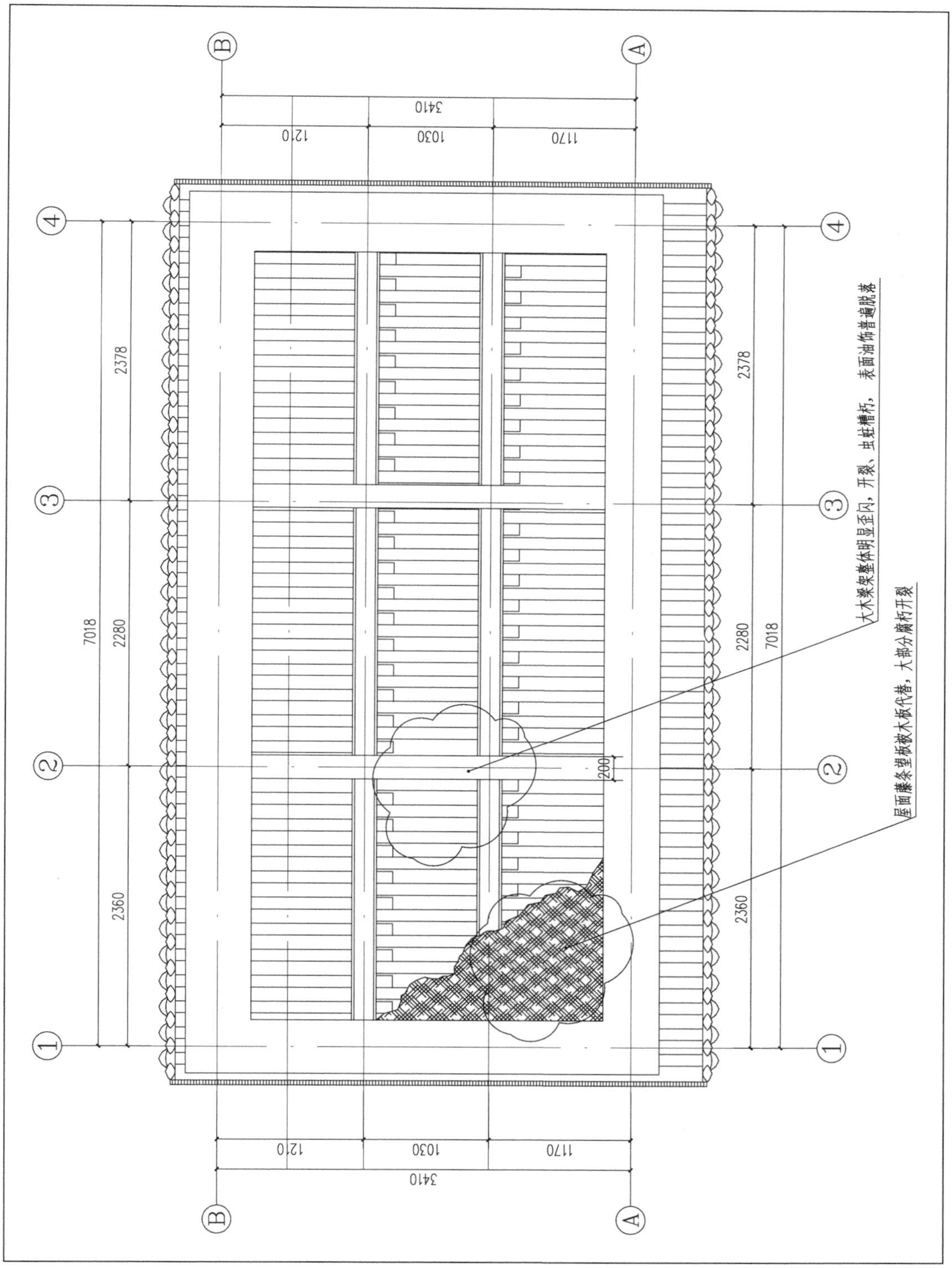
大木梁架整体明显歪闪，开裂，虫蛀糟朽，表面油饰普遍脱落
屋面藤条望板被木板代替，大部分腐朽开裂
3410
1210
1030
1170
7018
2378
2280
2360
200
A
B
1
2
3
4

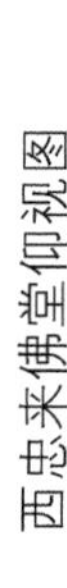

西忠来佛堂仰视图

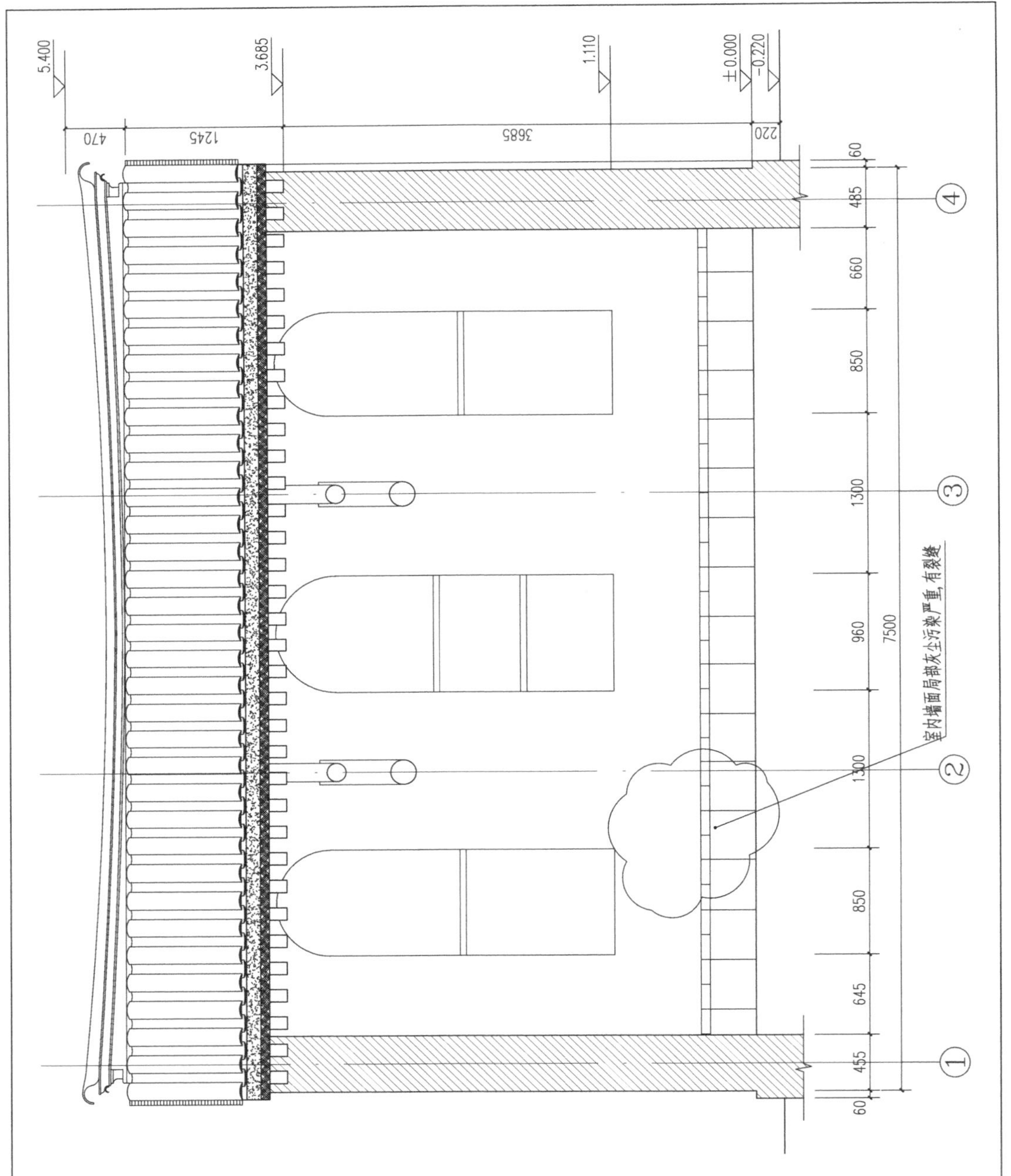
5.400
3.685
1.110
±0.000
-0.220
470
1245
3685
220
60
485
660
850
1300
960
7500
1300
850
645
455
60
室内墙面局部灰尘污染严重，有裂缝

西忠来佛堂纵面图

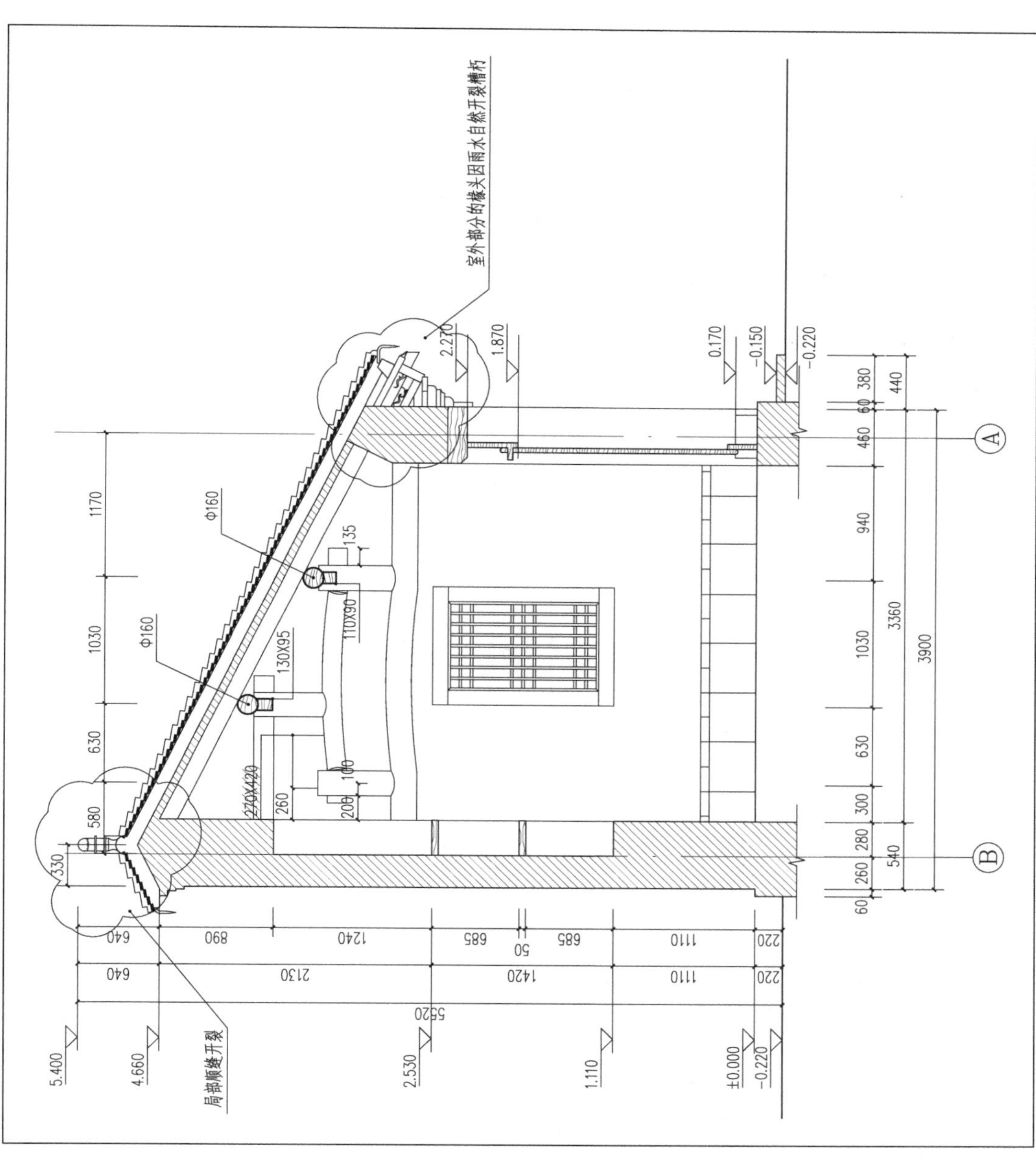

西忠来佛堂 1－1 剖面图

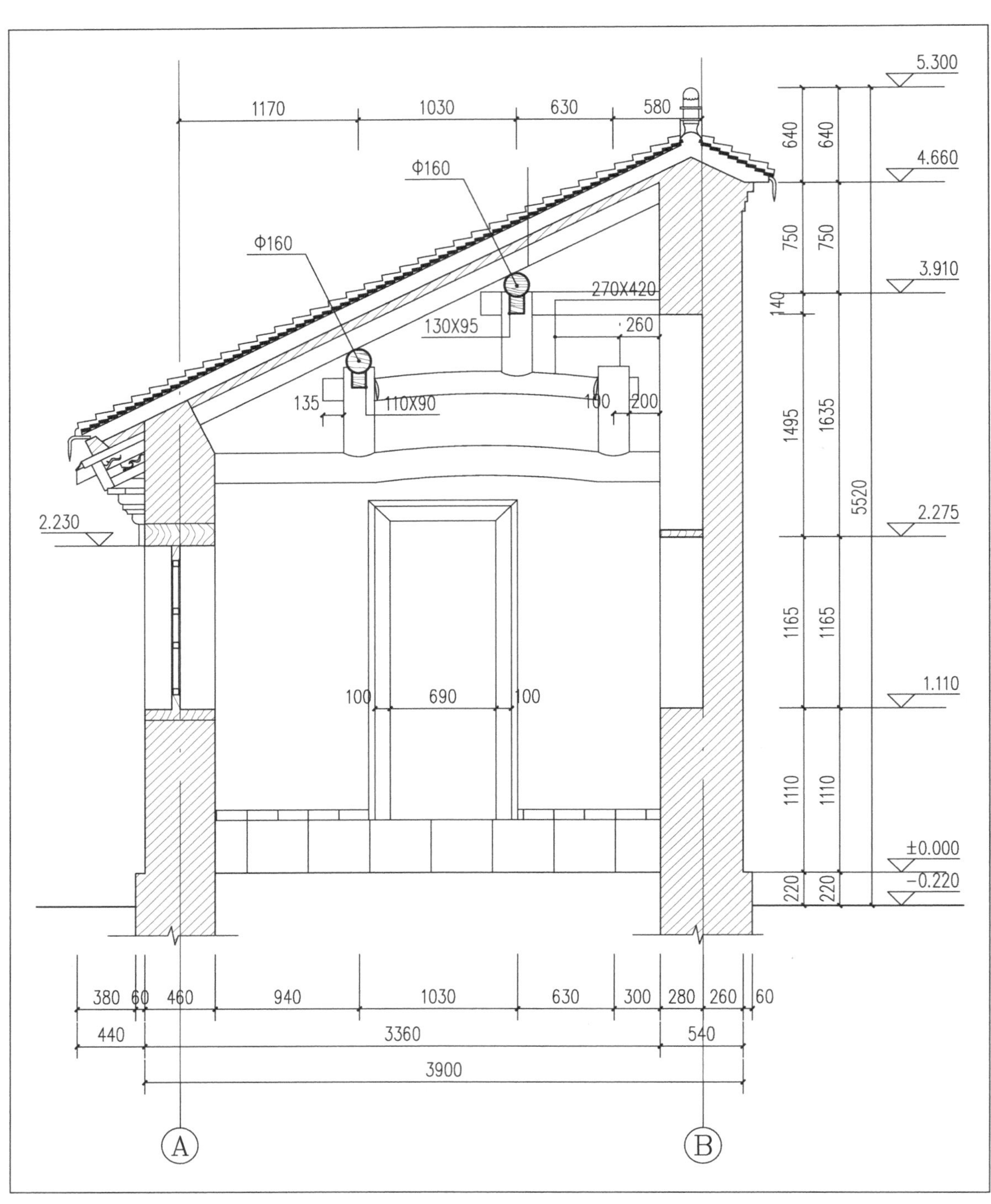

5.300
4.660
3.910
2.275
1.110
±0.000
−0.220
2.230
1170
1030
630
580
Φ160
Φ160
270X420
130X95
260
135
110X90
100
200
100
690
100
640
640
750
750
140
1495
1635
5520
1165
1165
1110
1110
220
220
380
60
460
940
1030
630
300
280
260
60
440
3360
540
3900
A
B

西忠来佛堂 2-2 剖面图

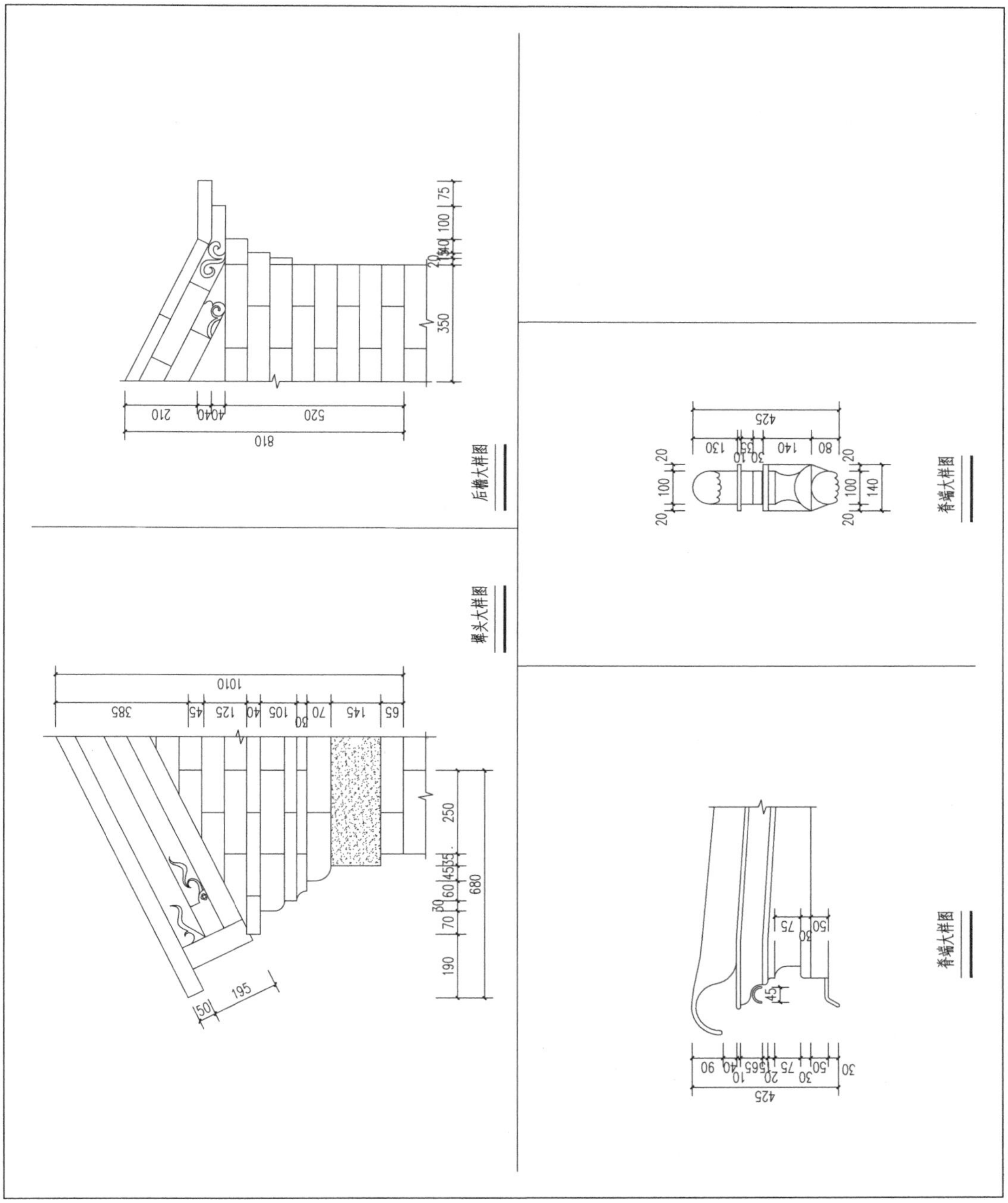

西忠来佛堂大样图

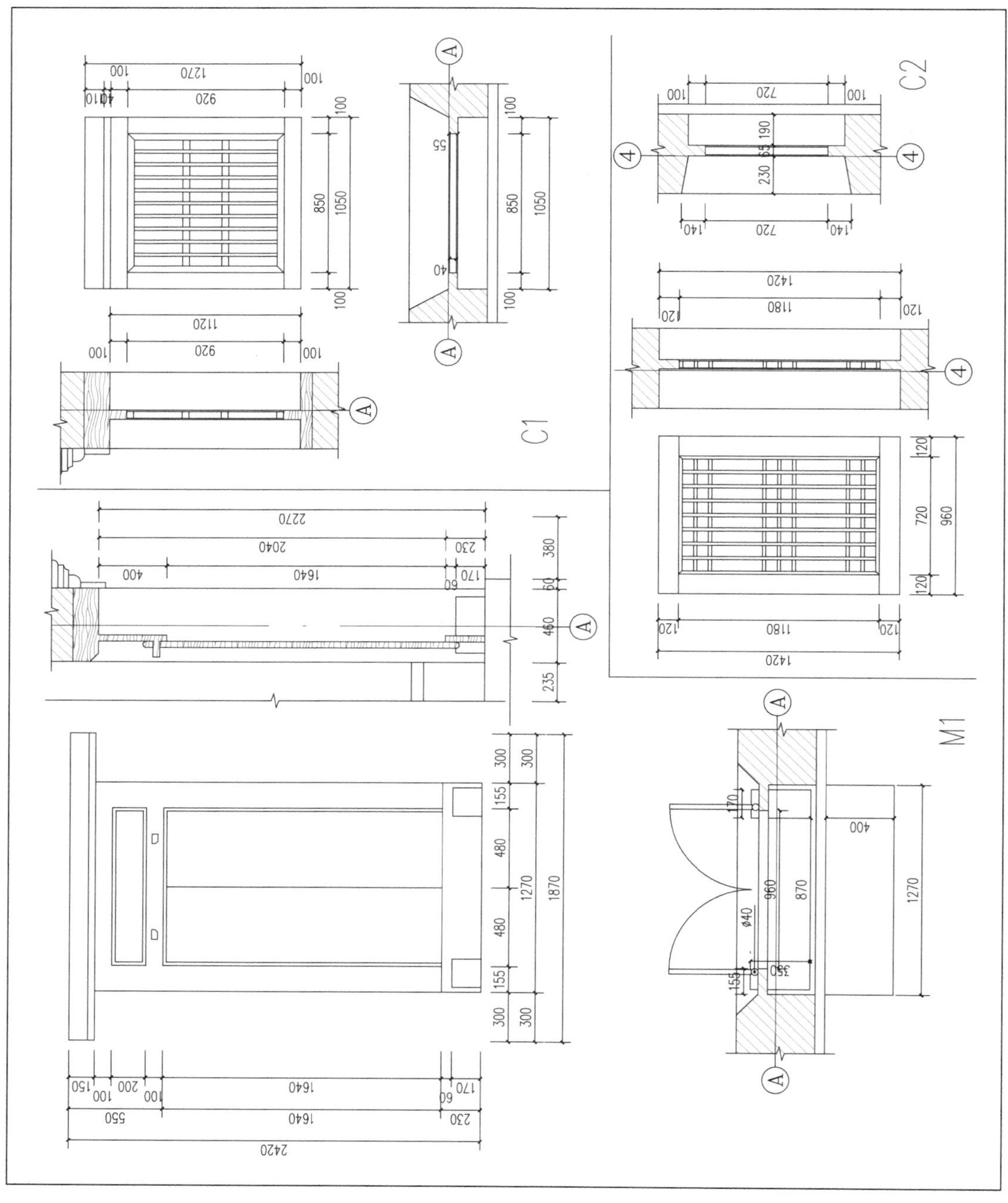

西忠来佛堂门窗详图

八、西忠来剪纸楼

（一）建筑现状描述

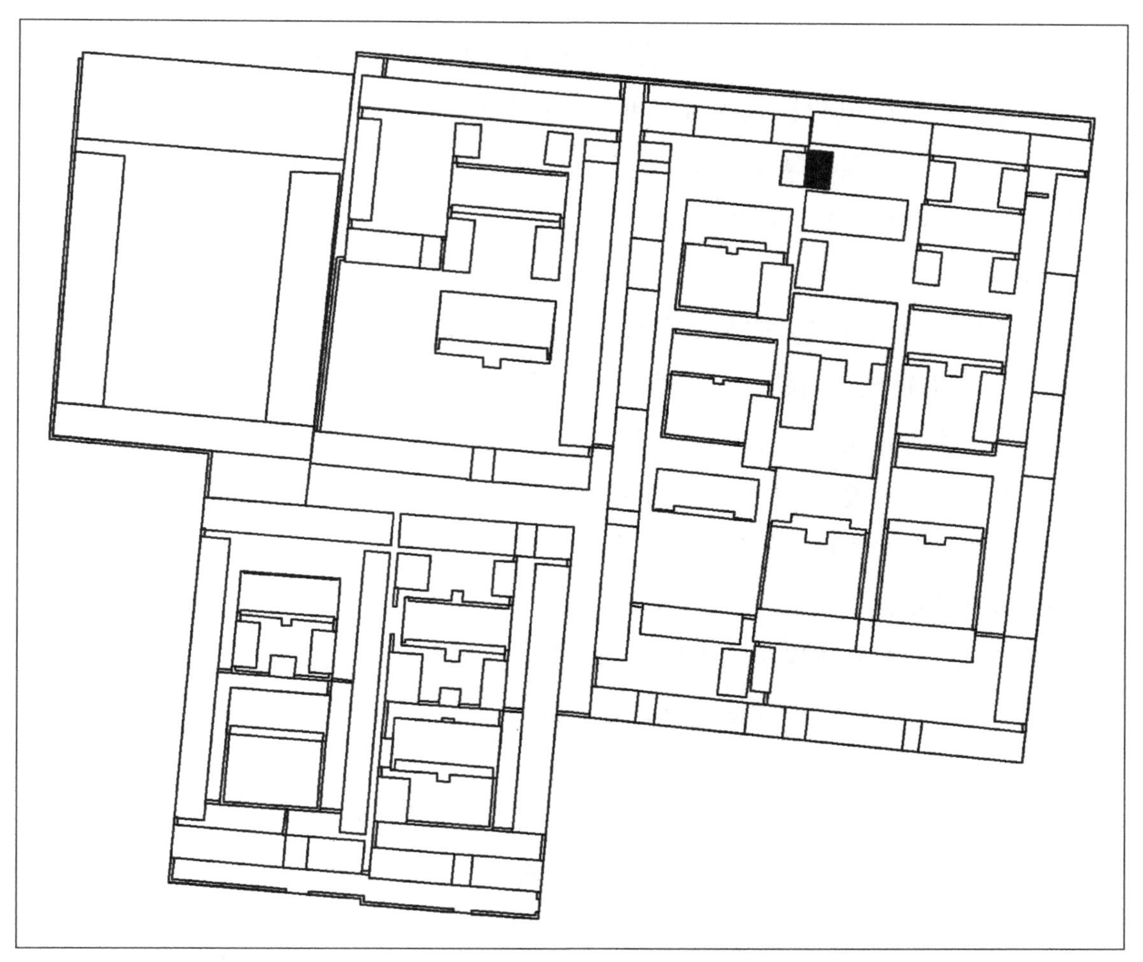

西忠来剪纸楼位置图

建筑年代：清代

建筑现状：西忠来剪纸楼为三开间式厢房，硬山合瓦屋面，屋顶不施吻兽，墙体腰线砖以下为石材砌筑，腰线砖（两皮～三皮），墙体转角处为青砖砌筑，腰线砖至檐口墙体采用石块砌筑，灰浆填缝，表面由白色抹灰覆盖，背立面腰线以下为石材砌筑，以上用青砖砌至檐口，室内地面为青砖地面。椽头雨水糟朽。后安装吊顶，梁架勘测未及。

建筑残损现状：

1. 条石墙基

残损现状：前檐条石墙基和墙体基本完好，未见明显下沉；条石勾缝抹灰风化、缺失 20%。后檐条石墙基松动裂缝，局部缺失，损毁严重；勾缝白灰自然风化缺失严重。南北山墙总体完整，未见明显变形，墙体无破损痕迹，局部勾缝白灰自然风化缺失。

残损类型：自然风化，残损等级Ⅱ级（前檐）；磨损、缺棱掉角，残损等级Ⅲ级（后檐）；自然风化，残损等级Ⅰ级（南山墙、北山墙）。

残损原因：自然侵蚀，年久失修。

2. 青砖墙面

残损现状：前檐青砖墙体基本完整，局部发生位移松动迹象，勾缝脱落。门口与窗口处 20% 磨损缺棱掉角状况。后檐青砖严重松动，大部分磨损缺棱掉角，勾缝脱落 50%。南北山墙青砖砌筑墙体基本完好，局部勾缝脱落。

残损类型：松动脱落，残损等级Ⅱ级。

残损原因：自然风化、年久失修。

3. 毛石抹灰墙体

残损现状：前檐墙体抹灰墙体整体基本完好，局部抹灰墙皮轻微剥落，出现裂缝。

残损类型：墙体裂缝，残损等级Ⅱ级。

残损原因：自然侵蚀，年久失修。

4. 室内地面

残损现状：目前室内地面为青砖地面，地面磨损严重，出现 5 厘米 ~ 10 厘米高差。

残损类型：破损、人为改造，残损等级Ⅲ级。

残损原因：年久失修，人为不当使用。

5. 室内墙面

残损现状：白灰墙面整体完好，局部灰尘污染严重，局部有轻微裂缝。

残损类型：墙皮剥落、污染、改造使用，残损等级Ⅱ级。

残损原因：年久失修，人为不当使用。

6. 梁架

残损现状：梁，加装吊顶，勘测未及。檩与椽子雨水糟朽、顺缝开裂严重，前后檐室外部分的椽头 40% 因雨水自然开裂糟朽。

残损类型：雨水糟朽、顺缝开裂，残损等级Ⅲ级。

残损原因：自然侵蚀，年久失修。

7. 装修

残损现状：传统木窗基本完好，轻微磨损裂缝，正门门槛磨损开裂严重，普遍油饰老化、脱落、褪色严重，漆皮剥落。

残损类型：磨损、开裂，残损等级Ⅱ级。

残损原因：自然侵蚀，年久失修，人为不当使用。

8. 屋面

残损现状：条编望板勘测未及。小青瓦屋面，其中屋面瓦片 10% 位移松动，檐口处滴水瓦 40% 位移松动，水泥勾抹加固。正脊整体完好，局部出现顺缝开裂。

残损类型：碎裂松动，残损等级Ⅲ级（瓦件）；断裂破损、缺失，残损等级Ⅱ级（正脊）。

残损原因：雨水侵蚀，年久失修。

（二）部分现状照片

西忠来剪纸楼南立面现状

地基下沉，墙体歪闪，条石墙基出现结构性裂缝

墙砖墙体松动碎裂，后水泥勾缝加固

墀头、砖块均有不同程度的位移松动

水泥地面磨损严重

后加建吊顶，不当装修

顺缝开裂严重，油饰剥落

（三）现状勘测图纸

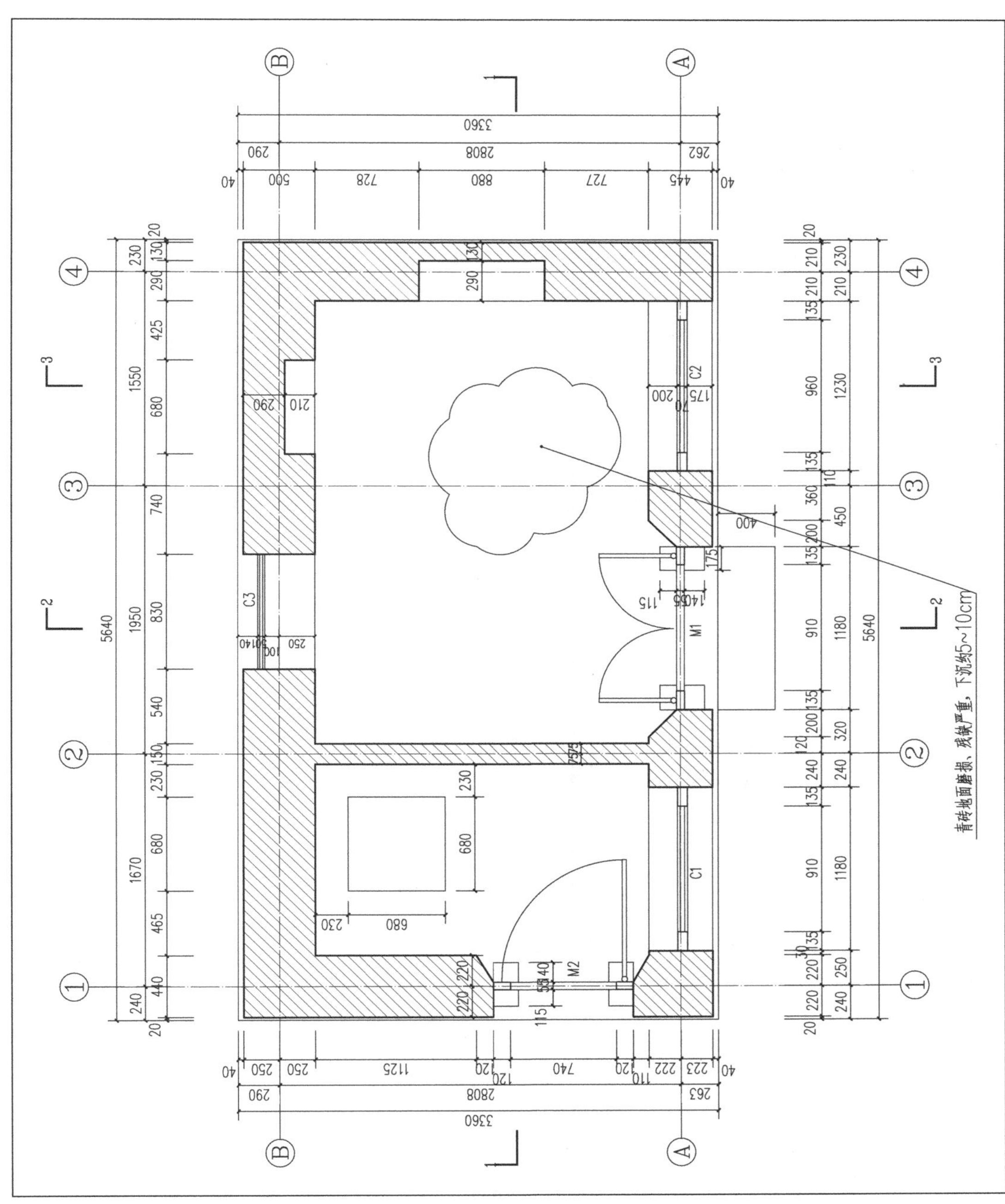

西忠来剪纸楼平面图

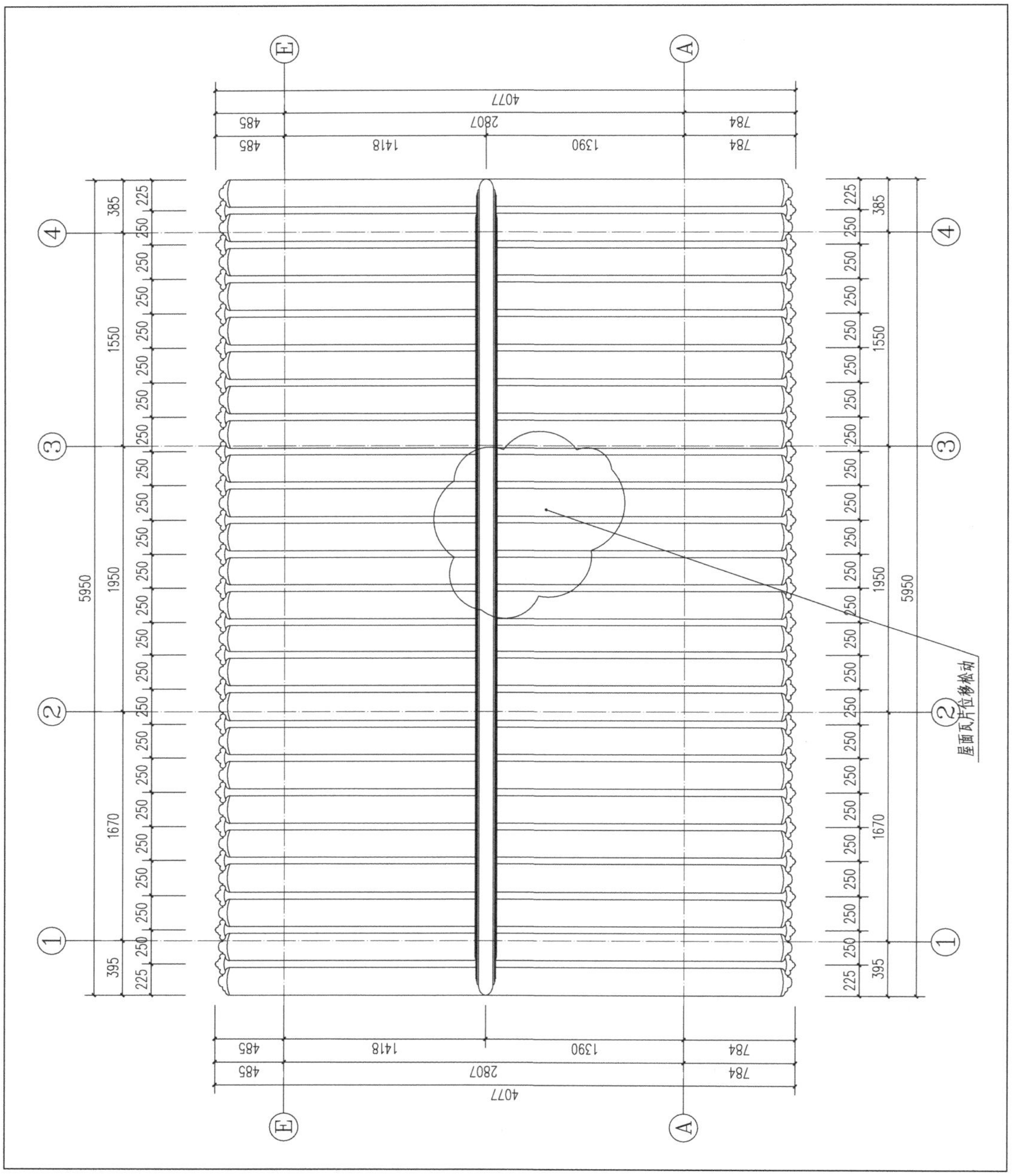

屋面瓦片位移松动

西忠来剪纸楼屋顶平面图

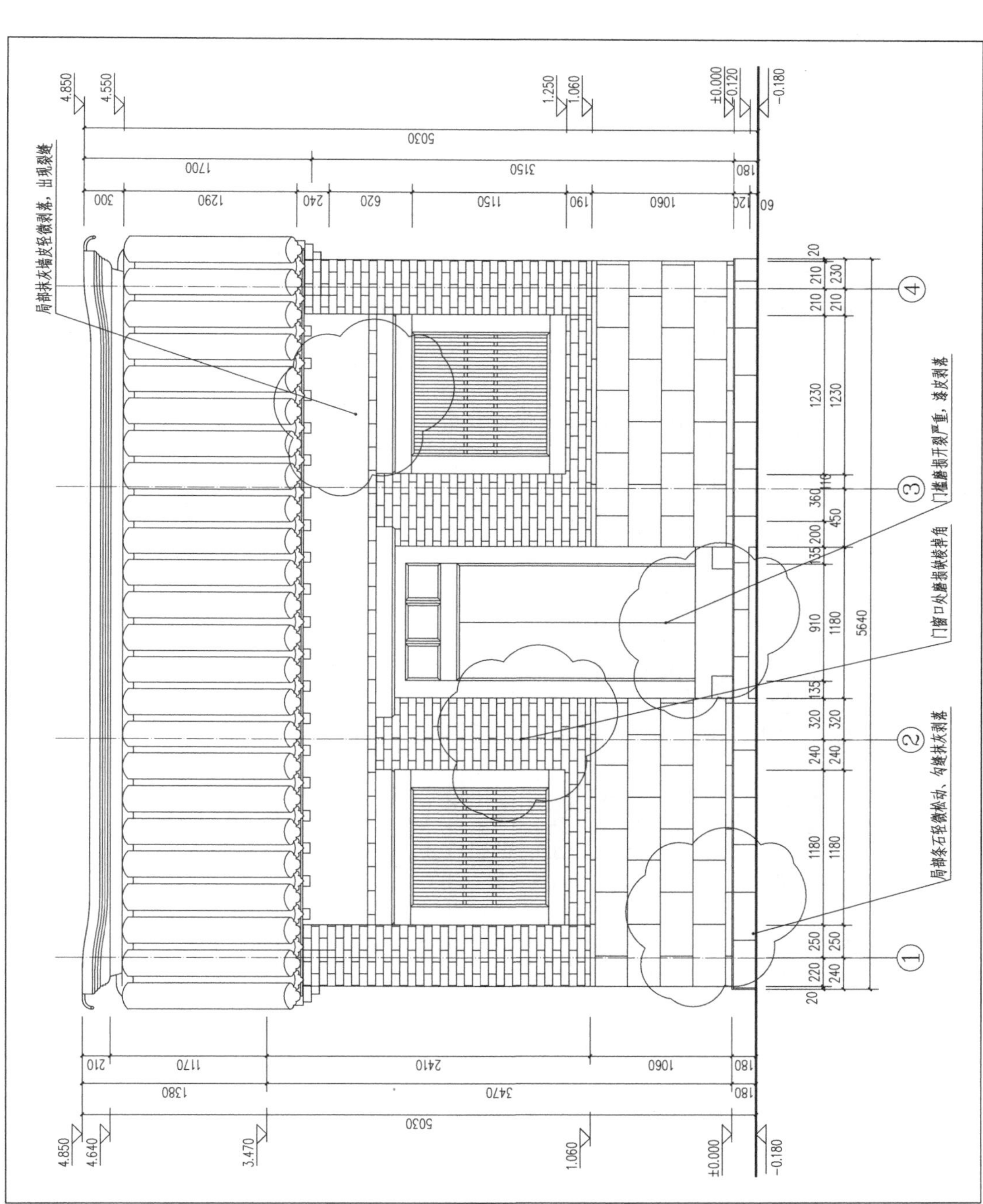
局部抹灰墙皮轻微剥落，出现裂缝
门槛磨损开裂严重，漆皮剥落
门窗口处磨损缺棱掉角
局部条石轻微松动，勾缝抹灰剥落

西忠来剪纸楼南立面图

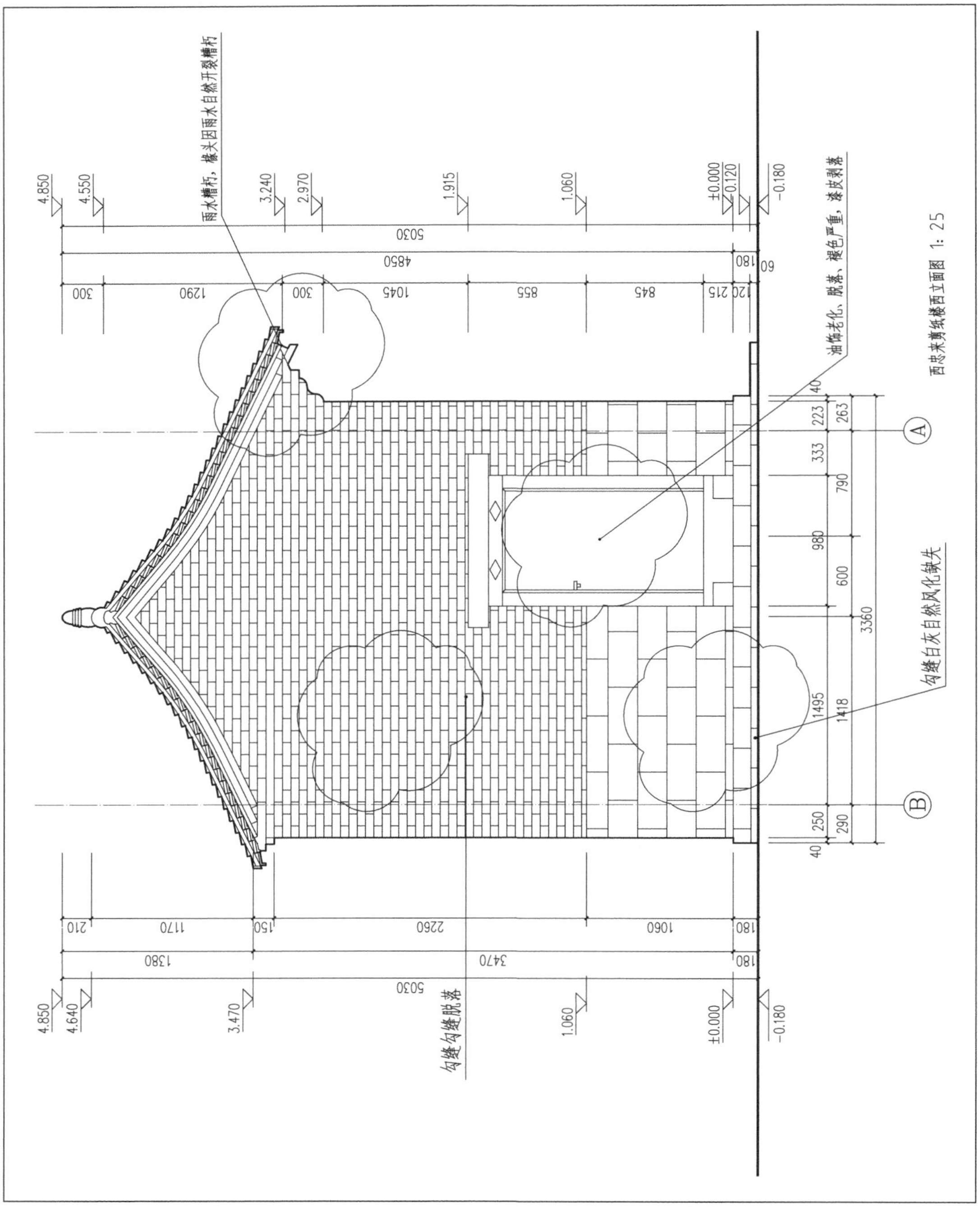
雨水糟朽，椽头因雨水自然开裂糟朽
油饰老化、脱落、褪色严重，漆皮剥落
勾缝白灰自然风化缺失
勾缝勾缝脱落
西忠来剪纸楼西立面图 1:25

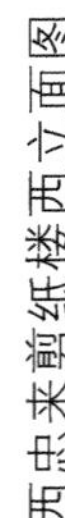

西忠来剪纸楼西立面图

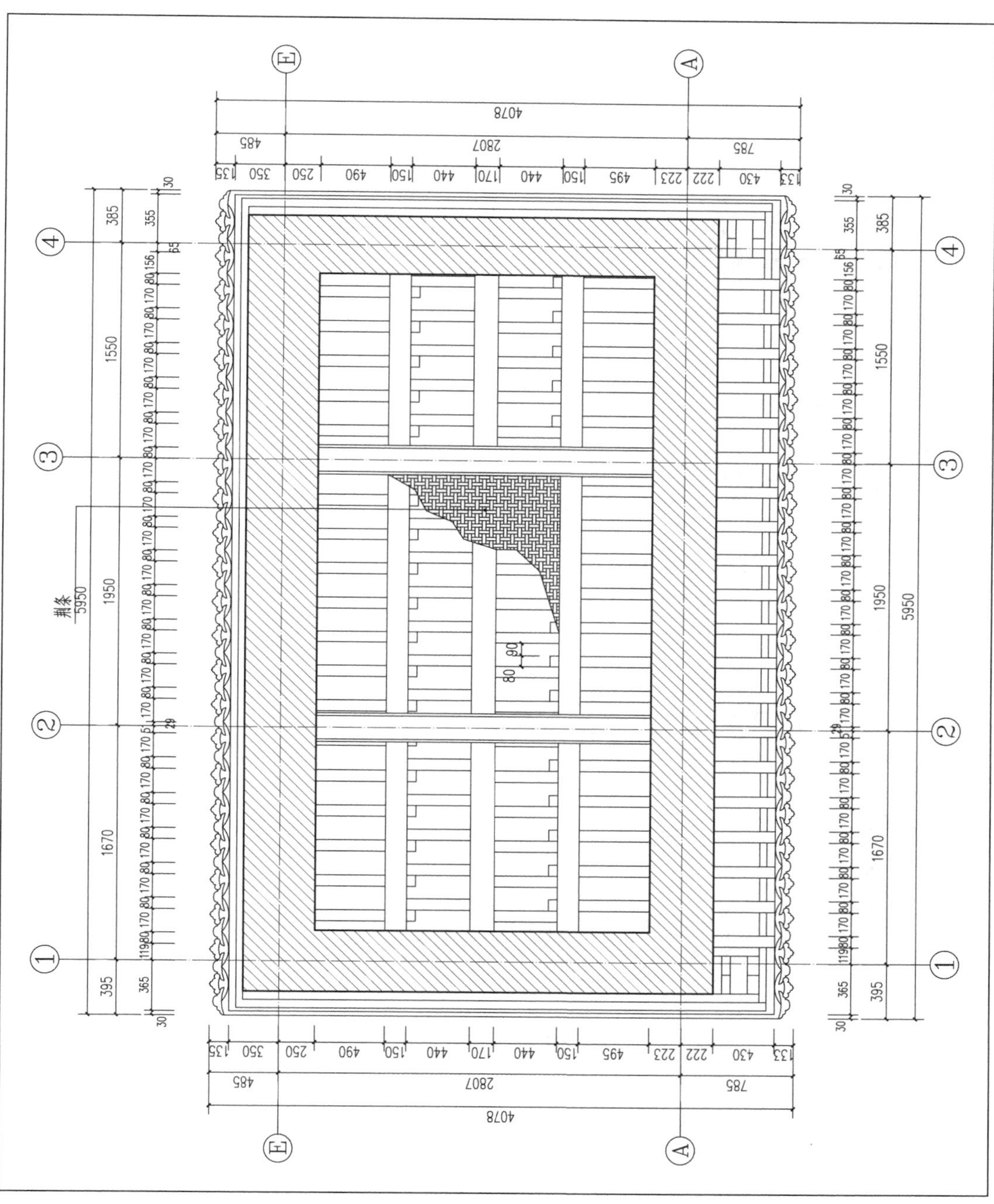

西忠来剪纸楼仰视图

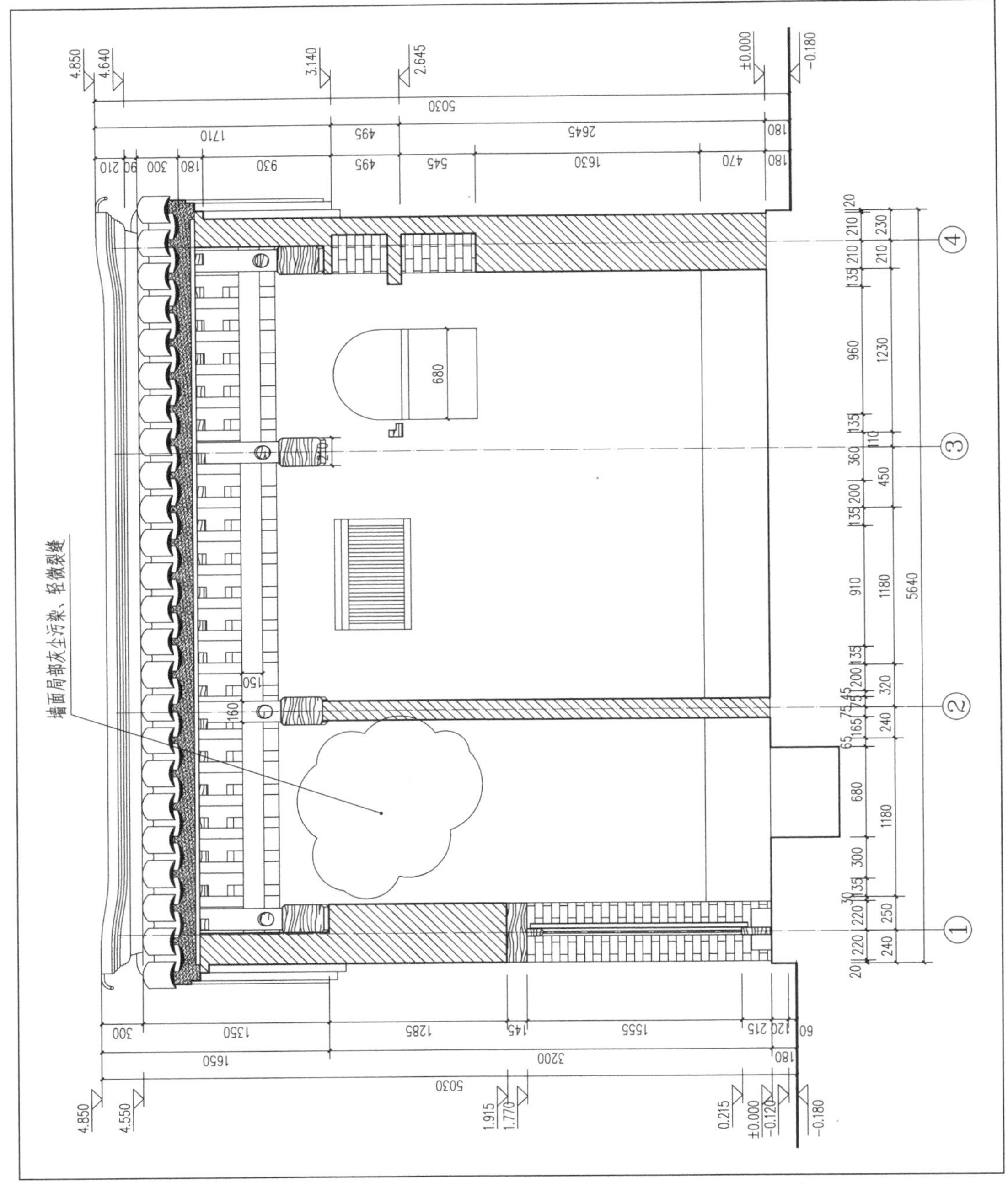

西忠来剪纸楼 1-1 剖面图

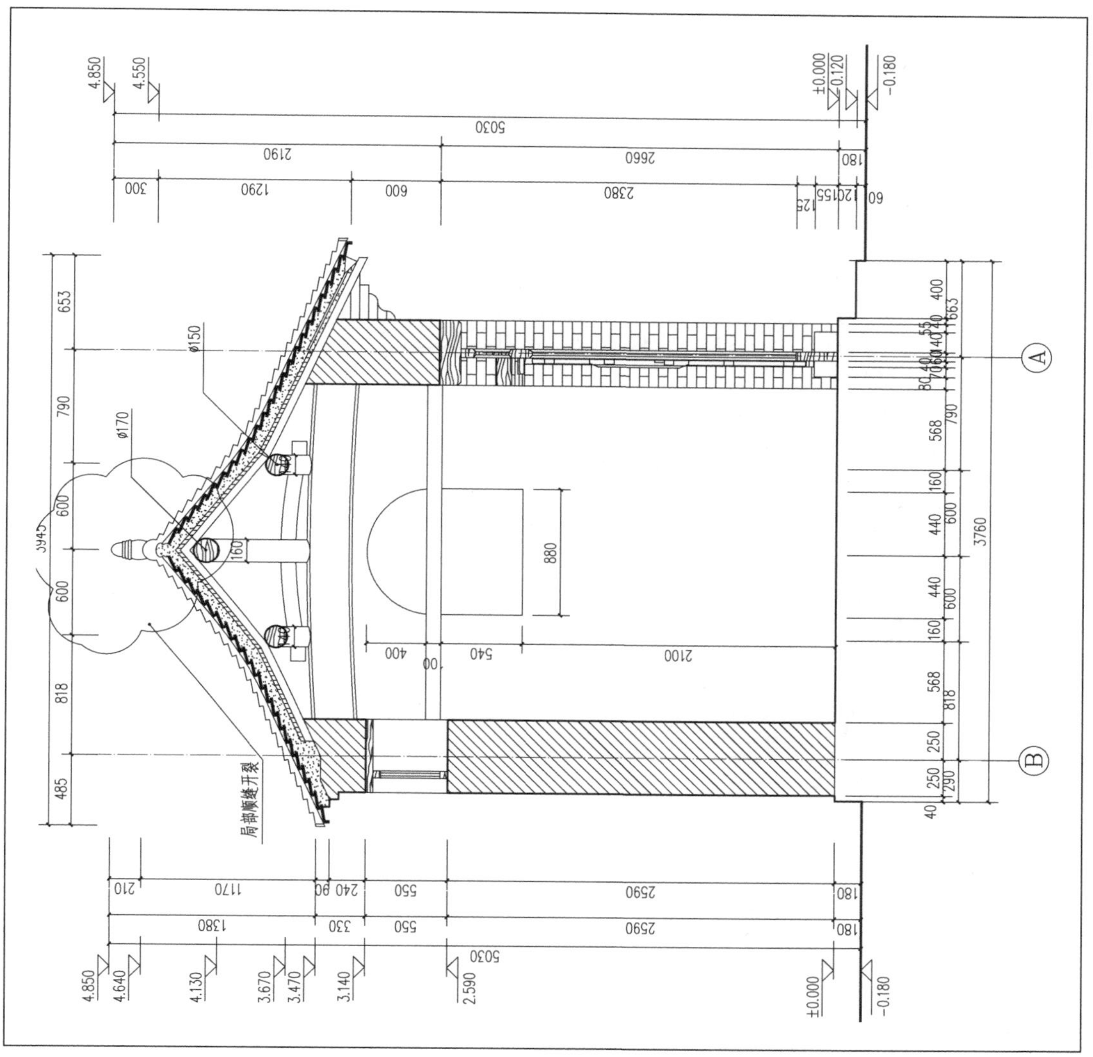

西忠来剪纸楼 2-2 剖面图

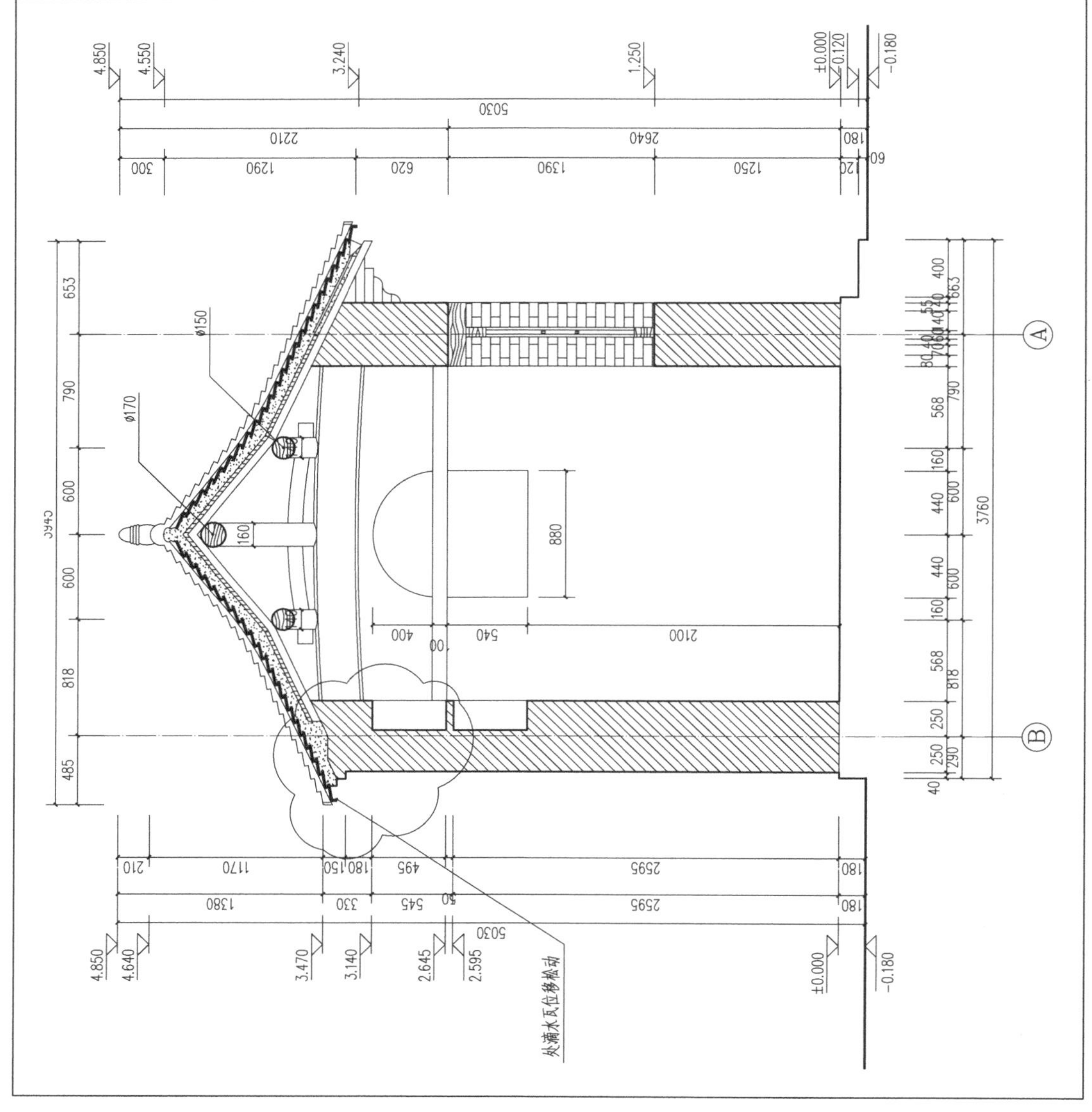

西忠来剪纸楼 3-3 剖面图

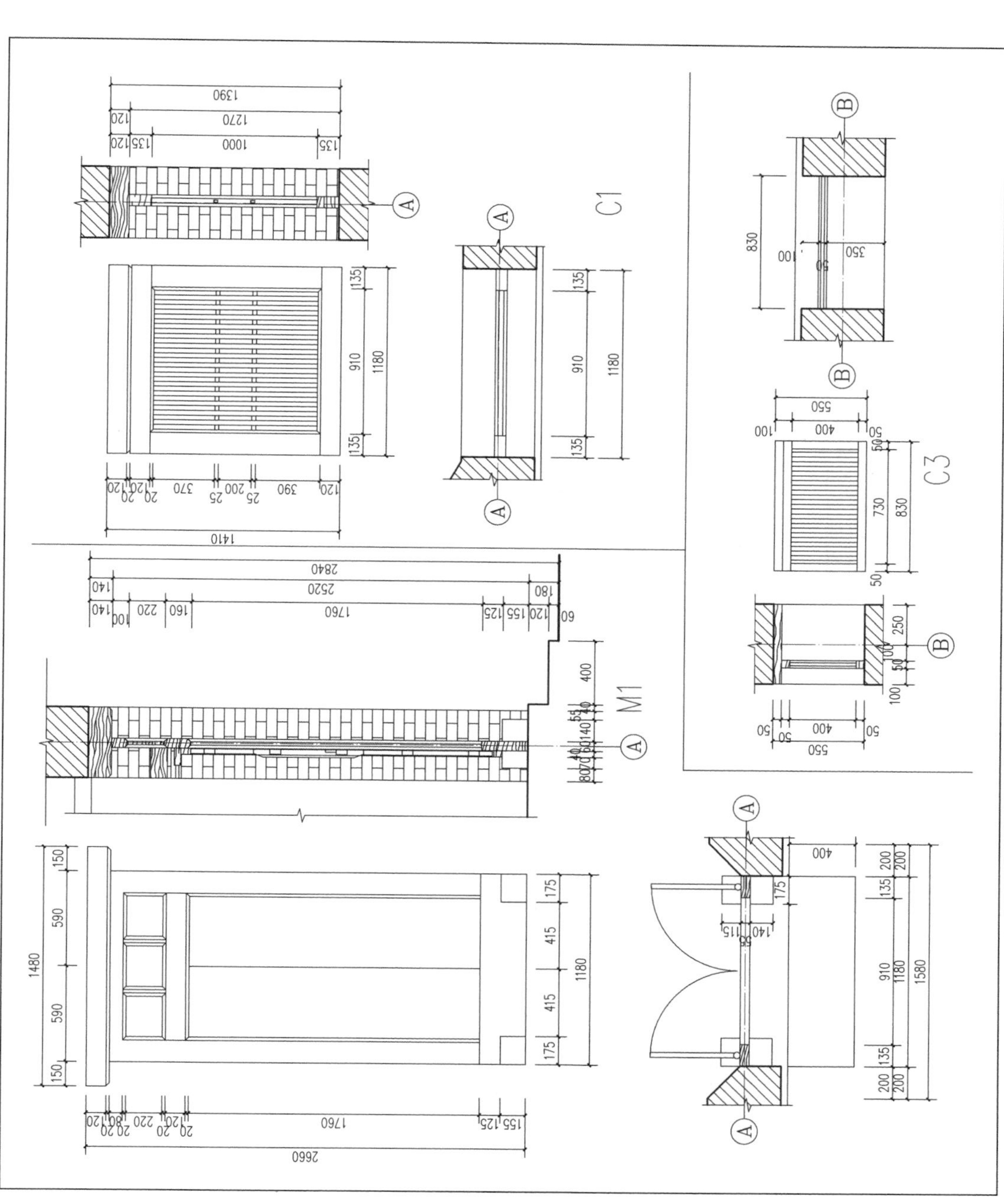

西忠来剪纸楼门窗详图（一）

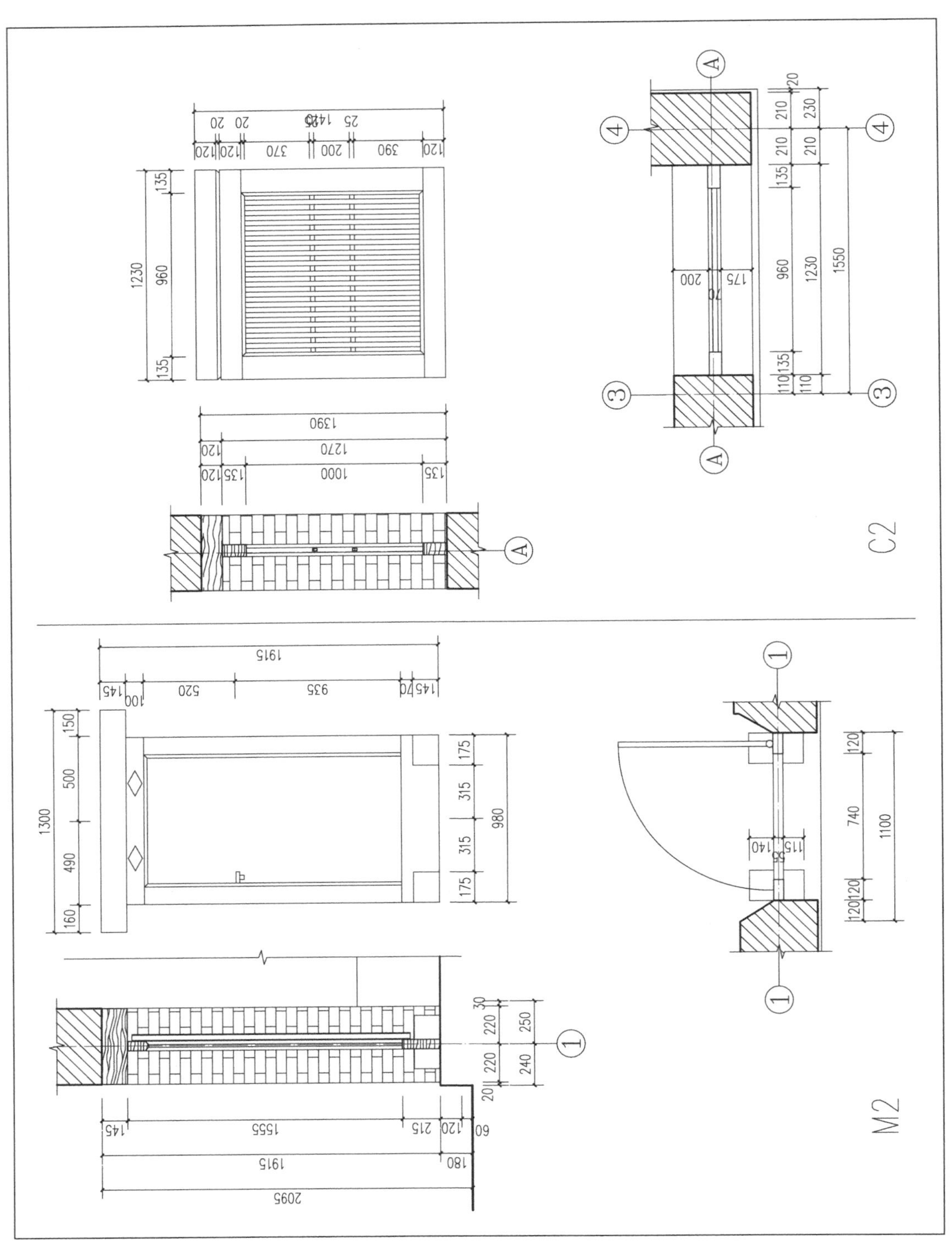

西忠来剪纸楼门窗详图（二）

九、西忠来北群房

（一）建筑现状描述

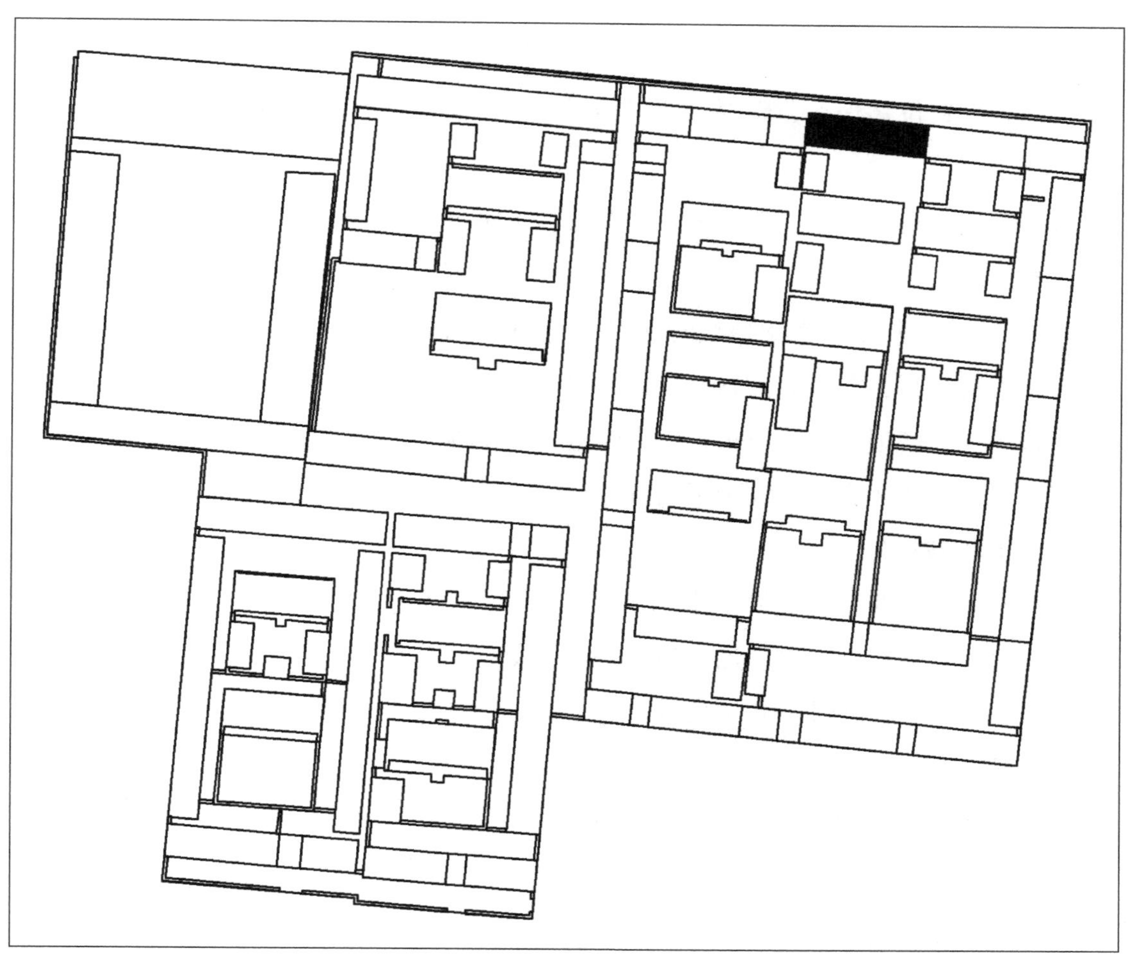

西忠来北群房位置图

建筑年代：民国时期

建筑现状：西忠来北群房硬山坡屋顶，屋顶不施吻兽，屋面漏雨严重，梁架 60% 雨水糟朽严重，局部糟朽顺缝开裂，墙体基本完好，台基为条石砌筑（选材为花岗岩和玄武岩），正立面台基以上腰线砖以下为石材砌筑，腰线砖（两皮～三皮），山墙墙体转角处为青砖砌筑，腰线砖至檐口墙体采用石块砌筑，灰浆填缝，表面由白色抹灰覆盖，背立面腰采用“虎皮墙”样式砖块砌筑，群房现为水泥地面，原为三合土地面，门窗传统装修油饰剥落及裂纹严重地面后改为水泥地面。屋内大量存放杂物。

建筑残损现状：

1. 条石墙基

残损现状：前檐总体完整，前檐条石墙基未见明显脱节、挤压和变形。局部条石轻微松动、勾缝抹灰剥落。后檐条石墙体未见明显松动，勾缝白灰自然风化缺失严重、植物生长。

残损类型：位移松动、碎裂，残损等级Ⅱ级（前檐）；自然侵蚀、植物覆盖，残损等级Ⅲ级（后檐）。

残损原因：自然侵蚀，年久失修，人为不当使用。

2. 青砖墙面

残损现状：前后檐墙及腰线青砖基本完好，局部有水泥勾缝加固痕迹（20% 残损），墙面潮湿有污渍，局部磨损、松动（10% 残损）。

残损类型：磨损、缺棱掉角、人为改造，残损等级Ⅲ级。

残损原因：年久失修，人为不当改造。

3. 毛石抹灰墙体

残损现状：抹灰毛石墙体整体完好。

残损类型：变暗、自然侵蚀，残损等级Ⅰ级。

残损原因：自然侵蚀，年久失修。

4. 室内地面

残损现状：水泥地面磨损严重。

残损类型：人为改造，残损等级Ⅱ级。

残损原因：人为不当使用。

5. 室内墙面

残损现状：白灰抹面墙面出现起鼓现象，墙面多处有裂缝痕迹。

残损类型：裂缝、起皮，残损等级Ⅱ级。

残损原因：年久失修，人为不当使用。

6. 梁架

残损现状：大木梁架轻微歪闪，30% 顺缝开裂，出现、虫蛀糟朽。檩与椽子 30% 雨水糟朽、顺缝开裂严重。

残损类型：糟朽、顺缝开裂，残损等级Ⅲ级。

残损原因：自然侵蚀，年久失修。

7. 装修

残损现状：传统木门窗磨损、裂缝。正门门槛磨损开裂严重，普遍油饰老化、脱落、褪色严重，漆皮剥落。

残损类型：破损、裂缝，残损等级Ⅲ级。

残损原因：年久失修，人为不当使用。

8. 屋面

残损现状：望板基本完好，表面有雨水痕迹。小青瓦屋面，普遍位移松动，碎裂，檐口处滴水瓦碎裂（30% 残损）。屋檐滴水瓦松动严重。正脊出现歪闪，约 30% 局部抹灰松动脱落。

残损类型：雨水污渍，残损等级Ⅰ级（条编望板）；缺失、碎裂松动，残损等级Ⅱ级（瓦件）；缺失，残损等级Ⅱ级（正脊）。

残损原因：雨水侵蚀，年久失修，人为不当使用。

（二）部分现状照片

西忠来北群房东南立面现状

墙砖墙体风化松动碎裂，后水泥勾缝加固

地面完全损毁，垃圾堆集

檩条雨水污染糟朽

门槛磨损、顺缝开裂严重，油饰剥落

瓦面均有不同程度的位移松动，瓦片碎裂

（三）现状勘测图纸

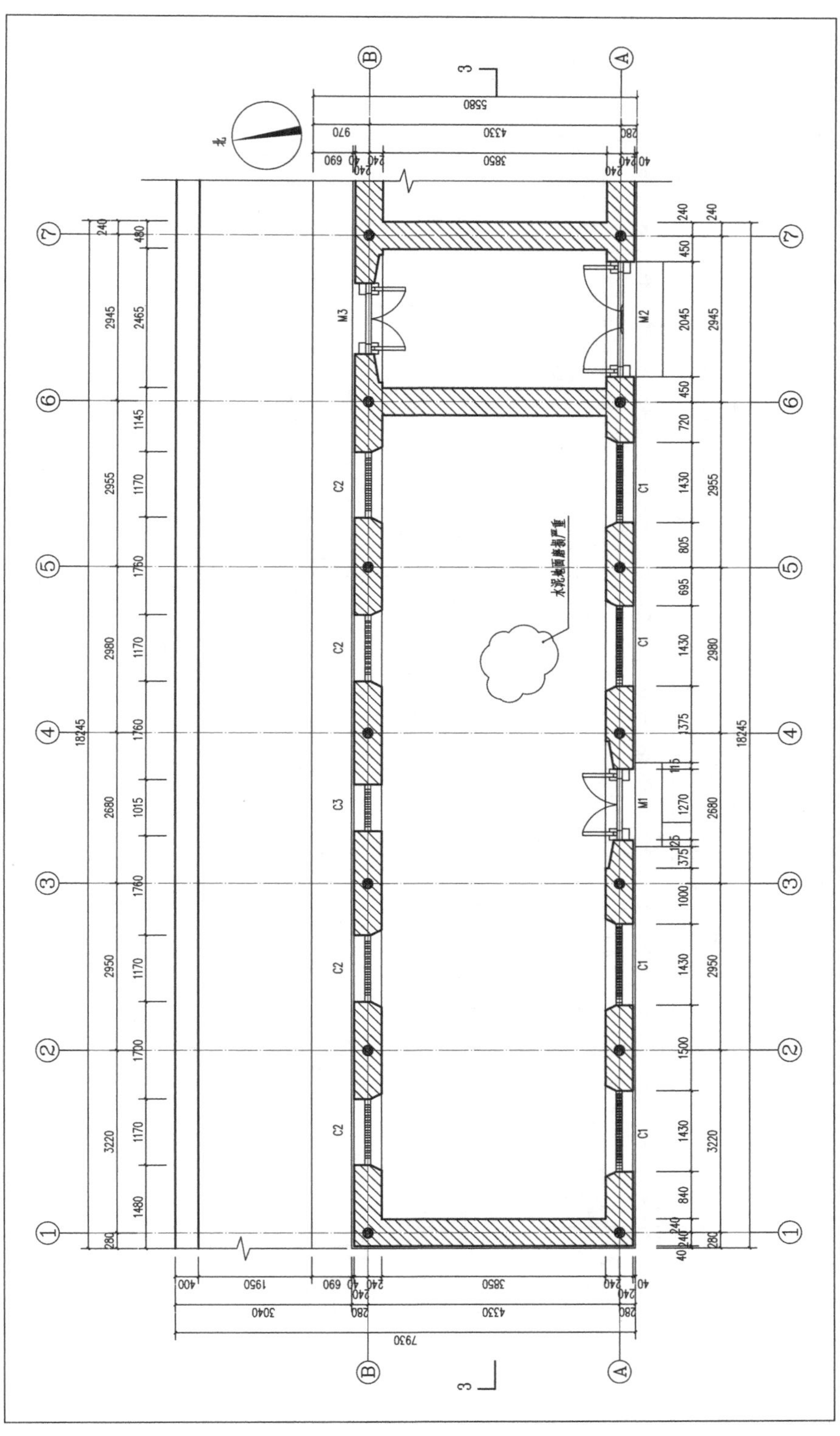

西忠来北群房首层平面图

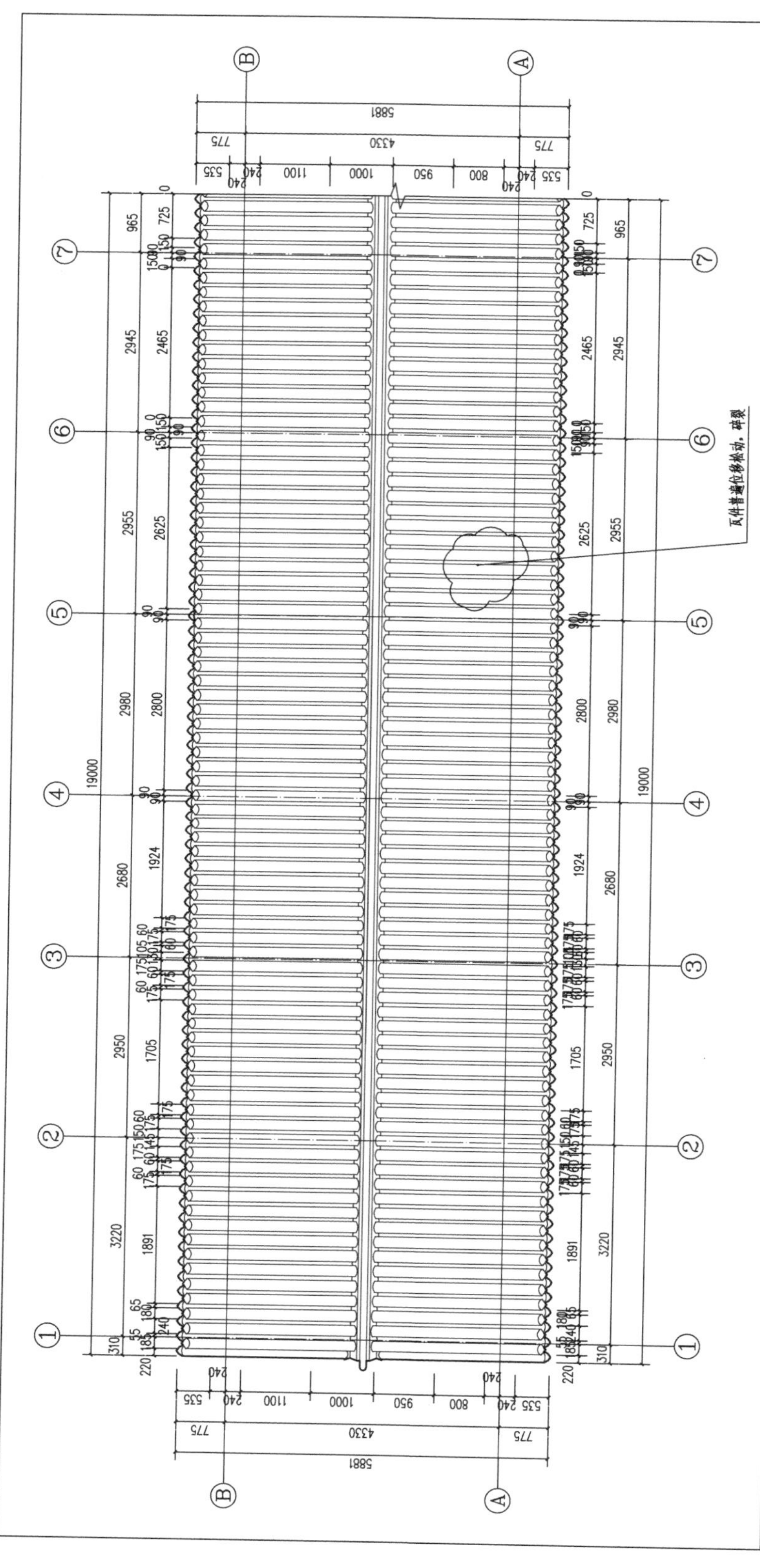

西忠来北群房屋顶平面图

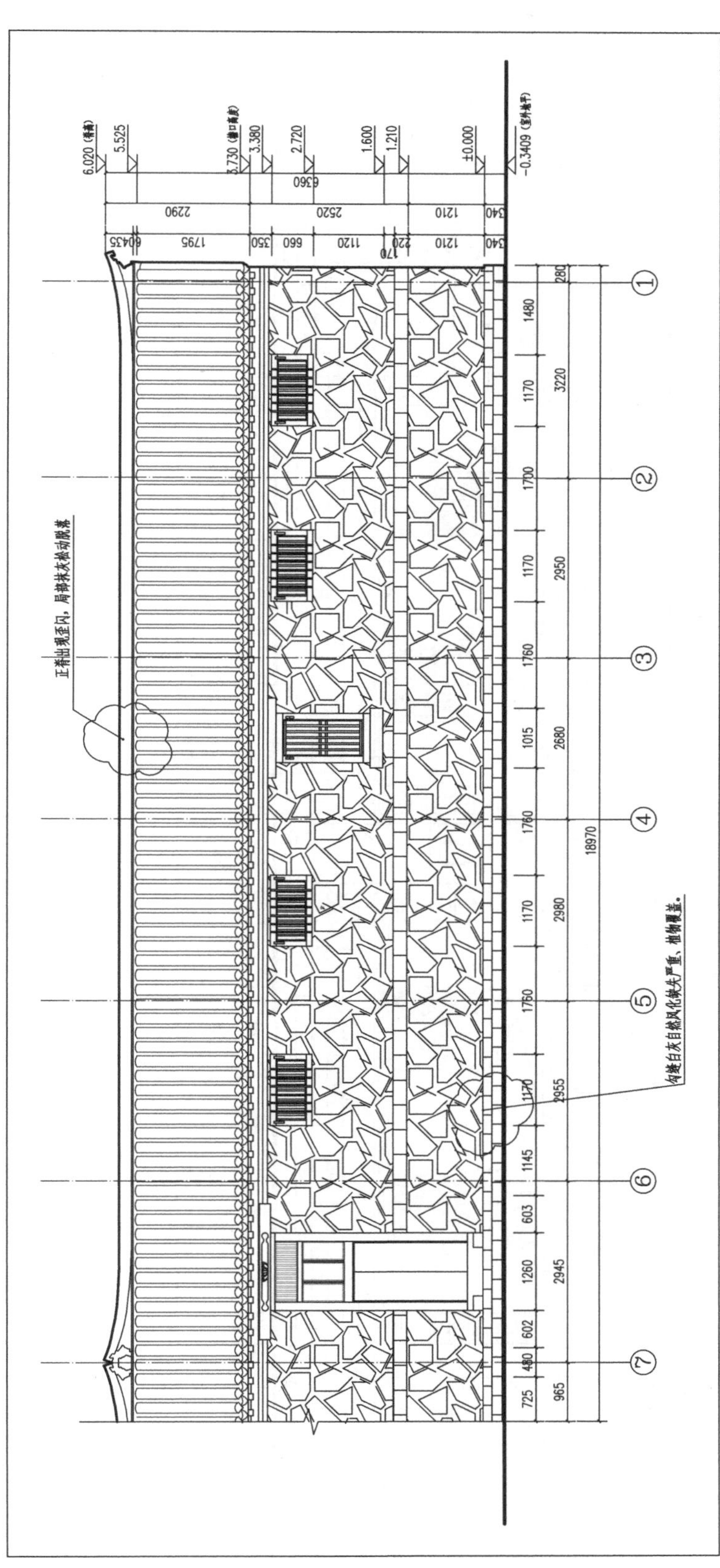

西忠来北群房北立面图

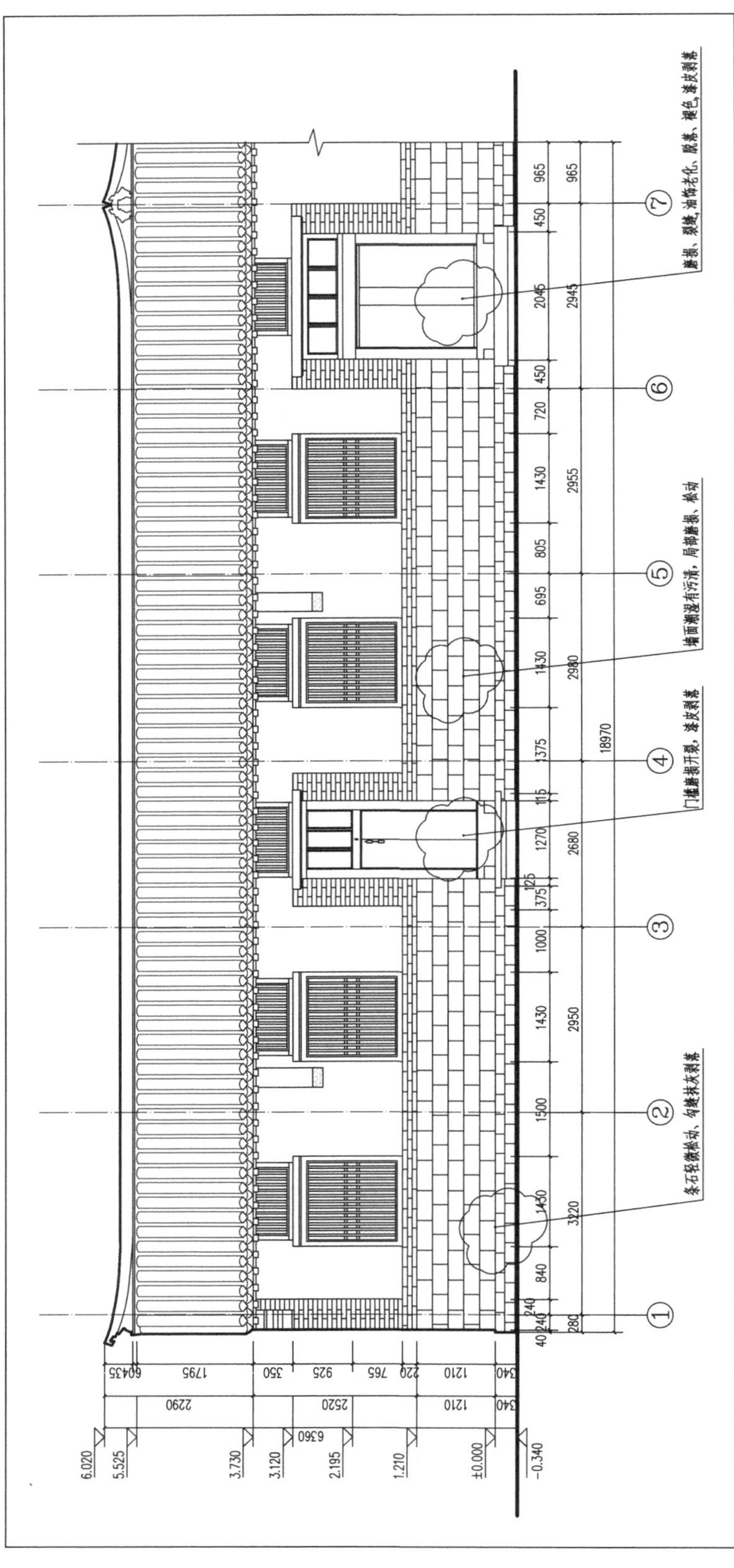

西忠来北群房南立面图

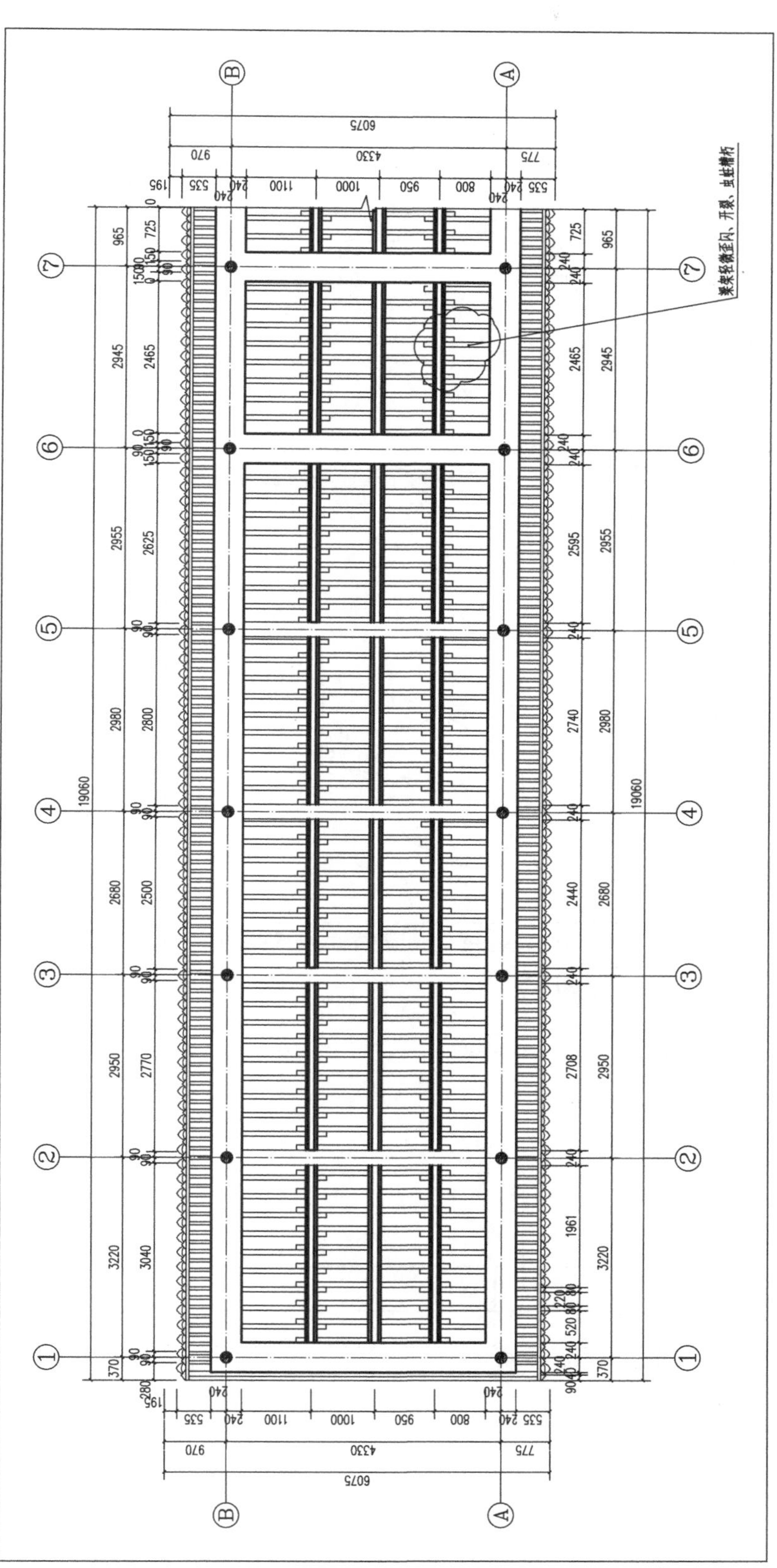

西忠来北群房屋顶仰视图

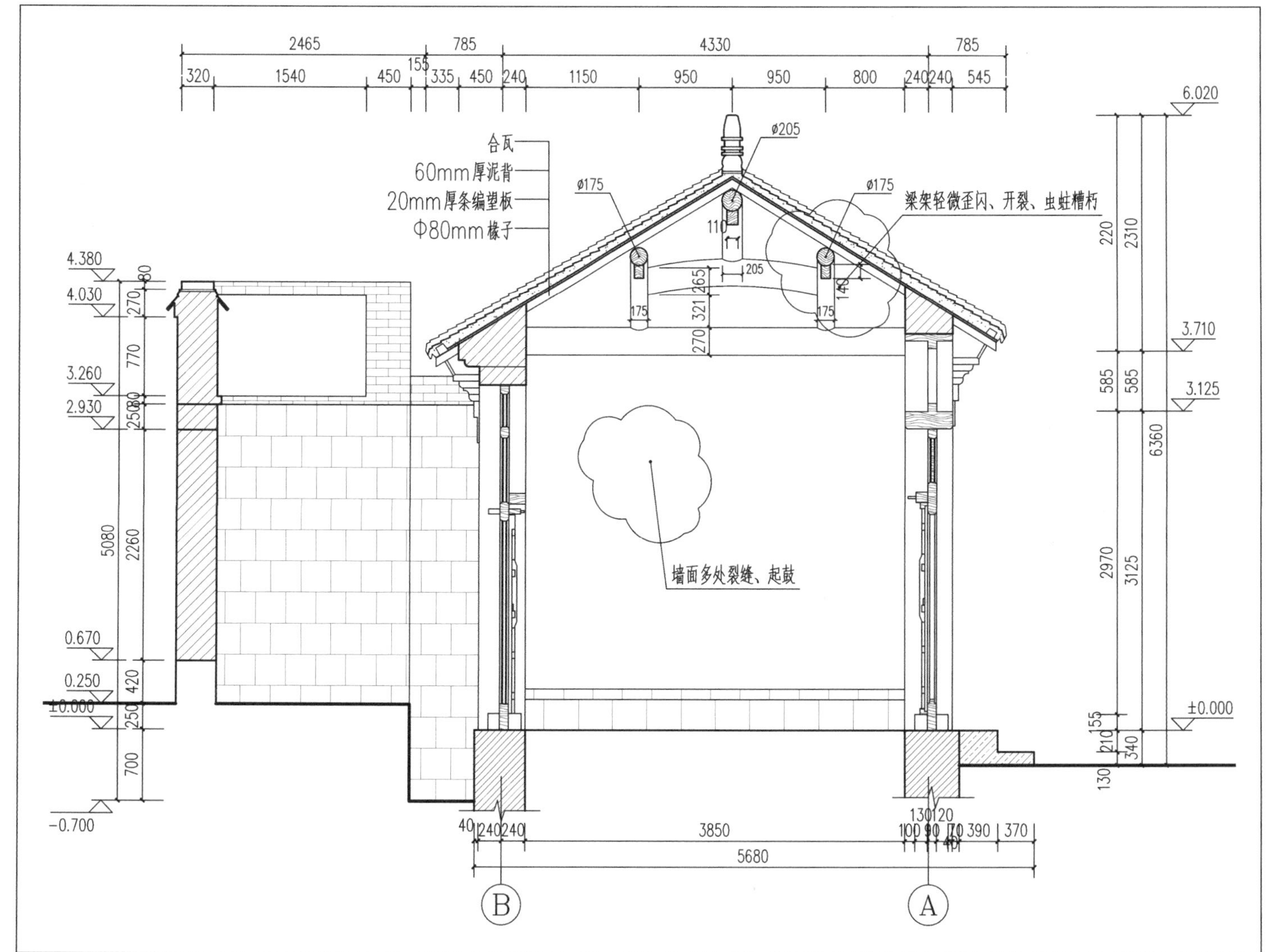

西忠来北群房 1-1 剖面图

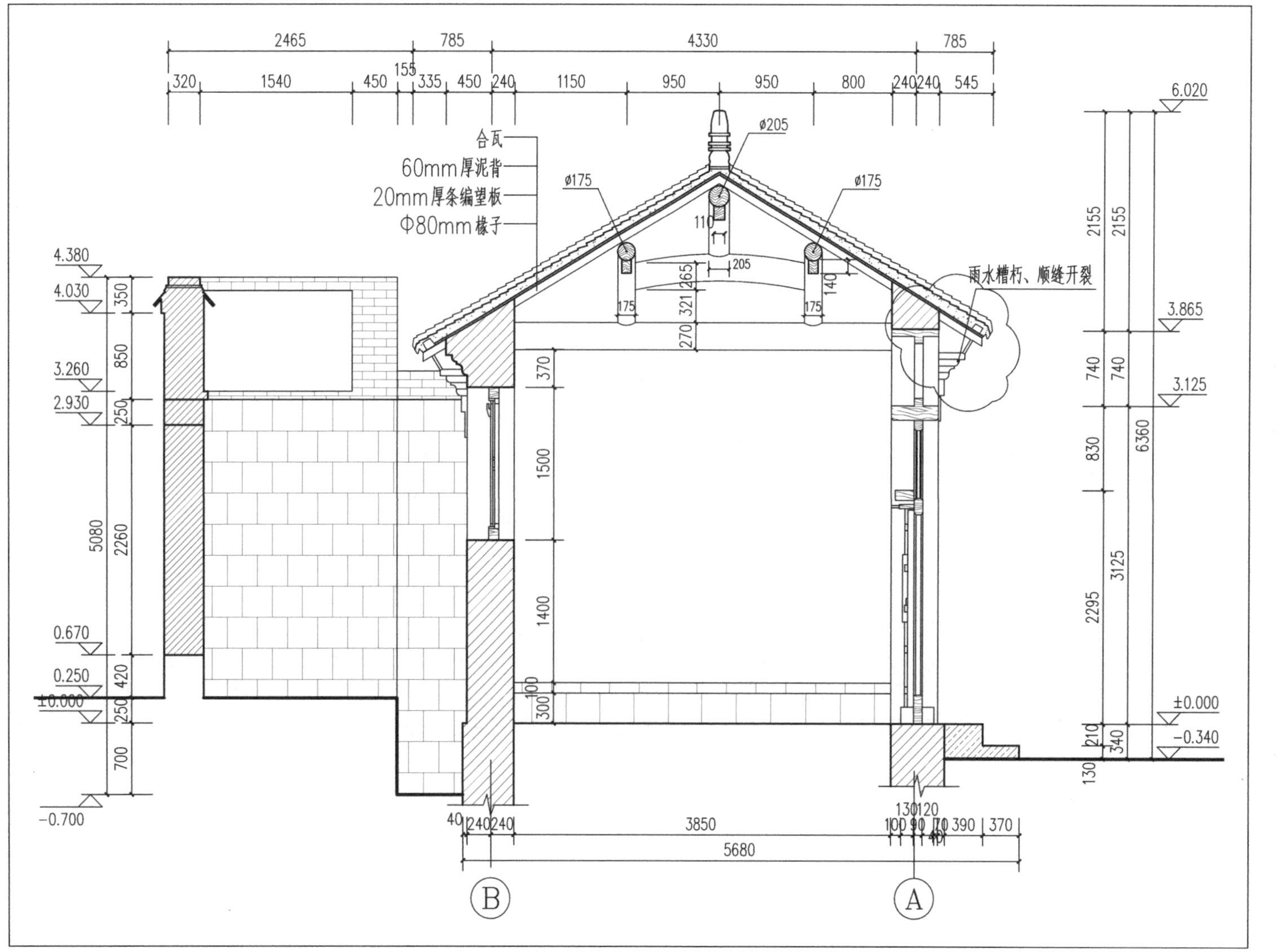

西忠来北群房 2-2 剖面图

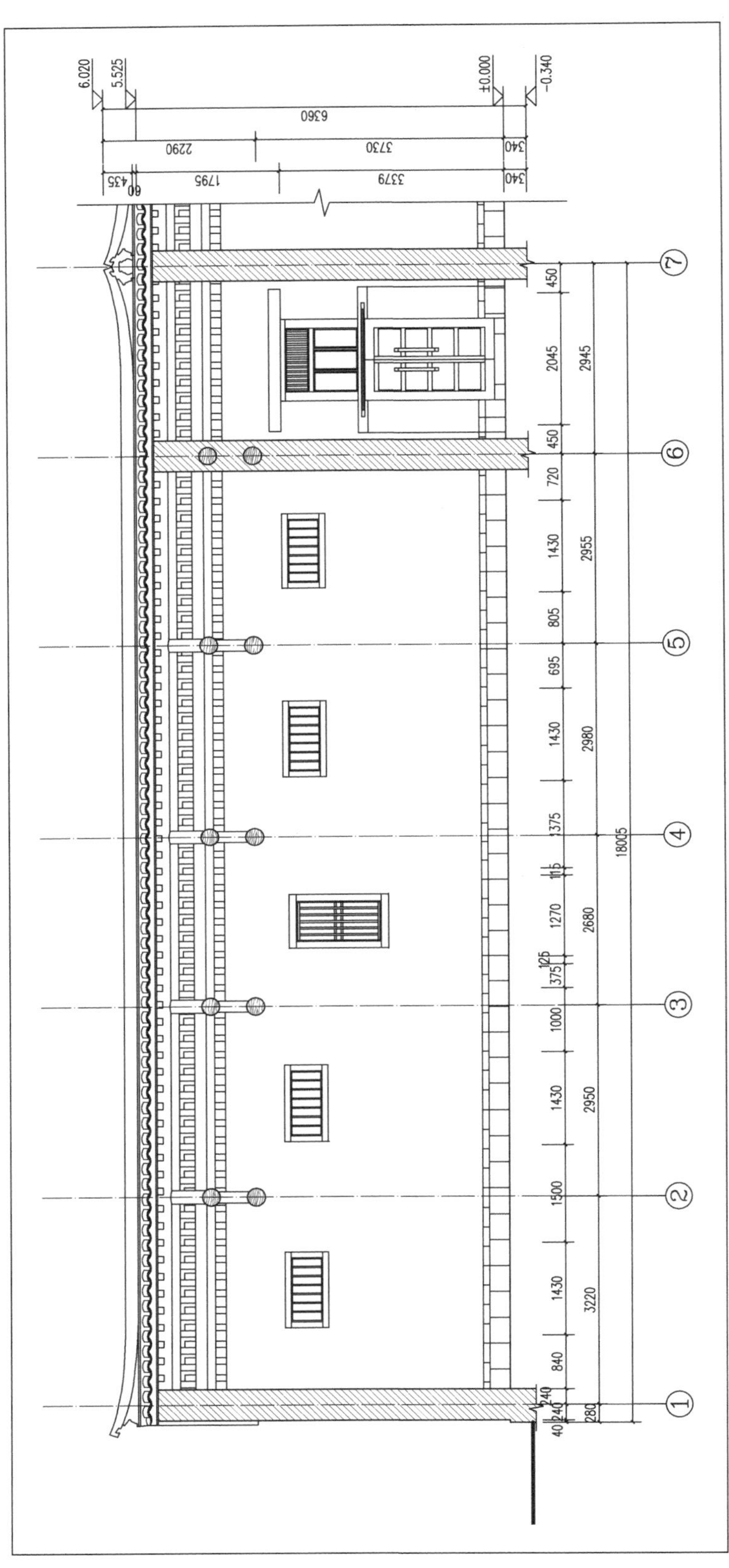

西忠来北群房 3-3 纵剖面图

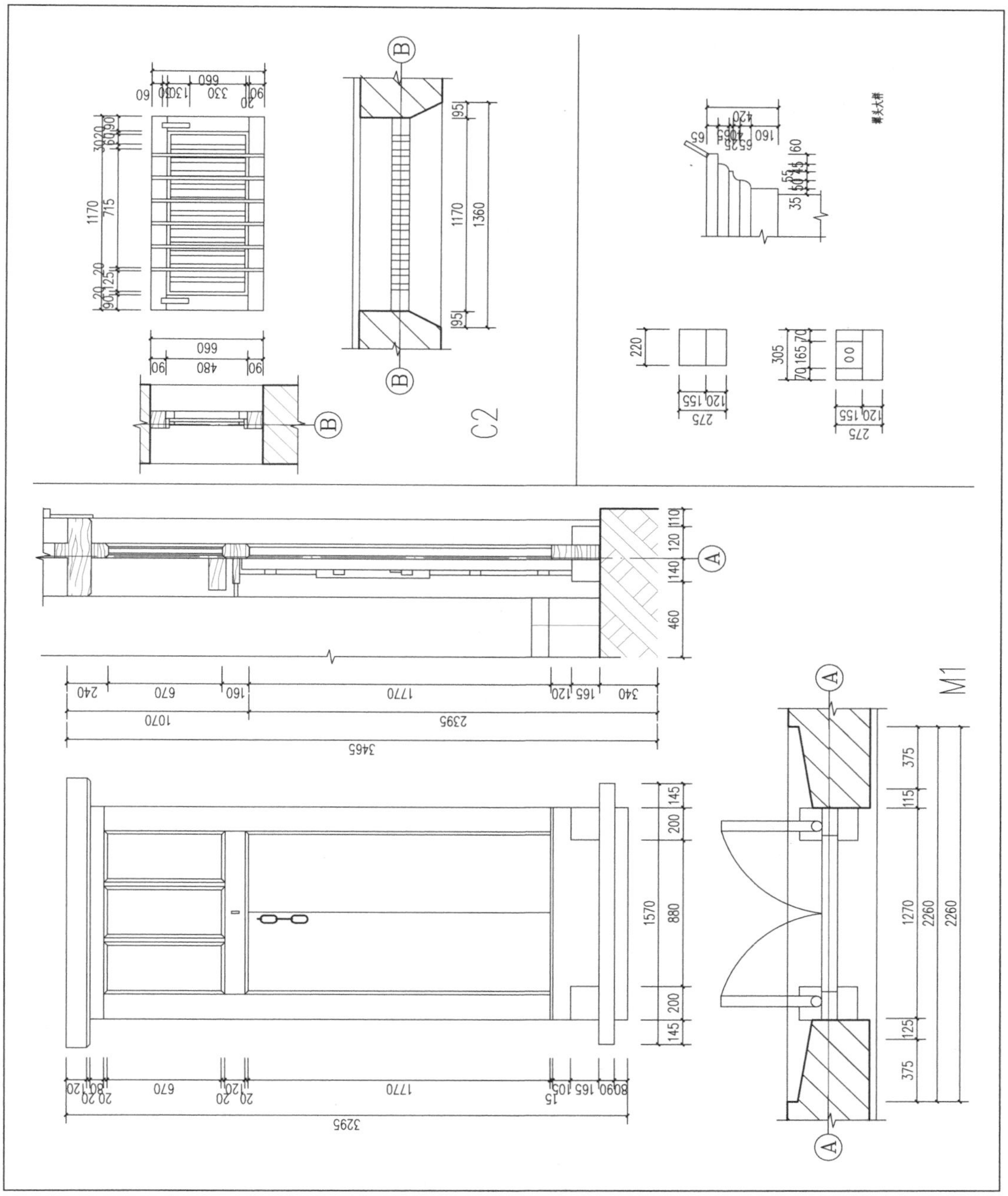

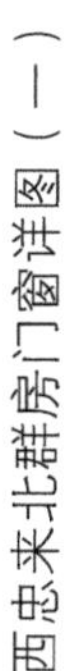

西忠来北群房门窗详图（一）

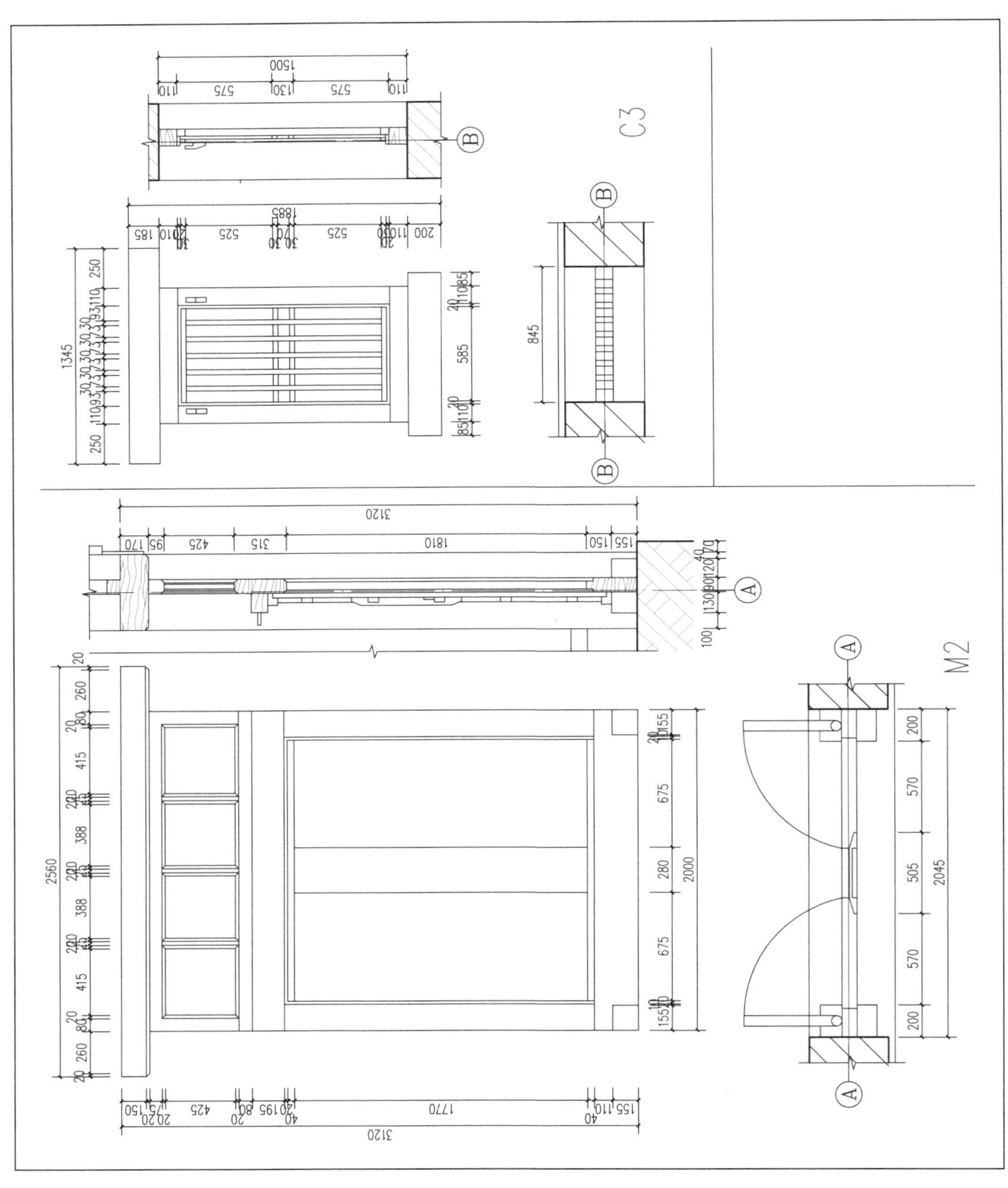

西忠来北群房门窗详图（二）

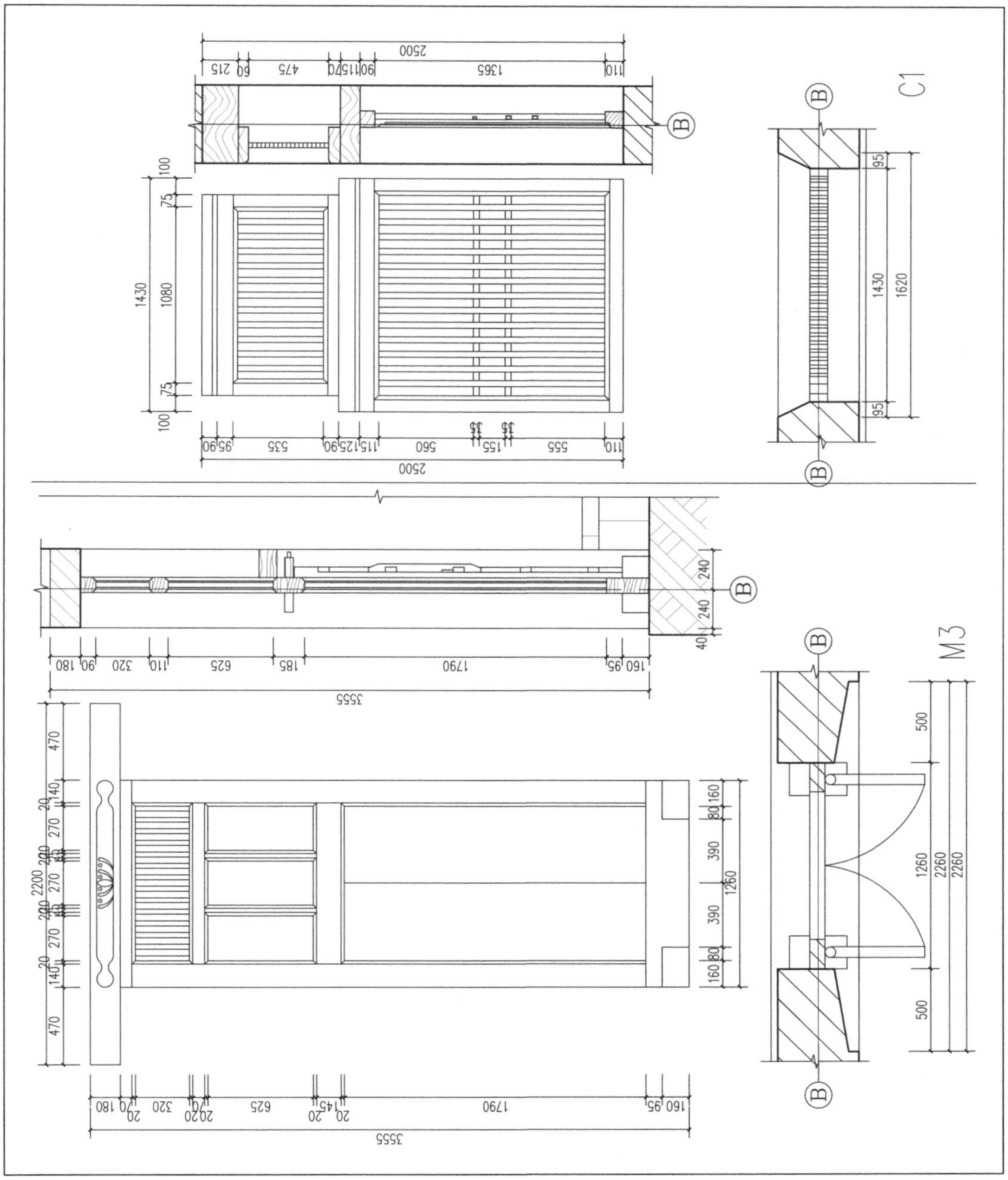

西忠来北群房门窗详图（三）

设计篇

第一章　设计原则与范围

2009年至2014年，对牟氏庄园宝善堂组群、日新堂组群、西忠来组群、东忠来组群、南忠来组群、阜有堂组群主要建筑现存状况进行了勘测调查，详细记录了各建筑单体及院落的残损现状，通过对残损现状的评估分析，制定了针对性的抢险加固和修缮设计方案。

一、修缮设计原则

1. 坚持“保护为主、抢救第一、合理利用、加强管理”的工作方针，并突出抢救第一的阶段性重点。最大程度保护文物建筑安全，避免文物建筑及其部件的散失，尽可能多的保存各种遗产价值的载体。

2. 修缮工作应以科学的分析评估为基础和先导，做到对当前的灾害情况、受损状态和可能发生的危害因素有清晰的判断和应对措施。特别需要加强环境危险因素的治理，防止灾害的进一步影响。

3. 修缮中应以遗产价值评判为基础，以真实完整的恢复文化遗产历史面貌为原则，对存在的建筑及环境要素进行甄别，在修缮过程中对遗产及其环境进行适当的整理工作。

4. 坚持修缮过程中修缮措施的可逆性原则，保证修缮后的可再处理性，尽量选择使用与原构相同、相近或兼容的材料，使用传统工艺技法，为后人的研究、识别、处理、修缮留有更准确地判定，提供最准确的变化信息。

5. 在修缮过程中要尊重传统，对地方风格加以识别。承认建筑风格的多样性、传统工艺的地域性和营造手法的独特性，特别注重保留与继承。

二、修缮设计依据

1.《中华人民共和国文物保护法》

2.《中华人民共和国文物保护法实施细则》

3.《中国文物古迹保护准则》

4.《古建筑木结构维护与加固技术规范》

5.《古建筑修缮工程质量检验评定标准》

6.《文物保护工程管理办法》

7.《山东省文物保护管理条例》

8.《山东省历史文化名城保护条例》

9. 有关文物建筑保护的其他法律、条例、规定及相关文件。

10. 牟氏庄园相关历史材料和调查资料。

三、修缮性质和工程范围

根据《中国文物古迹保护准则》及《文物保护工程管理办法》第五条，修缮工程属于对牟氏庄园宝善堂、日新堂、西忠来、东忠来、南忠来和阜有堂建筑组群的抢险加固工程和现状整修工程。

宝善堂组群建包括：1. 宝善堂北群房，2. 宝善堂西群房，3. 宝善堂东厢房。

日新堂组群建包括：1. 日新堂东厢房，2. 日新堂寝楼。

西忠来组群建包括：1. 西忠来南倒座房，2. 西忠来西厢房，3. 西忠来前厅，4. 西忠来体恕厅、5. 西忠来书斋楼，6. 西忠来小姐楼，7. 西忠来佛堂，8. 西忠来剪纸楼，9. 西忠来群房。

东忠来组群建包括：1. 东忠来老爷楼，2. 东忠来少爷楼，3. 东忠来少爷楼东厢房，4. 东忠来少爷楼西厢房，5. 东忠来少爷楼后院东厢房，6. 东忠来少爷楼后院西厢房，7、东忠来、西忠来北群房。

南忠来组群建包括：南忠来南倒座房，2. 南忠来西群房，3. 南忠来北群房，4. 南忠来东群房。

阜有堂组群建包括：阜有堂东群房。

工程的重点是对存在险情的结构局部拆解、排险加固等处理，包括建筑修缮及院落整体清理，整理条石墙基，局部补砌和重砌墙体、部分木构架落架维修、局部拆解修理或打牮拨正，翻修屋顶、复原正脊，门窗维修复原，清理室内杂物等项。

第二章　修缮措施

针对建筑现状，根据确定的修缮依据和工程性质，对建筑各种病害类型的处理措施进行统一综述。

一、总体处理措施

（一）现场整体清理

对各建筑及院内各处的建筑残损构件进行系统的整体清理。此项工作包含场地垃圾清理、建筑残损构件清理、现存建筑的临时排险加固、院落围墙的排险加固等几方面。更换受损严重的构件，对受损较轻的构件予以维修、归位。

进行清理时应做好安全防范工作，特别是在建筑瓦件及木件易滑落部位和边坡塌陷部位，应采取临时保护措施。进行现场清理的人员要落实好安全措施（如安全帽、安全网、安全带、脚手架牢固）。另外还需派专职安全员看管工地，保证文物安全和人身安全。

（二）整体构架归安加固

对建筑构架中出现的连接松动、拔榫、扭曲、变形的现象应采取打牮拨正的方式对每栋房屋的整体木构架进行归安加固，出现的屋面漏雨，木构架顺缝开裂，椽望糟朽等情况应进行整修加固以免影响结构安全，对于墙体与木构架之间的连接问题应根据实际情况采取重新补砌或铁活加固等措施，对于墙体破损问题应根据实际情况采取重新补砌或铁活加固等措施，如西忠来厢房的檩顺缝开裂严重，应进行嵌缝加固，西厢房后檐墙拆除前应采取打牮拨正的方式对房屋的整体木构架进行归安、加固；山墙有上下结构性通缝，应灌浆、扁铁加固，对于断裂的砖应按残损砖之规制重新烧制和补配。

（三）修复残损构件

对受损的各建筑构件应仔细检查受损程度，详细记录其残损情况，然后由相关专业人员确定维修方案，由设计方确认后进行系统维修。受损严重的构件予以更换。更换的建筑构件均按照当地原有材质、原有式样、原有工艺进行复原，如日新堂东厢房的青砖墙面局部出现青砖酥碱、松动，应剔除墙体表面酥碱砖，按墙体现状残损砖之规制重新烧制砖和补配。

（四）统一进行防虫防腐

针对各建筑木构件存在不同程度的虫蛀及受潮痕迹，建议委托专业防虫害公司对生物类型，病害种类等统进行调查分析，统一确定防虫防腐的处理办法以及日常保养维护的措施。在维修过程中应仔细检查大木及小木装修构件，对受损较轻的大木构件采用原位喷涂等方式进行除虫工作；更换残损严重的木构件。对因受潮而导致局部乃至全部腐朽的大木构件予以维修、更换和防腐防潮处理。并在修复中控制维修选用木材的含水率。

（五）改善基础设施

1. 平整院内外地面，建筑四周设置排水沟及散水，疏通排水系统为此次修缮工程基础设施首要解决的问题。

2. 针对各建筑原有电力、消防和安防监控等基础设施不完善的问题，应据宝善堂修缮后的使用要求统一进行设计与施工，改善宝善堂基础设施，使其满足日常使用要求，修缮后统一安装防雷设施。

3. 安防消防系统与基础设施的布置与安装建议另行委托专业部门实施。加强对基础设施的日常检查和管理。

二、主要结构问题处理措施

（一）墙基

1. 平整建筑四周地面，设置散水与排水沟，疏通排水系统减少因暴雨导致的地面渗水对基础的不良影响。

2. 对前檐西侧后砌筑条石墙基与原门位置后来封堵条石，予以拆除，按原墙砌法按传统工艺重砌，使其与原条石墙基相协调。

3. 其他条石墙基受损情况相对较轻，对现有墙基进行原位加固。

4. 对于破损严重，勾缝灰风化缺失严重的墙基，根据实际情况进行剔凿、局部摘砌等措施进行整修。

5. 具体实施时，应根据现场情况进行调整，边加固边观察周围地基的变化和有无不良影响，或在局部拆砌时应观察建筑基础情况，观察地基有无变化，必要时考虑处理和加固地基。

（二）地面及铺装

1. 清理室内生活杂物，去除水泥地面，按当地原做法统一恢复三合土地面。

2. 对于砖墁地面，拆除地面断裂、碎裂砖体、更换棱角缺损、表面残损较严重的，按原样式重新烧制，重新铺墁。

（三）墙体

1. 对于人为不当使用和改造的墙体，应恢复其原貌，按原材料、原形制、原做法、原工艺进行补砌。

2. 坍塌的墙体按照当地原有做法，采用花岗岩和青砖进行重砌。

3. 严重歪闪的墙体应进行整体拆除重砌。

4. 砖墙砖体松动部分应予以局部拆除，按原做法选老砖按规格大小重新补砌。

5. 墙面开裂但受损程度较轻，裂缝宽度小于2厘米的墙体进行灌浆、扁铁加固。裂缝大于3厘米的墙体应根据病因，选择局部拆砌或补砖灌缝等措施。

6. 开裂严重，特别是已形成通缝的墙体，予以拆除，按当地原墙做法重砌。

7. 对于勾缝灰风化缺失严重的墙体根据实际情况进行重新勾抹灰缝，整修加固。

（四）大木结构

1. 大木构件局部落架

针对严重坍塌和损毁的房屋，将原有构架全部落架清理，落架前进行编号记录，拆卸下的构件分别进行清理，针对损坏情况进行修补，应尽量使用原有构件，严重毁坏影响安全的构件予以更换。

2. 大木构件打牮拨正

针对歪闪、移位的屋架大木构件，进行修补开裂，清理表面，重新归安处理。榫头折断或糟朽应剔除后用新料重新制榫。对受损较严重的大木构件予以更换。打牮拨正要结合墙体和墙内柱维修，并考虑建筑的整体状况和局部拨正的局限性。

3. 构件修配

木构件修配区分结构性残损修补与一般残损性修补。机构性修配要求按照木结构加固规范，确保修补构件的结构安全性，一般残损性修补着重防止残损部分进一步劣化和对视觉方面的影响。修配方法以传统剔补、墩接、更换为主，修配材质、式样及工艺应采用当地原有做法。

4. 防虫防腐

在维修过程中应仔细检查大木及小木装修构件，对受损较轻的大木构件采用原位喷涂和滴注等方式进行除虫工作，更换损坏严重的木构件。木结构使用的防腐防虫药剂应具备防腐、杀虫两大功效，应对人畜无害，不污染环境；对木材无助燃、起霜或腐蚀作用；无色或浅色，且对油漆、彩画无影响。对易遭虫蛀的木结构用防虫药剂进行处理。

对因受潮而导致局部乃至全部腐朽的大木构件予以维修、更换和防腐防潮处理。控制维修中选用的木材的含水率。从构造上改善通风防潮条件，使木结构经常保持干燥。对易受潮腐朽的木结构用防腐药剂进行处理。

（五）屋面

1. 结合木构架维修，翻修屋面。对屋面进行揭顶维修，更换及补配受损板瓦及滴水。维修瓦顶时，对糟朽或断裂受损的檩椽进行维修加固或更换，加强屋面的整体刚度和承载能力。

2. 椽子的更换及维修，维修瓦顶时，对部分断裂、错位的椽子进行维修，归位，糟朽严重的进行更换。

3. 应严格采用原有荆条编织工艺重新制作更换条编笆，泥背应掺加麻刀草叶处理，泥背中不得采用油毡等作为现代防水处理。

4. 拆卸屋脊时，应尽可能保护好原屋脊的脊饰，修复受损程度较轻的脊饰，更换严重受损的脊饰和泥塑构件，详细记录拆卸的构件的规格、位置，安装时严格按拆卸记录予以修复及复原，安装时应注意与基座的连接应安全、牢固、可靠。配件要根据构件部位的材质、规格及尺寸进行选择，既要保证质量又要尽量考虑构件统一。

（六）装修

1. 对移位受损的板门进行归位和维修，对榫卯松脱、框边变形、扭闪的门窗，采取整扇拆卸，重新安装归正。小木作中金属零件不全时，应按原式样、原材料、原数量添配，并置于原部位。受损榫眼打胶组装，楔子粘胶较平方正，并在四角加 L 形角铁及中部 T 形薄铁板连接，铁板与边挺面齐平，为加固而新增的这些铁件应置于隐蔽部位。

2. 去除现代门窗，按原式样、材质重新复原。其尺寸、榫卯做法和起线形式应与原构件一致。

3. 受损严重的其他小木作构件完全按照传统式样和做法进行修复。

（七）油饰作法

1. 建筑大木油饰出现细小裂缝、褪色，局部地仗破损严重，为了保护大木不受雨水糟朽、虫蛀生物侵害，故采用刷生桐油两道，按原有工艺重做地仗做法。

2. 建筑木门窗油饰工艺粗糙，漆皮起壳、剥落褪色严重，建议去除原有油饰漆皮，刷三道油；（1）油料配比，红土油为桐油：红土：香油 =100∶100∶7.5，（2）黑油为桐油：烟子：香油 =100∶85∶7.5。

三、修缮工程技术要求

（一）拆除前的准备工作

清理现场，规划出拆卸后构件的堆放地点，按规范搭好施工脚手架，系好安全网，并在脚手架外 3 米位置设置安全围栏。在现场搭设木工棚和构件保护棚。拆除前应绘制拆除记录草图，同时应用照片和摄像手段对建筑进行现状记录。

（二）屋面的修缮

1. 揭除瓦件：瓦顶须揭除破损瓦件或全部揭除。确定补配类型和数量，按原形制提前到厂家定做。

2. 拆卸屋顶：拆除屋顶时，应做好瓦顶的现状记录，除文字记录外还应辅以实测图或者照片记录，以便备查。

3. 盖瓦屋面：（1）新铺瓦屋面应按原状瓦垄数铺盖，对酥碱和破碎的瓦件应予以更换；新补配的瓦件，采用与原状相同尺寸规格的瓦件和做法重盖屋顶。（2）应按原状（规格、尺寸、式样）恢复屋脊。（3）尽量使用旧瓦件，新补配的瓦件尺寸、色调应与原旧瓦件协调一致；旧瓦件集中用在某一坡面。④修缮中在适当部位可做坐浆处理，宜采用灰砂浆。檐头部位仍按原有做法施工，檐口盖瓦时垄灰一定要饱满严实，做到檐口平齐，坡度一致。

4. 木构件的修缮：（1）椽子的修缮，更换糟朽严重，扭曲的屋面构件。瓦件拆除后，如发现其他椽子糟朽不能使用的应予以更换，还应做好详细记录。(2)梁、檩的修缮，尽量保留原有木材，进行防腐、防虫处理后继续使用。由于局部渗漏，檩子上皮会有轻度糟朽，可作剔补加固处理。做法为：砍净檩上皮糟朽部分，用相同材料的干燥木材，按原尺寸式样用耐水性胶粘剂粘牢并用螺栓固紧或用铁箍箍紧。

(三)小木作修缮工程

将小木作构件卸下进行全面的加固维修。对于湿收缩裂缝，用燕尾榫加固；当裂缝在 3 毫米以内者，用油腻子填塞严实即可；对裂缝在 5 毫米 ~ 10 毫米以上的，用木条加耐水性粘胶剂将其补严粘牢。对于无大的残损、仅有木质老化感的小木构件，采用三道灰地仗，做粟壳色油饰。在拆卸时将这些构件的具体位置做详细记录，恢复墙体时按拆除前的记录归安。

(四)墙体工程

抹灰墙工程：铲除墙体内皮和外皮，剔除内皮黄土泥、碎石与后补砌红砖，按其位置原有材料补砌毛石或土坯，重新上墙皮。

墙皮共分三层：

1. 第一层在毛石或土坯外抹粗泥，厚约 12 毫米 ~ 15 毫米，重量比为黄土：白灰：麦秸 =65∶30∶3 ~ 4。

2. 第二层抹中泥，厚约 8 毫米 ~ 10 毫米，重量比为黄土：白灰：麦壳、麻刀 =65∶30∶3 ~ 4。

3. 第三层抹面泥，厚约 5 毫米，重量比为黄土：白灰：细沙 =30∶100∶5。

剔除碎石与后补红砖时，按残损情况进行必要的支护，以防剔除时损坏其他部位的墙体。

(五)地面工程

去除现有水泥及破损三合土地面，按传统材料、工艺做法恢复夯实三合土地面。

三合土材料为：黄土、熟石灰、河沙，配比按当地原工艺。

清理生活杂物堆放，对于地面磨损、残缺严重、局部下沉的砖按原样式重新烧制，重新铺墁。

（六）防虫防腐处理

在梁架维修过程中应仔细检查大木及小木装修构件，更换损坏严重的木构件。木结构使用的防腐防虫药剂应具备防腐、防虫两大功效；应对人畜无害，不污染环境；对木材无助燃、起霜或腐蚀作用；无色或浅色，且对木构架无影响。对易遭虫蛀的木结构用防虫药剂进行处理。

对新更换的构件，采用二硼合剂涂刷二道。要求必须在晴天进行。

对旧构件的处理：

1. 在铲除朽木后，清理木材和挖口表面。

2. 构件端部及榫卯交节点采用氟酚合剂喷涂二道。

第三章　宝善堂组群建筑修缮方案

一、宝善堂北群房

（一）建筑修缮方案

1. 条石墙基

（1）前檐

残损类型：位移松动、碎裂、人为改造。

修缮方法：拆除前檐西侧后砌筑墙基与原门位置封堵墙基，重新用传统方法砌筑，补配缺失花岗岩墙基石块，选用条石尺寸、质地、色泽、纹理尽可能与原条石墙基保持一致，使其风貌统一协调。更换碎裂严重的条石，清理归安台基部分，恢复条石墙基整洁。

（2）后檐

残损类型：位移松动、碎裂、人为改造。

修缮方法：参照前檐墙基，清理后檐墙基污染物，重新用白灰勾缝。

（3）东山墙

残损类型：位移松动、碎裂、人为改造。

修缮方法：清理石缝杂物，用小石块填补较大的石缝。

④西山墙

残损类型：位移松动、碎裂、人为改造。

修缮方法：参照东山墙，用传统材料与工艺重新作西山墙。

2. 青砖墙面

（1）前后檐墙及腰线

残损类型：磨损、缺棱掉角、缺失、人为改造。

修缮方法：更换门窗处磨损、更换缺棱掉角严重磨损的青砖，局部拆除重砌。

（2）东山墙

残损类型：磨损、缺棱掉角、缺失、人为改造。

修缮方法：修复明显后补痕迹，更换后补构件，局部拆除重砌。

（3）西山墙

残损类型：磨损、缺棱掉角、缺失、人为改造。

修缮方法：参照东山墙用传统工艺重新砌筑西山墙。

3. 毛石抹灰墙体

（1）前檐抹灰墙体

残损类型：墙皮剥落、腐化、毛石松动。

修缮方法：去除抹灰表面层，清理墙皮剥落处至毛石层，用传统材料及工艺新作抹灰表面层。

（2）后檐毛石墙体

残损类型：墙体毛石松动外闪、后补水泥勾缝。

修缮方法：拆除檐口处后修补毛石墙，重新砌筑毛石墙体，尽量选用与原墙体相似的石块。

4. 室内地面

残损类型：破损、人为改造。

修缮方法：去除水泥或破损三合土地面，按传统做法重新做三合土地面。

5. 室内隔墙

残损类型：破损、人为改造。

修缮方法：去除简易木板隔断墙，重新做土坯墙。拆除东端室内后增两隔断墙；去除其他房间隔断墙表面层，用传统做法新作白灰面层。

6. 室内墙面

残损类型：腐化、变暗、人为改造。

修缮方法：白灰墙面去除墙体表面层，用传统方法新作白灰面层。

7. 梁架

残损类型：糟朽、顺缝开裂。

修缮方法：拆除屋面后，打牮拨正外闪、位移立柱及上部梁架，加固连接部位；对糟朽、开裂构件进行剔补、嵌缝加固，严重的可以更换，补配缺失构件，构件统一进行防虫防腐处理。受白蚁蛀蚀的梁架构件采取药剂除虫，清除白蚁，蛀蚀严重构件进行剔补加固或予以更换。

8. 装修

残损类型：磨损、开裂、人为改造。

修缮方法：去除现代装修等后期人为不当改造，按照传统式样进行恢复。维修破损的木门扇，破损严重的按原式样、材质重新复原。

9. 屋面

（1）条编望板

残损类型：雨水糟朽。

修缮方法：按照屋面尺寸大小，选用当地九条重新作条编望板（亦称条编笆）；更换糟朽裂缝严重的椽子，补配缺失椽子。

（2）瓦件

残损类型：缺失、碎裂松动。

修缮方法：翻修屋面，清理瓦件。更换受损板瓦、底瓦、勾头及滴水，补配缺失瓦件。

（3）正脊

残损类型：断裂破损、缺失。

修缮方法：按传统做法复原正脊。

（二）修缮设计图纸

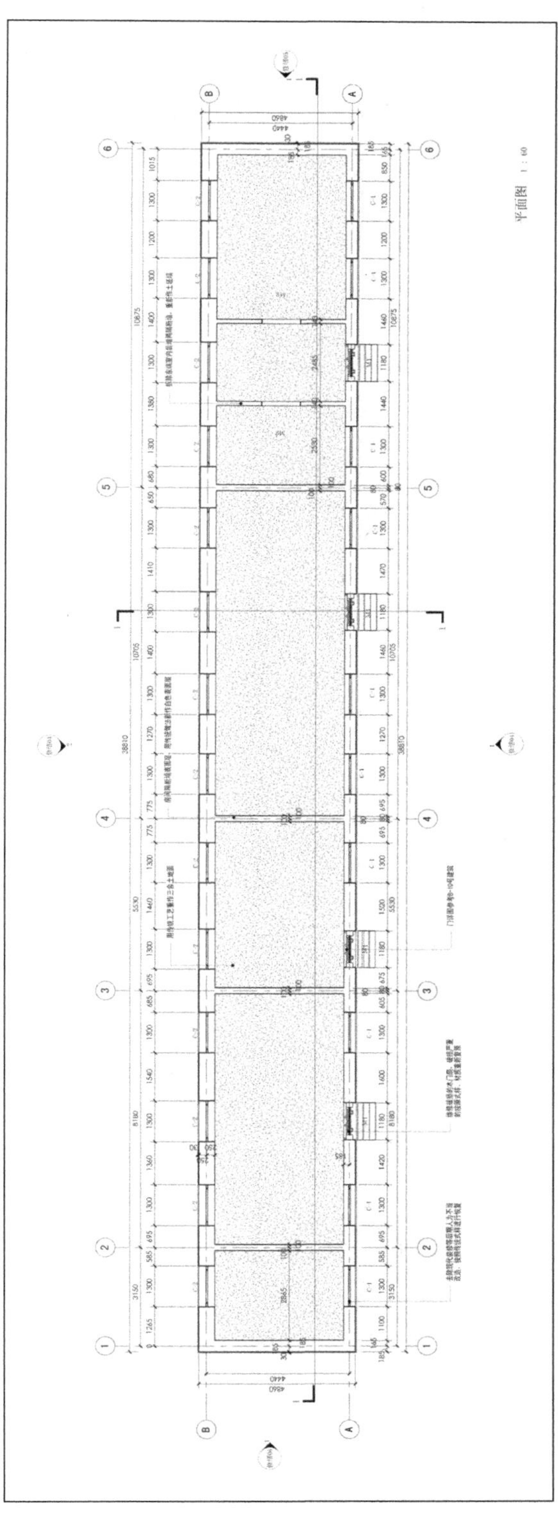

宝善堂北群房平面图

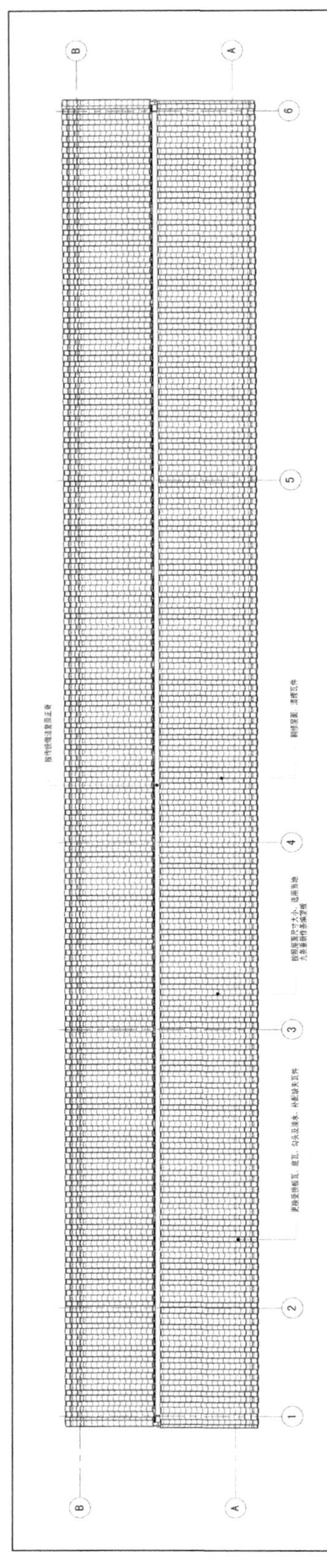

宝善堂北群房屋顶平面图

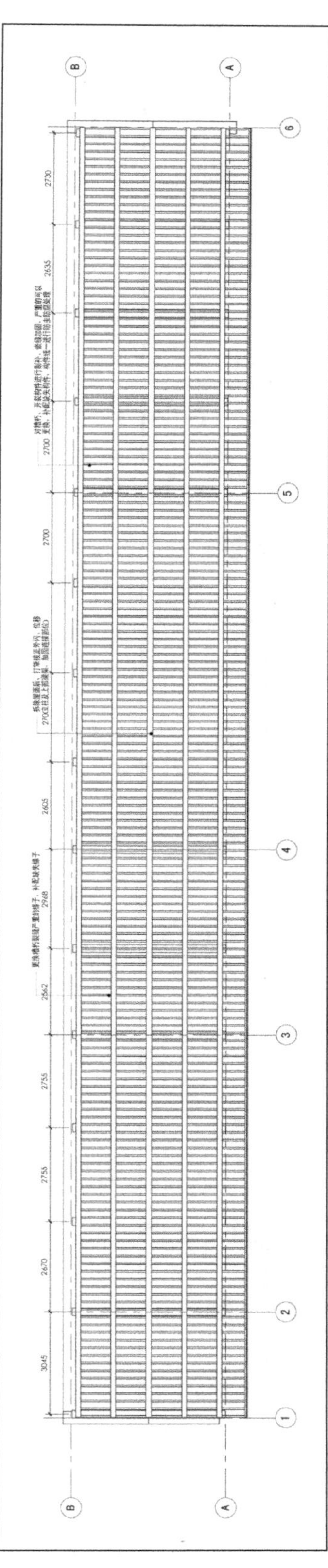

宝善堂北群房屋架布置图

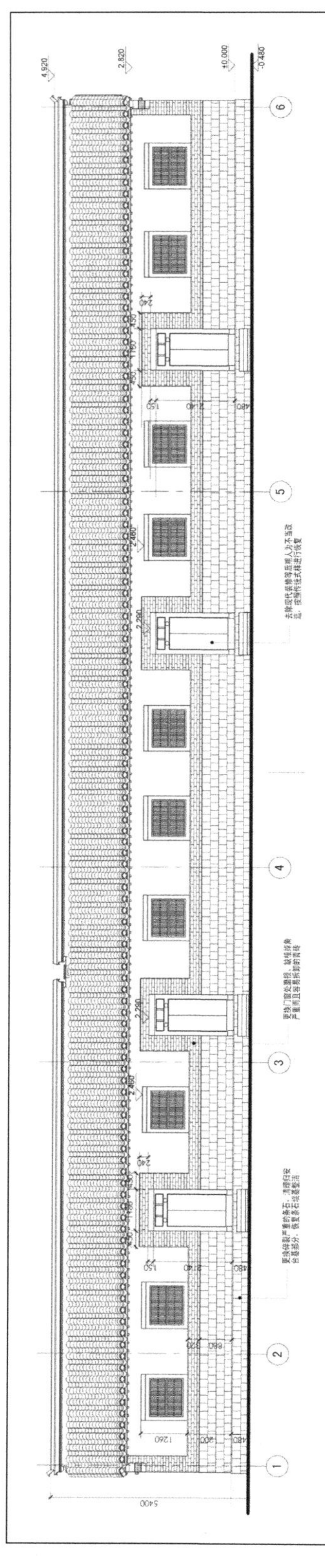

宝善堂北群房南立面图

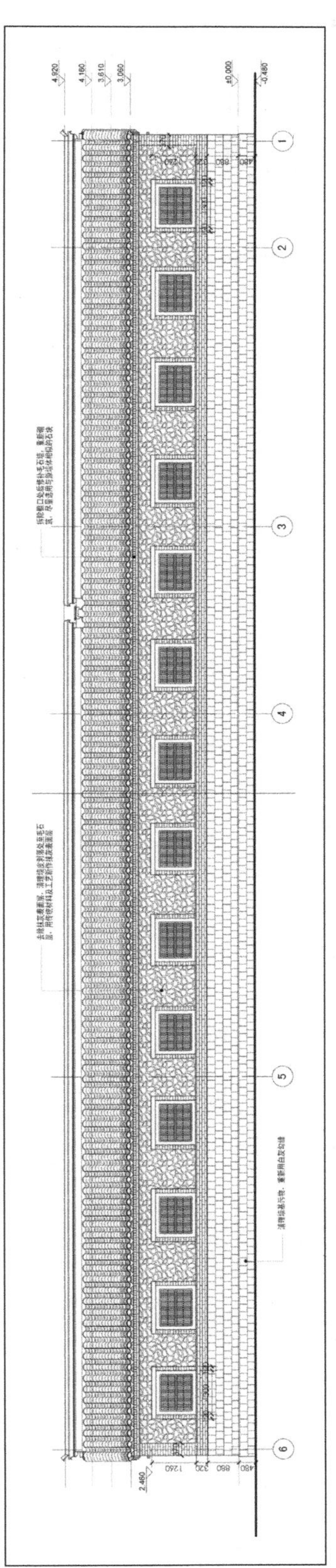

宝善堂北群房北立面图

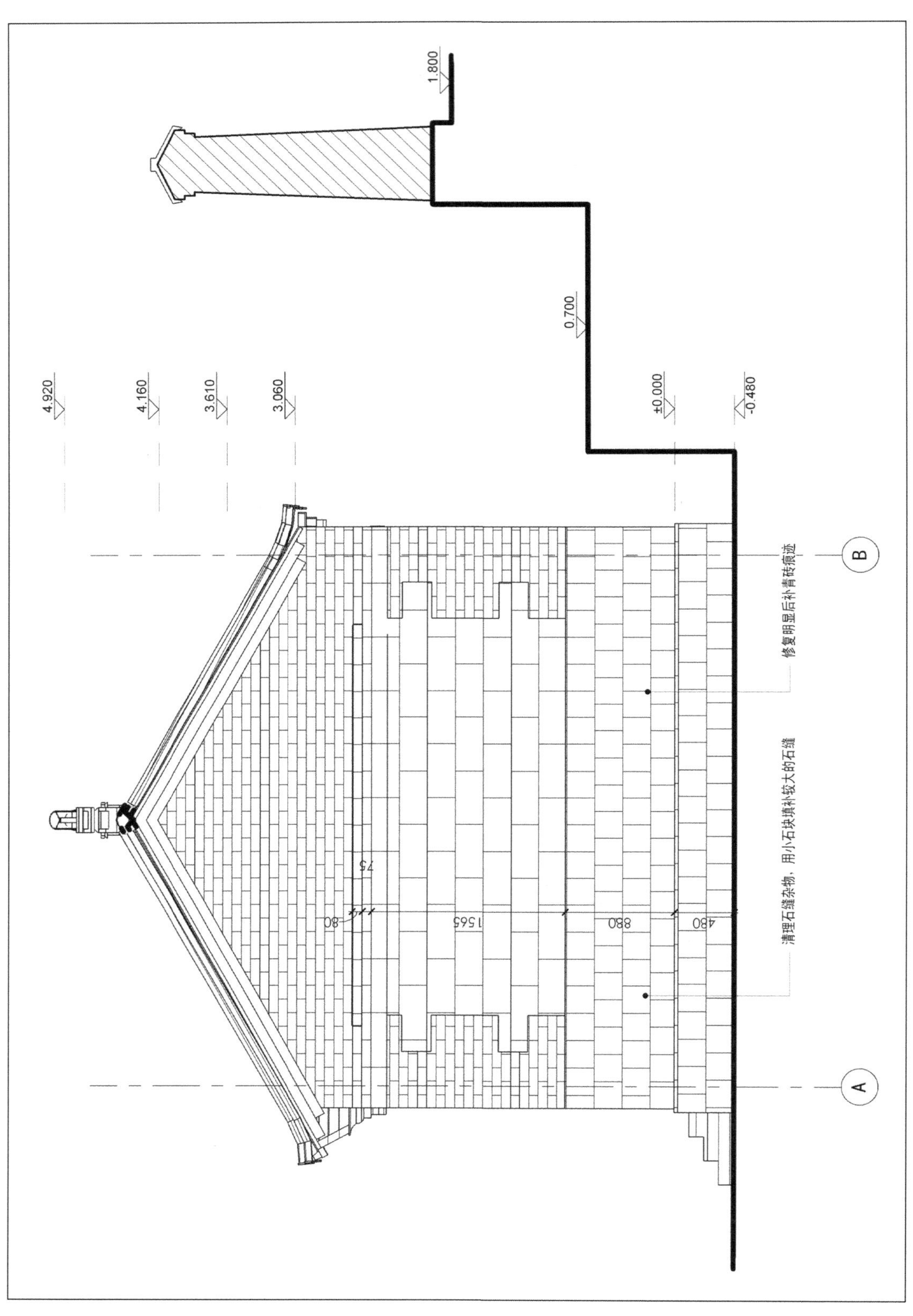
1.800
0.700
4.920
4.160
3.610
3.060
±0.000
-0.480
修复明显后补青砖痕迹
清理石缝杂物，用小石块填补较大的石缝
75
80
1565
880
480
A
B

宝善堂北群房东立面图

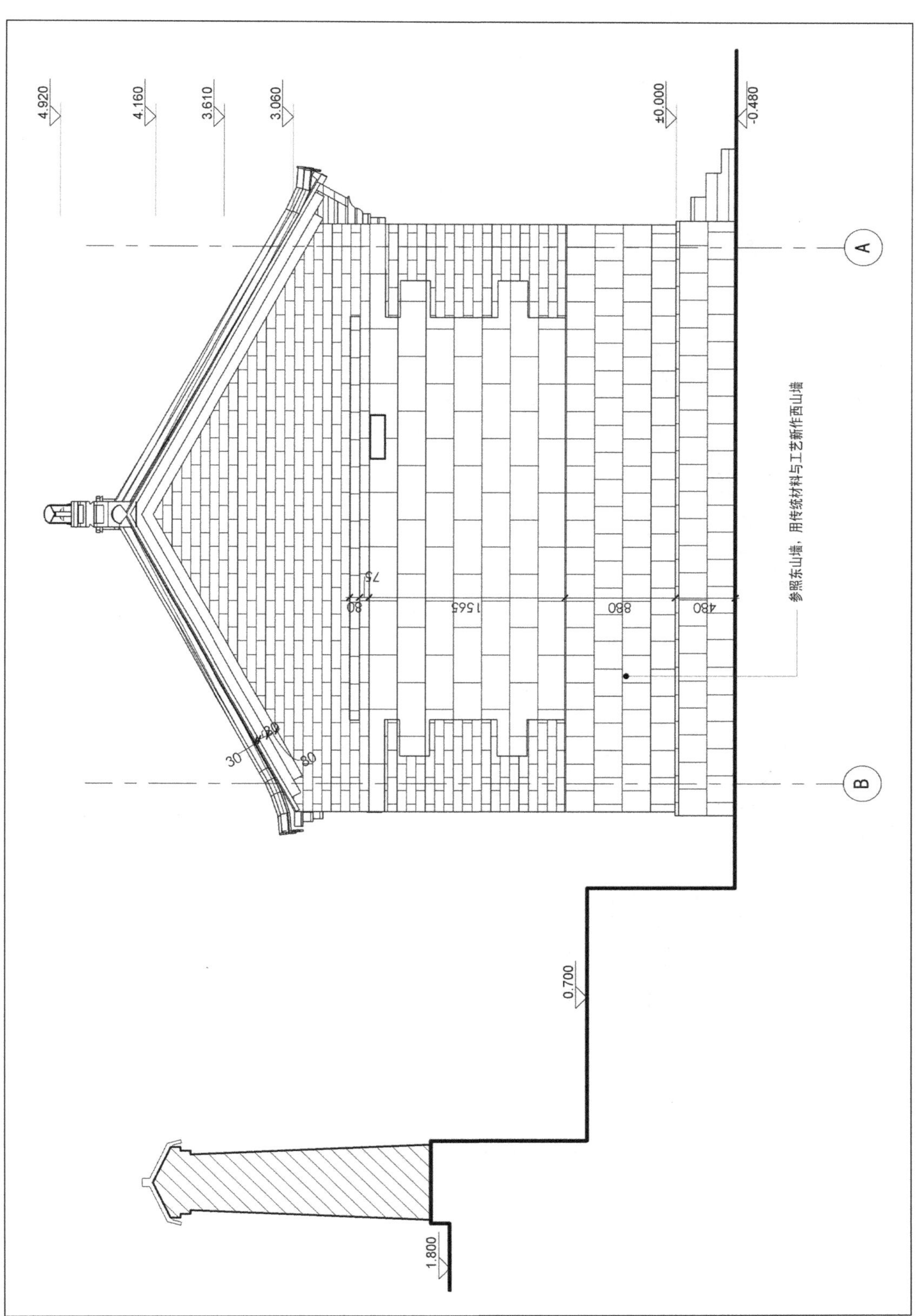
4.920
4.160
3.610
3.060
±0.000
-0.480
0.700
1.800
A
B
75
80
1565
880
480
30
80
参照东山墙，用传统材料与工艺新作西山墙

宝善堂北群房西立面图

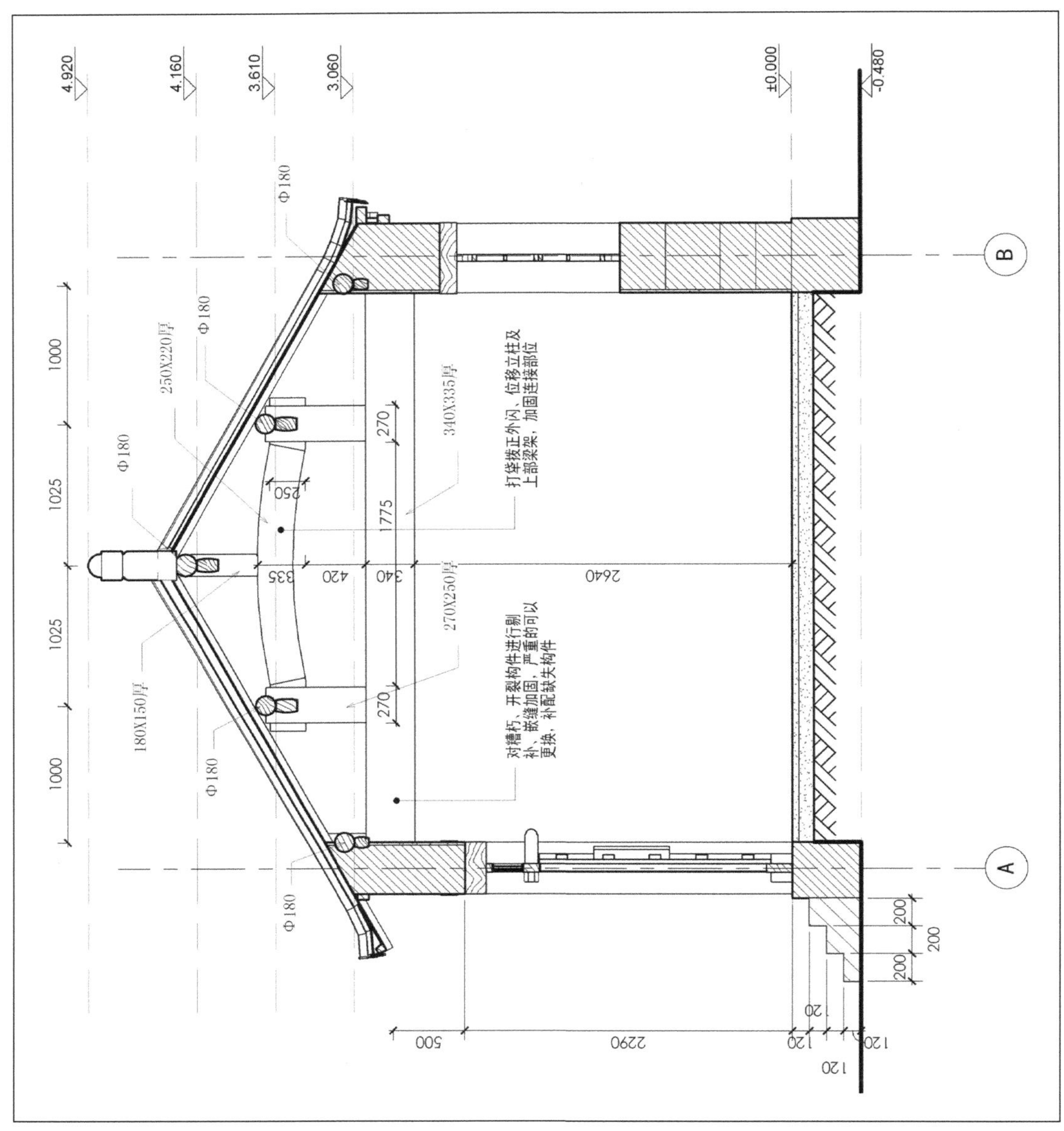

宝善堂北群房 1-1 剖面图

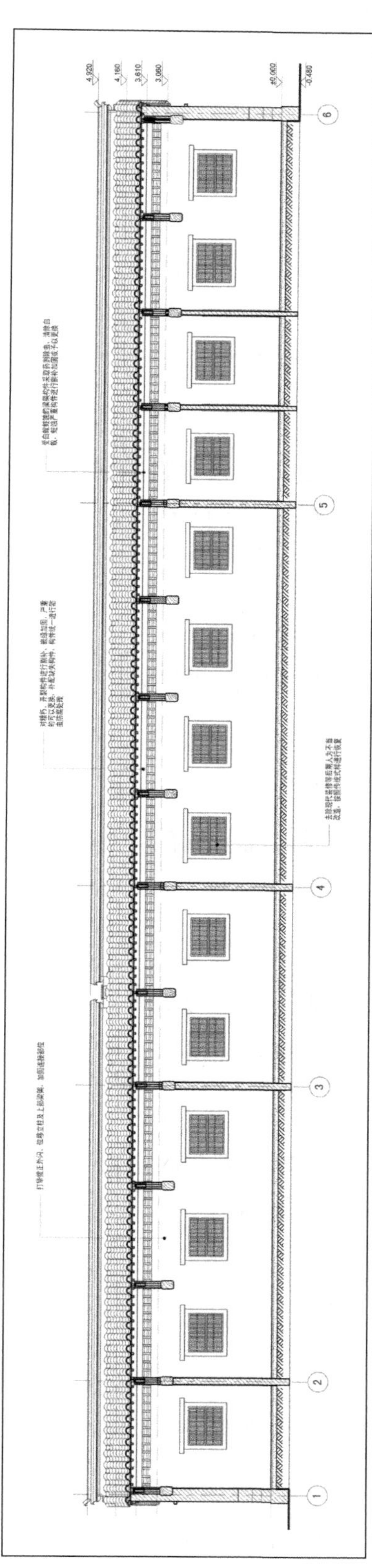

宝善堂北群房 2-2 剖面图

二、宝善堂西群房

（一）建筑修缮方案

1. 条石墙基

（1）前檐

残损类型：位移松动、碎裂、人为改造。

修缮方法：拆除前檐北侧原门位置封堵墙基，重新用传统方法砌筑，选用条石尺寸、质地、色泽、纹理尽可能与原条石墙基保持一致，使其风貌统一协调。更换碎裂严重的条石，清理归安台基部分，恢复条石墙基整洁。

（2）后檐、北山墙

残损类型：位移松动、碎裂、人为改造。

修缮方法：清理归安条石墙，重新用白灰勾缝。

（3）南山墙

残损类型：位移松动、碎裂、人为改造。

修缮方法：清理南山墙砖堆，根据现场条石墙基破损情况，采取适当处理措施。

2. 青砖墙面

（1）前后檐墙

残损类型：磨损、缺棱掉角、缺失、人为改造。

修缮方法：清理归安门窗处松动青砖，按当地原墙做法重新砌筑，使其规整清洁。

（2）北山墙、南山墙

残损类型：磨损、缺棱掉角、缺失、人为改造。

修缮方法：屋顶拆除后，拆除至眉线砖处，修理毛石墙体，按传统做法，尽量使用原材料，重新砌筑北山墙青砖墙面。

3. 毛石抹灰墙体

（1）前檐抹灰墙体

残损类型：墙面腐化、变暗、人为改造。

修缮方法：去除抹灰表面层，清理墙皮剥落处至毛石层，用传统材料及工艺新作抹灰表面层。拆除红砖墙体，重新砌筑毛石墙体。

（2）后檐毛石墙体

残损类型：墙皮剥落、腐化、缺失。

修缮方法：去除抹灰表面层，用传统材料及工艺新作抹灰表面层。

（3）北山墙

残损类型：墙皮剥落、腐化。

修缮方法：砌筑青砖墙面前，修理毛石墙体，按传统做法，重新作泥土抹灰层。

④南山墙

残损类型：墙面腐化。

修缮方法：去除抹灰墙泥土抹灰层，按传统作法，重新作泥土抹灰层。

4. 室内地面

残损类型：杂物堆放。

修缮方法：去除水泥或破损三合土地面，按传统做法重新做三合土地面。

5. 室内墙面

残损类型：腐化、变暗、人为改造。

修缮方法：白灰墙面去除墙体表面层，按传统方法，新作白色泥土抹灰表面层。

6. 梁架

残损类型：糟朽、顺缝开裂。

修缮方法：拆除屋面后，打牮拨正外闪、位移立柱及上部梁架，加固连接部位；对糟朽、开裂构件进行剔补、嵌缝加固，严重的可以更换，补配缺失构件，构件统一进行防虫防腐处理。受白蚁蛀蚀的梁架构件采取药剂除虫，清除白蚁，蛀蚀严重构件进行剔补加固或予以更换。

参考措施：打牮拨正外闪、位移立柱及上部梁架，加固连接部位。对糟朽、开裂构件进行剔补、嵌缝加固，严重的可以更换，补配缺失构件。

7. 装修

残损类型：破损、人为改造。

修缮方法：去除现代装修等后期人为不当改造，按照传统式样进行恢复。具体可参照其他建筑及修缮图纸。

8. 屋面

（1）望板

残损类型：雨水糟朽。

修缮方法：按照屋面尺寸大小，选用当地九条重新作条编望板（亦称条编笆）；更换糟朽裂缝严重的椽子，补配缺失椽子。

（2）瓦件

残损类型：缺失、碎裂松动。

修缮方法：翻修屋面，清理瓦件。更换受损板瓦、底瓦、勾头及滴水，补配缺失瓦件。

（3）正脊

残损类型：缺失。

修缮方法：按传统做法复原正脊。

（二）修缮设计图纸

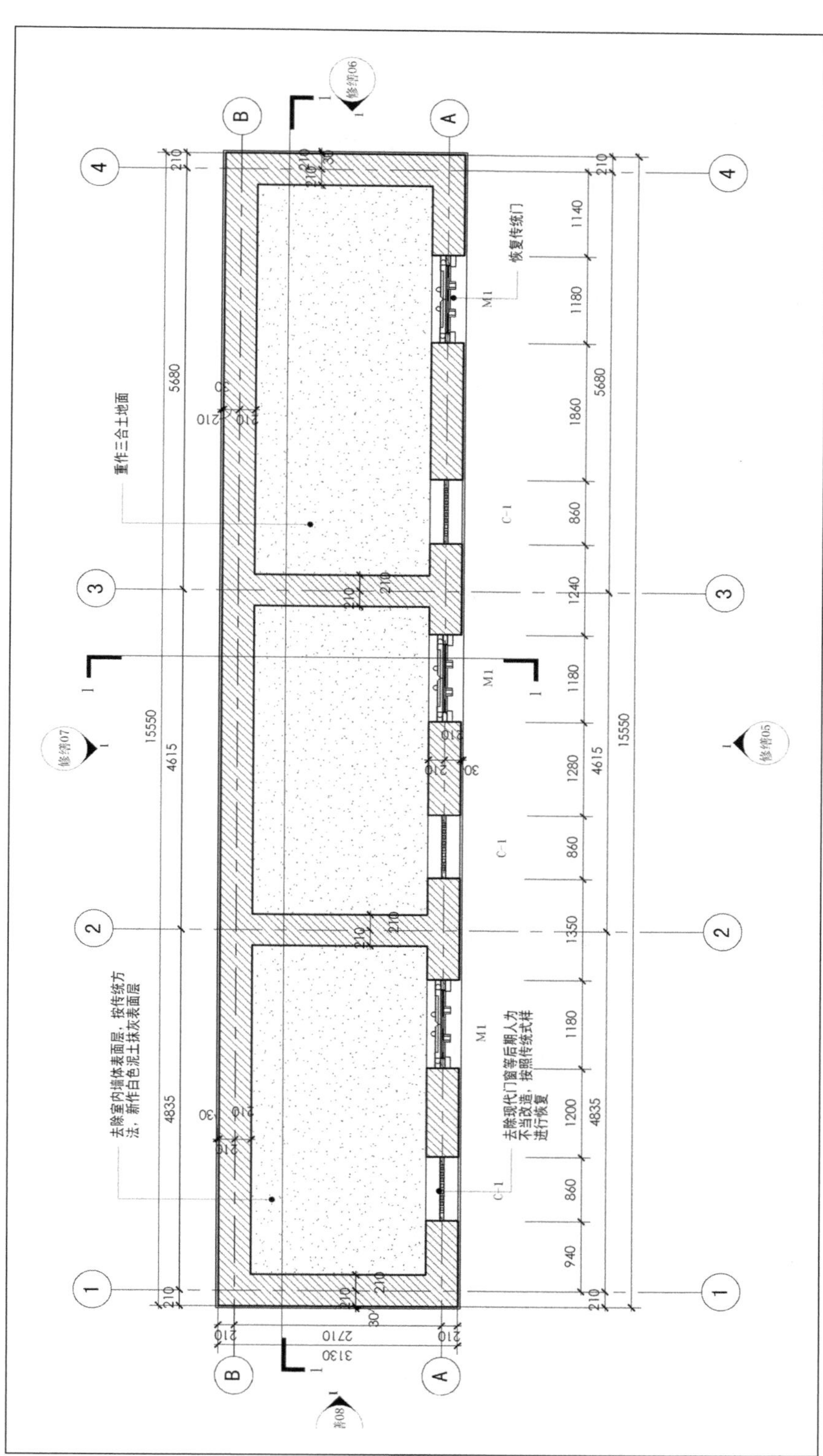

宝善堂西群房平面图

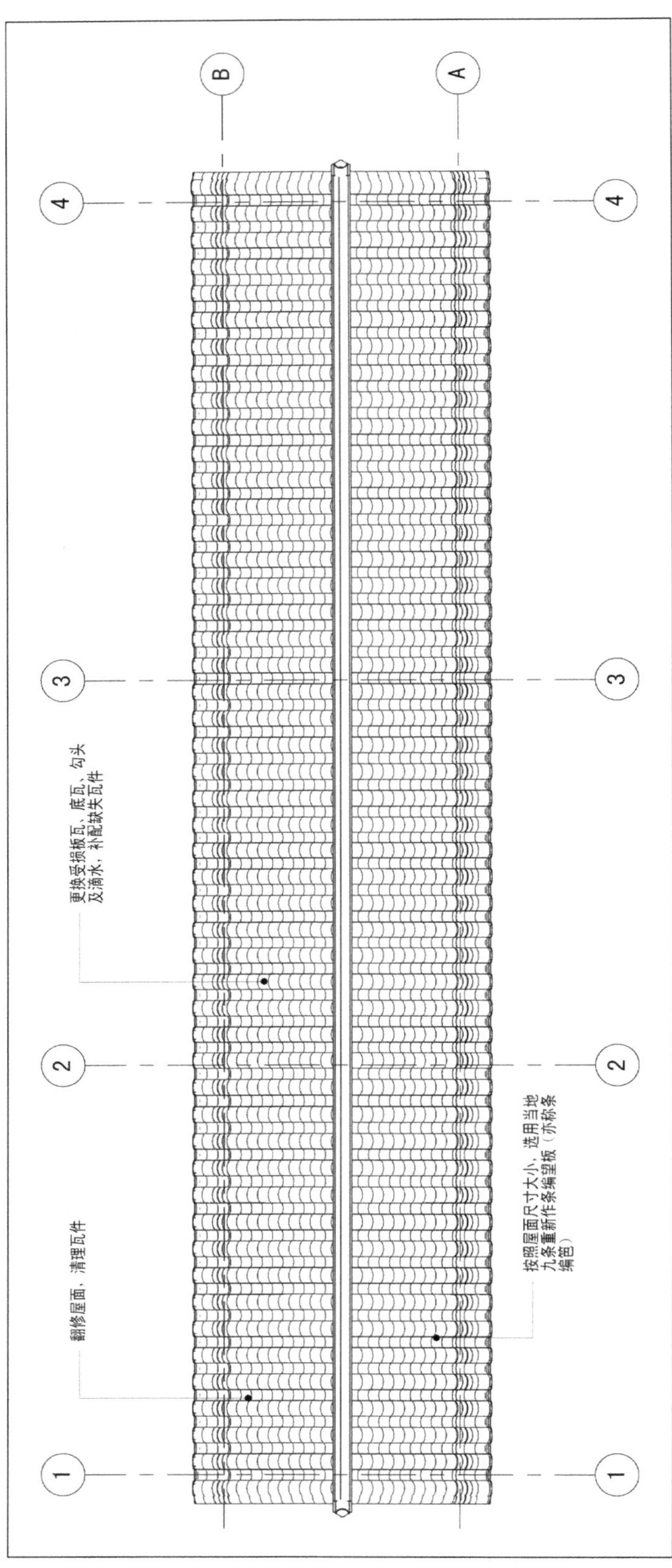

宝善堂西群房屋顶平面图

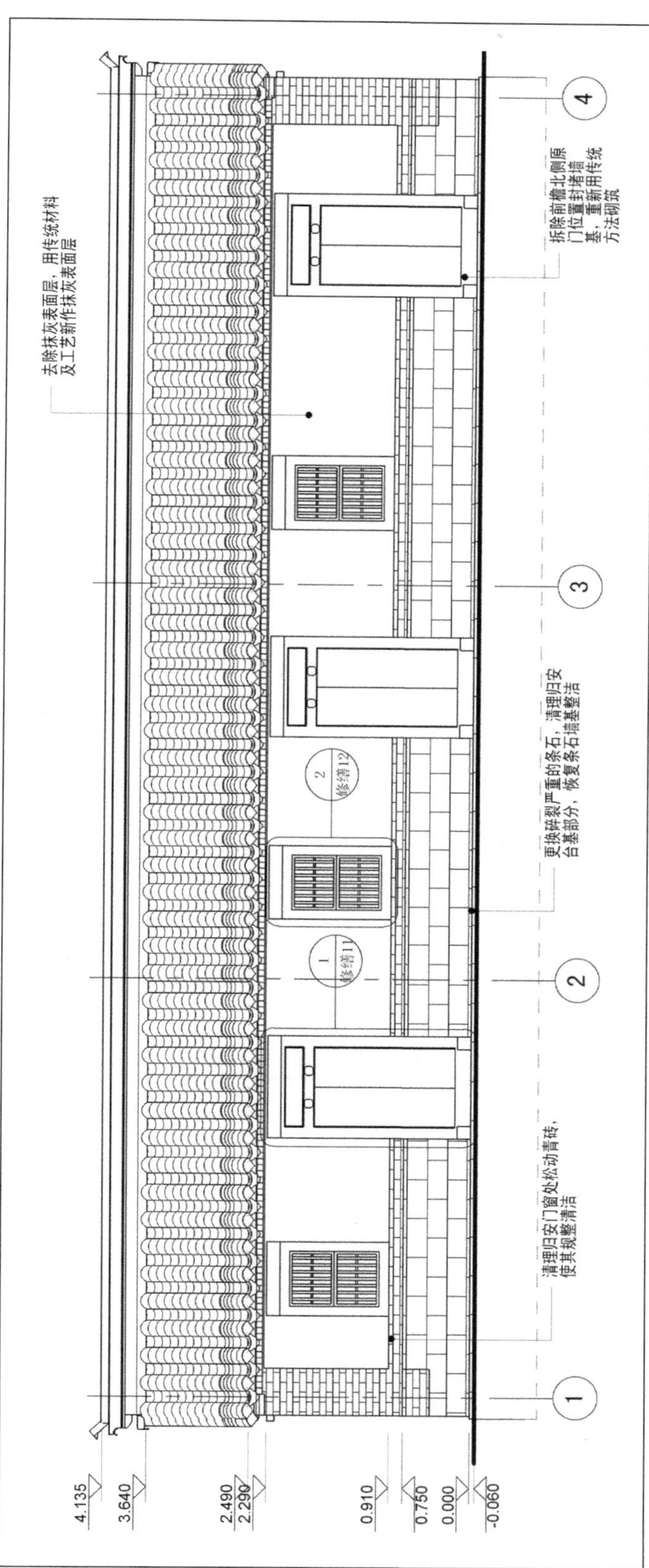
去除抹灰表面层，用传统材料
及工艺新作抹灰表面层
拆除前檐北侧原
门位置封堵墙
基，重新用传统
方法砌筑
更换碎裂严重的条石，清理归安
台基部分，恢复条石墙基整洁
清理归安门窗处松动青砖，
使其规整清洁
4
3
2
1
2
修缮12
1
修缮11
4.135
3.640
2.490
2.290
0.910
0.750
0.000
-0.060

宝善堂西群房东立面图

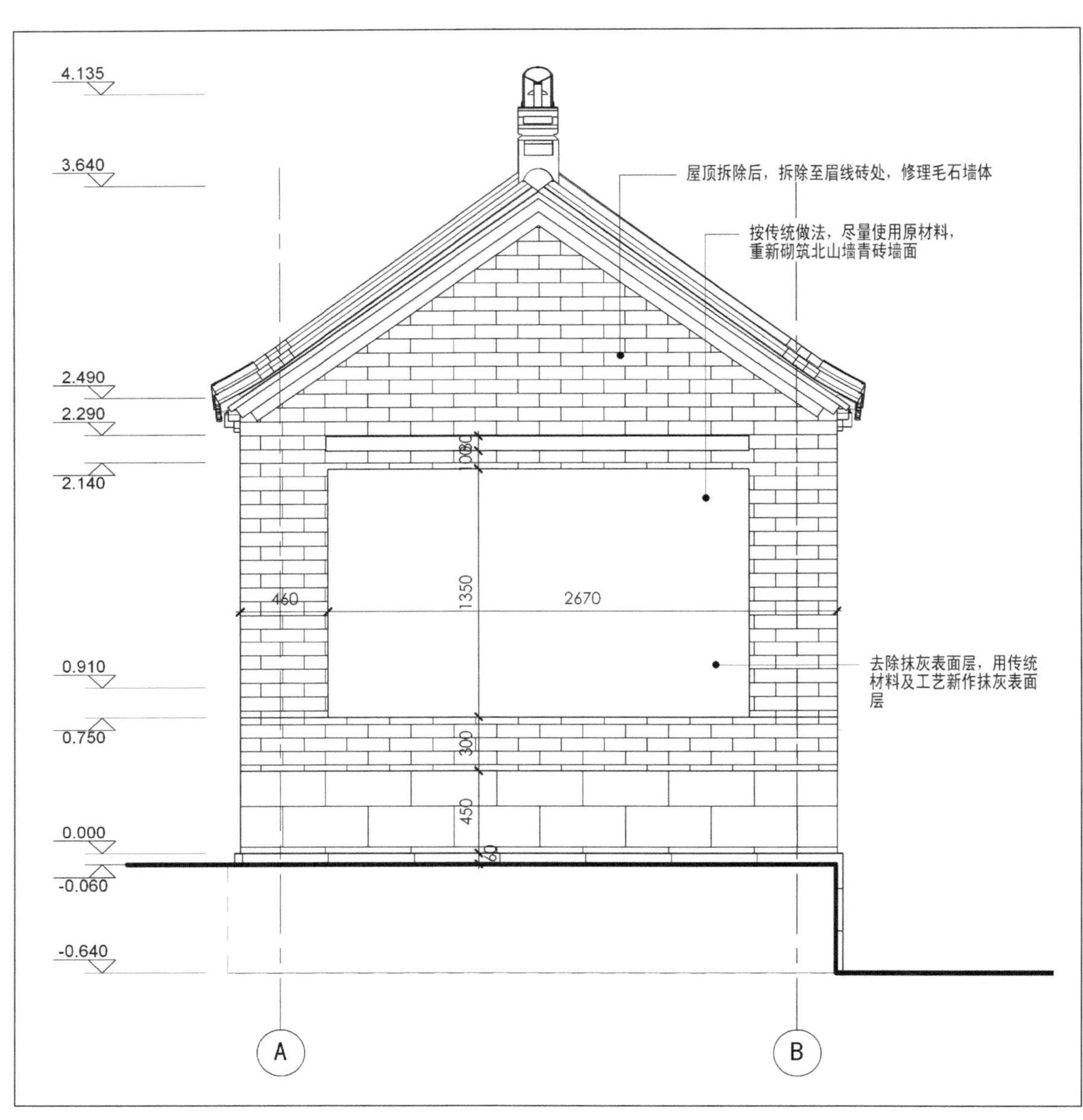
4.135
3.640
2.490
2.290
2.140
0.910
0.750
0.000
-0.060
-0.640
屋顶拆除后，拆除至眉线砖处，修理毛石墙体
按传统做法，尽量使用原材料，
重新砌筑北山墙青砖墙面
去除抹灰表面层，用传统
材料及工艺新作抹灰表面
层
1080
1350
300
450
60
460
2670
A
B

宝善堂西群房北立面图

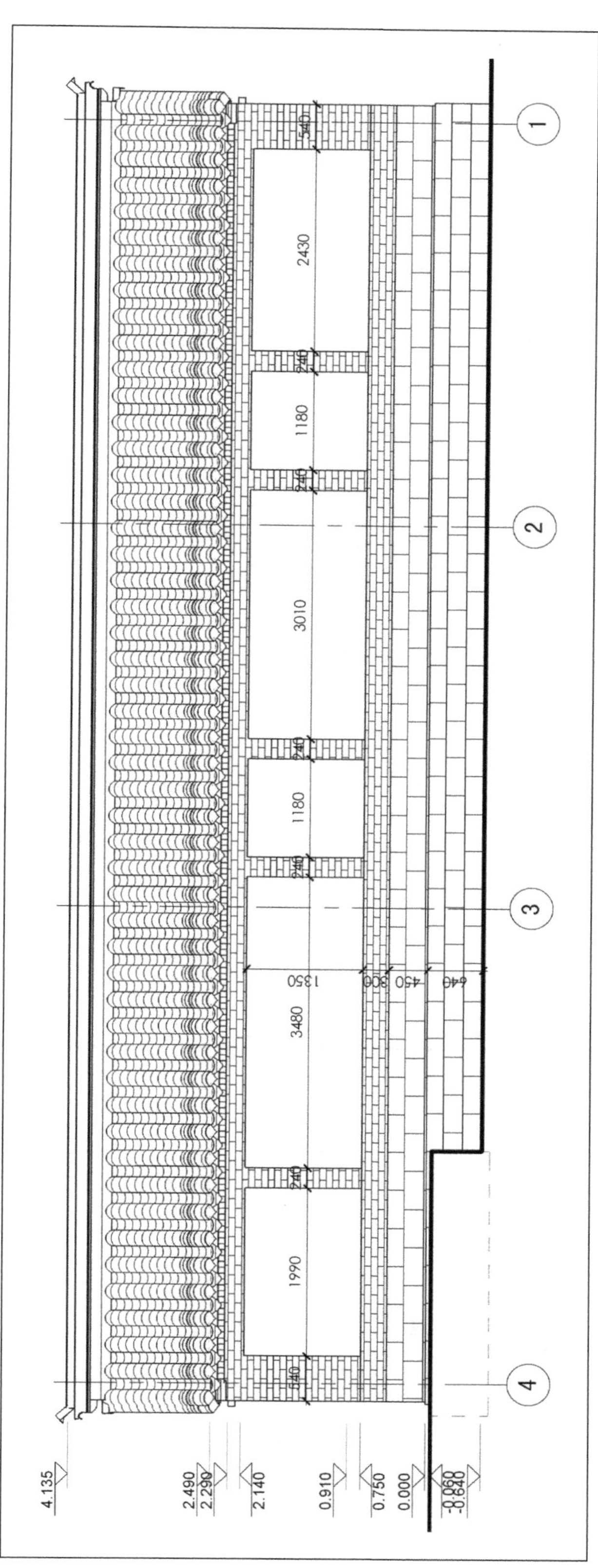

540
2430
240
1180
240
3010
240
1180
240
1350
300
450
640
3480
240
1990
540
1
2
3
4
4.135
2.490
2.290
2.140
0.910
0.750
0.000
-0.640

宝善堂西群房西立面图

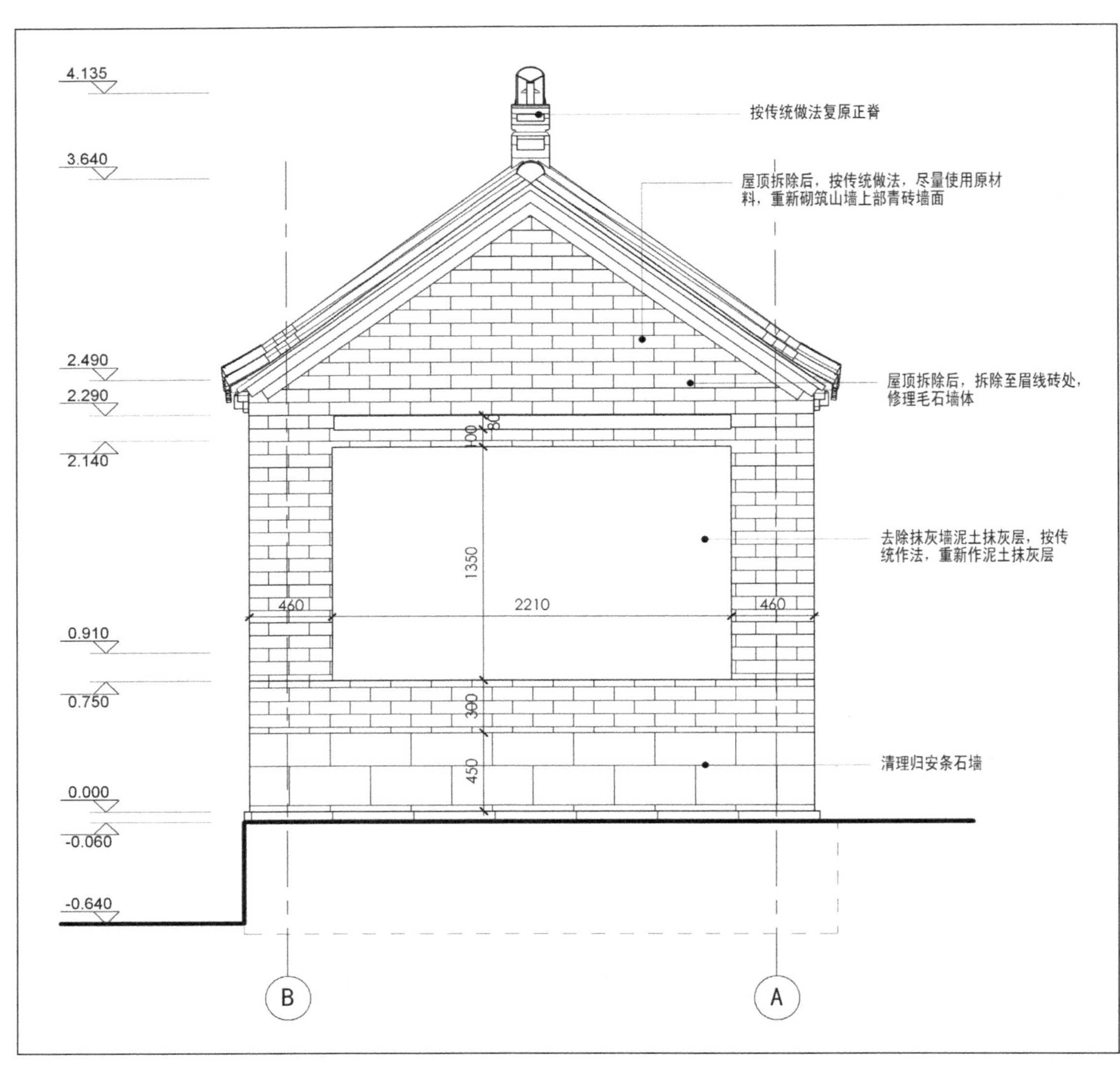
4.135
3.640
2.490
2.290
2.140
0.910
0.750
0.000
-0.060
-0.640
按传统做法复原正脊
屋顶拆除后，按传统做法，尽量使用原材料，重新砌筑山墙上部青砖墙面
屋顶拆除后，拆除至眉线砖处，修理毛石墙体
去除抹灰墙泥土抹灰层，按传统作法，重新作泥土抹灰层
清理归安条石墙
460
2210
460
1350
300
450
B
A

宝善堂西群房南立面图

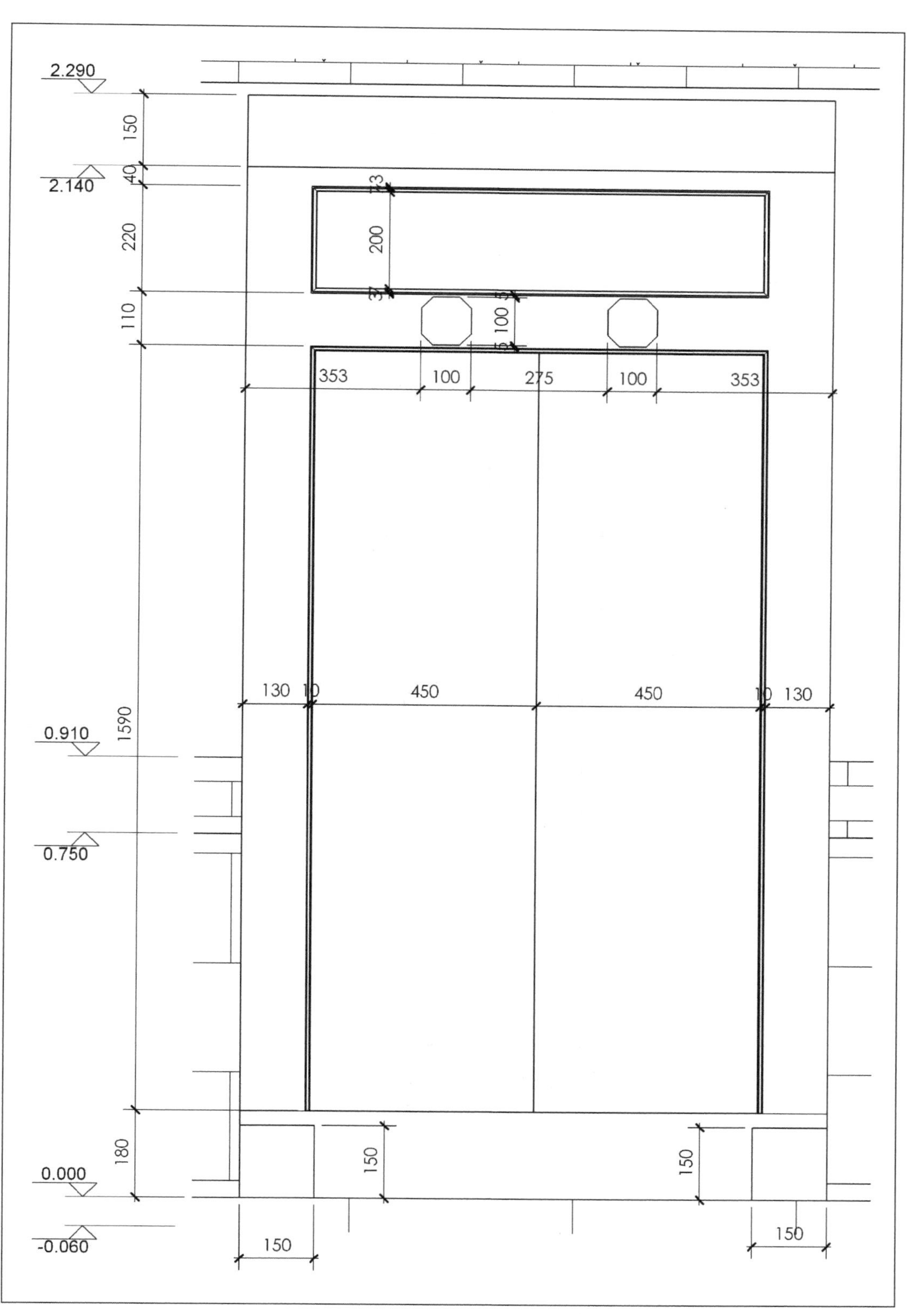
2.290
150
40
2.140
220
23
200
37
110
5
100
5
353
100
275
100
353
130
10
450
450
10
130
1590
0.910
0.750
180
150
150
0.000
-0.060
150
150

宝善堂西群房门立面图

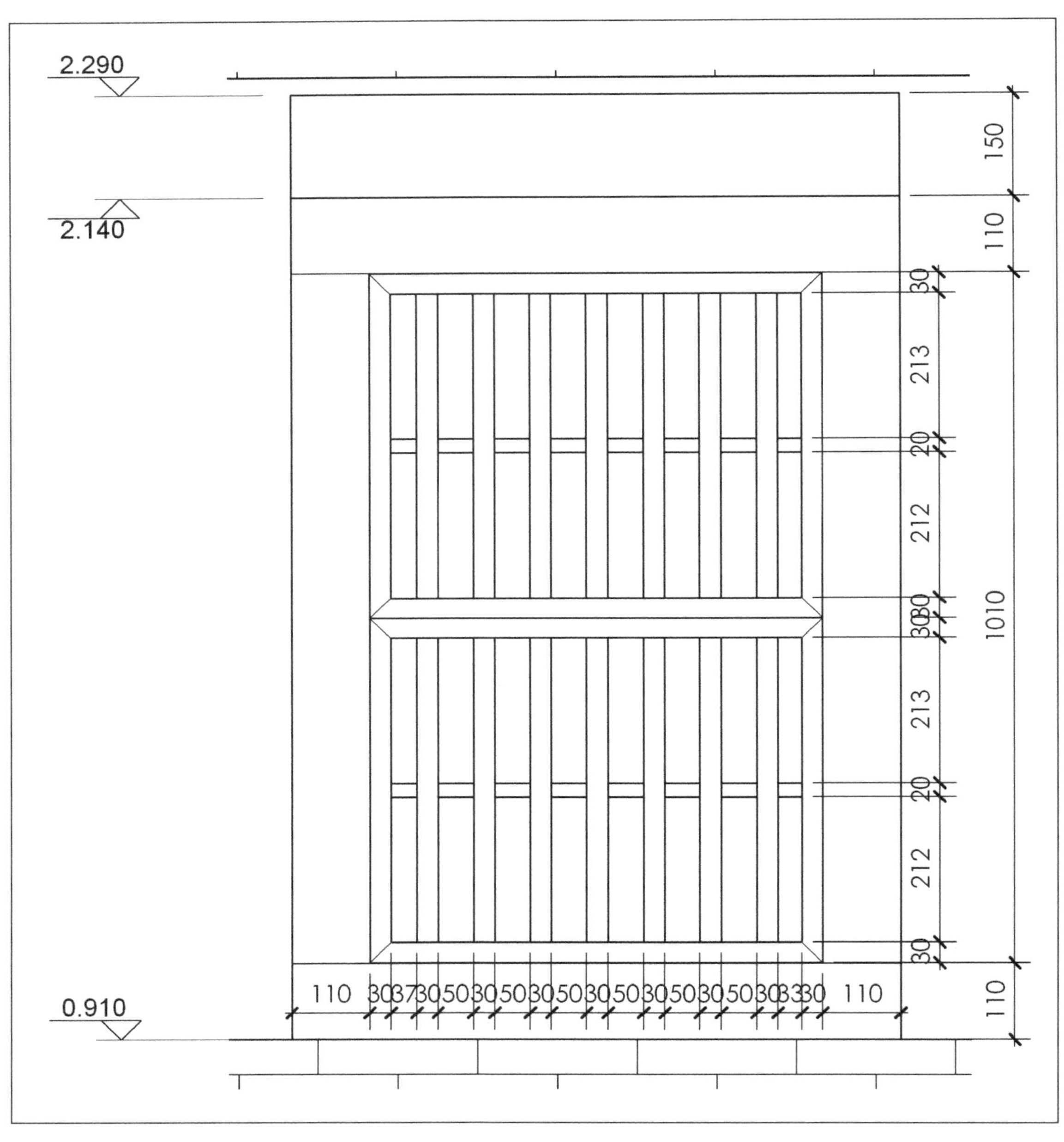
2.290
2.140
0.910
150
110
30
213
20
212
30
30
213
20
212
30
110
1010
110
30
37
30
50
30
50
30
50
30
50
30
50
30
50
30
33
30
110

宝善堂西群房窗立面图

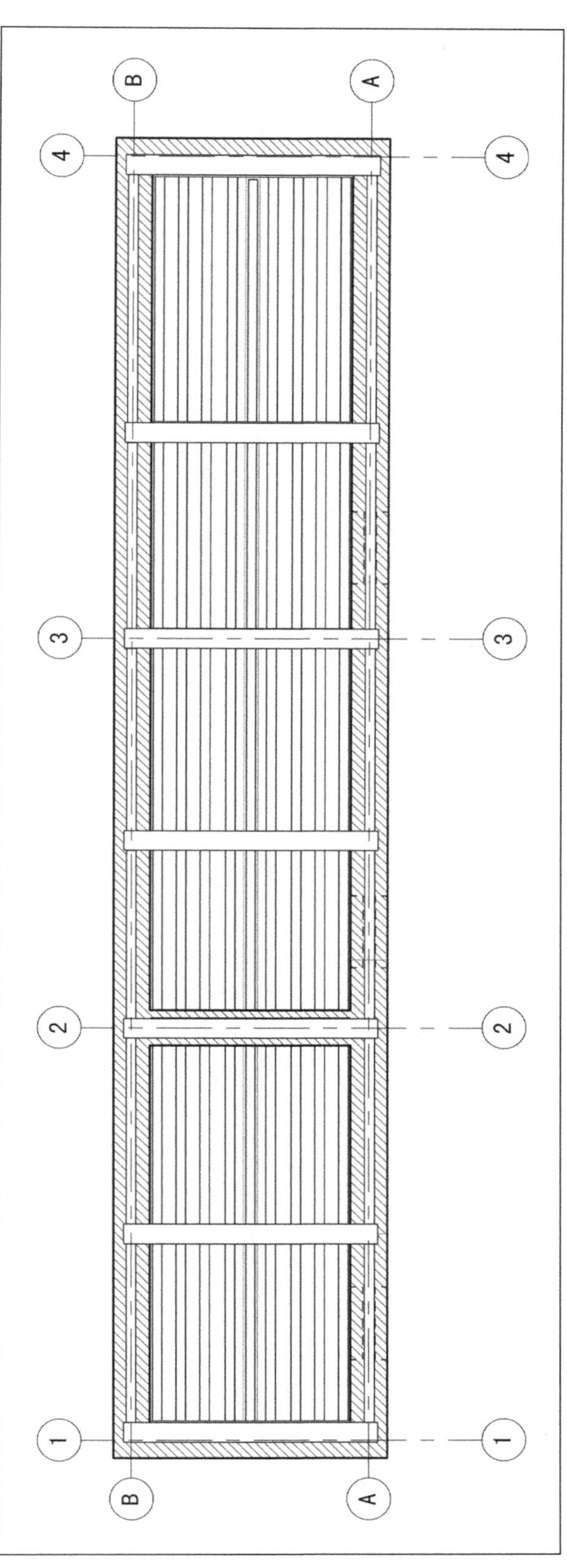

宝善堂西群房屋架仰视图

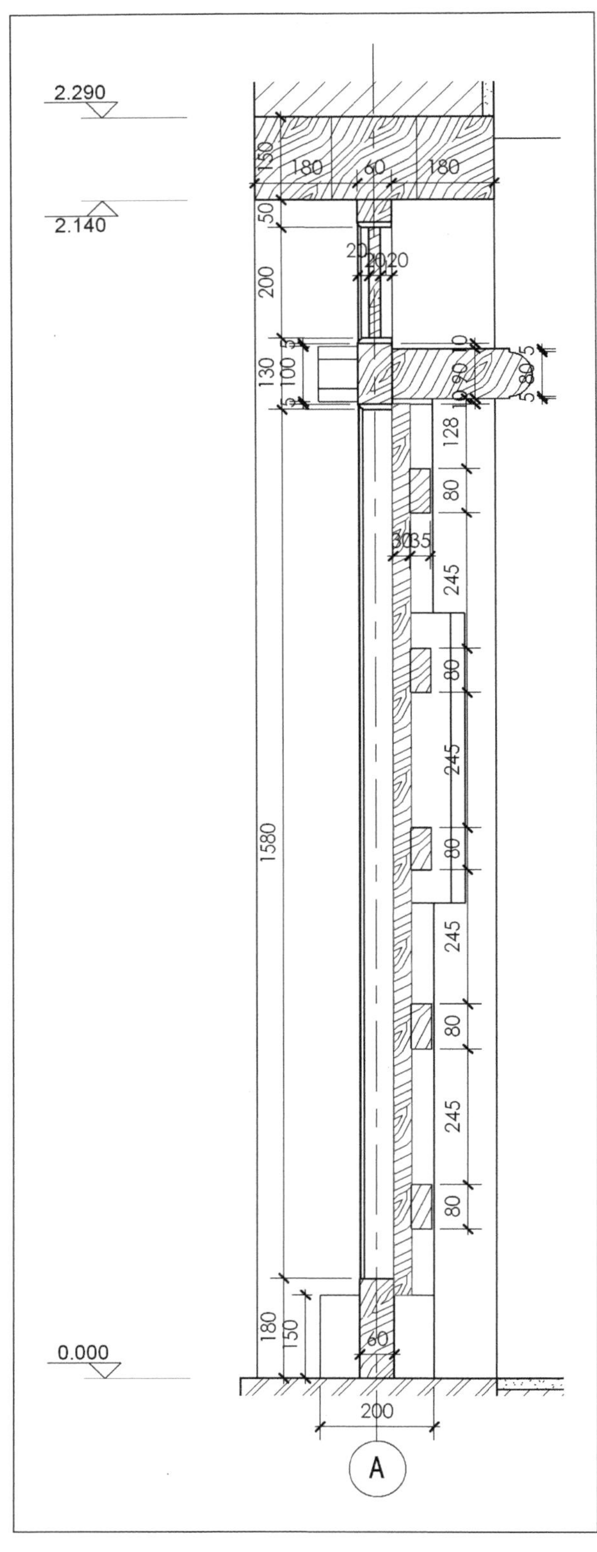
2.290
2.140
0.000
150
180
60
180
50
200
20
20
20
130
100
1580
128
80
245
80
245
80
245
80
245
80
180
150
60
200
A

宝善堂西群房门剖面图

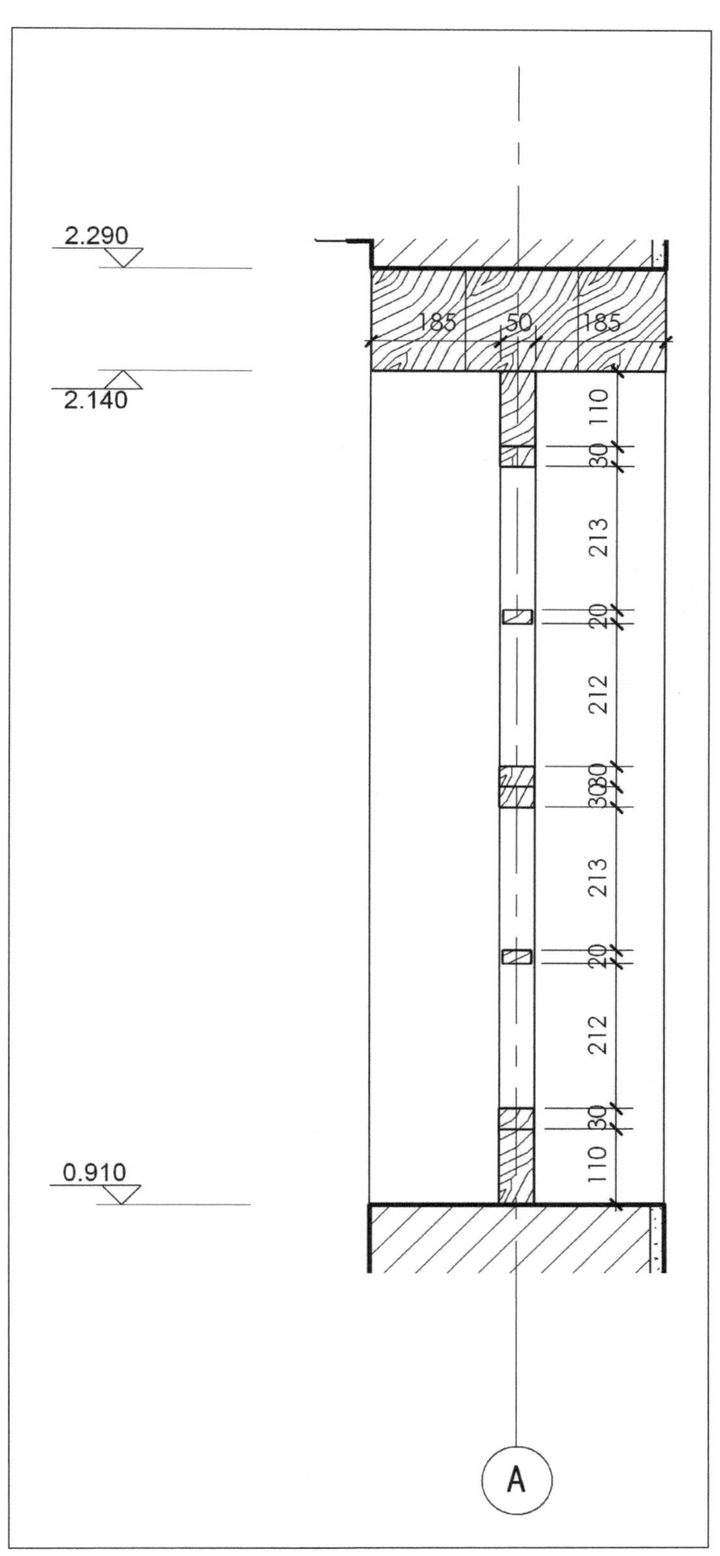
2.290
2.140
0.910
185
50
185
110
30
213
20
212
30
30
213
20
212
30
110
A

宝善堂西群房窗剖面图

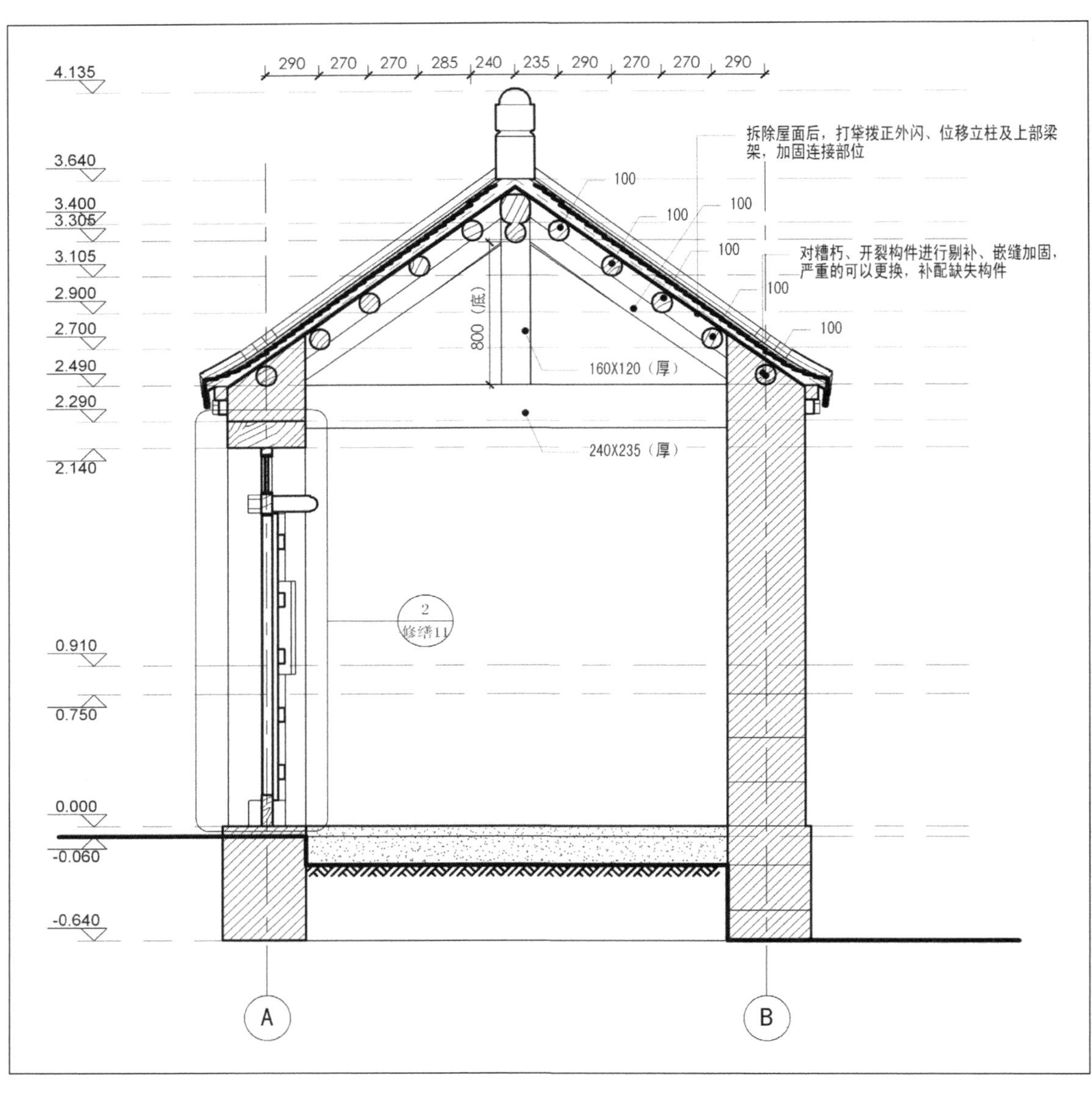

宝善堂西群房 1-1 剖面图

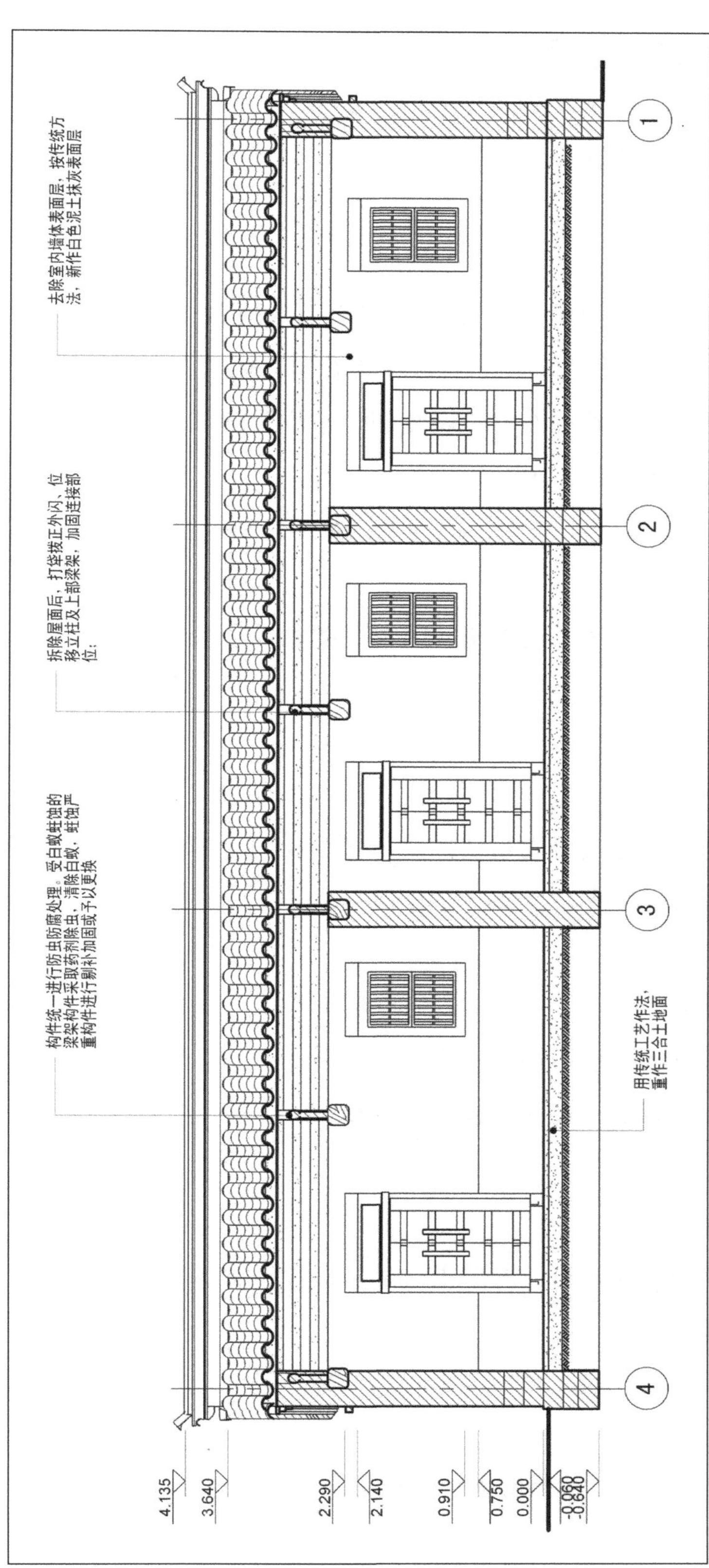

宝善堂西群房 2-2 剖面图

三、宝善堂东厢房

（一）建筑修缮方案

1. 条石墙基

残损类型：局部石块位移松动、四个角位置石块缺失。

修缮方法：归安位移松动石块，补配缺失花岗岩墙基石块，选用条与原石块尺寸、质地、色泽、纹理基本一致的石材，恢复四个角位置砌筑，使其风貌统一协调。清理归安台基部分，恢复条石墙基整洁。

2. 青砖墙面

残损类型：缺失。

修缮方法：参照西厢房青砖规格、尺寸、颜色及砌筑工艺，进行砌筑，白灰勾缝均匀，整洁。

3. 毛石抹灰墙体

残损类型：缺失。

修缮方法：选用当地毛石砌筑墙体时，必须稳固，结实规整；黄土，麻刀土泥抹实严密，按建筑修缮工程技术要求进行施工。

4. 室内地面

残损类型：缺失。

修缮方法：素土夯实后，铺三合土地面，黄土、熟石灰、河沙，配比按原当地传统工艺。三合土地面夯实，表面平整均匀光泽。

5. 梁架

残损类型：缺失。

修缮方法：选用干燥木材，榫卯无裂缝、破损，整体构架平整稳固无歪闪，统一进行防腐防虫处理。

6. 装修

残损类型：缺失。

修缮方法：参照西厢房板门及窗扇，按传统工艺新作装修门窗。

7. 屋面

残损类型：缺失。

修缮方法：参照西厢房及院落其他完整屋顶做法铺作屋顶。

（二）修缮设计图纸

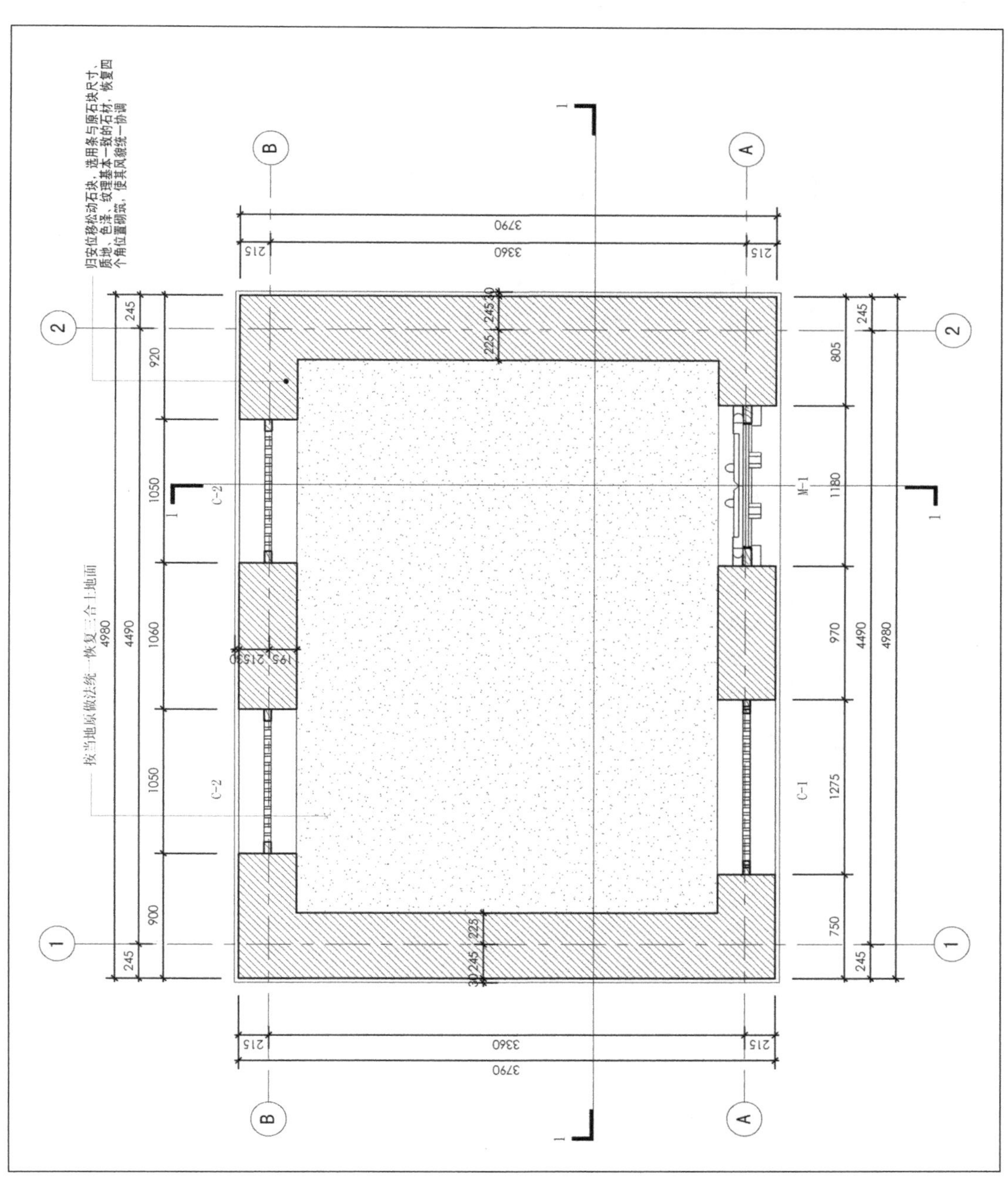

宝善堂东厢房一层平面图

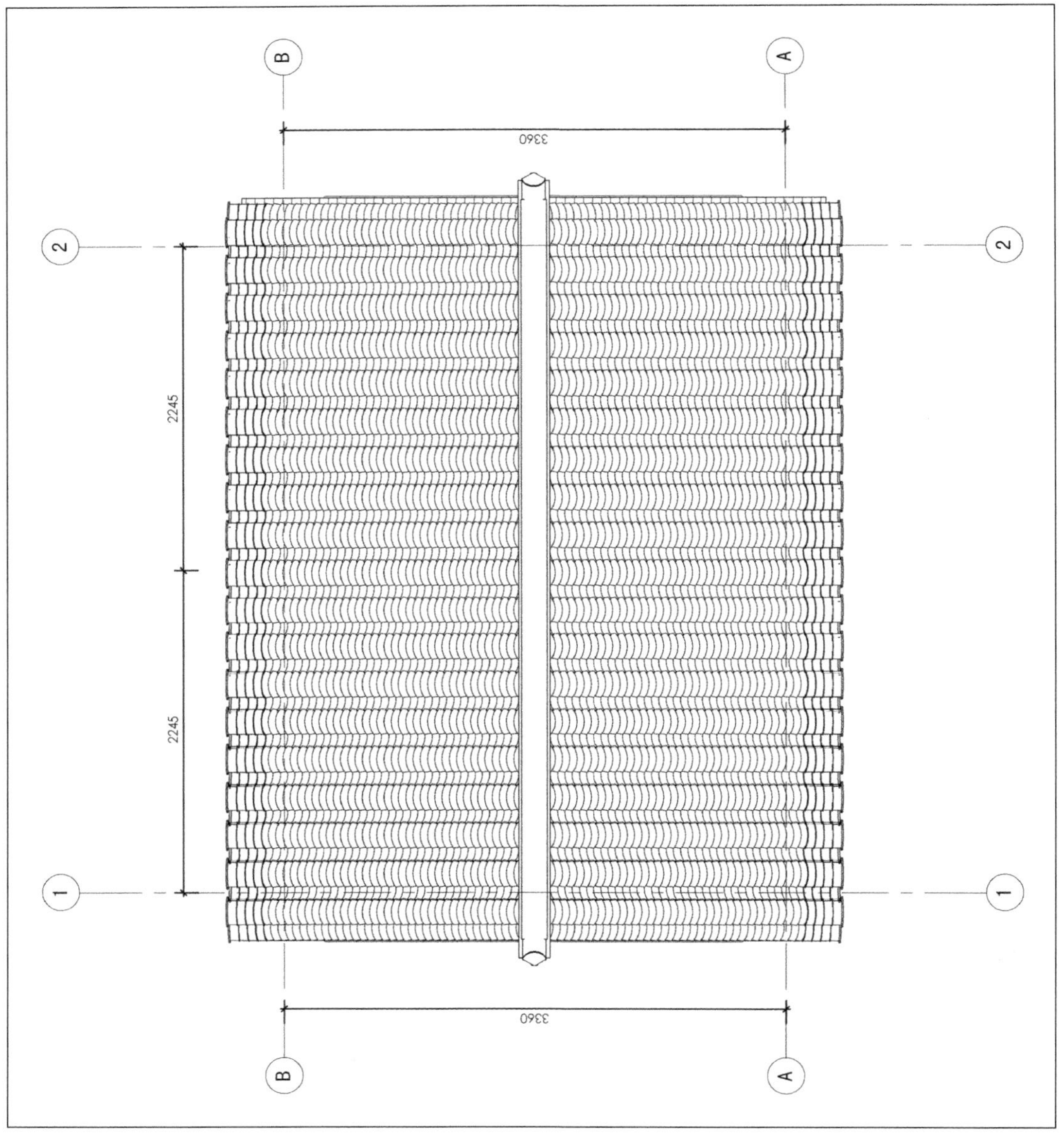

宝善堂东厢房屋顶平面图

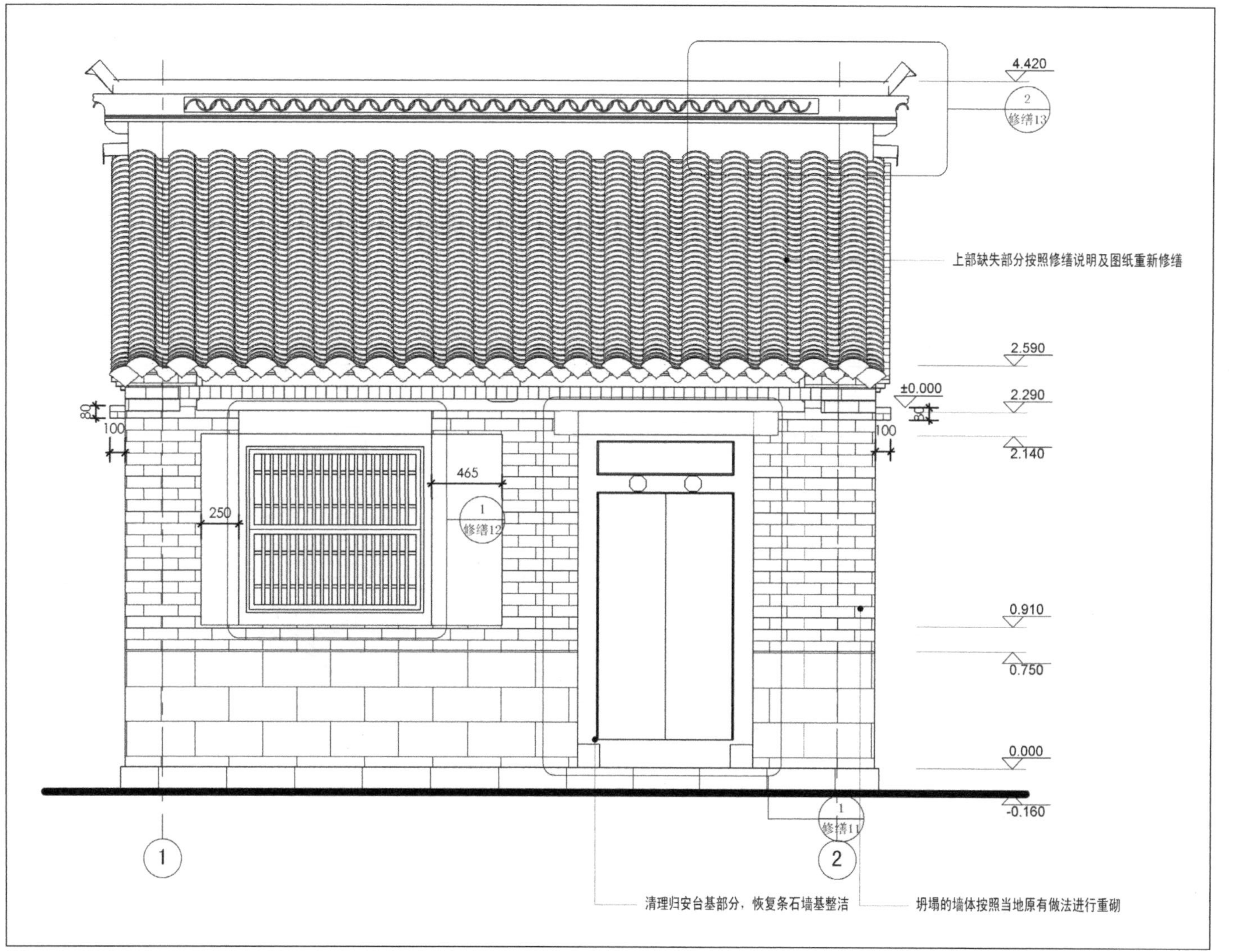
4.420
2
修缮13
上部缺失部分按照修缮说明及图纸重新修缮
2.590
±0.000
2.290
2.140
80
100
100
80
465
250
1
修缮12
0.910
0.750
0.000
-0.160
1
修缮11
1
2
清理归安台基部分，恢复条石墙基整洁
坍塌的墙体按照当地原有做法进行重砌

宝善堂东厢房西立面图

4.420
2.590
2.290
2.140
0.910
0.750
0.000
-0.160
上部缺失部分按照修缮说明及图纸重新修缮
500
2790
80
100
1230
160
685
A
B

宝善堂东厢房南立面图

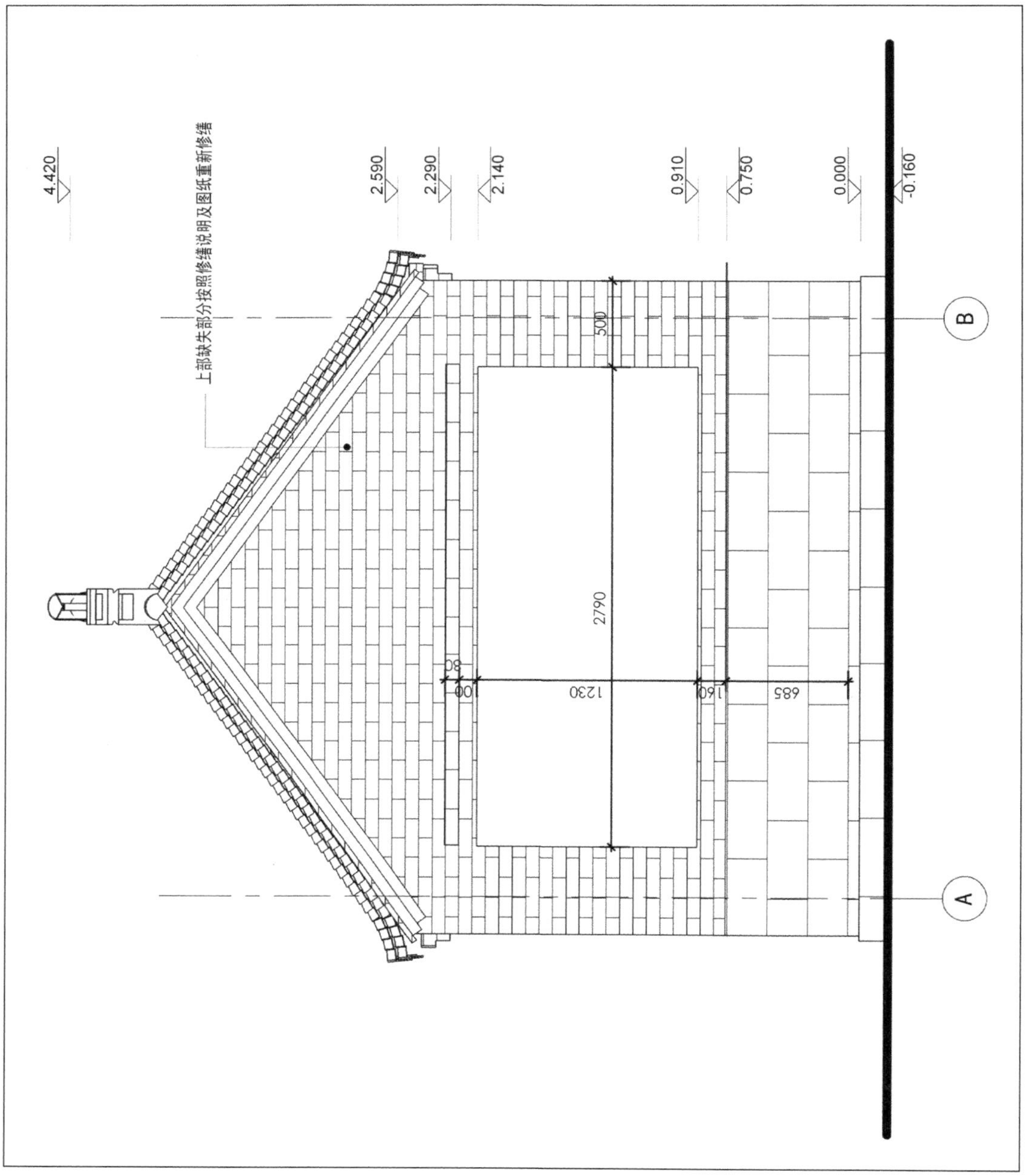

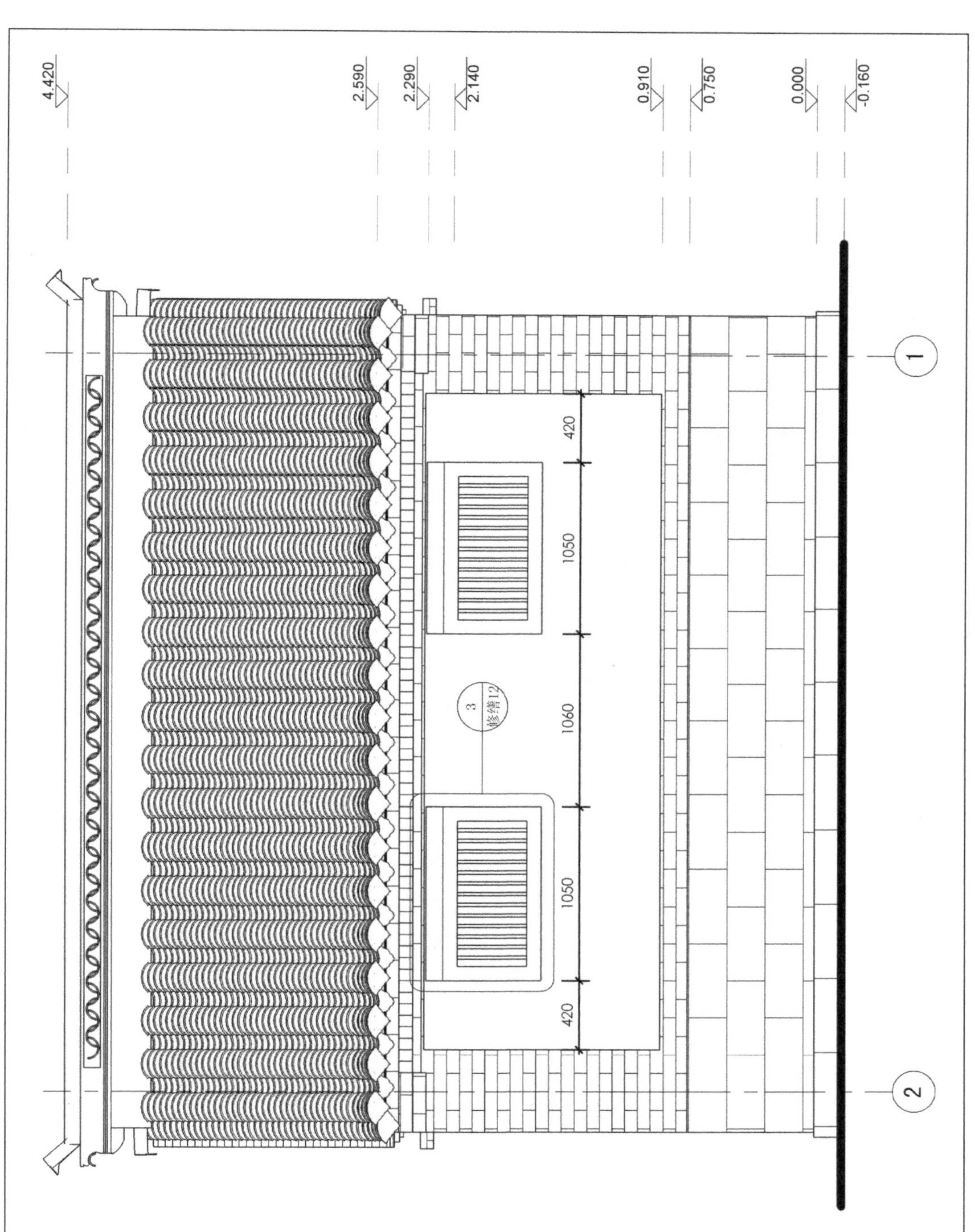
4.420
2.590
2.290
2.140
0.910
0.750
0.000
-0.160
420
1050
1060
1050
420
3
修缮12
1
2

宝善堂东厢房东立面图

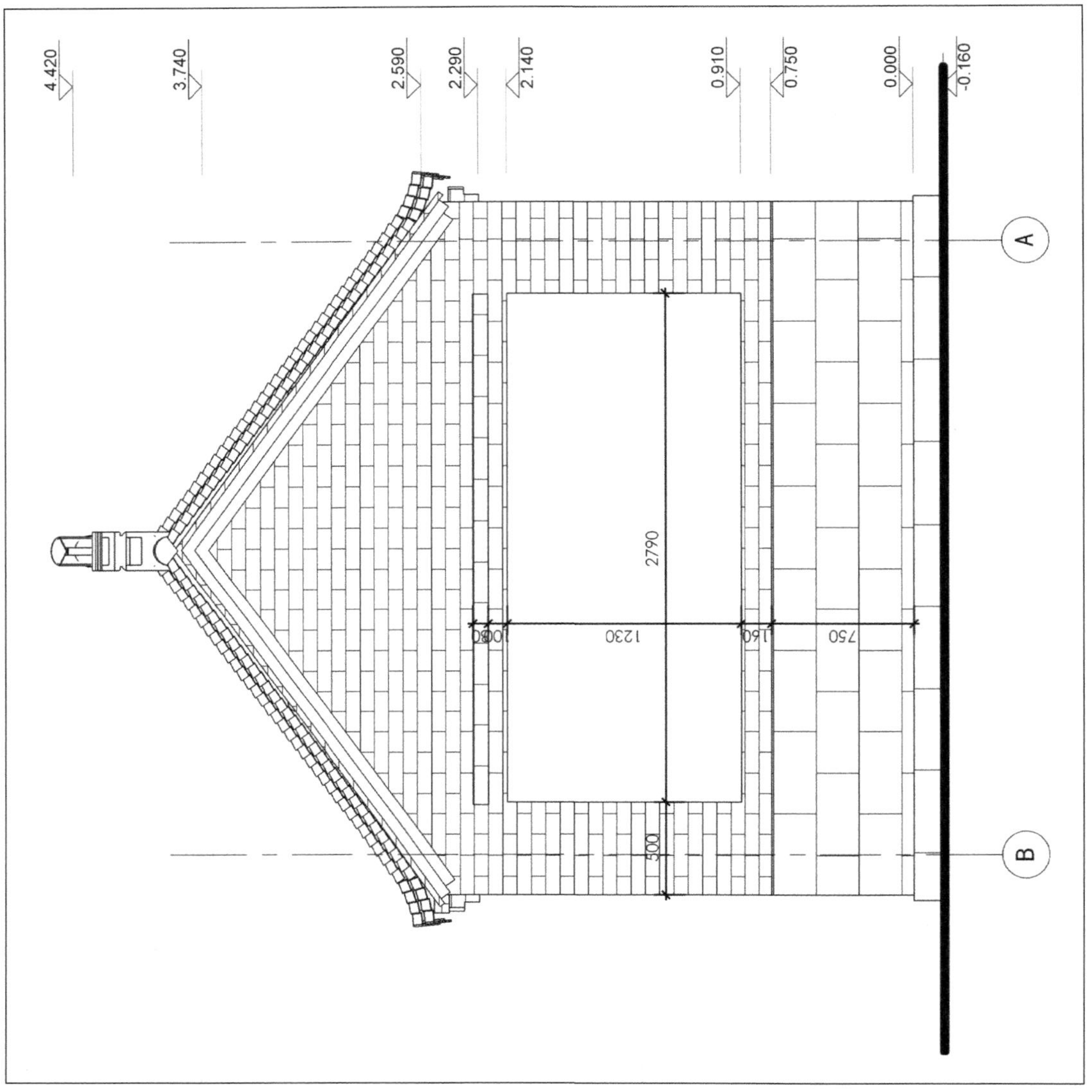

宝善堂东厢房北立面图

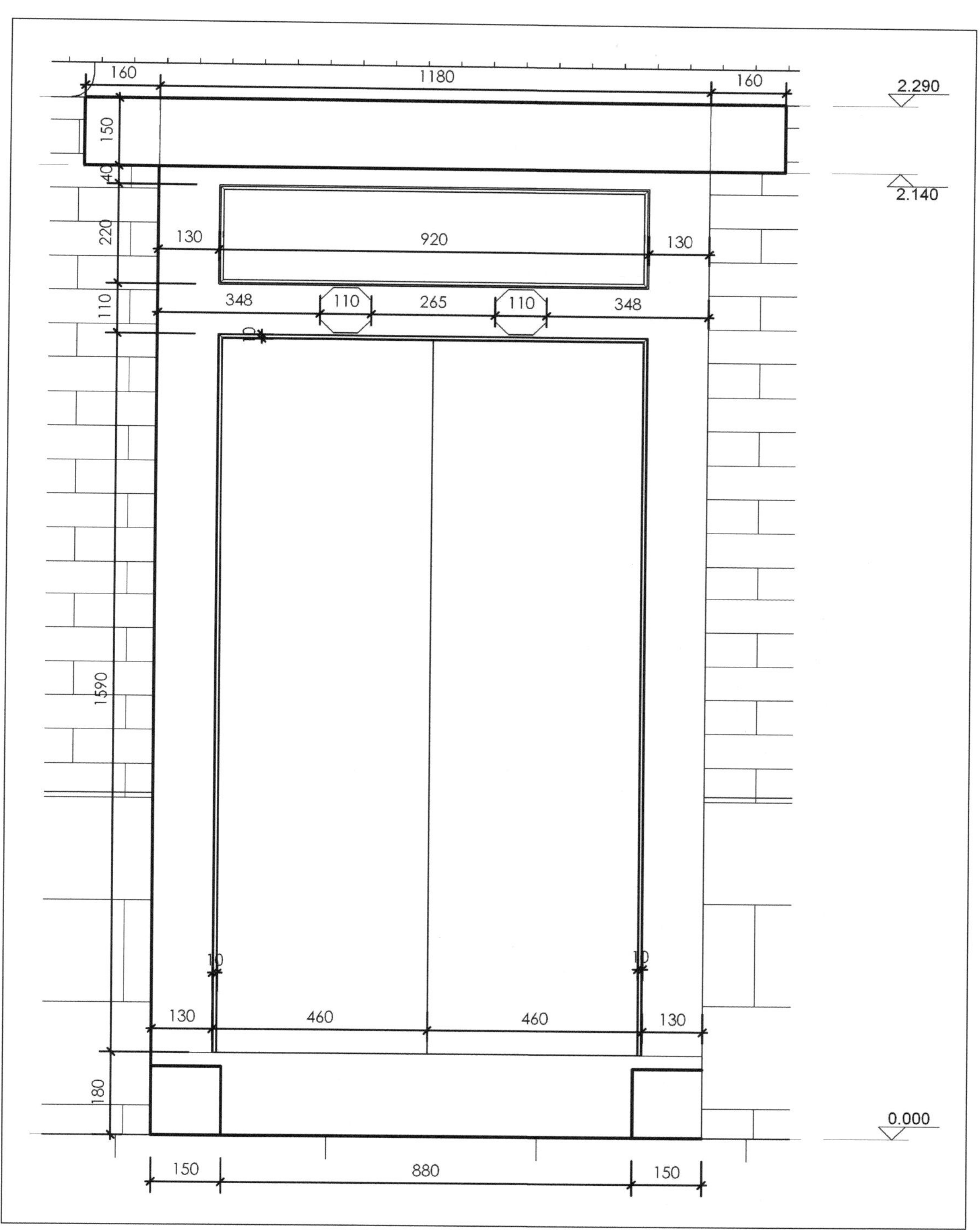

宝善堂东厢房 M–1 立面图

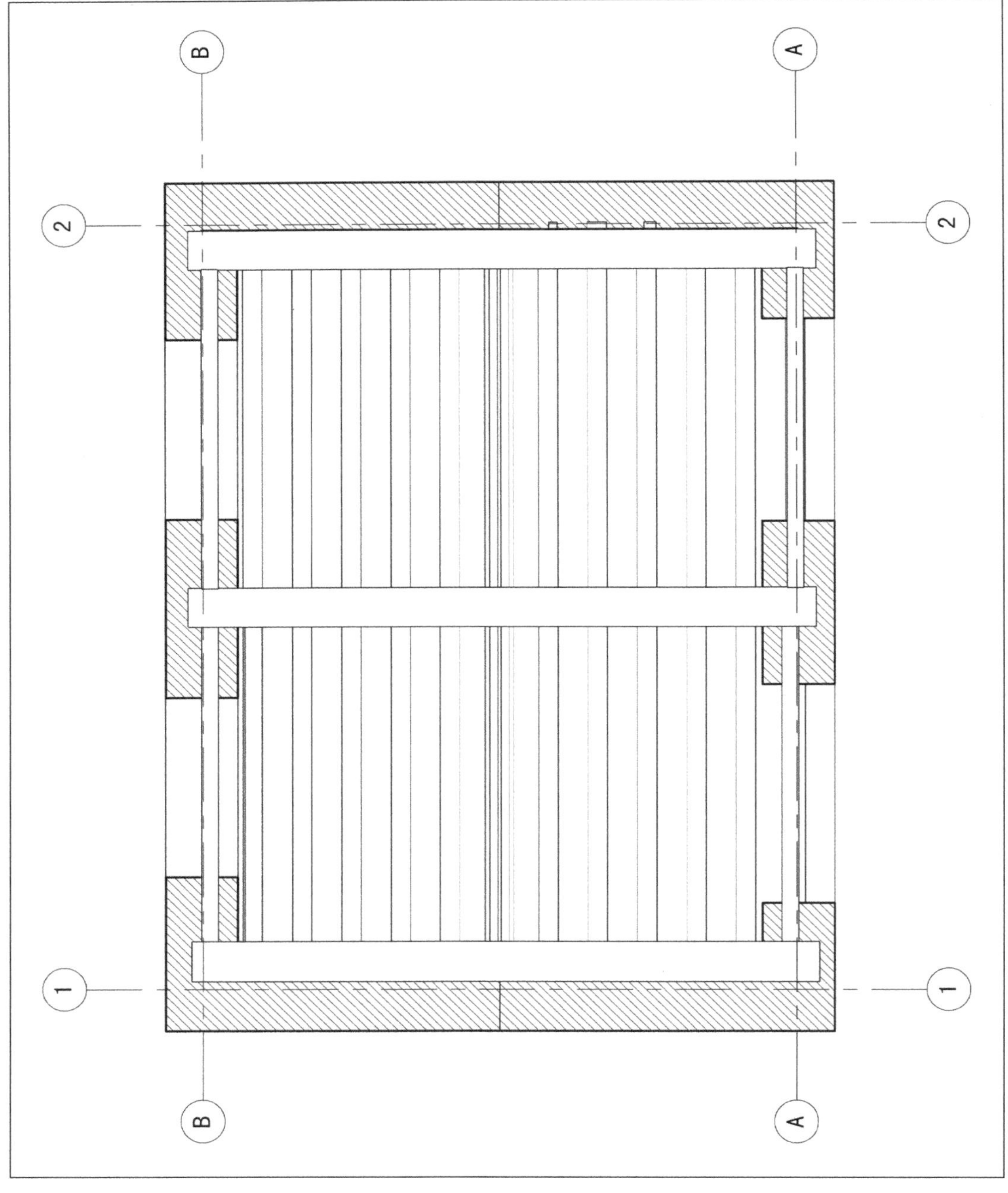

宝善堂东厢房屋架仰视图

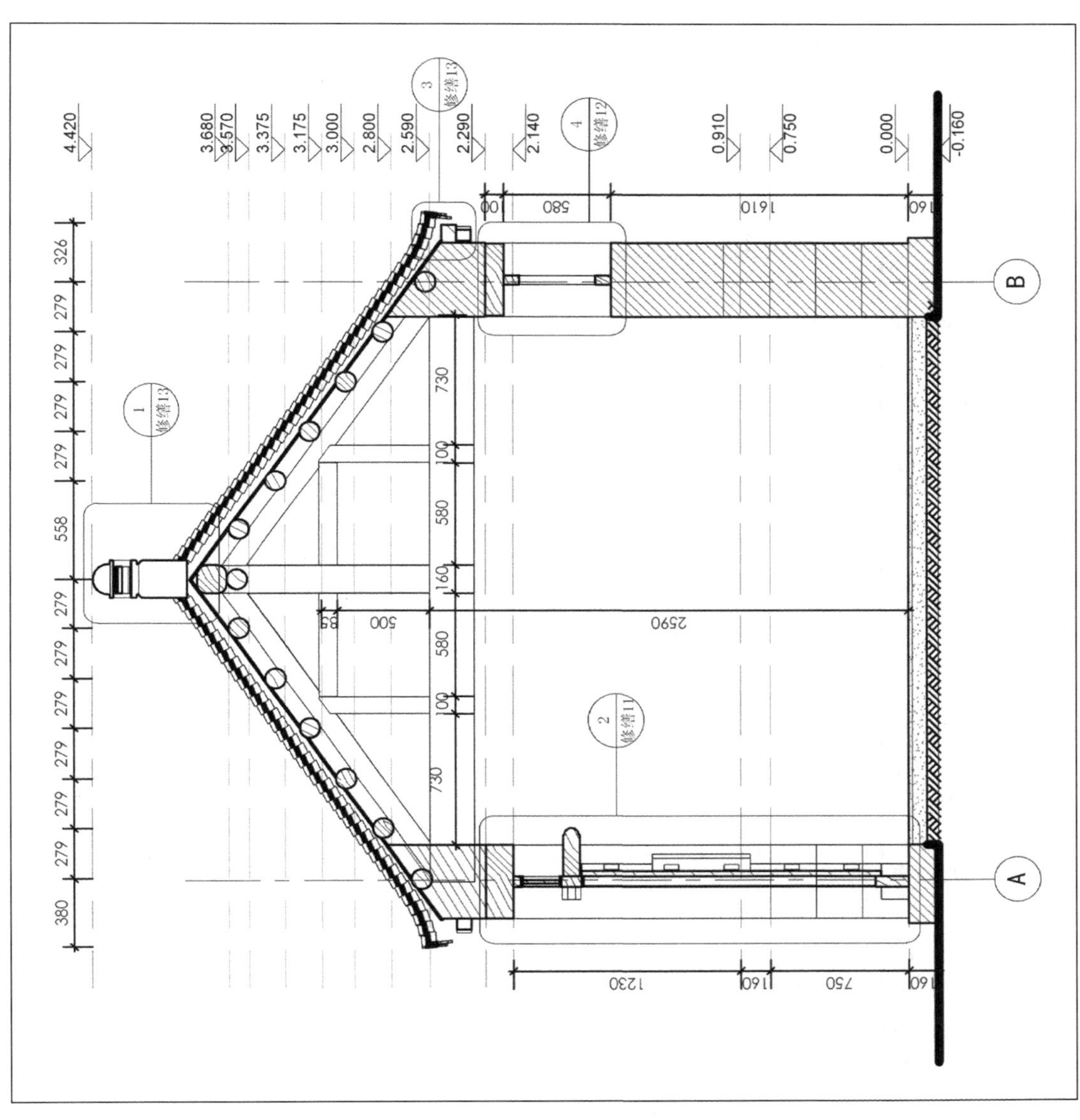

宝善堂东厢房 1-1 剖面图

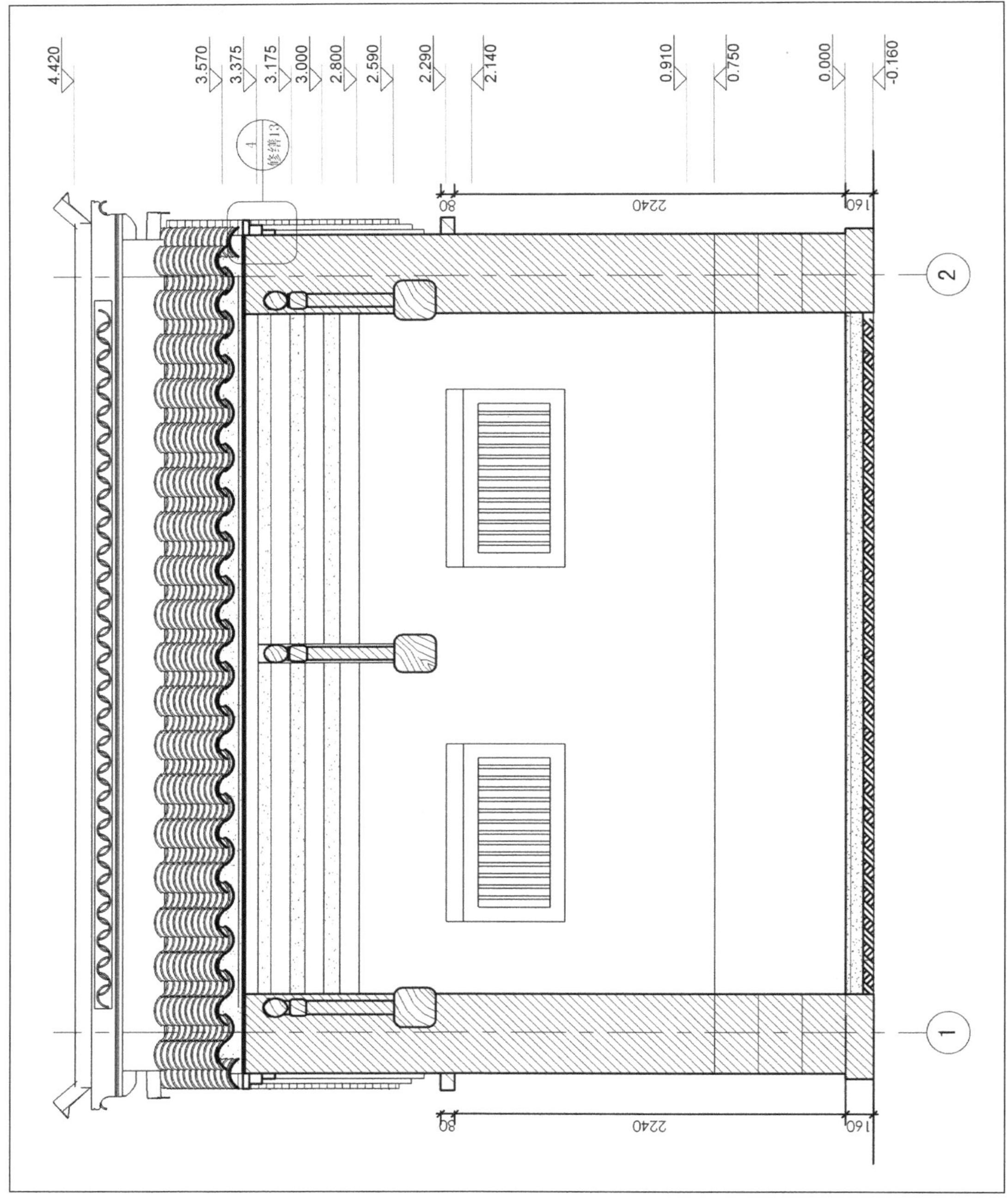

宝善堂东厢房 2-2 剖面图

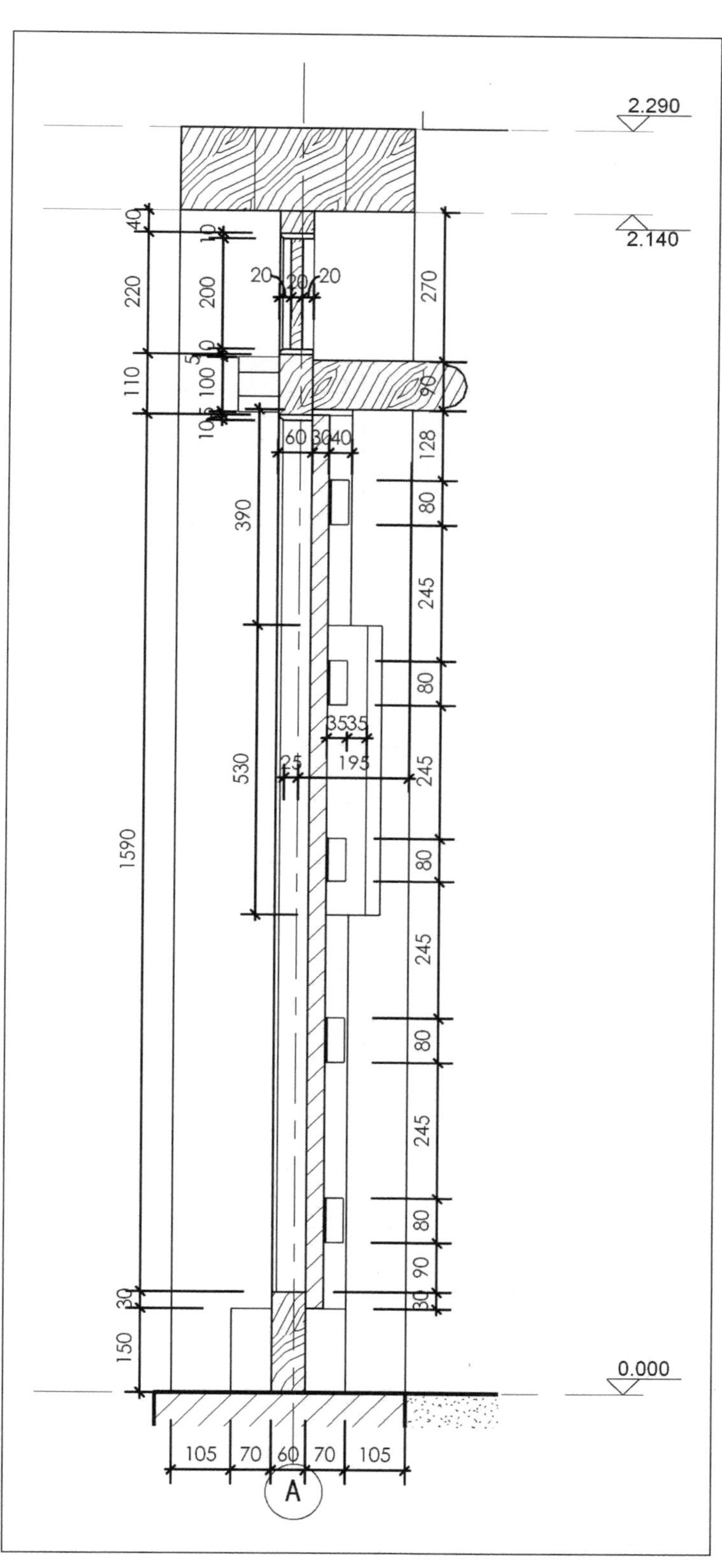

宝善堂东厢房 M–1 剖面图

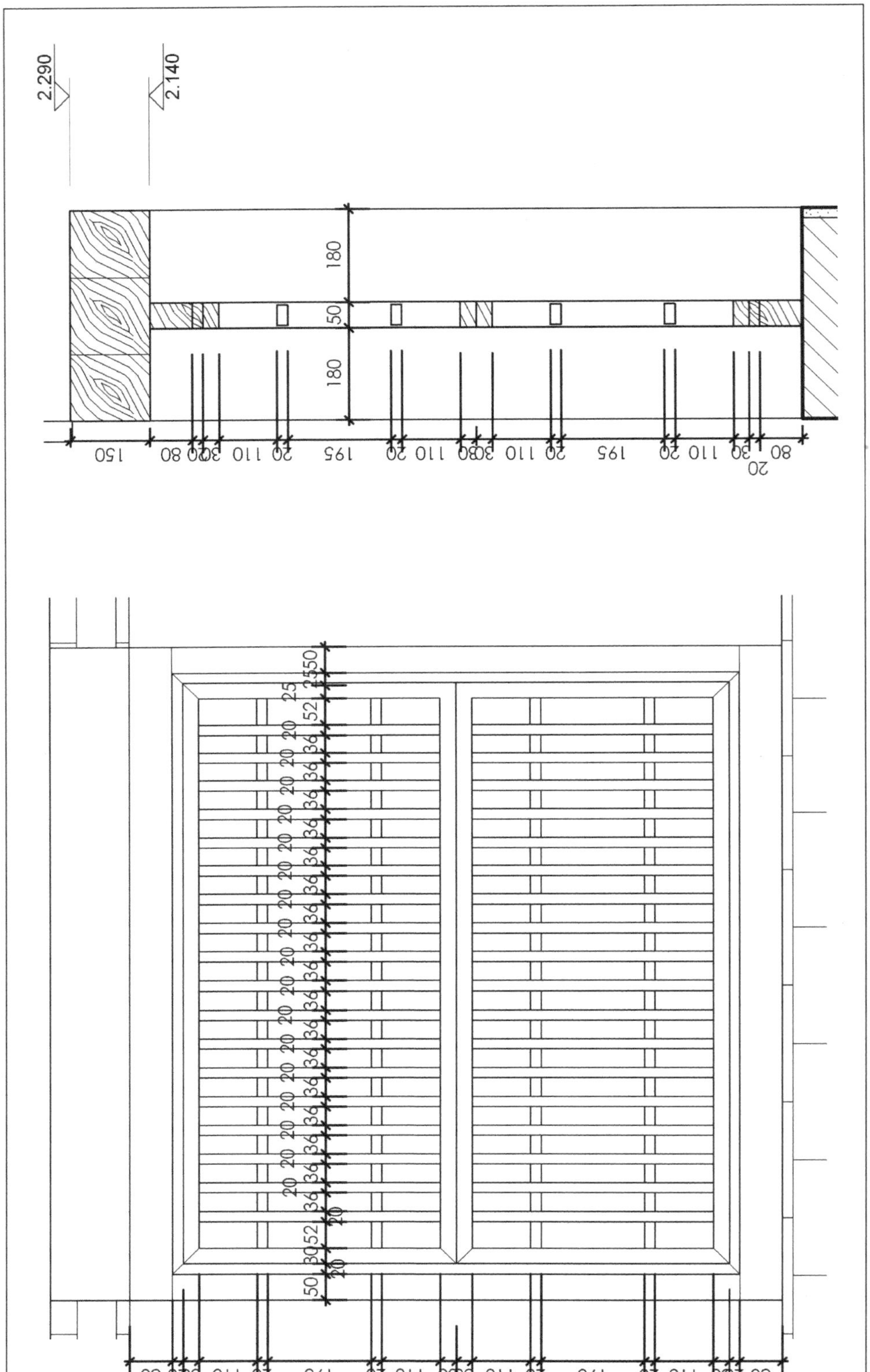

宝善堂东厢房 C-1 立面图、C-1 剖面图

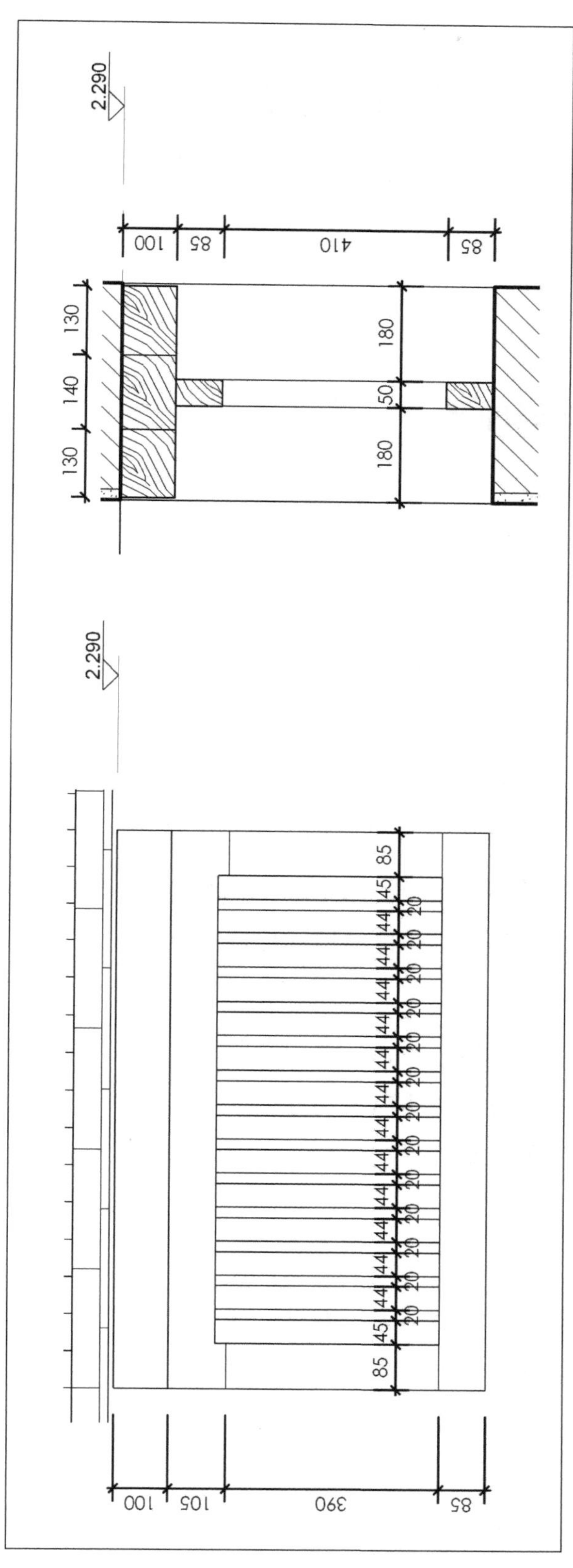

宝善堂东厢房 C–2 立面图、C–2 剖面图

第四章　西忠来组群建筑修缮方案

一、西忠来南倒座房

（一）建筑修缮方案

1. 条石墙基

（1）前檐、后檐

残损类型：地基下沉、位移松动、碎裂、人为改造，残损等级Ⅲ级。

修缮范围及规模：前檐约 15 平方米，后檐约 15 平方米。

修缮方法：拆除外闪处墙体前，采用增设墙体与木柱支撑相结合的方法加固要拆除墙体处梁架。拆除外闪处墙体，重新砌筑。拆卸后保存完好的石块、砖块、条石，砌筑时尽可能使用。砌筑时尽量与两侧原墙体保持一致。

（2）西山墙

残损类型：磨损、缺棱掉角、缺失，残损等级Ⅰ级。

修缮范围及规模：全部石材墙体白灰勾缝。

修缮方法：清理归安条石墙，重新用白灰勾缝。

2. 青砖墙面

（1）前檐、后檐

残损类型：磨损、缺棱掉角、缺失、裂缝，残损等级Ⅲ级。

修缮范围及规模：墙体外闪处青砖墙面约 3 平方米。

修缮方法：拆除墙体，重新砌筑。

（2）西山墙

残损类型：磨损、缺棱掉角、缺失、裂缝，残损等级Ⅲ级。

修缮范围及规模：局部少量墙面。

修缮方法：剔除墙体青砖磨损、缺棱掉角严重的砖块，补配缺失的青砖。

3. 毛石抹灰墙体

残损类型：墙皮剥落、墙体轻微裂缝，残损等级Ⅰ级。

修缮范围及规模：局部少量墙面。

修缮方法：剔除抹灰墙面剥落处墙面至墙体毛石处，重新做抹灰表面。

4. 室内地面

残损类型：破损、人为改造，残损等级Ⅲ级。

修缮范围及规模：全部室内地面。

修缮方法：用传统工艺重做三合土地面。

5. 室内墙面

残损类型：墙皮剥落、污染，残损等级Ⅰ级。

修缮范围及规模：全部室内墙面。

修缮方法：用传统材料及工艺新作抹灰表面层。

6. 梁架

（1）梁

残损类型：糟朽、顺缝开裂，残损等级Ⅱ级。

修缮范围及规模：10% 梁架顺缝开裂，30% 梁架因屋脊屋面漏雨糟朽严重。

修缮方法：拆除屋面后，打牮拨正外闪、位移立柱及上部梁架，加固连接部位。对糟朽、开裂构件进行剔补、嵌缝加固，严重的可以更换，补配缺失构件，构件统一进行防虫防腐处理。受白蚁蛀蚀的梁架构件采取药剂除虫，清除白蚁，蛀蚀严重构件进行剔补加固或予以更换。

（2）檩椽

残损类型：雨水糟朽、顺缝开裂，残损等级Ⅱ级。

修缮范围及规模：檩椽开裂糟朽严重（30% 残损）。

修缮方法：拆除屋面后，打牮拨正外闪、位移立柱及上部梁架，加固连接部位。对糟朽、开裂构件进行剔补、嵌缝加固，严重的可以更换，补配缺失构件，构件统一进行防虫防腐处理。受白蚁蛀蚀的梁架构件采取药剂除虫，清除白蚁，蛀蚀严重构件进行剔补加固或予以更换。

7. 装修

残损类型：磨损、开裂、人为改造，残损等级Ⅲ级。

修缮范围及规模：10% 门扇构件有轻微裂缝。

修缮方法：现有门窗保存基本完整，对门窗进行修整或补配。对人为改造门窗恢复为传统样式。

8. 屋面

（1）条编望板

残损类型：雨水糟朽，残损等级Ⅳ级。

修缮范围及规模：更换全部条编望板（亦称条编笆）。

修缮方法：按照屋面尺寸大小，选用当地九条重新作条编望板（亦称条编笆）；更换全部条编望板、连檐、瓦口，补配椽。

（2）瓦件

残损类型：缺失、碎裂松动，残损等级Ⅲ级。

修缮范围及规模：全部瓦顶。

修缮方法：按传统工艺补配、剔补屋面瓦件。揭取瓦顶、脊，配制残损瓦件，重新苫背、挂瓦、调脊。瓦顶做法 a. 铺订条编望板 b.60 毫米厚滑秆泥背 c.30 毫米厚苫青灰背 d. 挂瓦 5. 安装补配脊。

（二）修缮设计图纸

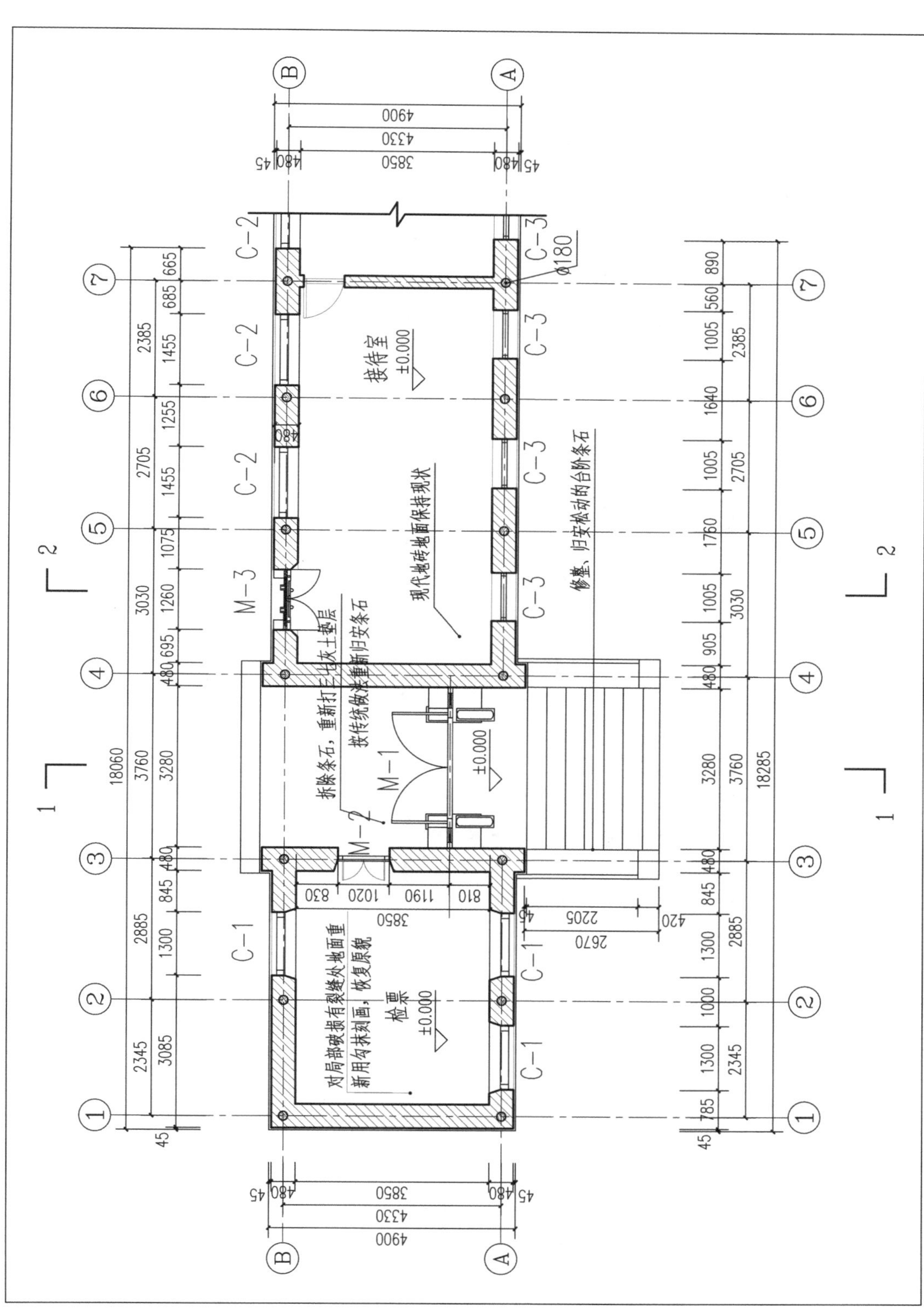

西忠来南倒座房平面图

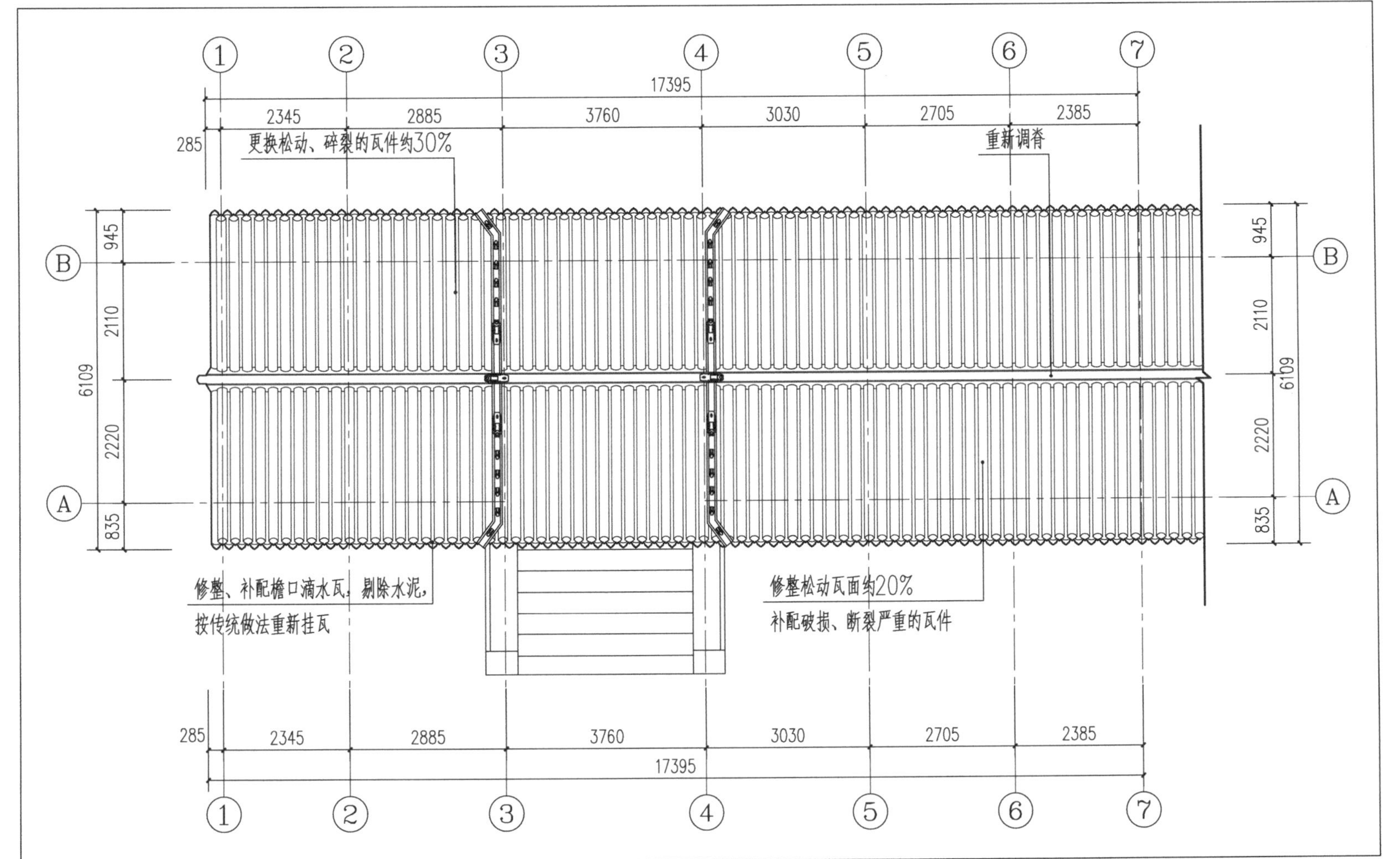

西忠来南倒座房屋顶平面图

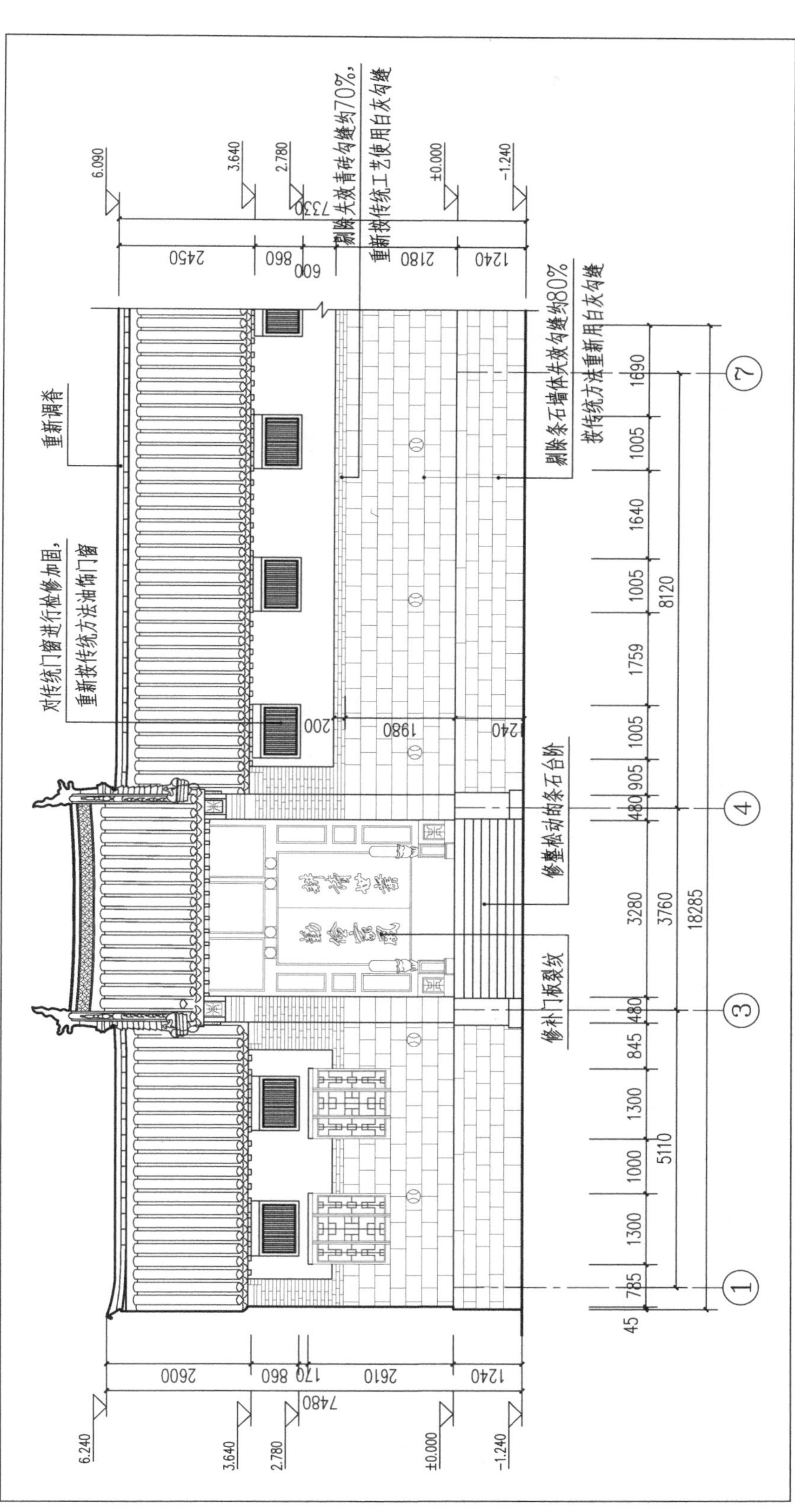

西忠来南倒座房南立面图

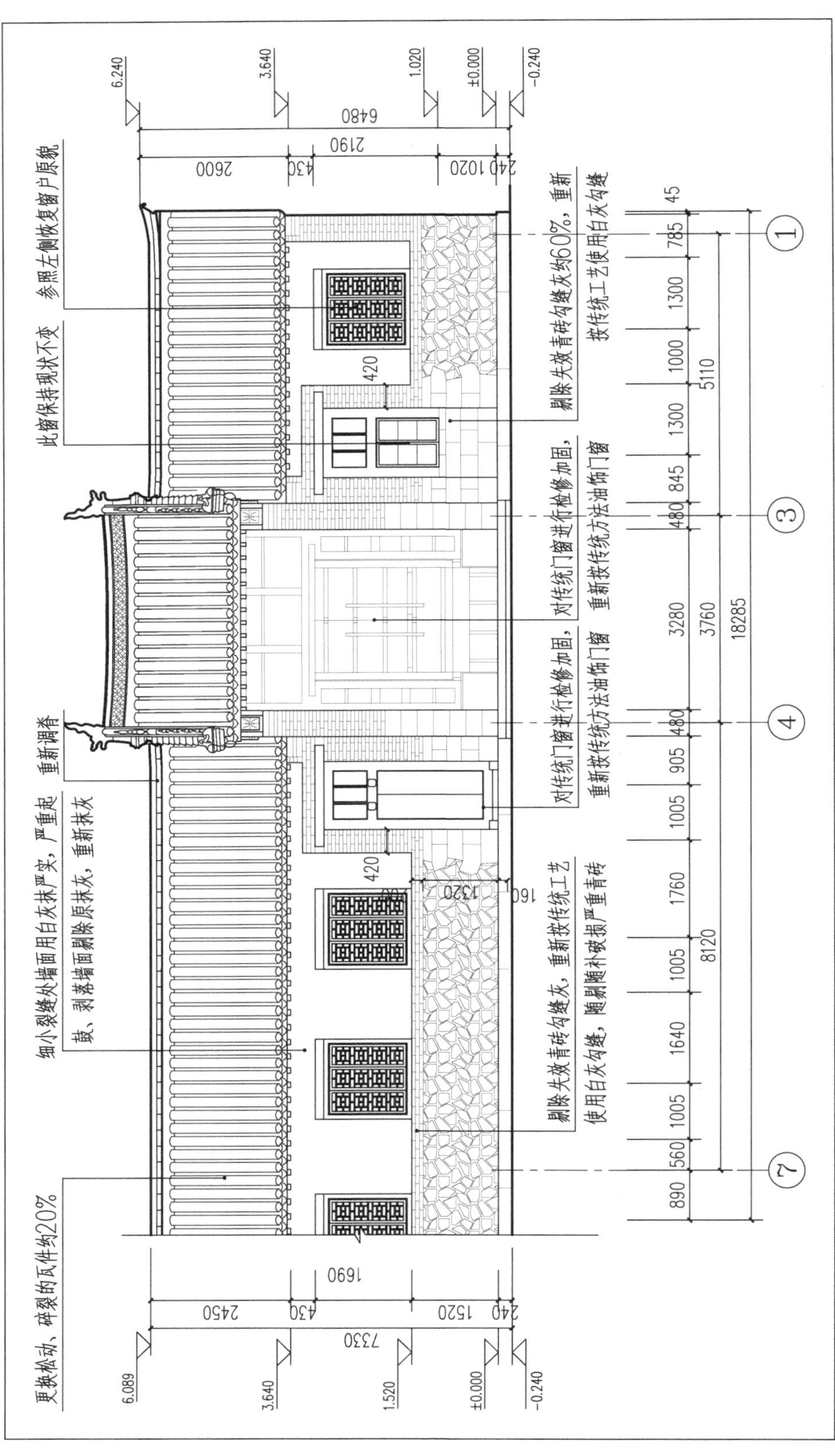

西忠来南倒座房北立面图

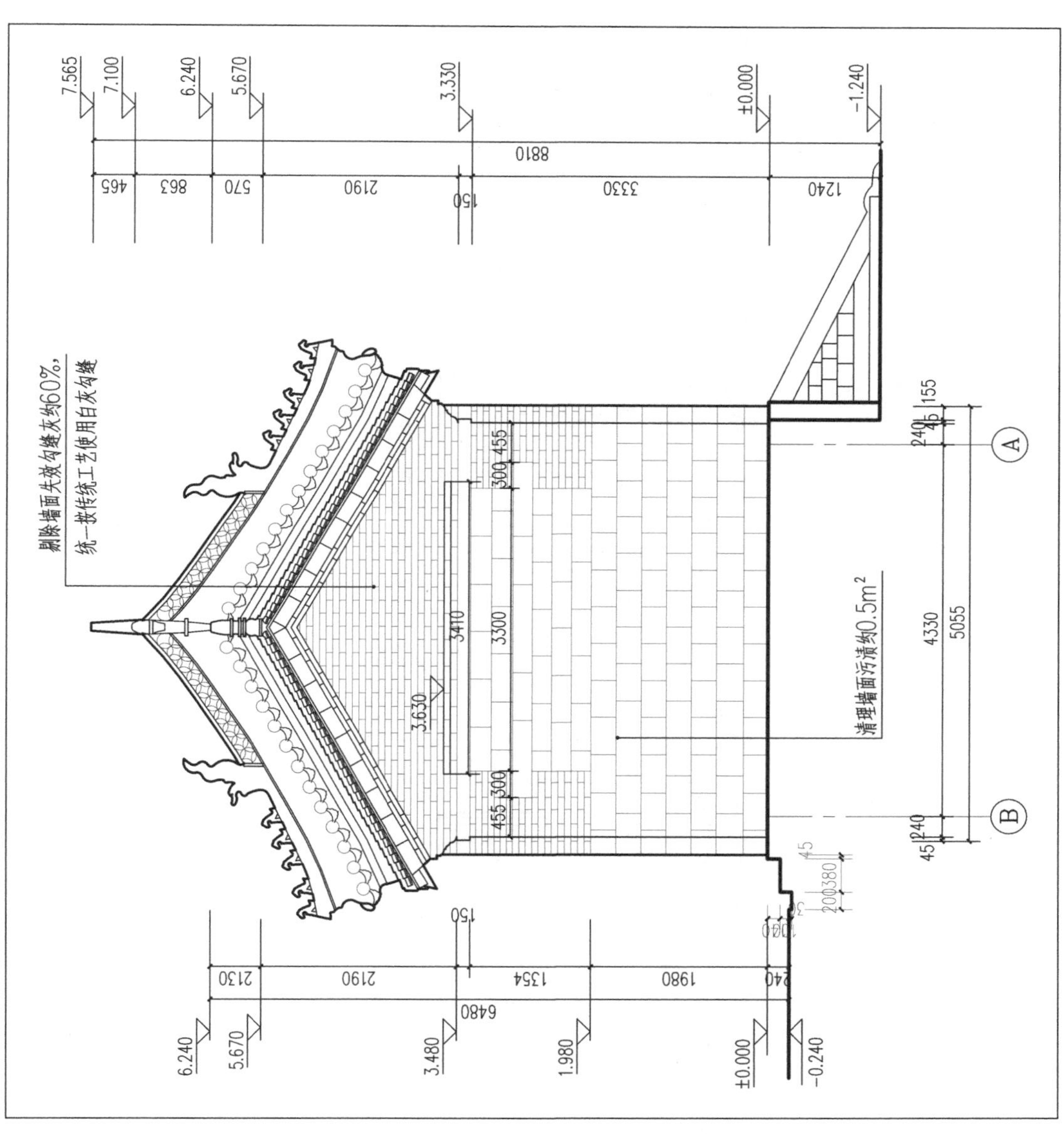

西忠来南倒座房北立面图

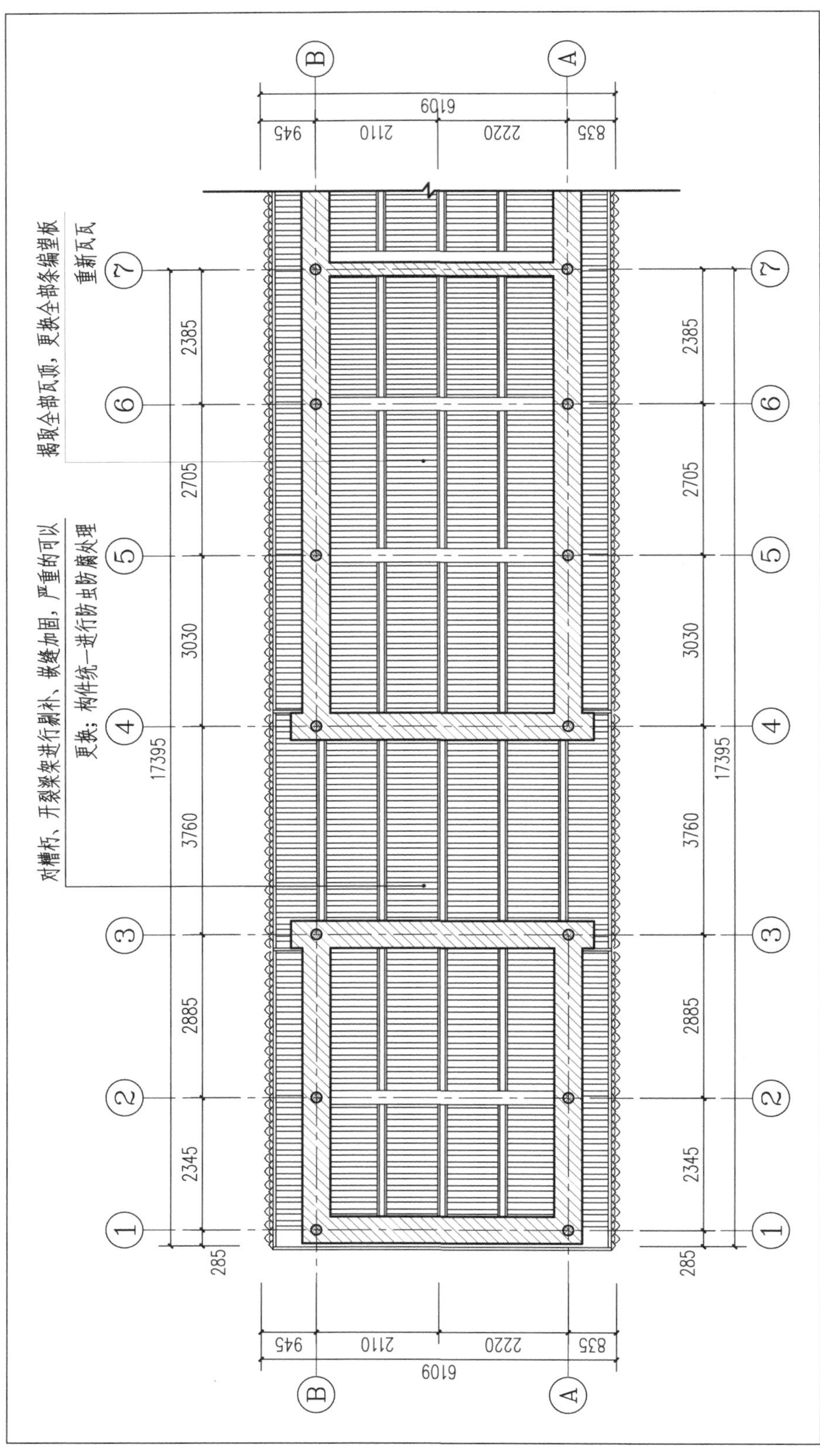

西忠来南倒座房屋顶仰视图

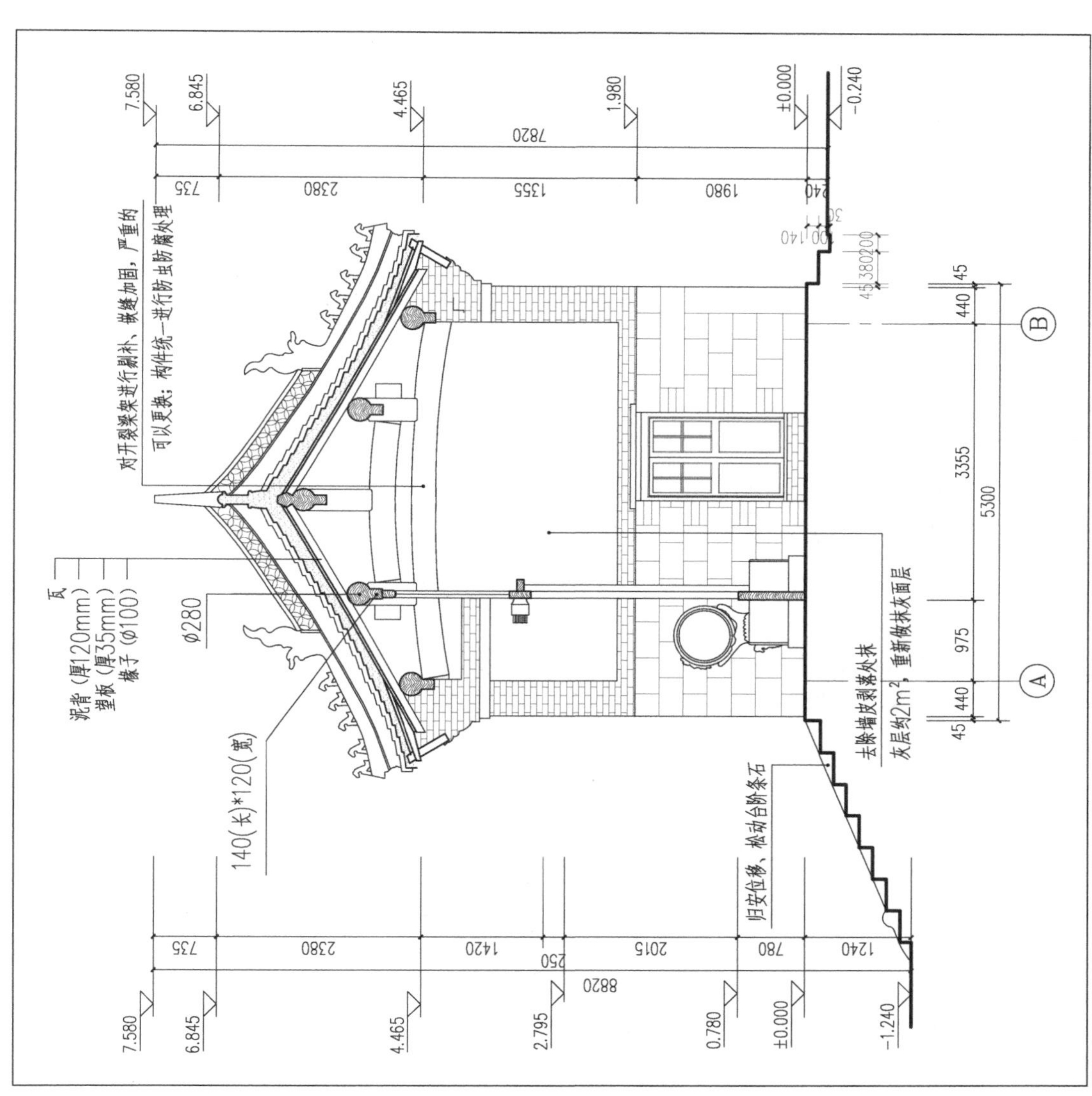

西忠来南倒座房 1-1 剖面图

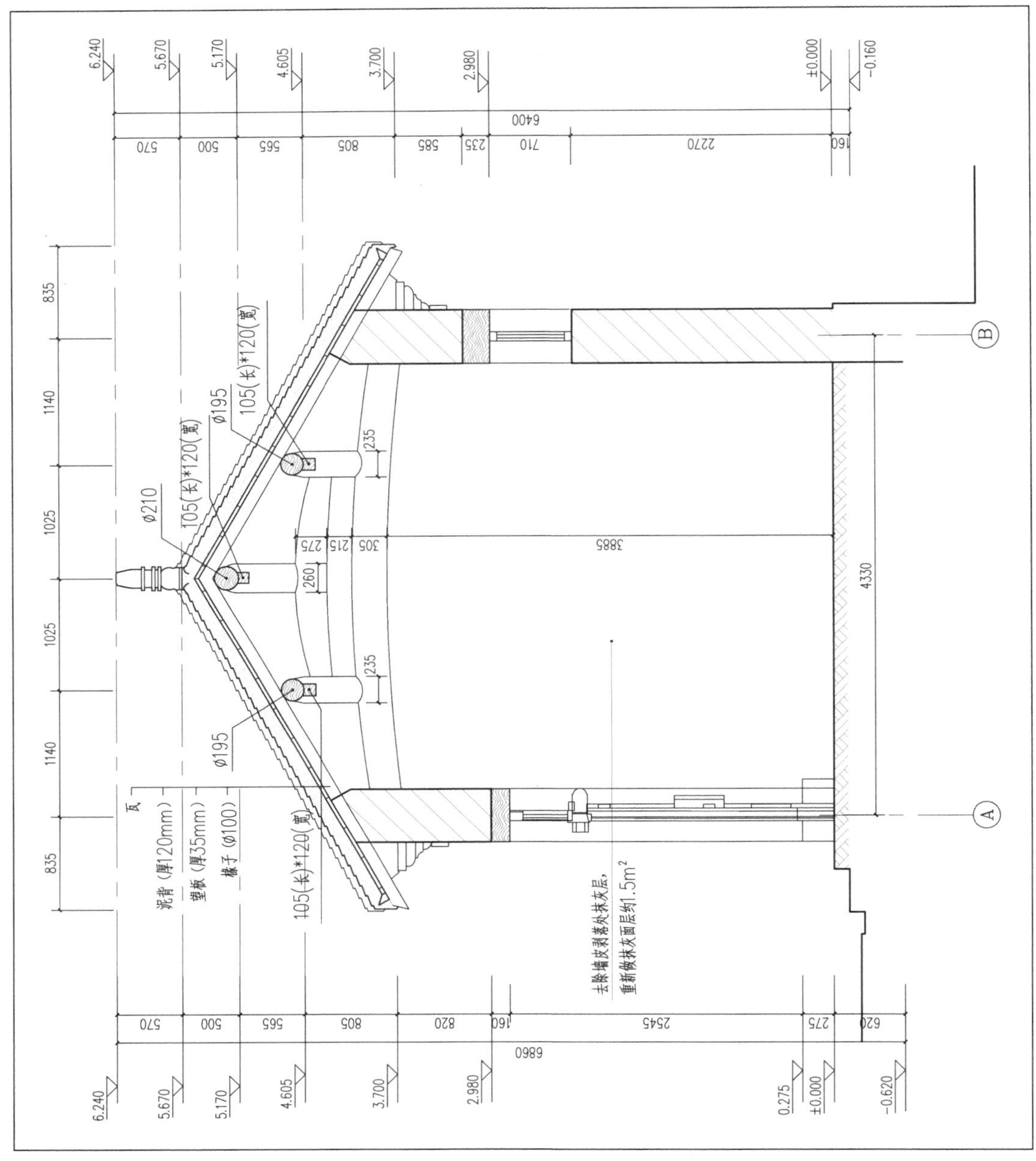

西忠来南倒座房 2-2 剖面图

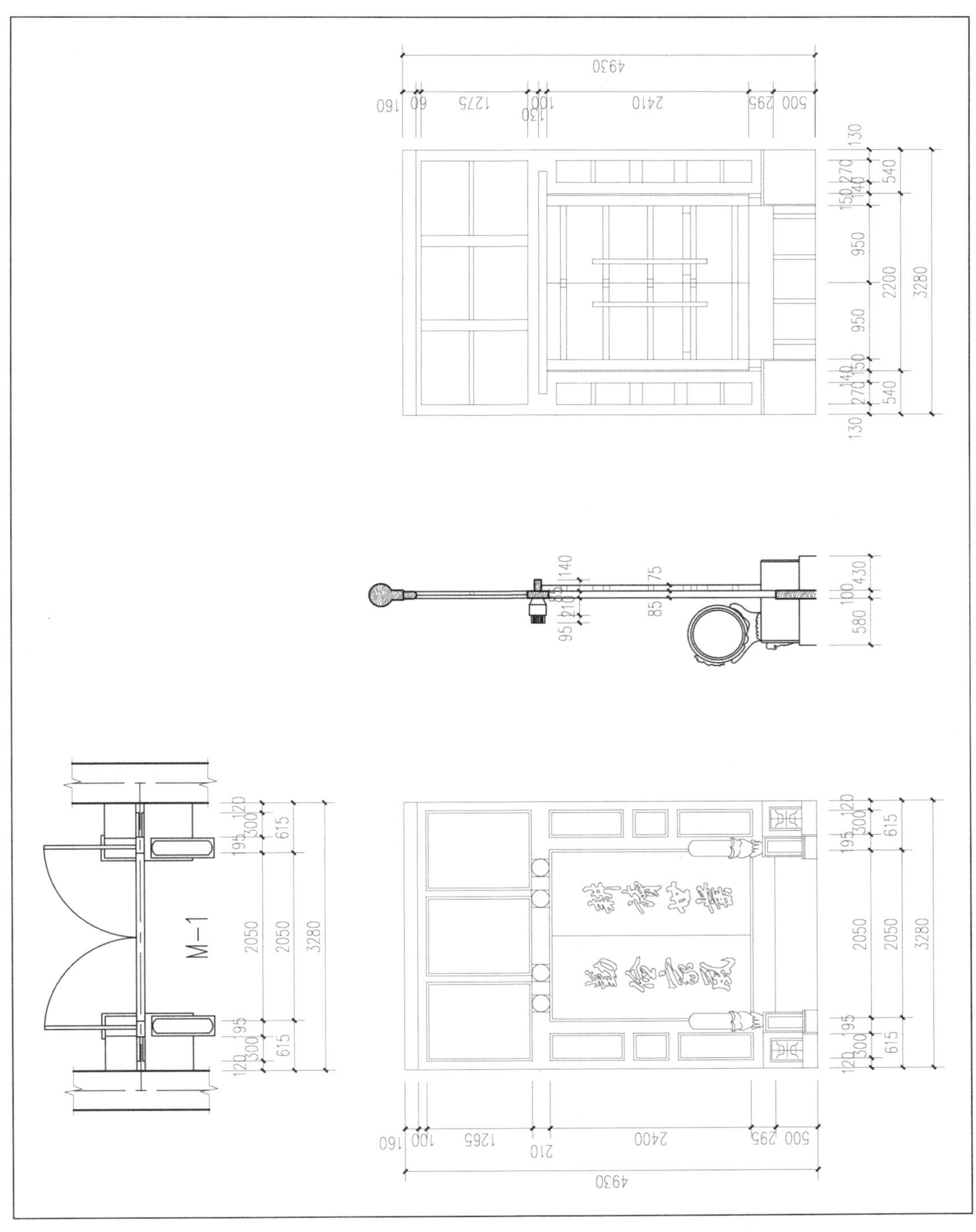

西忠来南倒座房 M-1 大样图

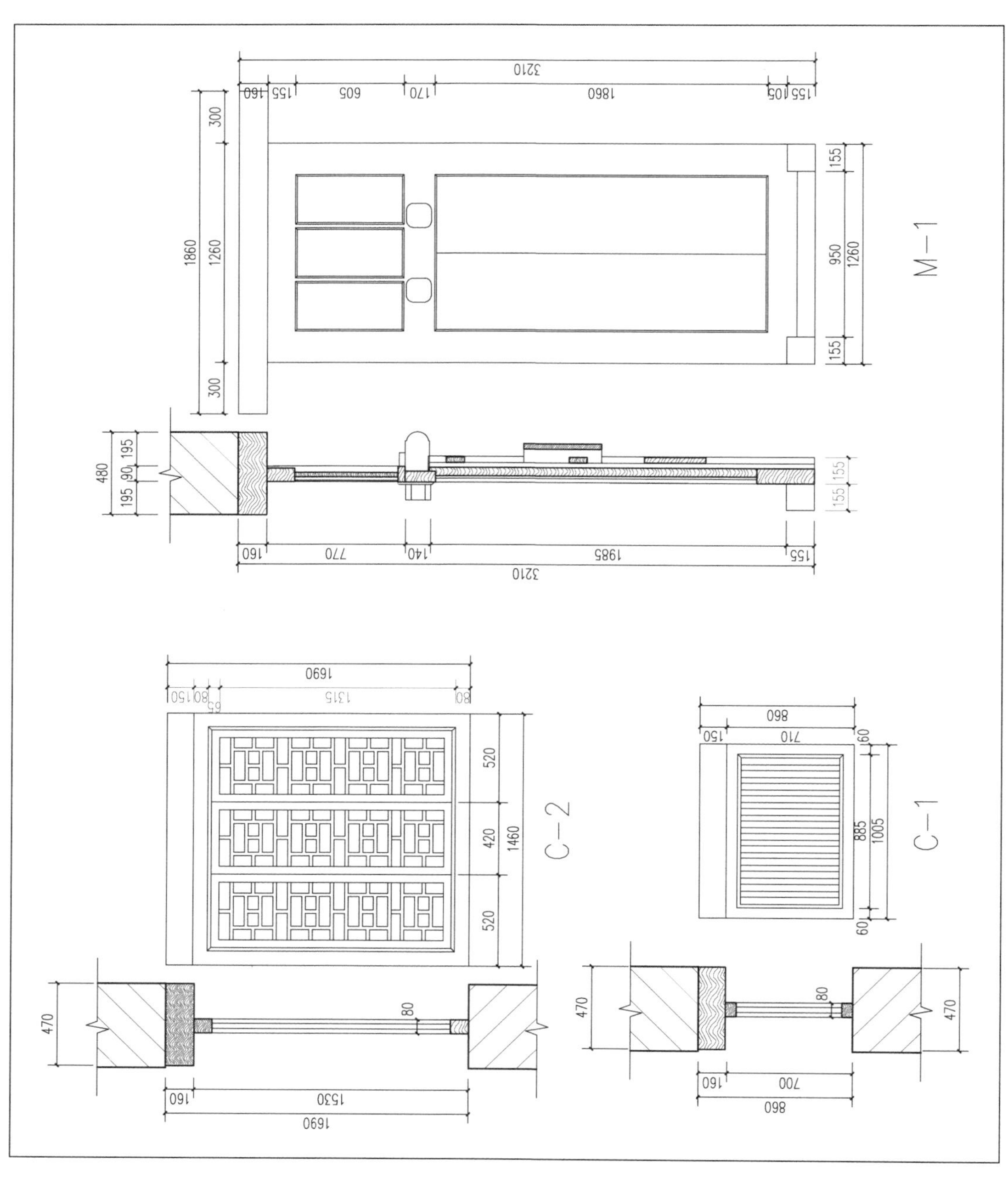

西忠来南倒座房门窗大样图

西忠来南倒座房大门抱鼓石大样图

二、西忠来西厢房

（一）建筑修缮方案

1. 条石墙基

残损类型：位移松动、碎裂、人为改造，残损等级Ⅲ级。

修缮范围及规模：后檐全部墙体，全部石材墙体白灰勾缝。

修缮方法：拆除外闪处墙体前，采用增设墙体与木柱支撑相结合的方法加固要拆除墙体处梁架。拆除外闪处墙体，重新砌筑。拆卸后保存完好的石块、砖块、条石，砌筑时尽可能使用。砌筑时尽量与两侧原墙体保持一致。清理归安条石墙，重新用白灰勾缝。

2. 青砖墙面

残损类型：磨损、缺棱掉角、缺失、人为改造，残损等级Ⅲ级。

修缮范围及规模：青砖墙面局部磨损、缺棱掉角残损面积约占青砖墙面的30%。

修缮方法：剔除墙体青砖磨损、缺棱掉角严重的砖块，补配缺失的青砖。

3. 毛石抹灰墙体

残损类型：墙面腐化、普遍墙皮剥落、人为改造，残损等级Ⅰ级。

修缮范围及规模：局部边界墙皮起壳处占前檐抹灰墙体的10%。南北山墙全部墙皮表层。

修缮方法：剔除抹灰墙面剥落处墙面至墙体毛石处，重新做抹灰表面。去除抹灰表面层，清理墙皮剥落处至毛石层，用传统材料及工艺新作抹灰表面层。

4. 室内地面

残损类型：磨损，残损等级Ⅰ级。

修缮范围及规模：全部室内地面。

修缮方法：用传统工艺重做三合土地面。

5. 室内墙面

残损类型：墙皮剥落、污染，残损等级Ⅰ级。

修缮范围及规模：全部室内墙面。

修缮方法：用传统材料及工艺新作抹灰表面层。

6. 梁架

残损类型：糟朽、顺缝开裂，残损等级Ⅲ级。

修缮范围及规模：约占梁架的50%。

修缮方法：拆除屋面后，打牮拨正外闪、位移立柱及上部梁架，加固连接部位。对糟朽、开裂构件进行剔补、嵌缝加固，严重的可以更换，补配缺失构件，构件统一进行防虫防腐处理。受白蚁蛀蚀的梁架构件采取药剂除虫，清除白蚁，蛀蚀严重构件进行剔补加固或予以更换。

7. 装修

残损类型：破损、裂缝，残损等级Ⅰ级。

修缮范围及规模：木门窗轻微磨损，裂缝。

修缮方法：现有门窗保存基本完整，故仅对门窗磨损裂缝的构件进行修整或补配。

8. 屋面

（1）条编望板

残损类型：雨水糟朽，残损等级Ⅱ级。

修缮范围及规模：更换全部条编望板（亦称条编笆）。

修缮方法：按照屋面尺寸大小，选用当地九条重新作条编望板（亦称条编笆）；更换全部条编望板、连檐、瓦口，补配椽。

（2）瓦件

残损类型：缺失、碎裂松动，残损等级Ⅱ级。

修缮范围及规模：全部瓦顶。

修缮方法：按传统工艺补配、剔补屋面瓦件。揭取瓦顶、脊，配制残损瓦件，重新苫背、挂瓦、调脊。瓦顶做法 a. 铺订条编望板；b.60 毫米厚滑秆泥背；c.30 毫米厚苫青灰背；d. 挂瓦；e. 安装补配脊。

（二）修缮设计图纸

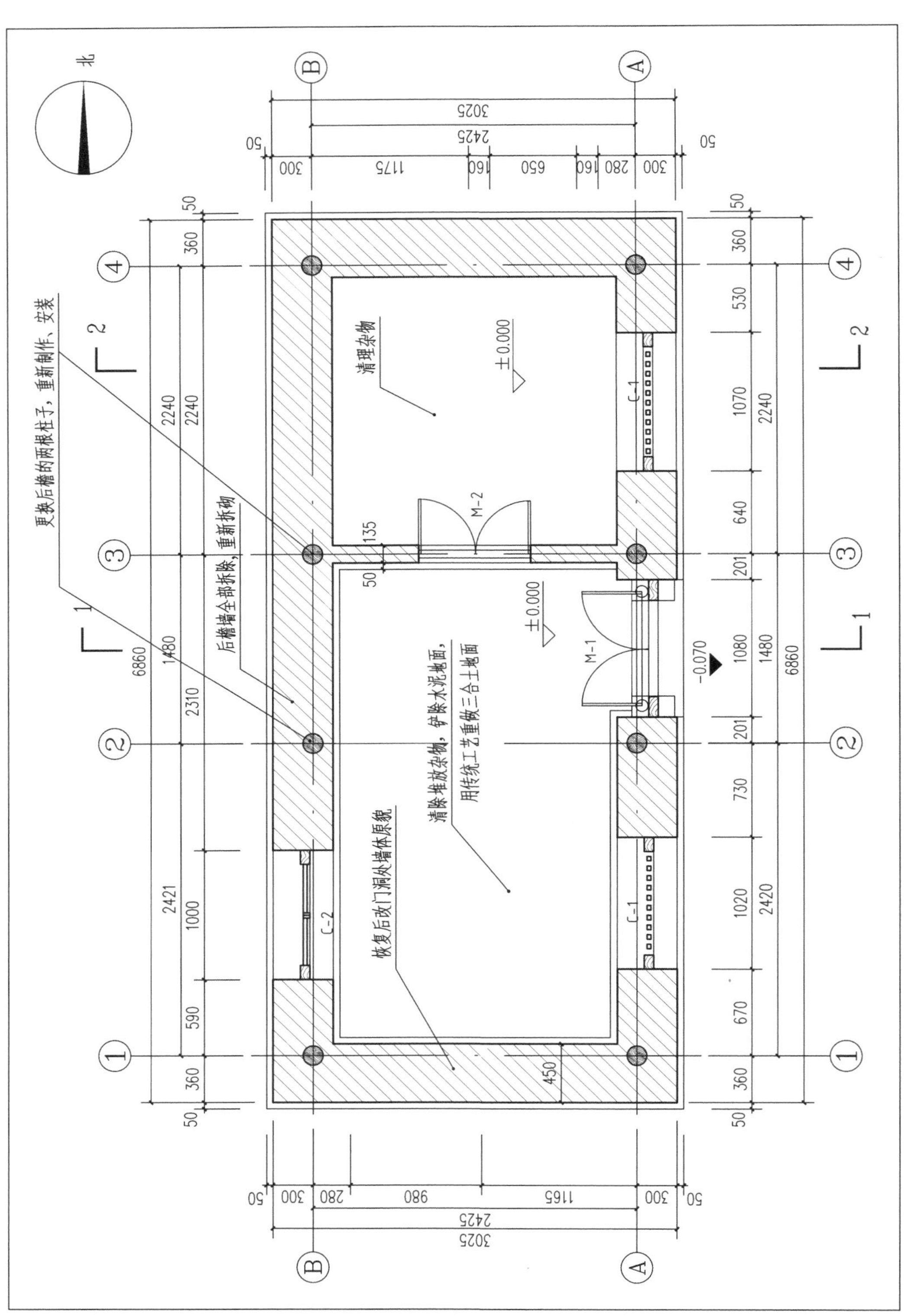

西忠来西厢房平面图

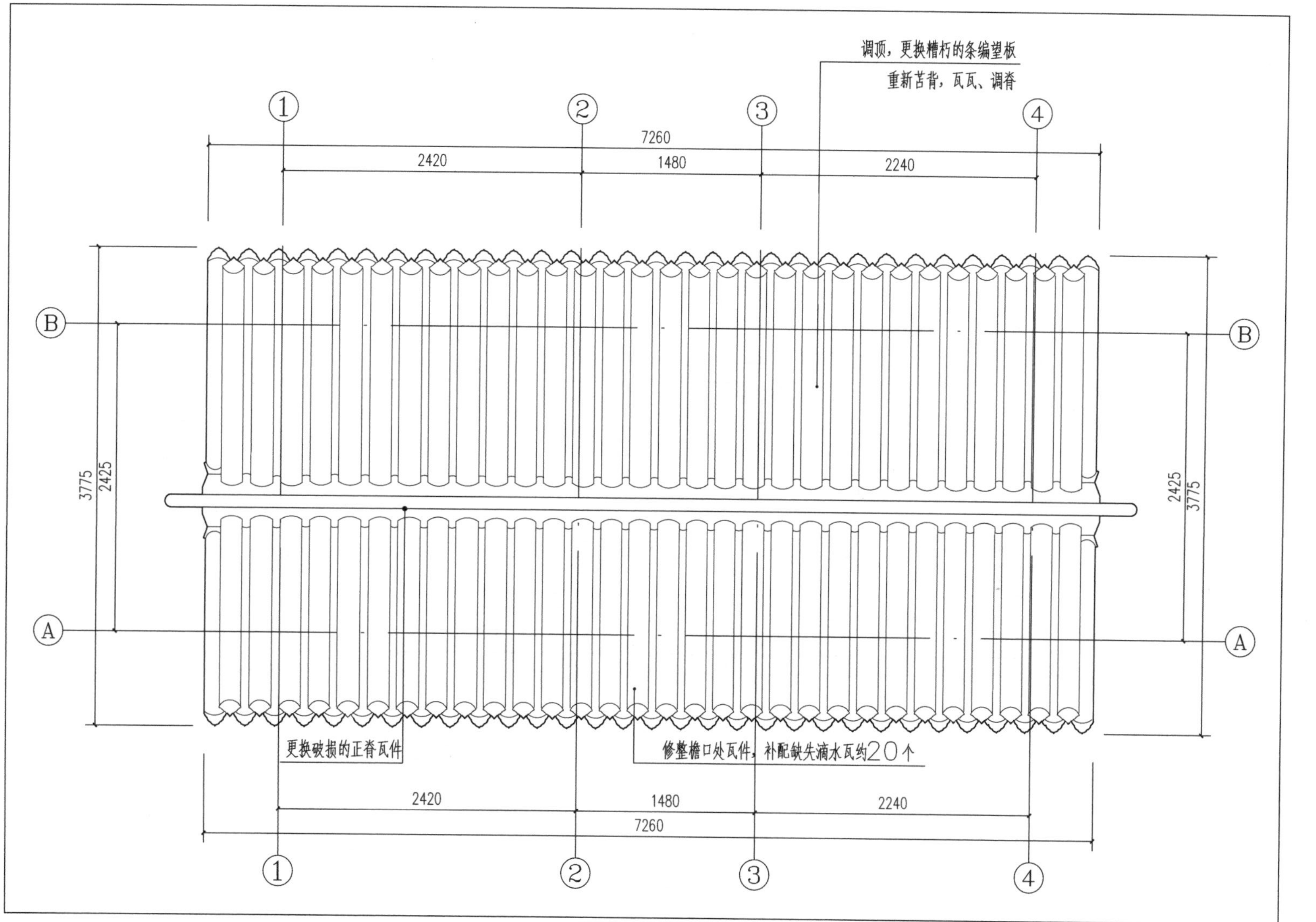

西忠来西厢房屋顶平面图

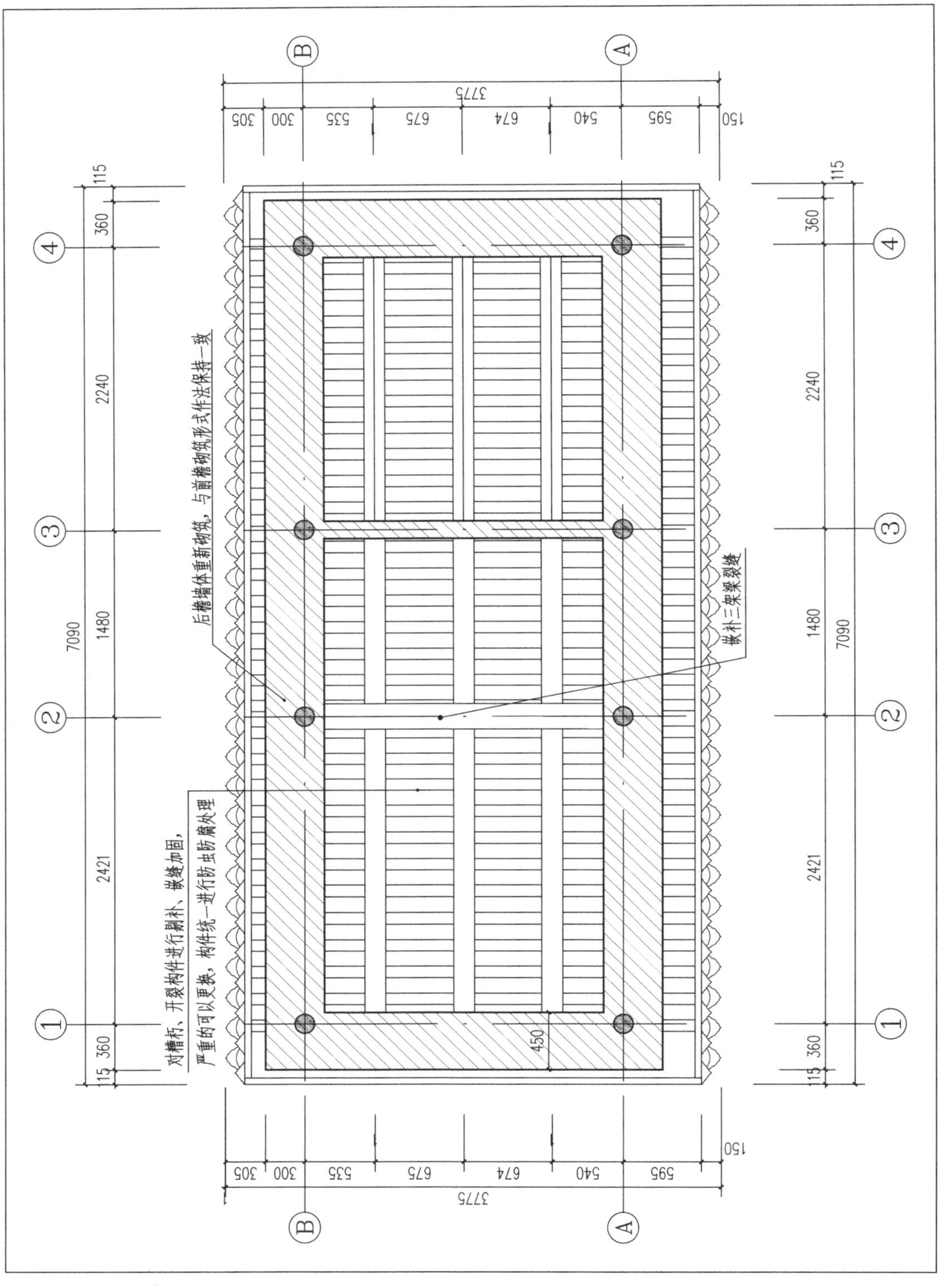

对糟朽、开裂构件进行剔补、嵌缝加固，
严重的可以更换，构件统一进行防虫防腐处理

后檐墙体重新砌筑，与前檐砌筑形式作法保持一致

嵌补三架梁裂缝

7090

115 360 2421 1480 2240 360 115

3775

305 300 535 675 674 540 595 150

450

西忠来西厢房仰视平面图

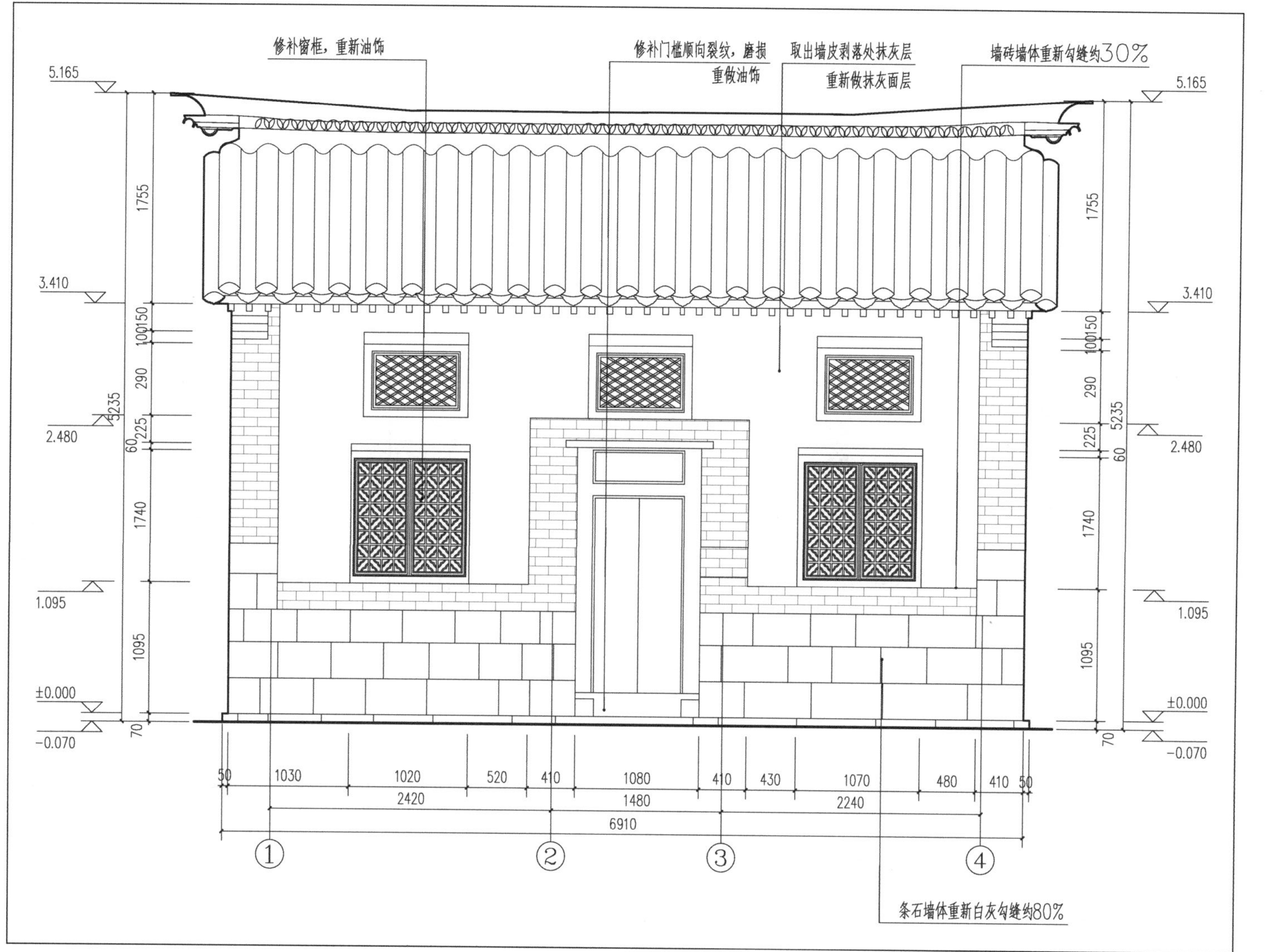

修补窗框，重新油饰
修补门槛顺向裂纹，磨损
重做油饰
取出墙皮剥落处抹灰层
重新做抹灰面层
墙砖墙体重新勾缝约30%
条石墙体重新白灰勾缝约80%

西忠来西厢房正立面图

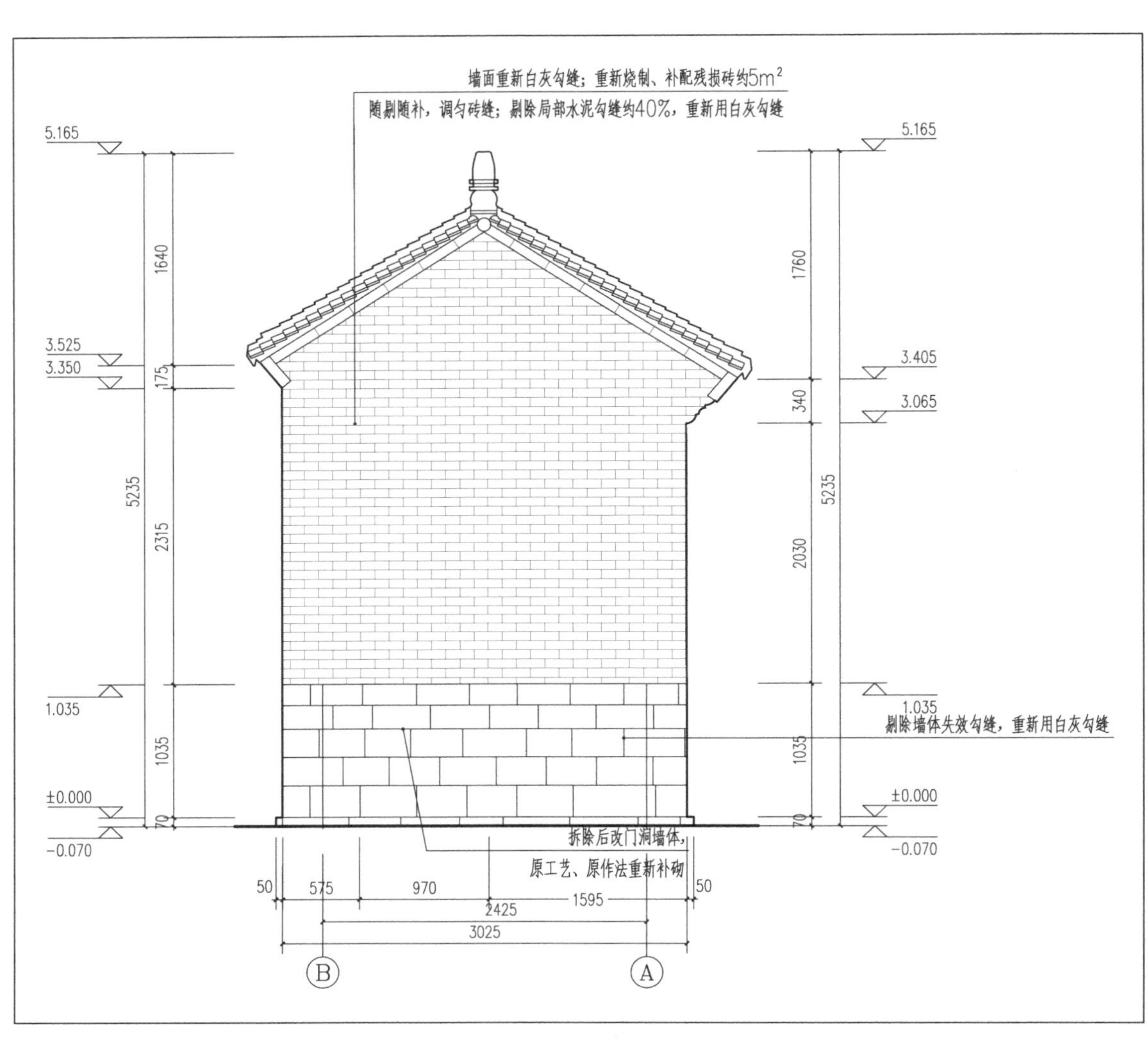

西忠来西厢房南侧立面图

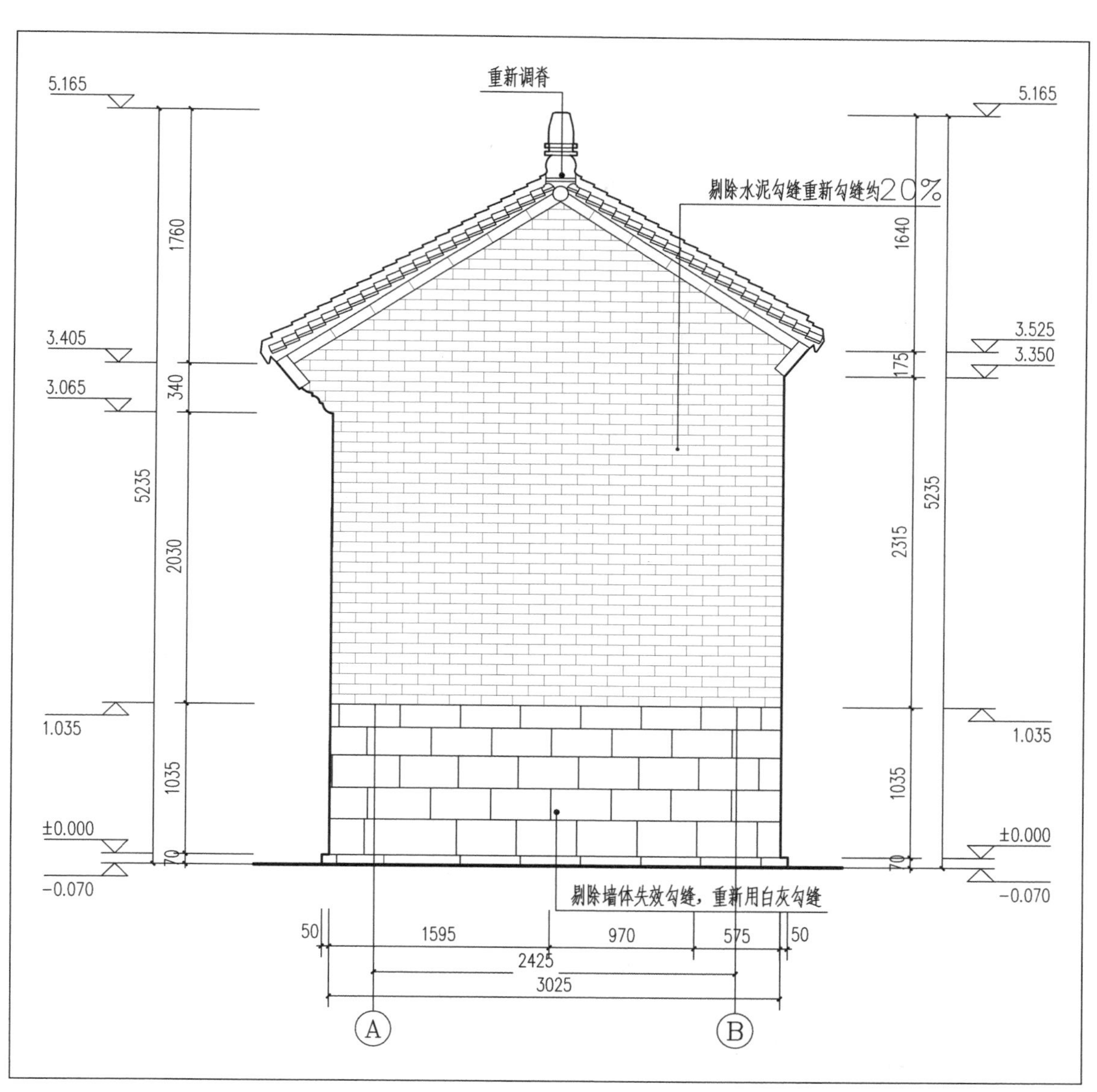

西忠来西厢房北侧立面图

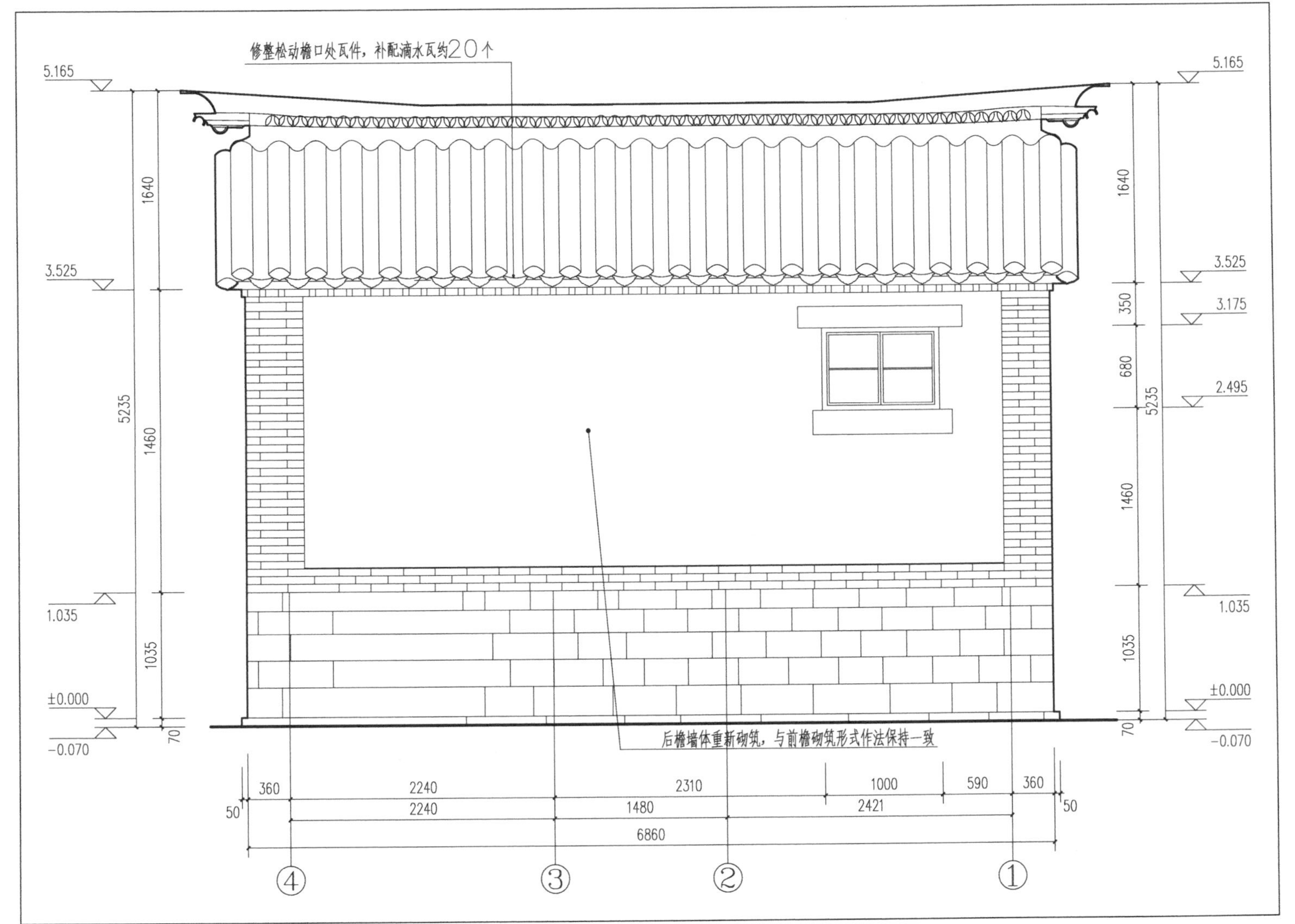
修整松动檐口处瓦件，补配滴水瓦约20个
后檐墙体重新砌筑，与前檐砌筑形式作法保持一致
5.165
3.525
3.175
2.495
1.035
±0.000
-0.070
1640
350
680
1460
1035
70
5235
360
2240
2310
1000
590
50
1480
2421
6860
④
③
②
①

西忠来西厢房背立面图

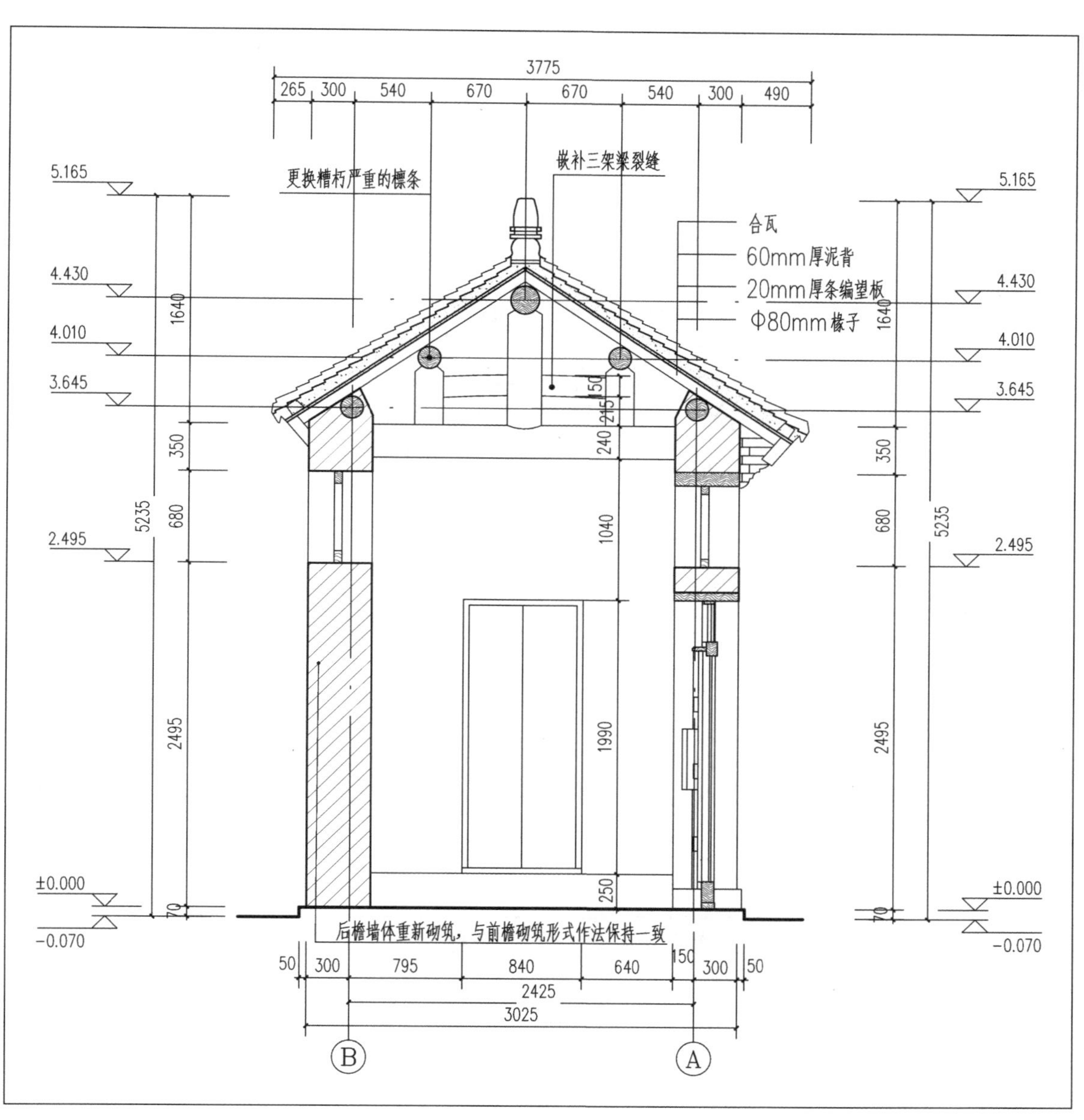

西忠来西厢房 1-1 剖面图

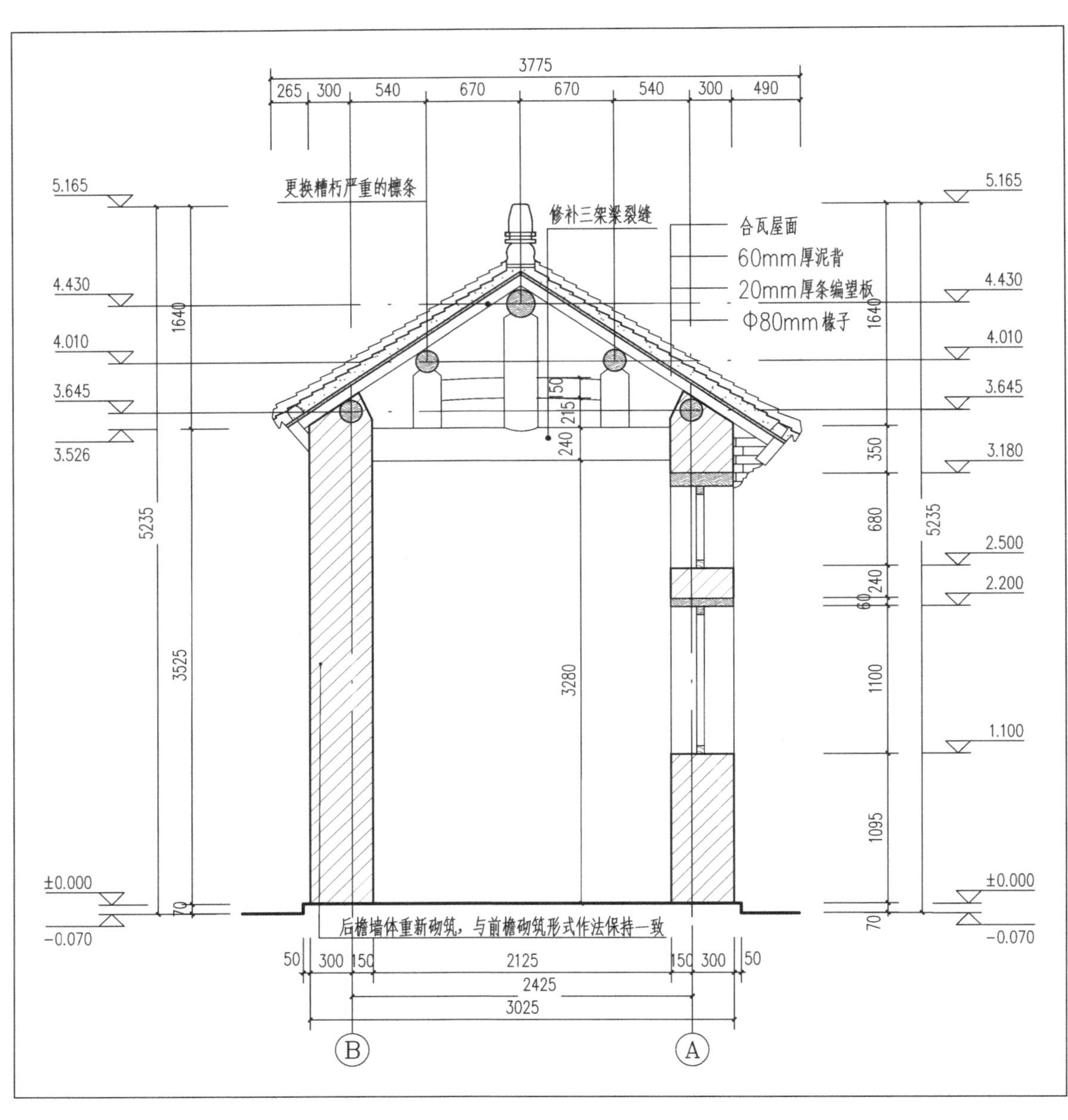

西忠来西厢房 2-2 剖面图

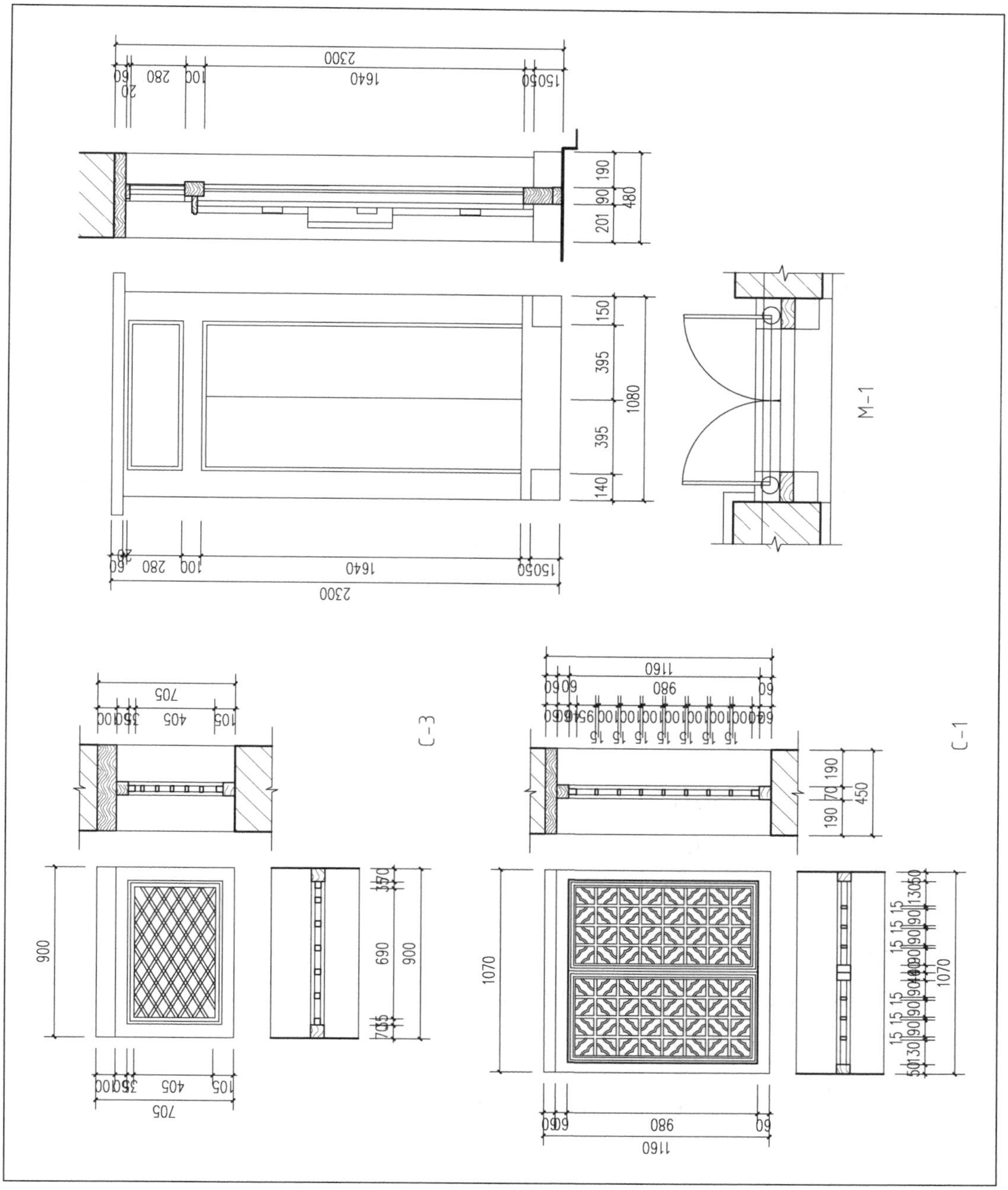

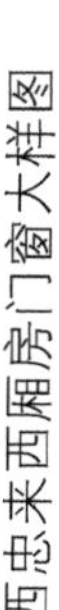

西忠来西厢房门窗大样图

三、西忠来前厅

（一）建筑修缮方案

1. 条石墙基

（1）后檐

残损类型：地基下沉、墙体外闪，残损等级Ⅱ级。

修缮范围及规模：后檐墙体约 2 平方米范围。

修缮方法：拆除外闪处墙体前，采用增设墙体与木柱支撑相结合的方法加固要拆除墙体处梁架。拆除外闪处墙体，重新砌筑。拆卸后保存完好的石块、砖块、条石，砌筑时尽可能使用。砌筑时尽量与两侧原墙体保持一致。

（2）前檐、山墙

残损类型：墙基返潮、墙皮脱落，残损等级Ⅱ级（前檐）；墙基返潮、墙皮脱落，残损等级Ⅰ级（西山墙）。

修缮范围及规模：全部墙面勾缝，并对做防潮处理。

修缮方法：清理归安条石墙，重新用白灰勾缝。

2. 青砖墙面

残损类型：松动脱落，残损等级Ⅱ级。

修缮范围及规模：青砖墙体约 5 平方米范围。

修缮方法：拆除青砖墙体，石材墙体砌筑完好后，重新砌筑青砖墙体，尽可能使用原墙体完整的砖块。

3. 毛石抹灰墙体

残损类型：墙皮剥落、墙体裂缝，残损等级Ⅰ级。

修缮范围及规模：局部抹灰墙面。

修缮方法：剔除抹灰墙面剥落处墙面至墙体毛石处，重新做抹灰表面层。

4. 室内地面

残损类型：破损、人为改造，残损等级Ⅰ级。

修缮范围及规模：全部室内地面。

修缮方法：用传统工艺重做三合土地面。

5. 室内墙面

残损类型：墙皮剥落、污染，残损等级Ⅰ级。

修缮范围及规模：全部室内墙面。

修缮方法：隔断墙根据揭顶施工现场情况，如墙体破损严重，则根据情况修整。去除墙体抹灰面层，按传统工艺、材料重做墙体面层。

6. 梁架

（1）梁

残损类型：糟朽、顺缝开裂，残损等级Ⅱ级。

修缮范围及规模：10% 梁架顺缝开裂；30% 梁架因屋脊屋面漏雨糟朽严重。

修缮方法：拆除屋面后，打牮拨正外闪、位移立柱及上部梁架，加固连接部位。对糟朽、开裂构件进行剔补、嵌缝加固，严重的可以更换，补配缺失构件，构件统一进行防虫防腐处理。受白蚁蛀蚀的梁架构件采取药剂除虫，清除白蚁，蛀蚀严重构件进行剔补加固或予以更换。

（2）檩椽

残损类型：雨水糟朽、顺缝开裂，残损等级Ⅱ级。

修缮范围及规模：檩椽开裂糟朽严重（30% 残损）。

修缮方法：拆除屋面后，打牮拨正外闪、位移立柱及上部梁架，加固连接部位。对糟朽、开裂构件进行剔补、嵌缝加固，严重的可以更换，补配缺失构件，构件统一进行防虫防腐处理。受白蚁蛀蚀的梁架构件采取药剂除虫，清除白蚁，蛀蚀严重构件进行剔补加固或予以更换。

7. 装修

残损类型：磨损、开裂、人为改造，残损等级Ⅰ级。

修缮范围及规模：后檐正中窗后改造为大窗。

修缮方法：按其相邻窗扇在砌筑墙体时恢复窗扇为传统形式。

8. 屋面

（1）望砖

残损类型：雨水侵蚀，残损等级Ⅲ级。

修缮范围及规模：望砖潮湿。

修缮方法：对屋面做防潮处理。

（2）瓦件

残损类型：缺失、碎裂松动，残损等级Ⅲ级。

修缮范围及规模：全部瓦顶。

修缮方法：按传统工艺补配、剔补屋面瓦件。揭取瓦顶、脊，配制残损瓦件，重新苫背、挂瓦、调脊。瓦顶做法 a. 铺订条编望板；b.60 毫米厚滑秆泥背；c.30 毫米厚苫青灰背；d. 挂瓦；e. 安装补配脊。

（二）修缮设计图纸

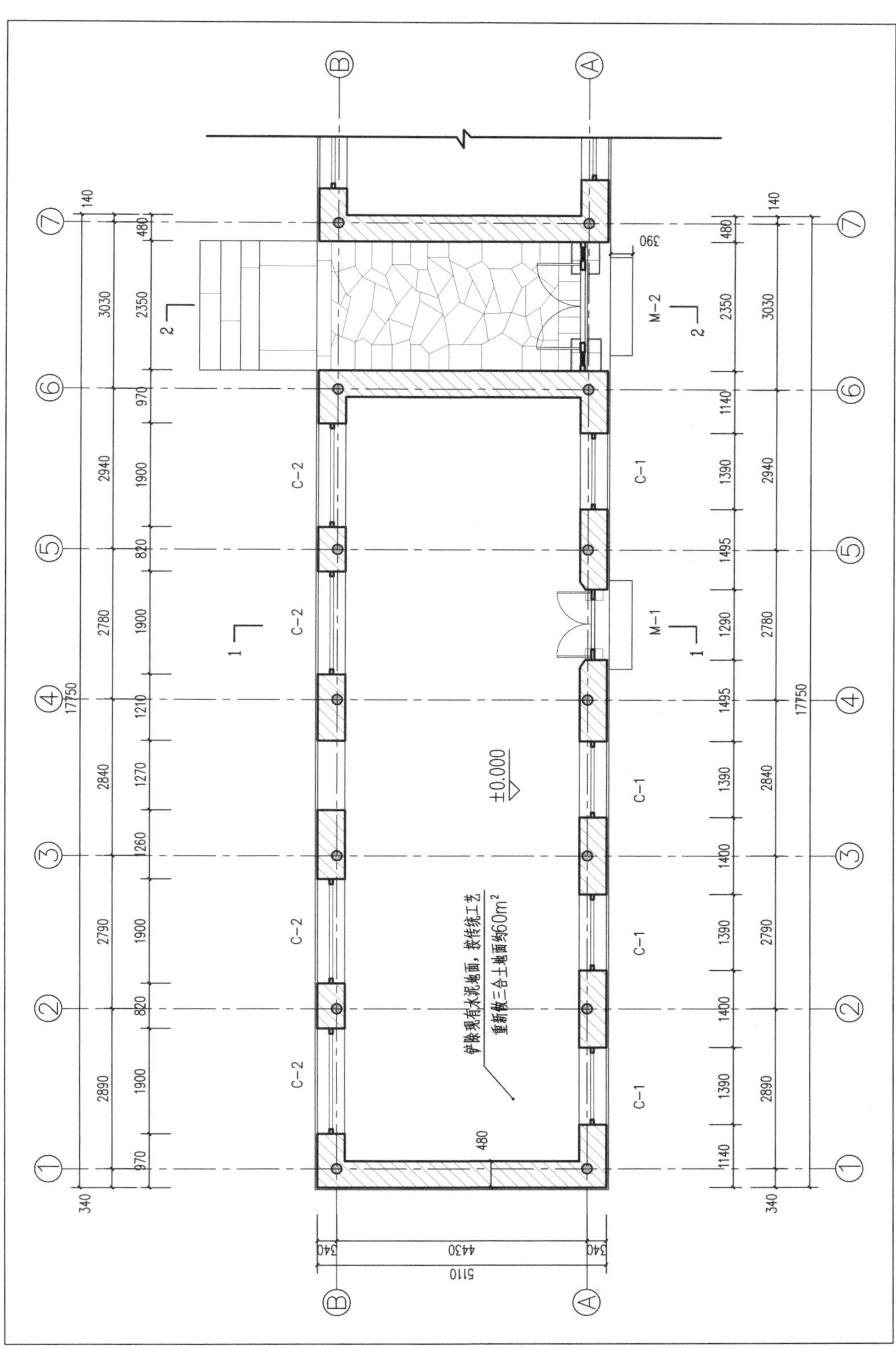

西忠来前厅平面图

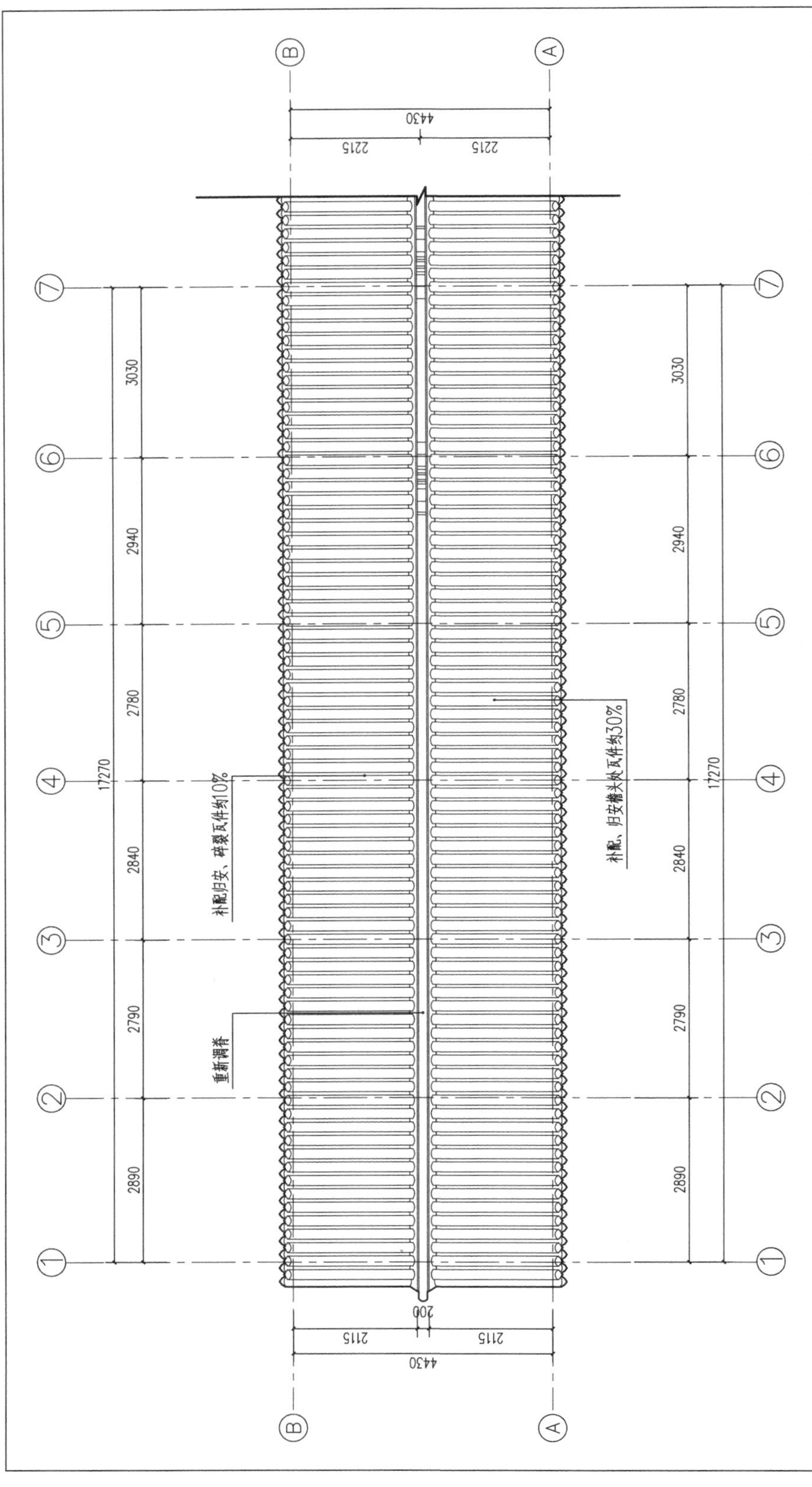
4430
2215
2215
3030
2940
2780
2840
2790
2890
17270
200
2115
2115
补配归安、碎裂瓦件约10%
重新调脊

西忠来前厅屋面平面图

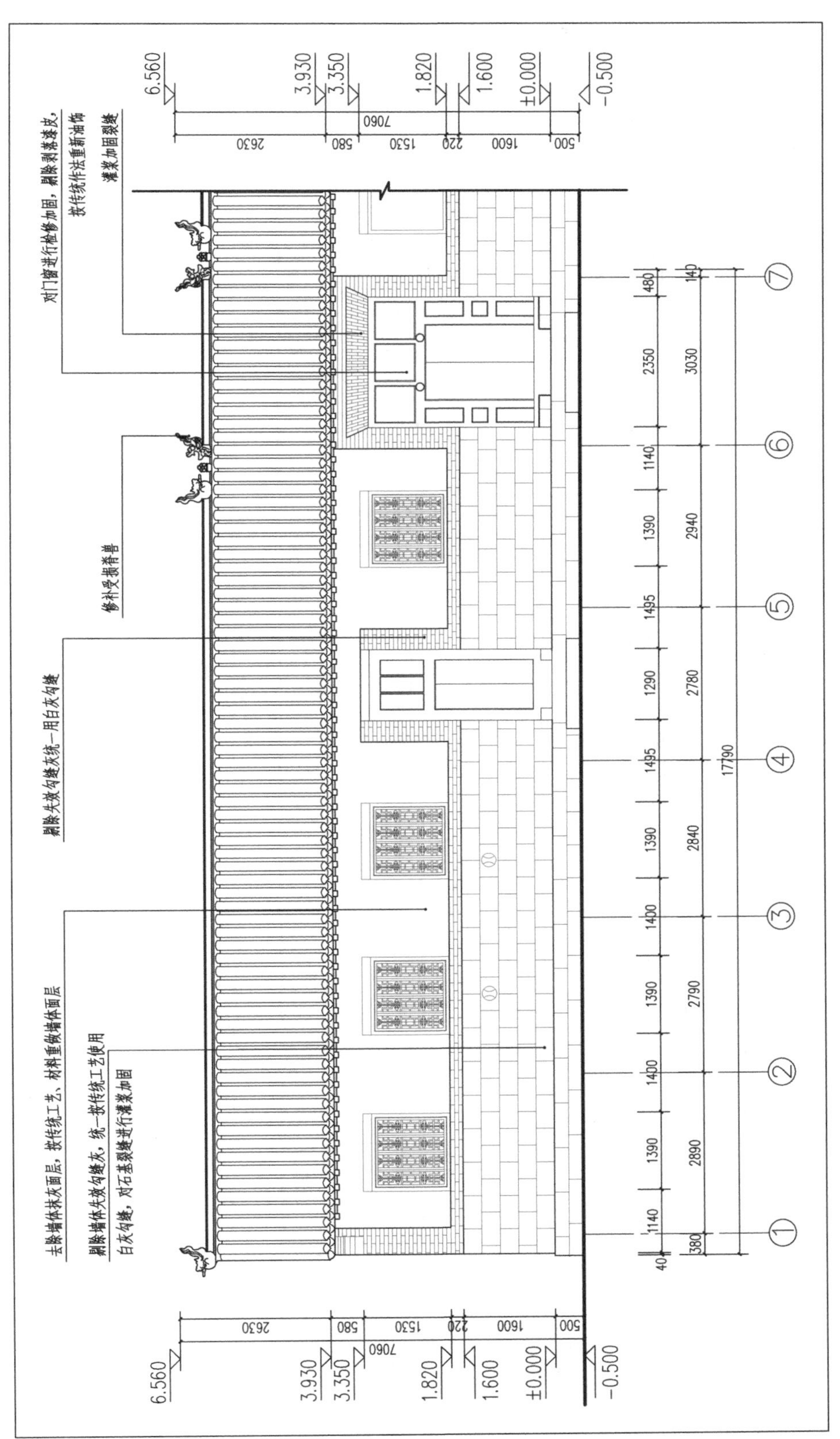
对门窗进行检修加固，剔除剥落漆皮，
按传统作法重新油饰
灌浆加固裂缝
修补受损脊兽
剔除失效勾缝灰统一用白灰勾缝
去除墙体抹灰面层，按传统工艺、材料重做墙体面层
剔除墙体失效勾缝灰，统一按传统工艺使用
白灰勾缝，对石基裂缝进行灌浆加固
6.560
3.930
3.350
1.820
1.600
±0.000
-0.500
2630
580
1530
220
1600
500
7060
1140
1390
1400
1390
1400
1390
1495
1290
1495
1390
1140
2350
480
380
40
140
2890
2790
2840
2780
2940
3030
17790
西忠来前厅南立面图

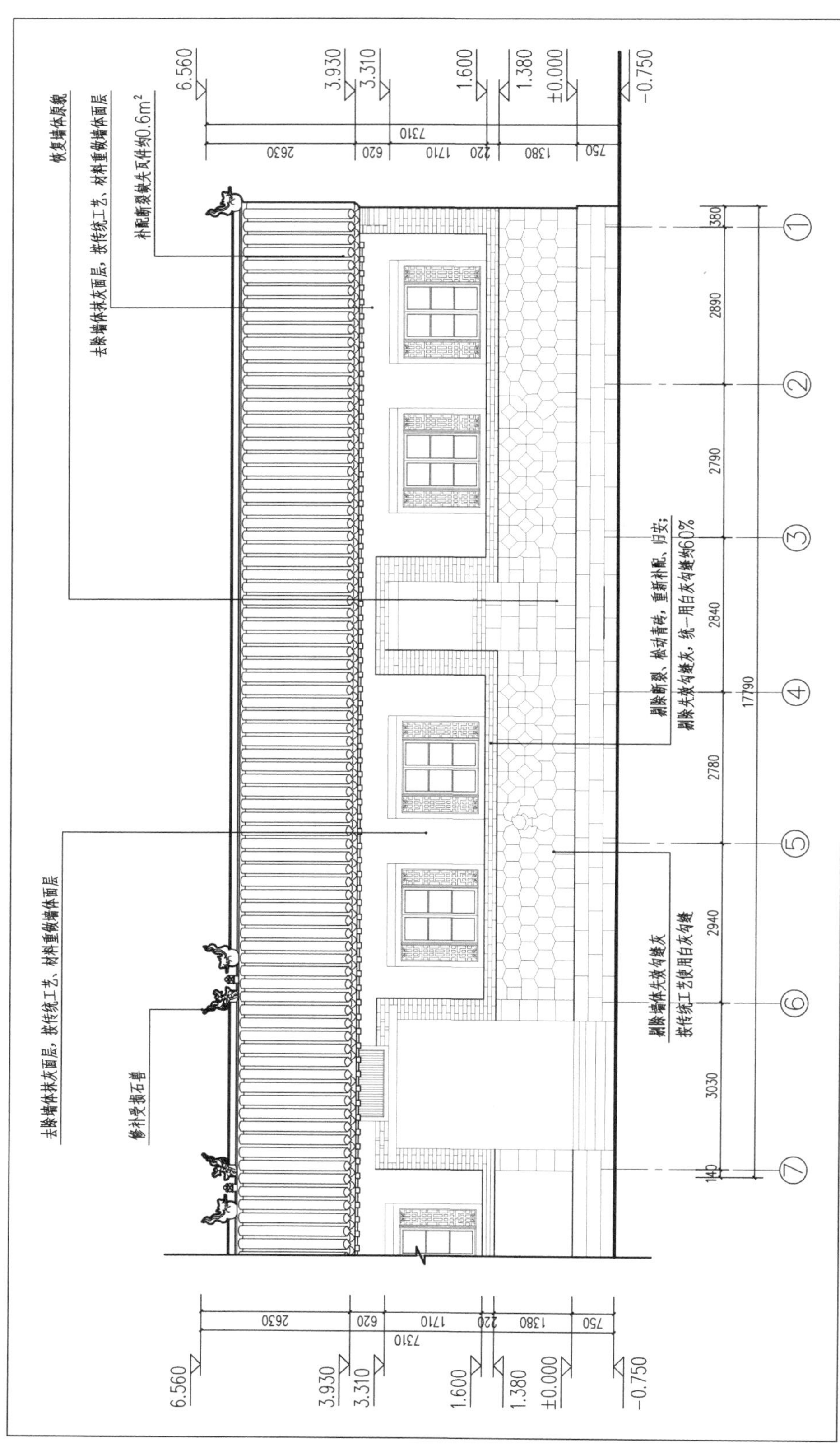
恢复墙体原貌
去除墙体抹灰面层，按传统工艺、材料重做墙体面层
补配断裂缺失瓦件约0.6m²
剔除断裂、松动青砖，重新补配、归安；
剔除失效勾缝灰，统一用白灰勾缝约60%
剔除墙体失效勾缝灰
按传统工艺使用白灰勾缝
去除墙体抹灰面层，按传统工艺、材料重做墙体面层
修补受损石兽
6.560
3.930
3.310
1.600
1.380
±0.000
-0.750
7310
2630
620
1710
220
1380
750
380
2890
2790
2840
2780
2940
3030
140
17790

西忠来前厅北立面图

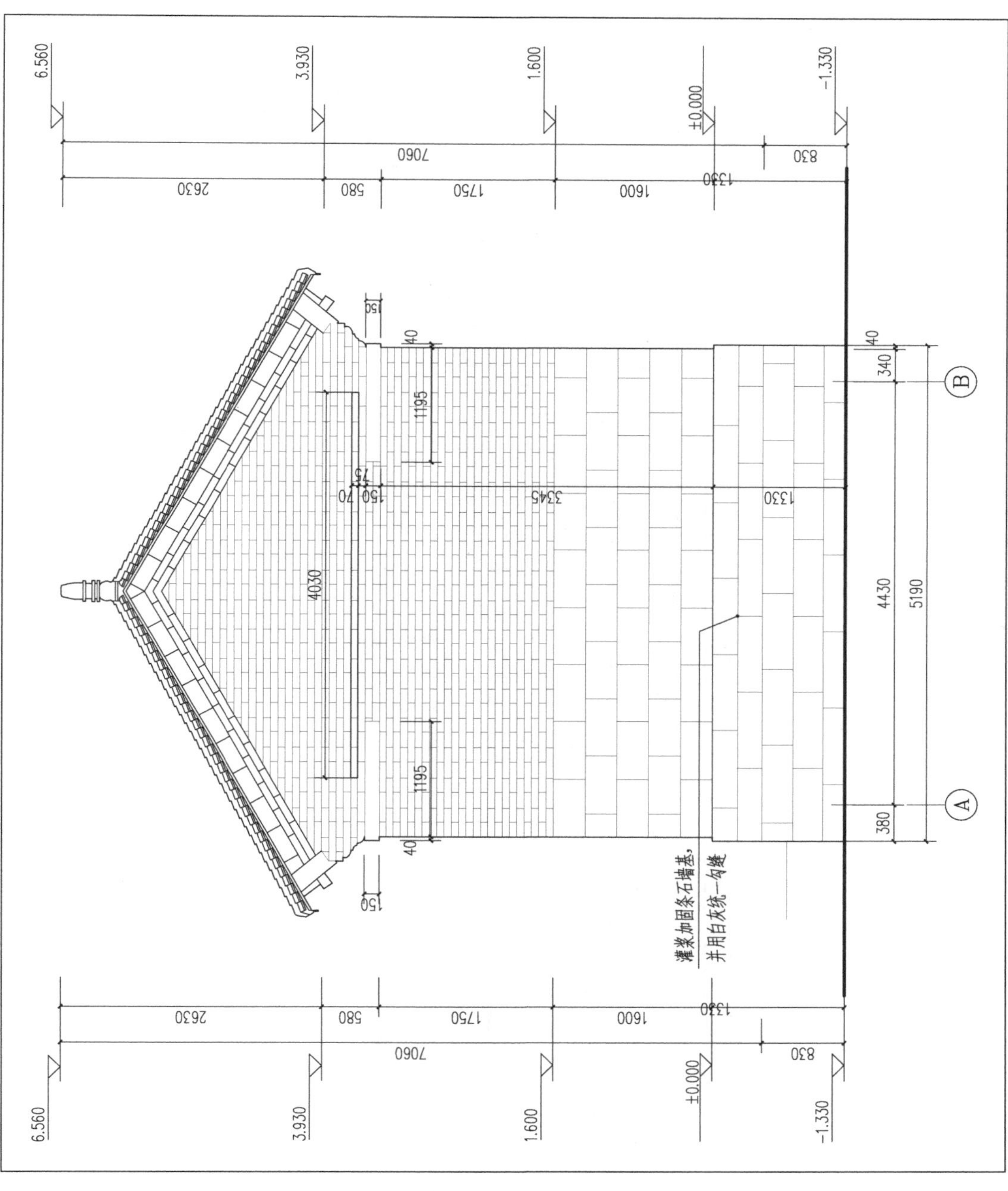

西忠来前厅西立面图

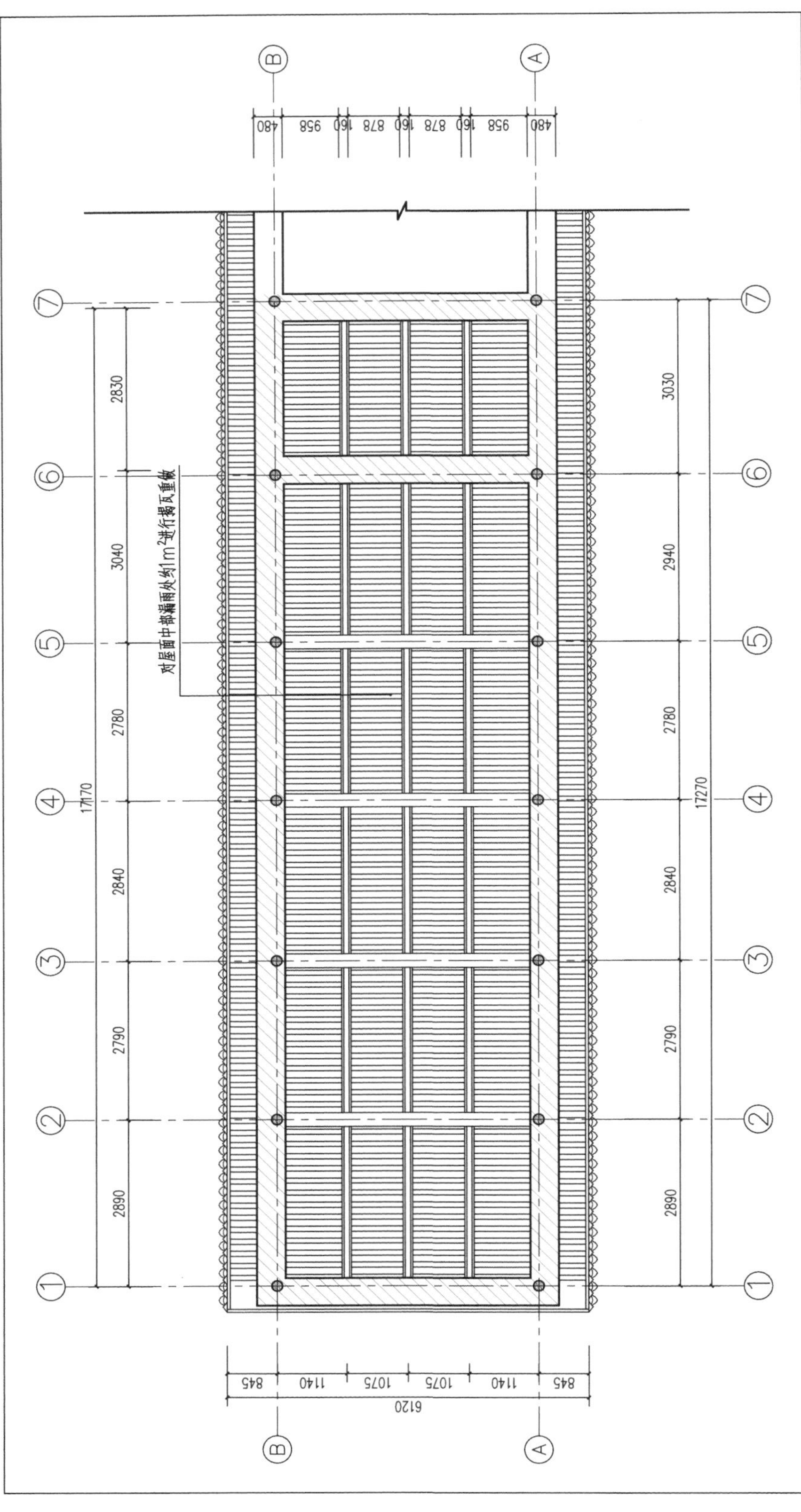

西忠来前厅屋顶仰视图

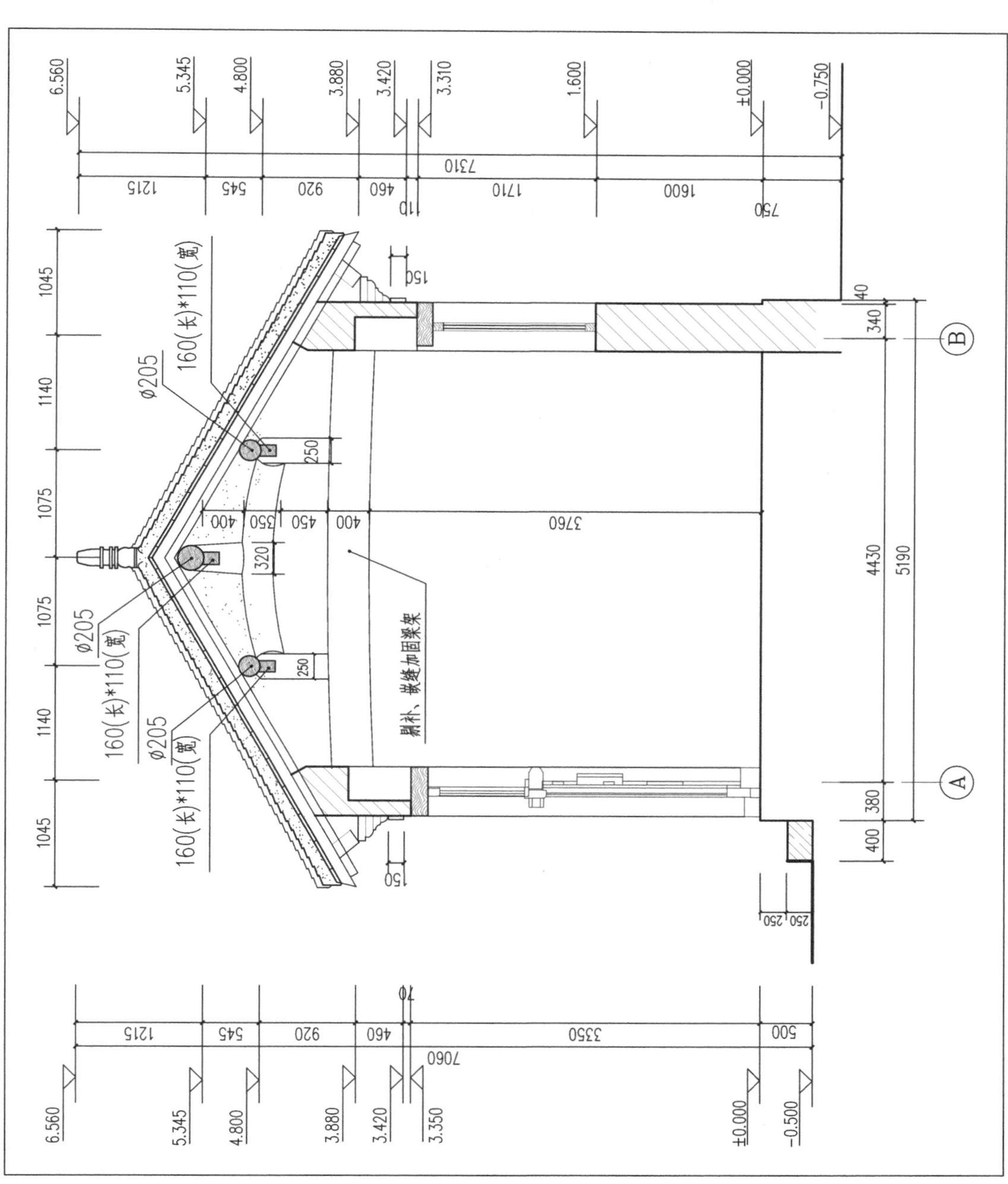
6.560
5.345
4.800
3.880
3.420
3.310
1.600
±0.000
-0.750
3.350
-0.500
Ø205
160(长)*110(宽)
剔补、嵌缝加固梁架
A
B

西忠来前厅 1-1 剖面图

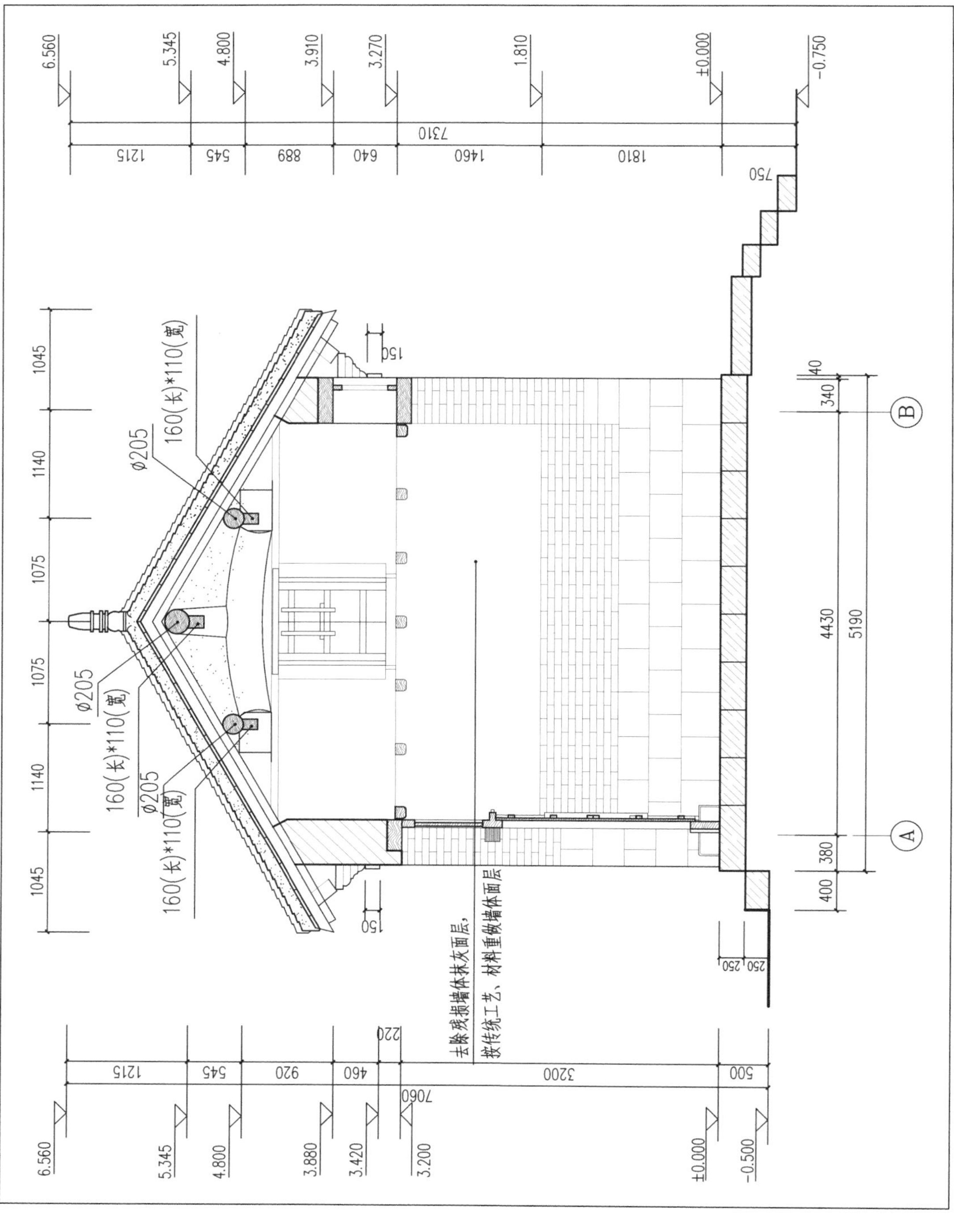
6.560
5.345
4.800
3.910
3.270
1.810
±0.000
-0.750
7310
1215
545
889
640
1460
1810
750
1045
1140
1075
1075
1140
1045
ø205
160(长)*110(宽)
150
40
340
4430
5190
380
400
A
B
250
250
去除残损墙体抹灰面层，
按传统工艺、材料重做墙体面层
220
7060
1215
545
920
460
3200
500
6.560
5.345
4.800
3.880
3.420
3.200
±0.000
-0.500

西忠来前厅 2-2 剖面图

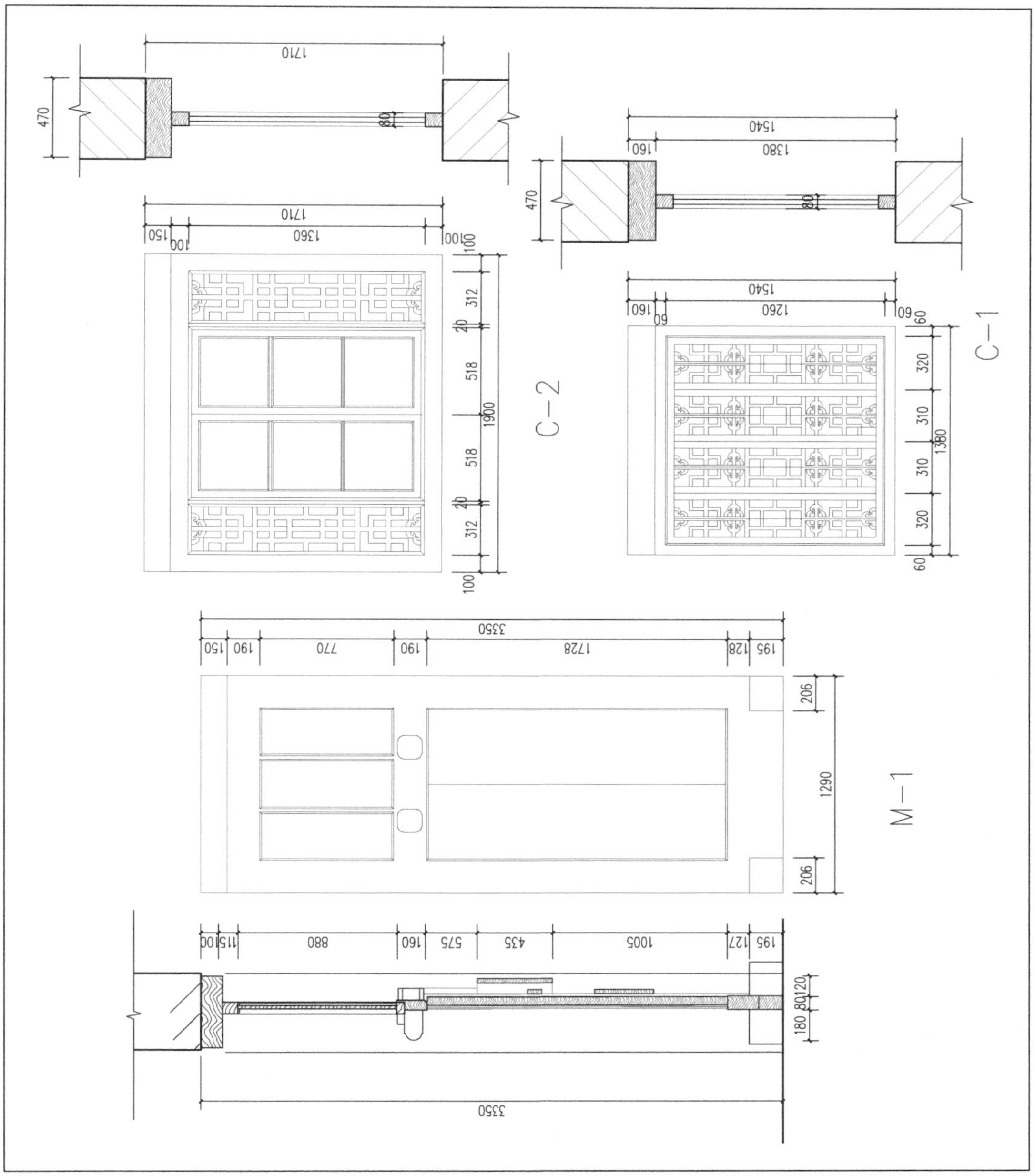

西忠来前厅门窗详图（一）

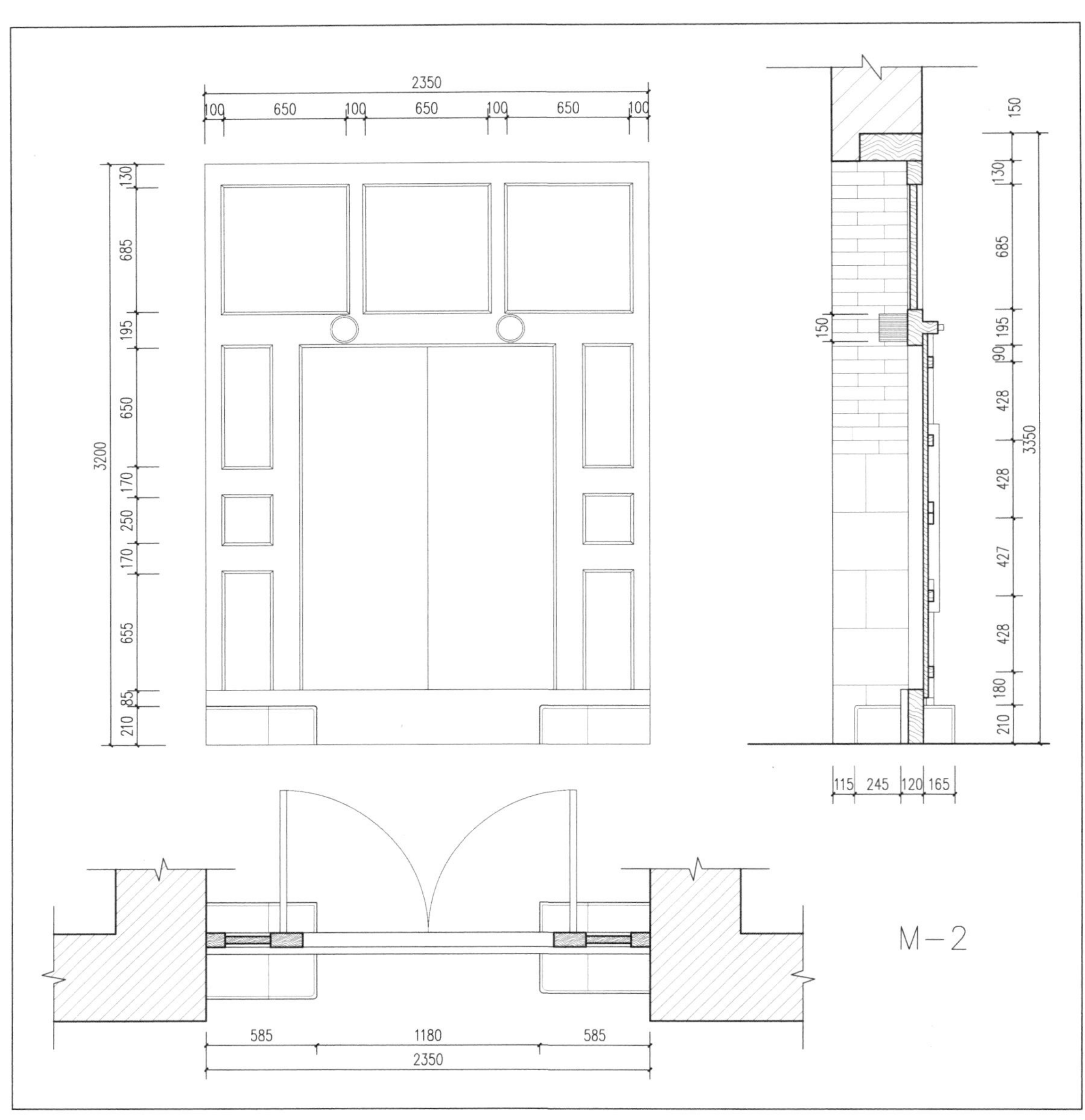
2350
100
650
100
650
100
650
100
130
685
195
650
3200
170
250
170
655
85
210
150
130
685
150
195
90
428
3350
428
427
428
180
210
115
245
120
165
M-2
585
1180
585
2350

西忠来前厅门窗详图（二）

四、西忠来体恕厅

（一）建筑修缮方案

1. 条石墙基

残损类型：位移松动、碎裂、人为改造，残损等级Ⅱ级。

修缮范围及规模：整个墙面全部勾缝。

修缮方法：清理归安条石墙，重新用白灰勾缝。

2. 青砖墙面

（1）前檐、后檐墙体

残损类型：磨损、缺棱掉角、人为改造，残损等级Ⅲ级。

修缮范围及规模：墙角、墙基约 2 平方米。

修缮方法：采用剔补方法，使用原墙面相一致的青砖补配，恢复青砖墙体。

（2）西山墙

残损类型：墙体开裂，残损等级Ⅲ级。

修缮范围及规模：通长裂缝。

修缮方法：采用局部拆砌方法，拆除裂缝北侧墙体 15 平方米，加固墙基；使用原墙面相一致的青砖补配，恢复青砖墙体。

3. 毛石抹灰墙体

残损类型：墙面腐化、变暗、人为改造，残损等级Ⅰ级。

修缮范围及规模：局部抹灰墙面。

修缮方法：剔除抹灰墙面剥落处墙面至墙体毛石处，重新做抹灰表面层。

4. 室内地面

残损类型：人为改造。

修缮范围及规模：全部室内地面。

修缮方法：清理现有地面至设计标高处，按传统工艺重新做三合土地面。

5. 室内墙面

残损类型：墙皮剥落、污染，残损等级Ⅰ级。

修缮范围及规模：全部室内墙面。

修缮方法：去除墙体抹灰面层，按传统工艺、材料重做墙体面层。

6. 梁架

（1）梁

残损类型：糟朽、顺缝开裂，残损等级Ⅲ级。

修缮范围及规模：20% 顺缝开裂、虫蛀糟朽严重。

修缮方法：拆除屋面后，打牮拨正外闪、位移立柱及上部梁架，加固连接部位。对糟朽、开裂构件进行剔补、嵌缝加固，严重的可以更换，补配缺失构件，构件统一进行防虫防腐处理。受白蚁蛀蚀的梁架构件采取药剂除虫，清除白蚁，蛀蚀严重构件进行剔补加固或予以更换。

（2）檩椽

残损类型：雨水糟朽、顺缝开裂，残损等级Ⅱ级。

修缮范围及规模：檩椽开裂糟朽严重（30% 残损）。

修缮方法：拆除屋面后，打牮拨正外闪、位移立柱及上部梁架，加固连接部位。对糟朽、开裂构件进行剔补、嵌缝加固，严重的可以更换，补配缺失构件，构件统一进行防虫防腐处理。受白蚁蛀蚀的梁架构件采取药剂除虫，清除白蚁，蛀蚀严重构件进行剔补加固或予以更换。

7. 装修

残损类型：破损、裂缝，残损等级Ⅰ级。

修缮方法：现有门窗保存基本完整，故仅对门窗进行修整或补配。

8. 屋面

（1）望砖

残损类型：雨水糟朽，残损等级Ⅲ级。

修缮范围及规模：望砖潮湿。

修缮方法：对屋面做防潮处理。

（2）瓦件

残损类型：缺失、碎裂松动，残损等级Ⅱ级。

修缮范围及规模：全部瓦顶。

修缮方法：按传统工艺补配、剔补屋面瓦件。

参考措施：揭取瓦顶、脊，配制残损瓦件，重新苫背、挂瓦、调脊。瓦顶做法

a. 铺订条编望板；b.60 毫米厚滑秆泥背；c.30 毫米厚苫青灰背；d. 挂瓦；e. 安装补配脊。

（二）修缮设计图纸

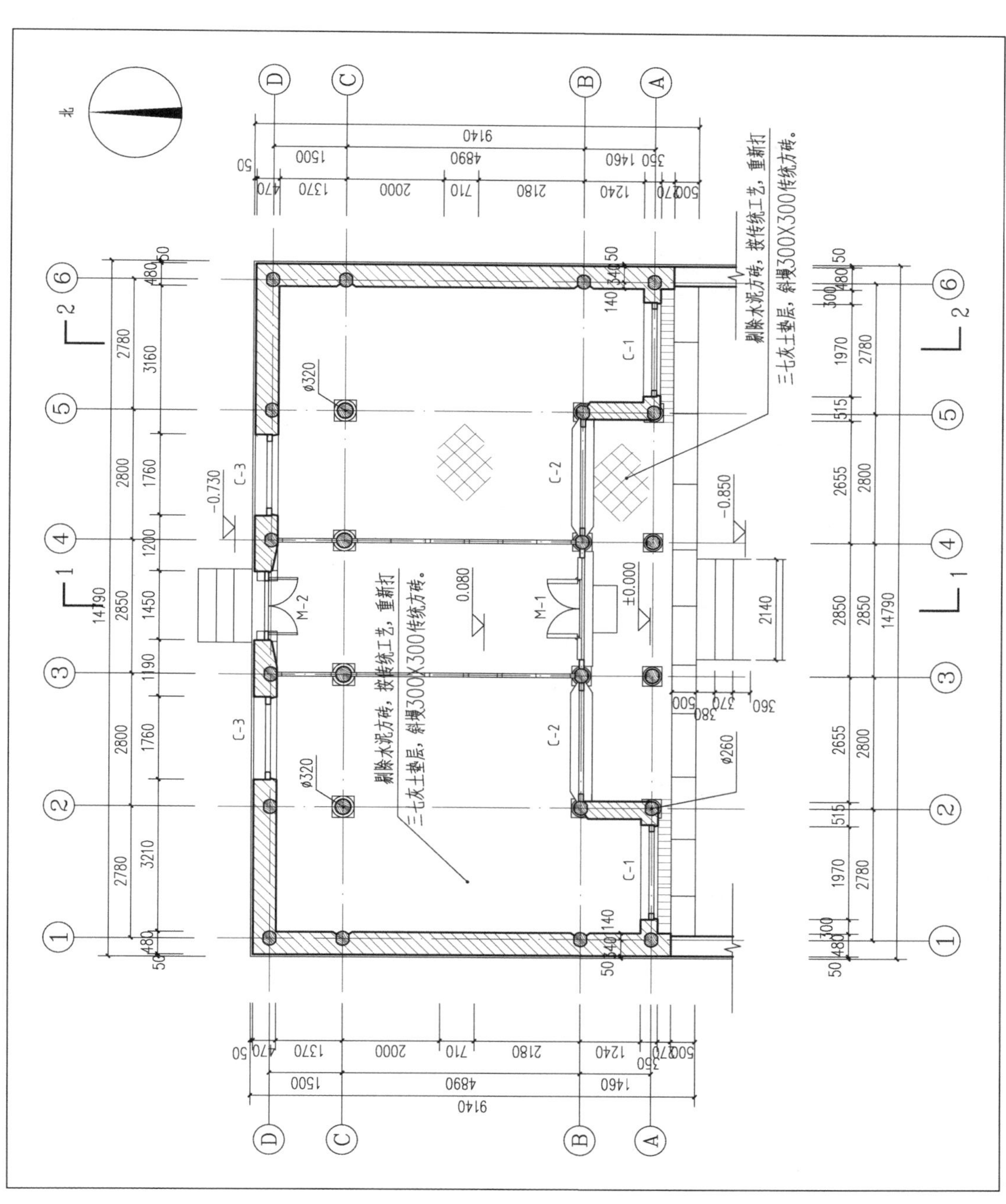

西忠来体恕厅平面图

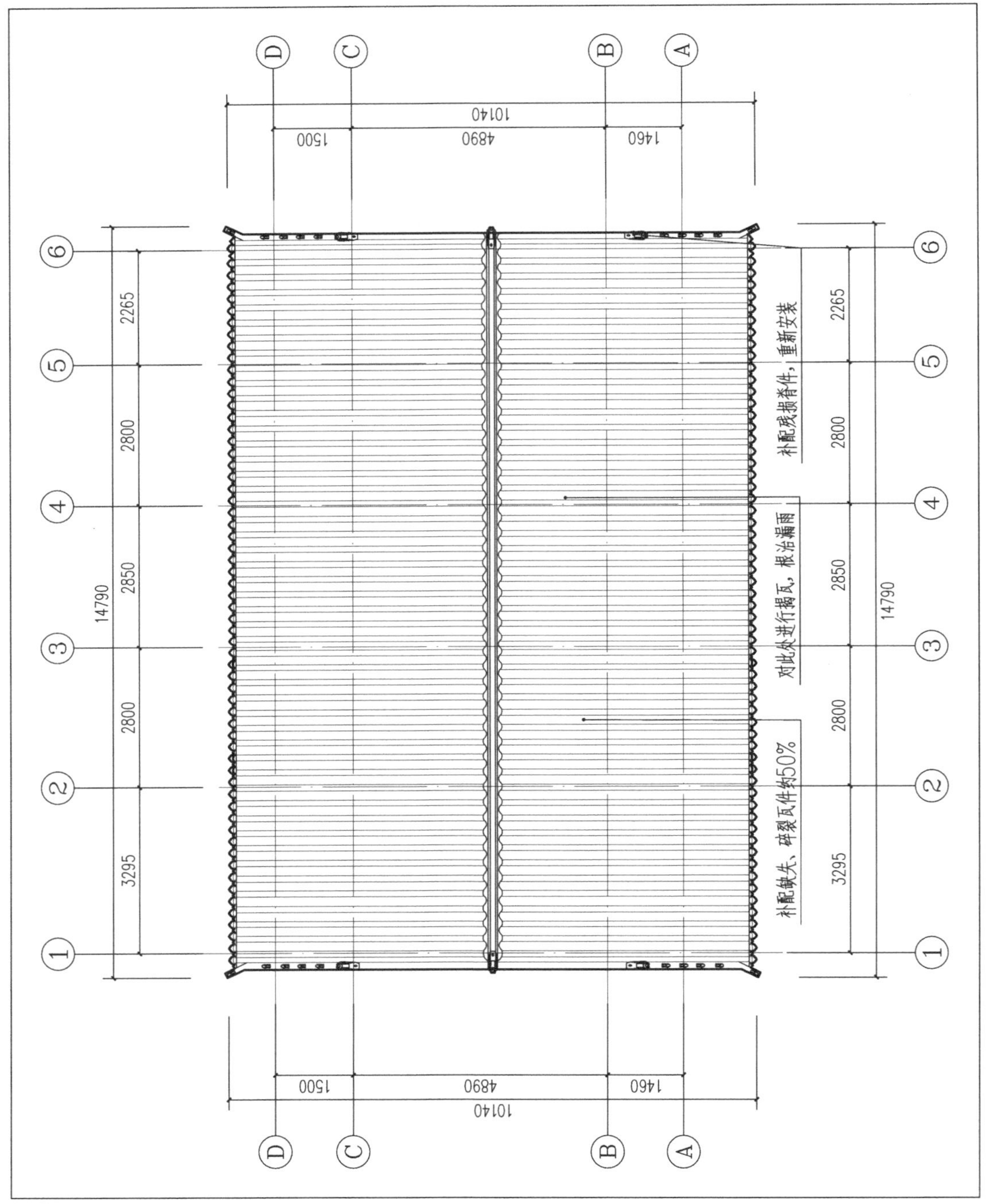

西忠来体恕厅屋顶平面图

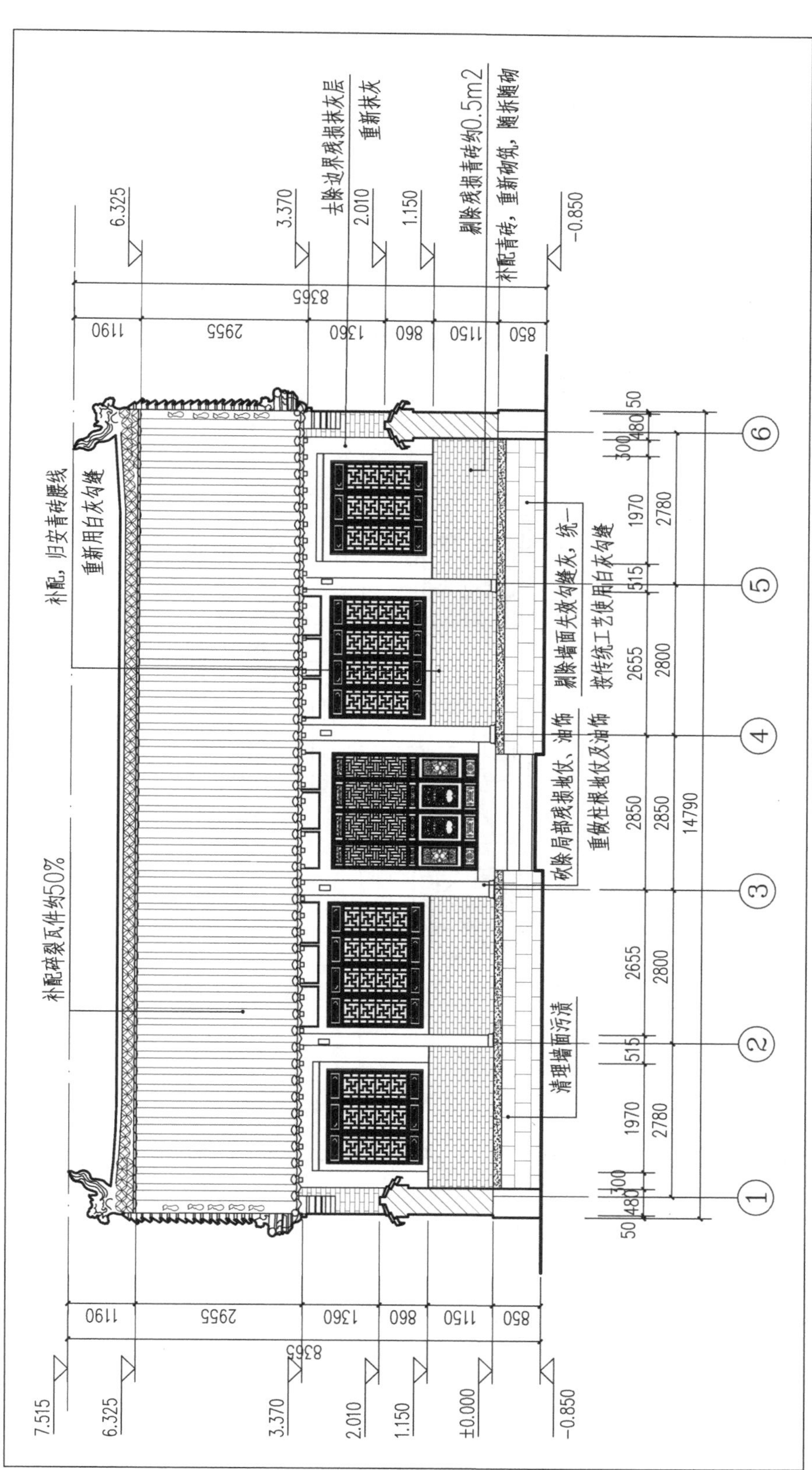
补配碎裂瓦件约50%
补配，归安青砖腰线
重新用白灰勾缝
去除边界残损抹灰层
重新抹灰
剔除残损青砖约0.5m2
补配青砖，重新砌筑，随拆随砌
剔除墙面失效勾缝灰，统一
按传统工艺使用白灰勾缝
砍除局部残损地仗、油饰
重做柱根地仗及油饰
清理墙面污渍
7.515
6.325
3.370
2.010
1.150
±0.000
-0.850
1190
2955
1360
860
1150
850
8365
50
480
300
1970
515
2655
2850
2780
2800
14790
①
②
③
④
⑤
⑥

西忠来体恕厅南立面图

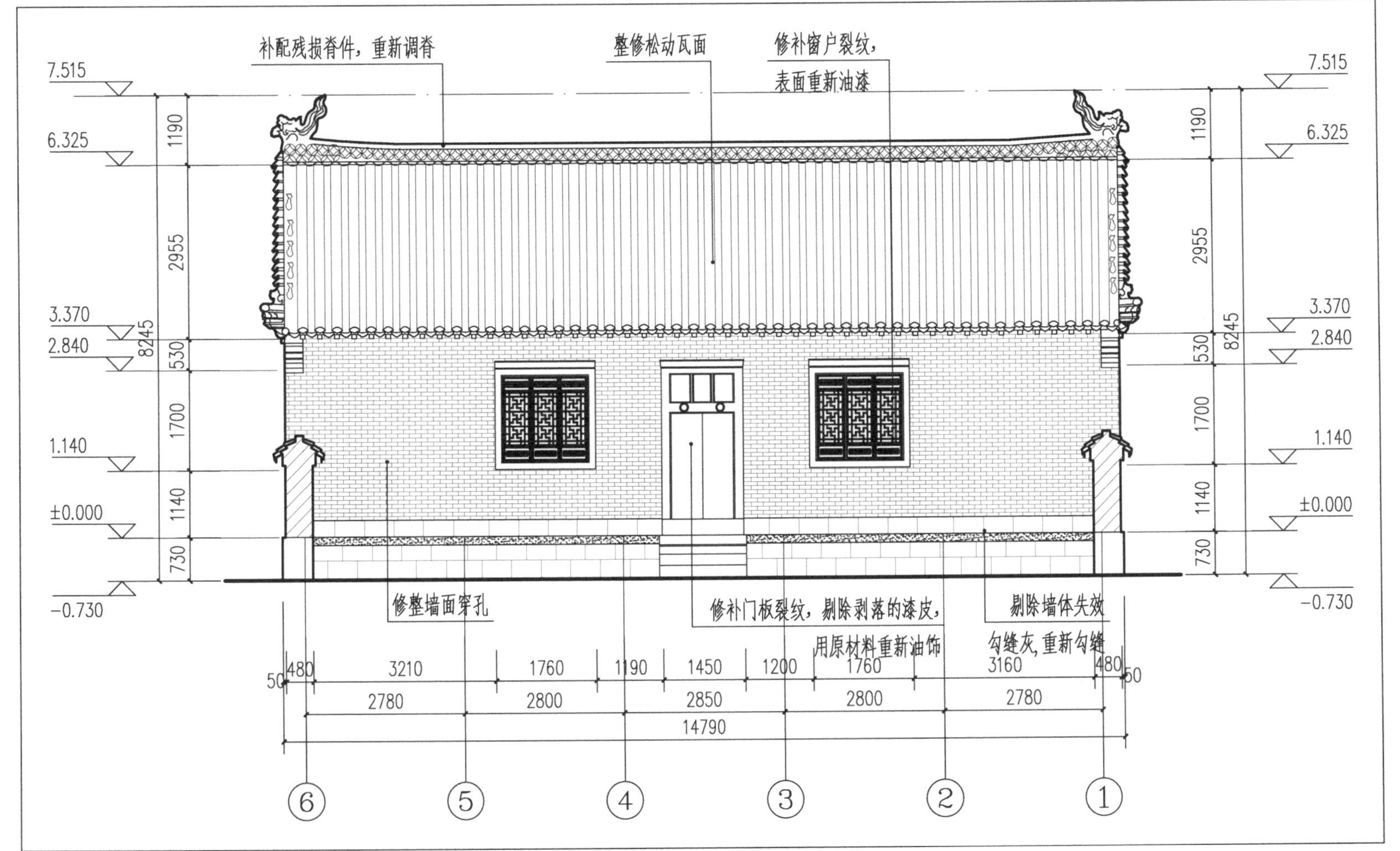

补配残损脊件，重新调脊
整修松动瓦面
修补窗户裂纹，表面重新油漆
修整墙面穿孔
修补门板裂纹，剔除剥落的漆皮，用原材料重新油饰
剔除墙体失效勾缝灰，重新勾缝
7.515
6.325
3.370
2.840
1.140
±0.000
-0.730
1190
2955
530
1700
1140
730
8245
50
480
3210
1760
1190
1450
1200
1760
3160
480
50
2780
2800
2850
2800
2780
14790
6
5
4
3
2
1

西忠来体恕厅北立面图

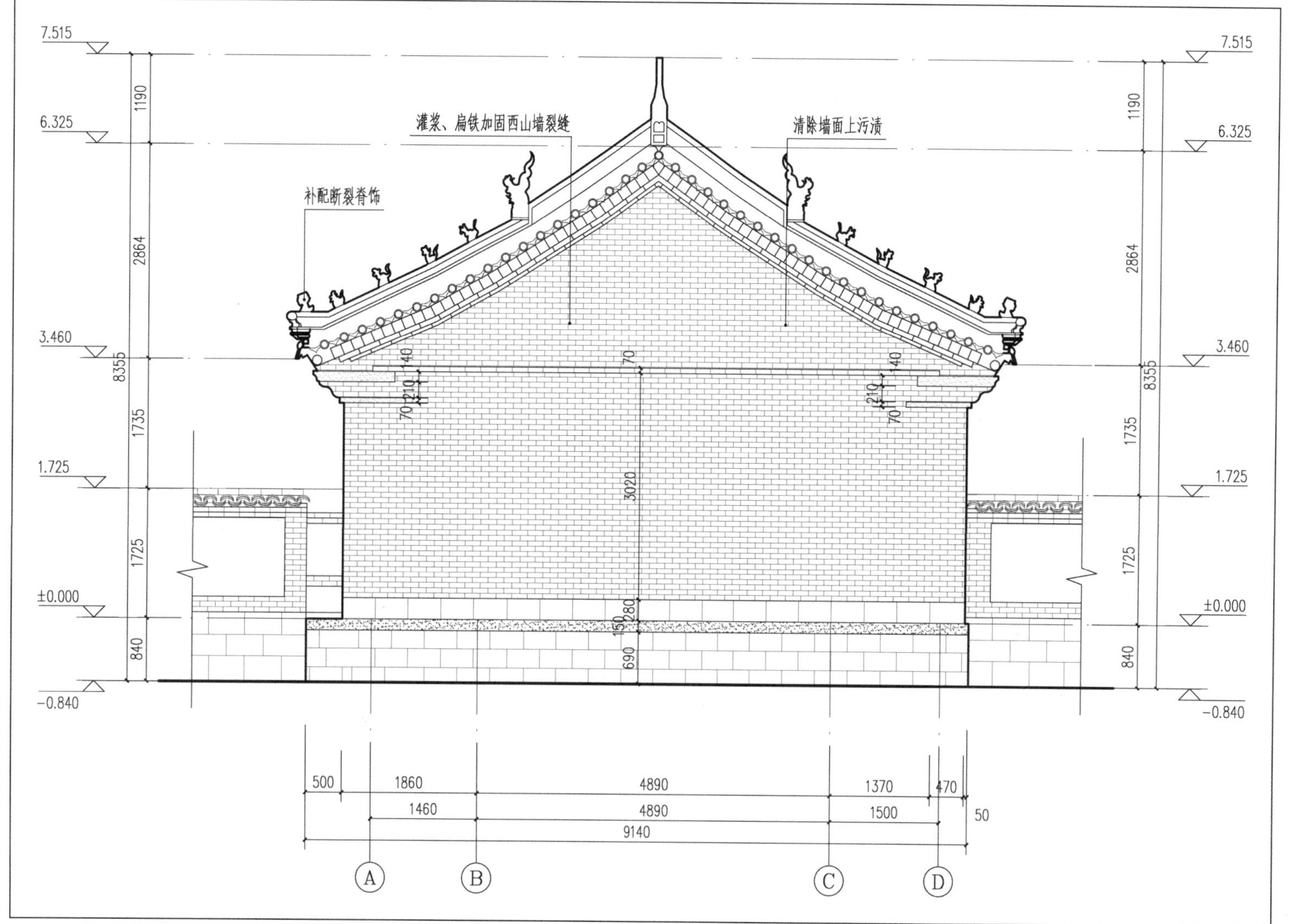
7.515
6.325
3.460
1.725
±0.000
-0.840
1190
2864
1735
1725
840
8355
灌浆、扁铁加固西山墙裂缝
清除墙面上污渍
补配断裂脊饰
3020
690
500
1860
4890
1370
470
1460
1500
50
9140
A
B
C
D

西忠来体恕厅东立面图

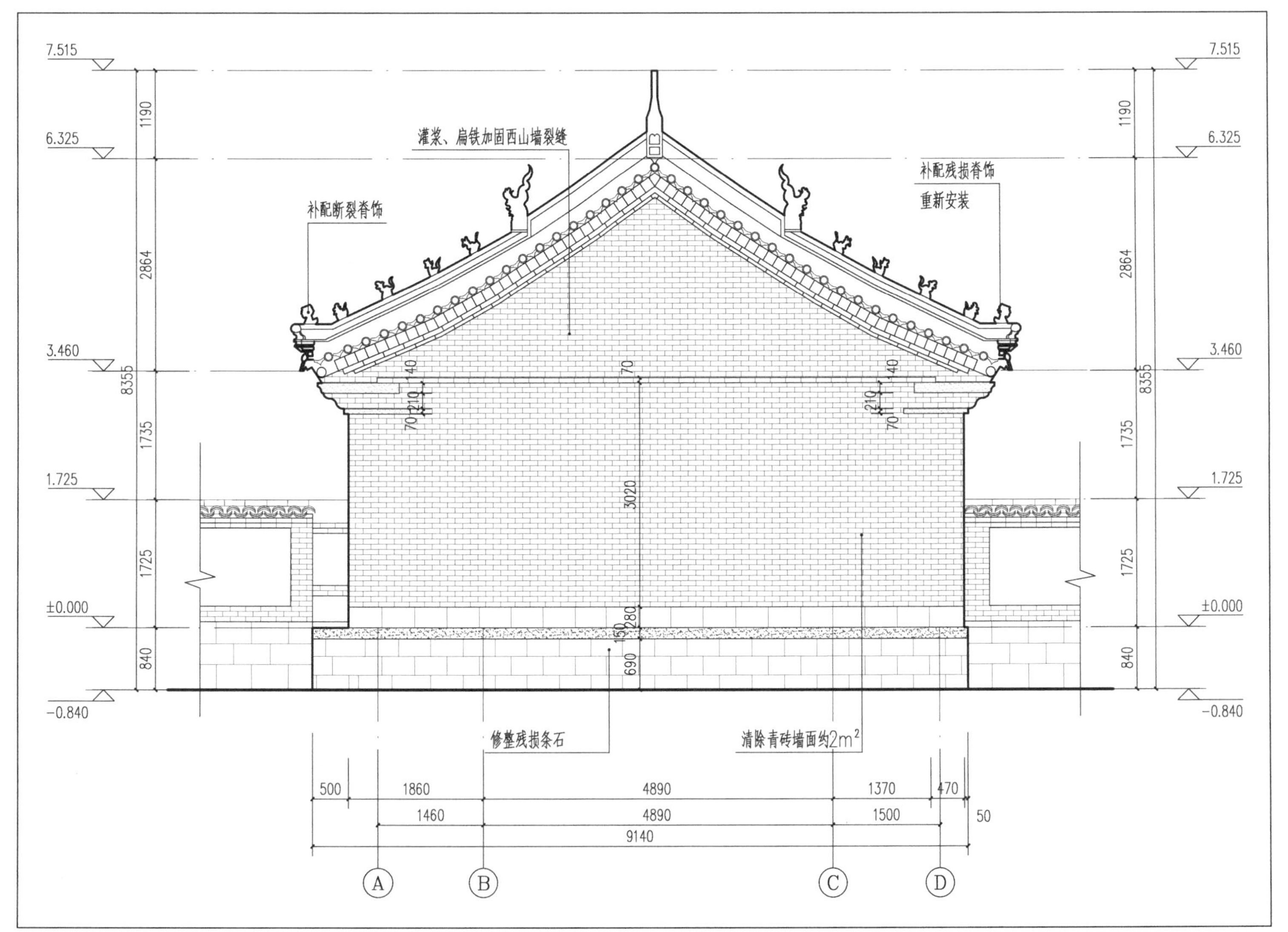

7.515
6.325
3.460
1.725
±0.000
-0.840
1190
2864
1735
1725
840
8355
灌浆、扁铁加固西山墙裂缝
补配断裂脊饰
补配残损脊饰
重新安装
140
210
70
3020
280
150
690
修整残损条石
清除青砖墙面约2m²
500
1860
4890
1370
470
1460
1500
50
9140
A
B
C
D

西忠来体恕厅西立面图

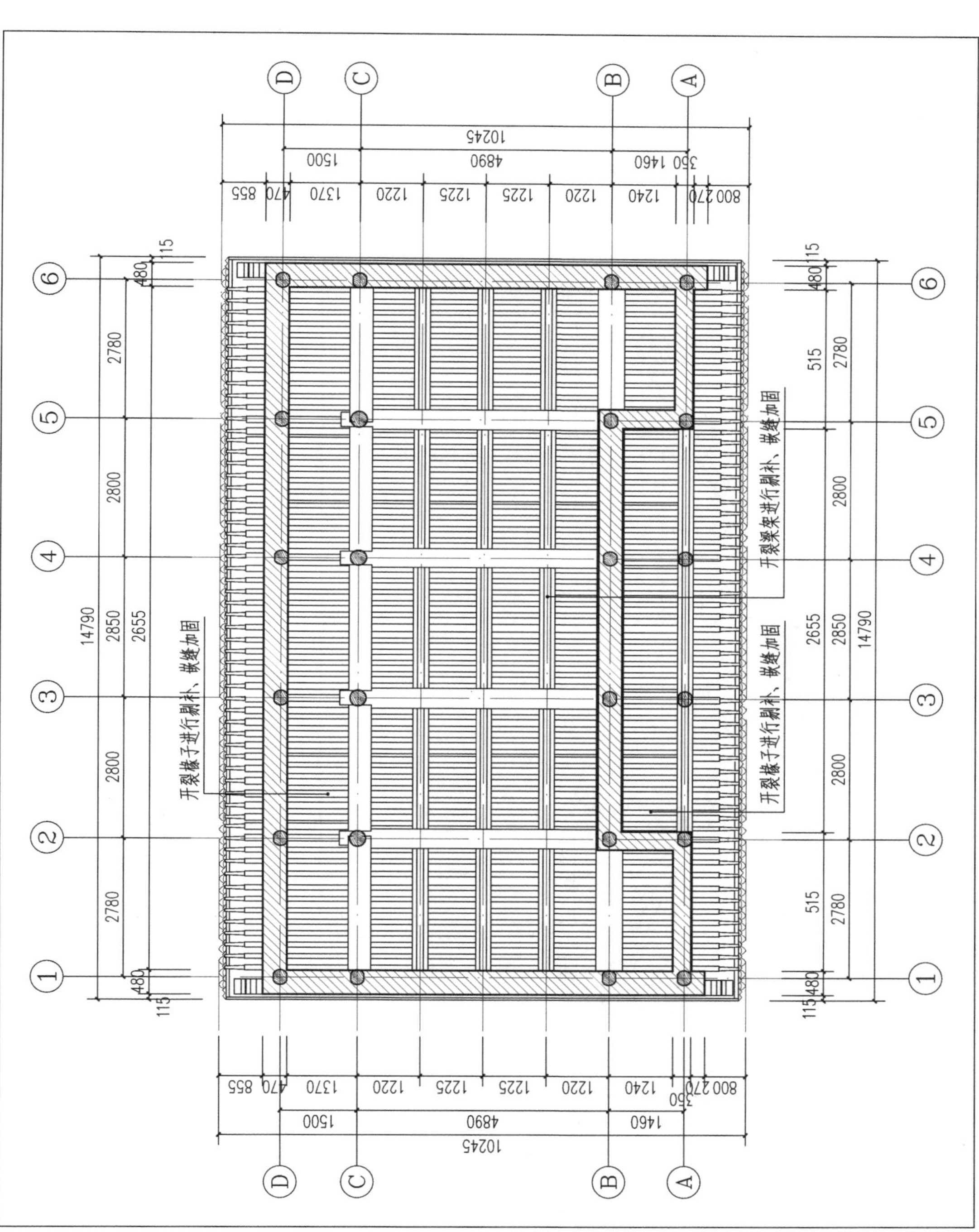
D
C
B
A
10245
1500
4890
350 1460
855 470 1370 1220 1225 1225 1220 1240 270 800
1
2
3
4
5
6
115
480
2780
2800
2850
2655
14790
515
开裂椽子进行剔补、嵌缝加固
开裂梁架进行剔补、嵌缝加固
西忠来体恕厅仰视图

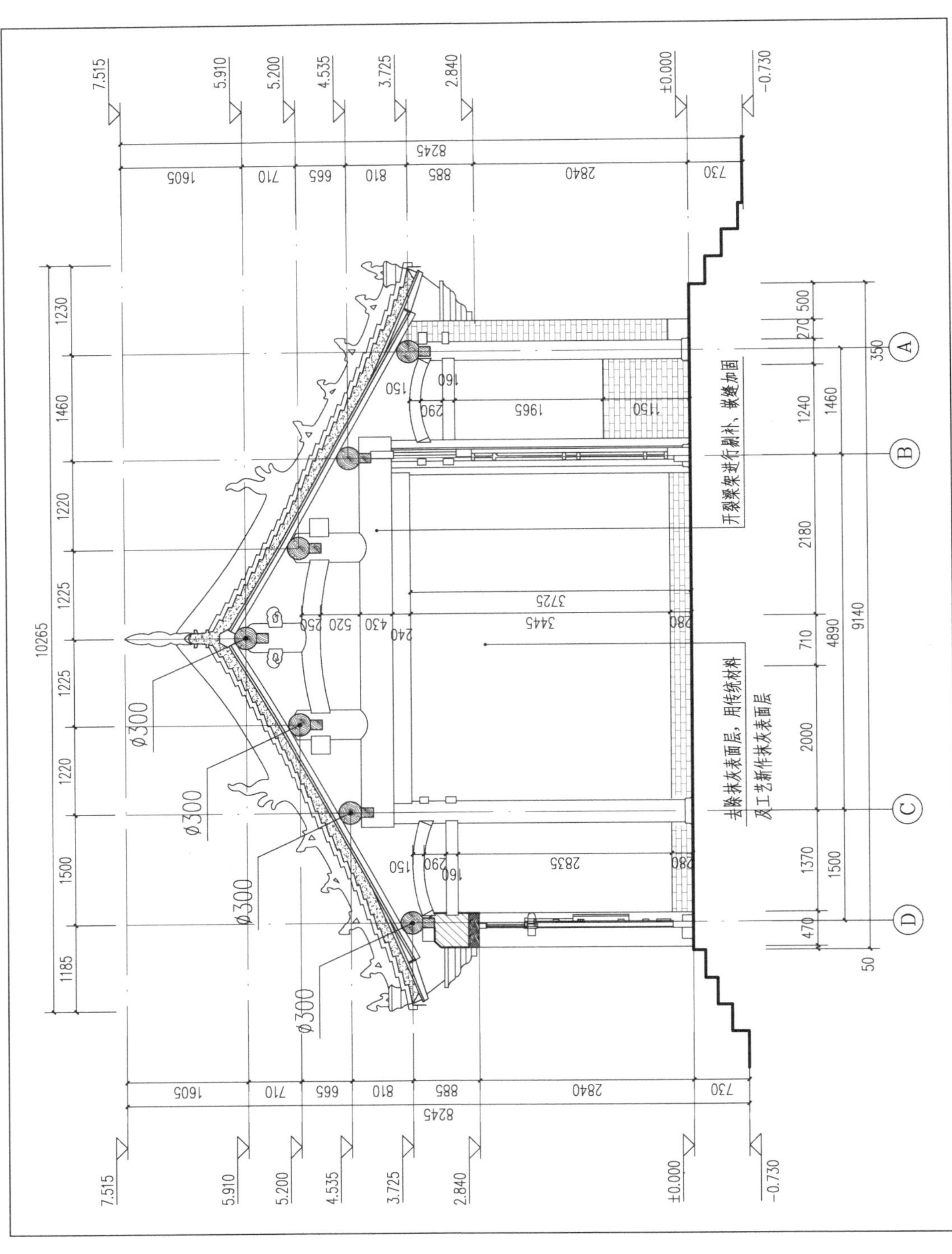

西忠来体恕厅 1-1 剖面图

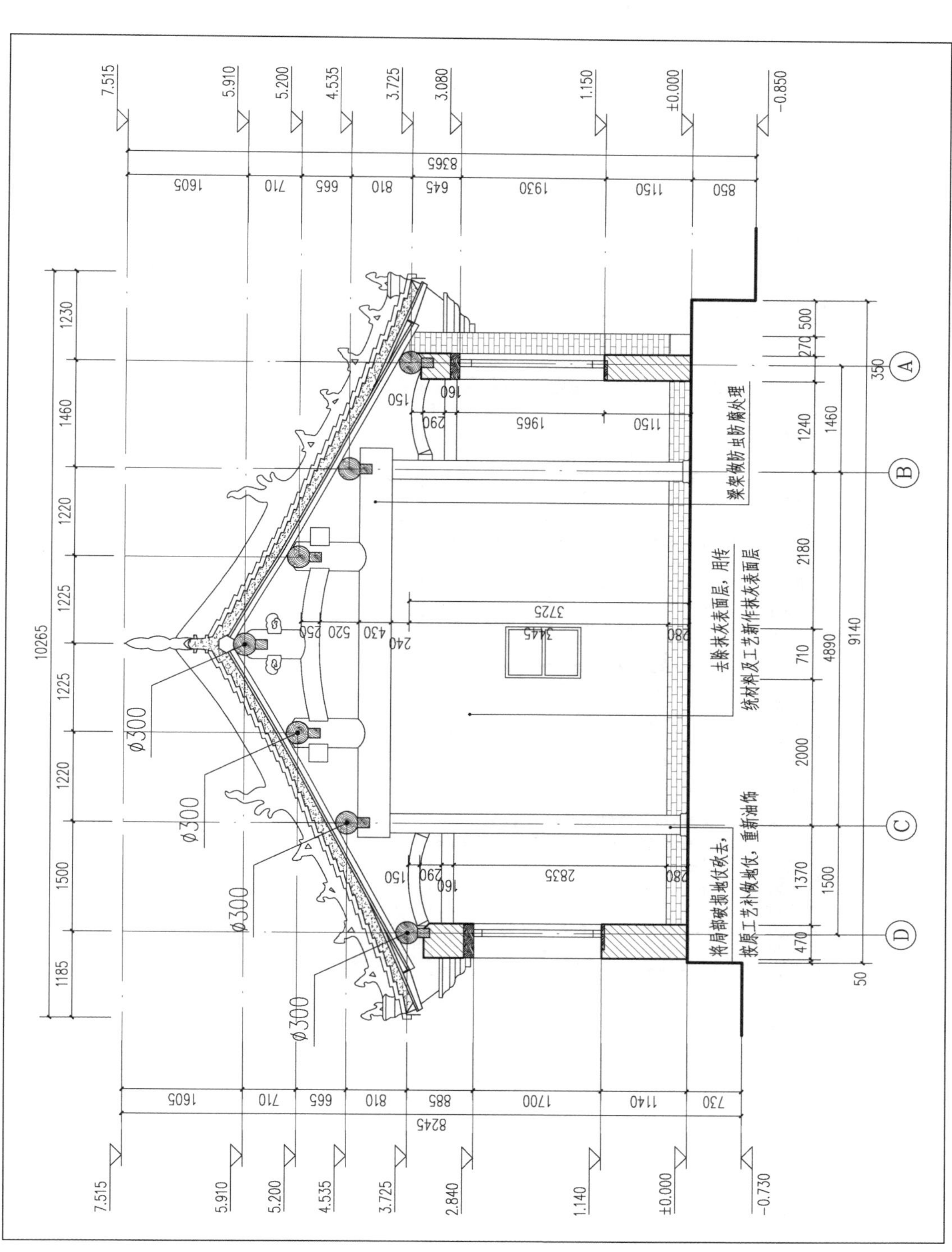

西忠来体恕厅 2-2 剖面图

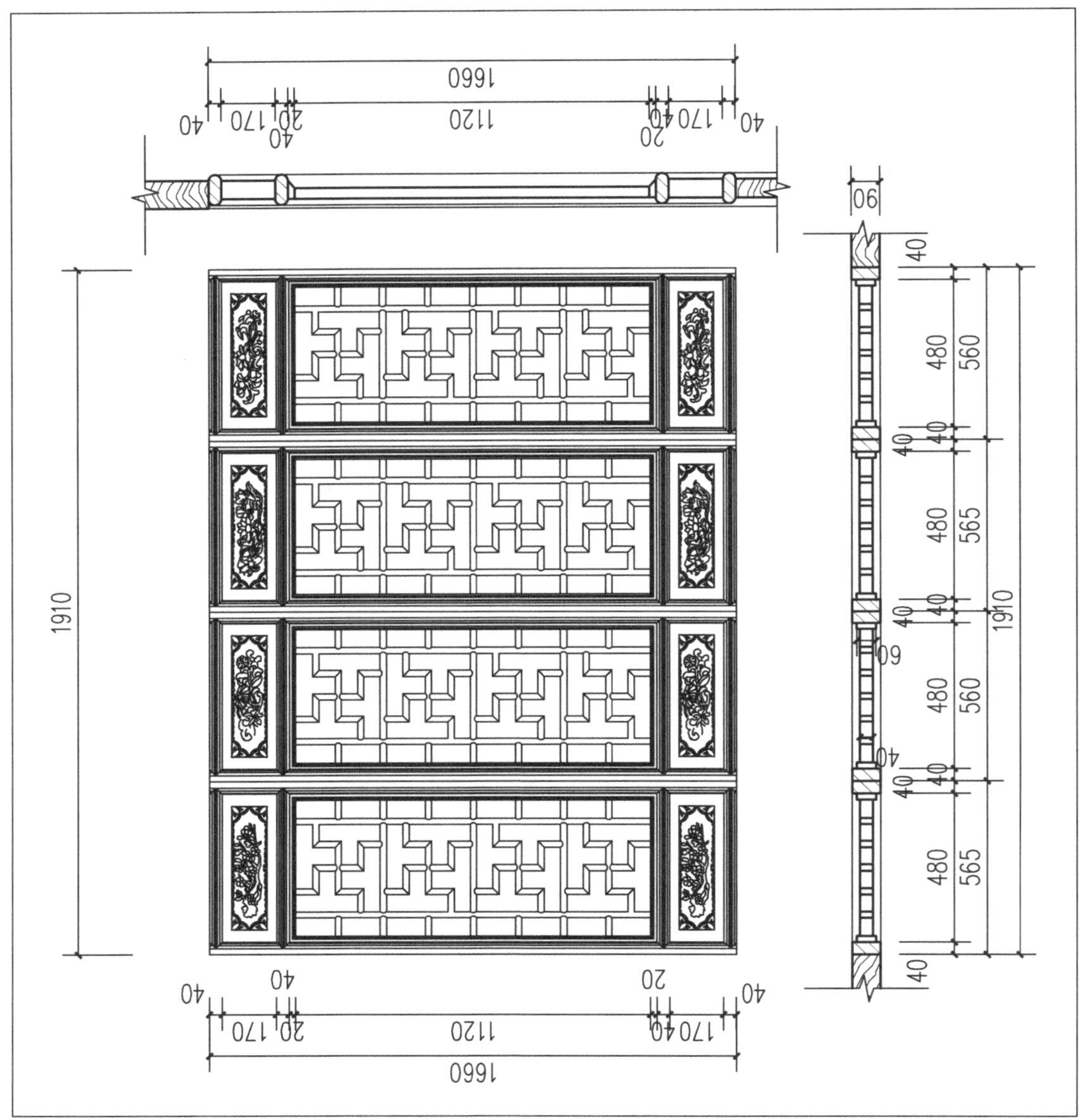

西忠来体恕厅窗户大样图（一）

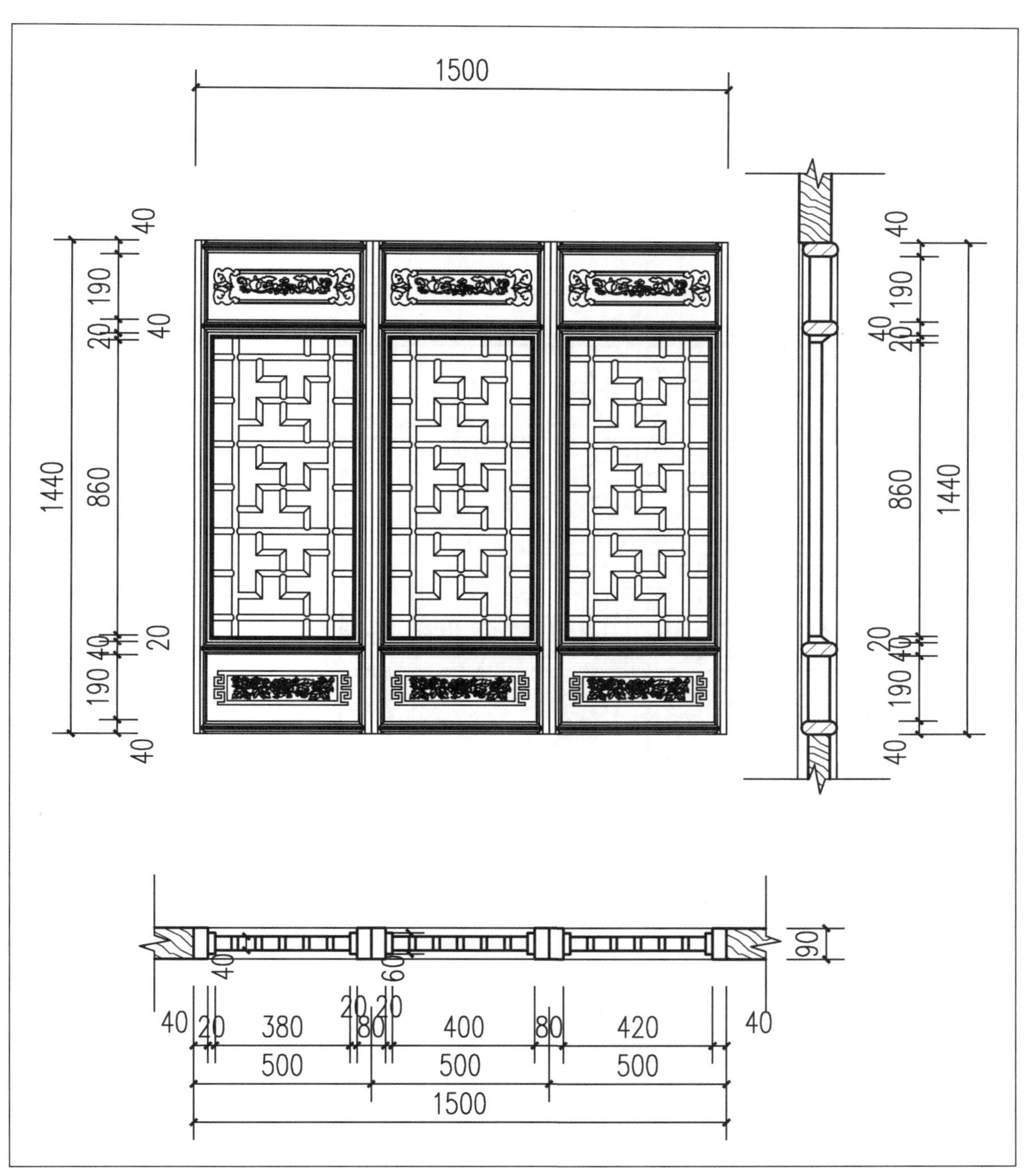

西忠来体恕厅窗户大样图（二）

西忠来体恕厅 M-1 大样图

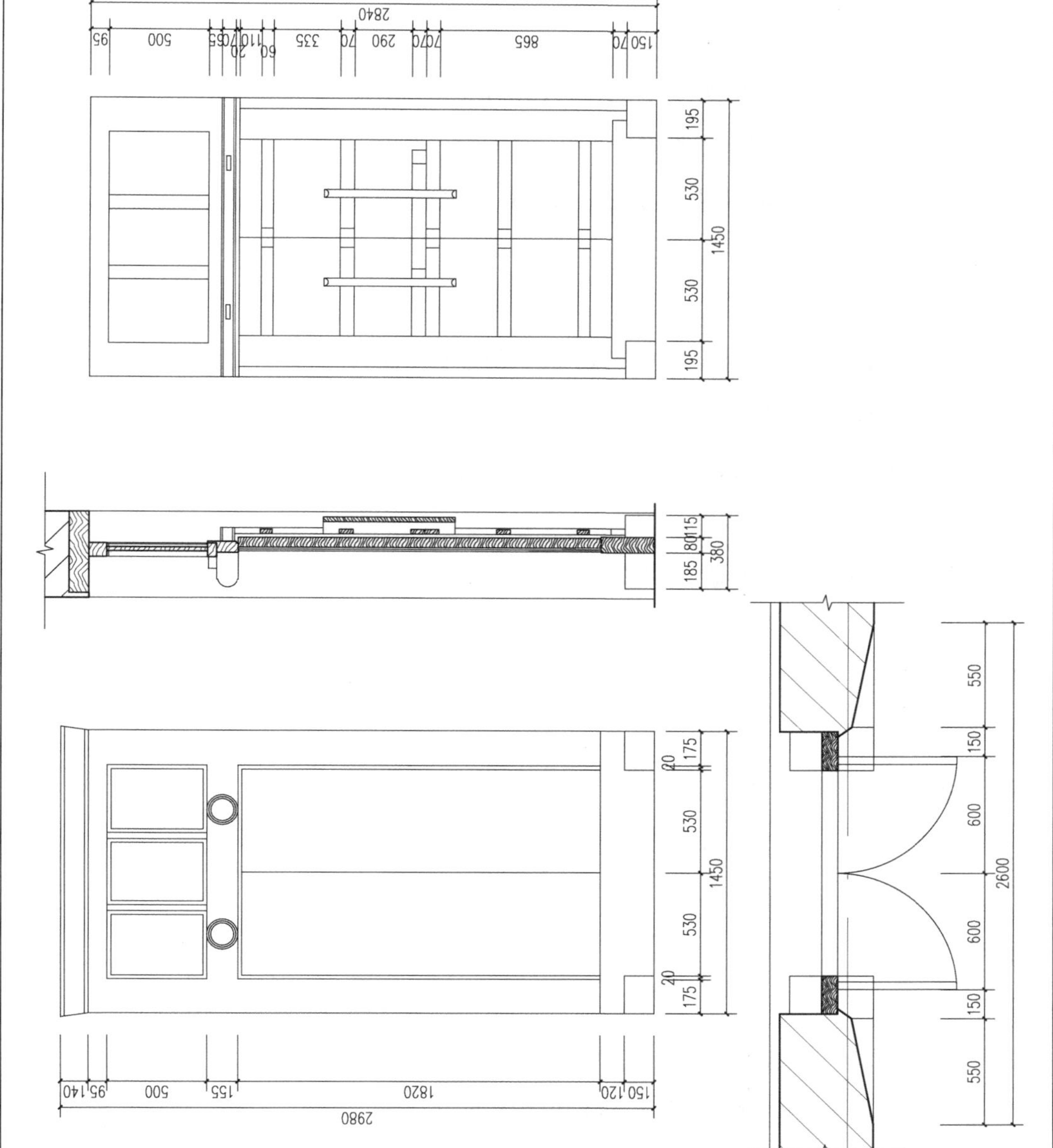

西忠来体恕厅 M-2 大样图

五、西忠来书斋楼

（一）建筑修缮方案

1. 条石墙基

残损类型：位移松动、碎裂、人为改造，残损等级Ⅱ级。

修缮范围及规模：局部条石墙基。

修缮方法：归安，补配缺失的条石，灌浆加固轻微裂缝处，统一重新白灰砂浆勾缝。

2. 青砖墙面

残损类型：磨损、缺棱掉角、人为改造，残损等级Ⅲ级。

修缮范围及规模：前后檐青砖墙面 20 平方米。

修缮方法：采用剔补方法，使用原墙面相一致的青砖补配，恢复青砖墙体。

3. 室内地面

残损类型：磨损、人为改造，残损等级Ⅱ级。

修缮范围及规模：全部室内地面。

修缮方法：清理现有地面至设计标高处，按传统工艺重新做三合土地面。

4. 室内墙面

残损类型：墙皮剥落、污染，残损等级Ⅱ级。

修缮范围及规模：全部室内墙面皮层。

修缮方法：去除墙体抹灰面层，按传统方法恢复抹灰墙皮层。

5. 梁架

（1）梁

残损类型：糟朽、顺缝开裂，残损等级Ⅱ级。

修缮范围及规模：30% 顺缝开裂、虫蛀糟朽严重。

修缮方法：拆除屋面后，打牮拨正外闪、位移立柱及上部梁架，加固连接部位。对糟朽、开裂构件进行剔补、嵌缝加固，严重的可以更换，补配缺失构件，构件统一进行防虫防腐处理。受白蚁蛀蚀的梁架构件采取药剂除虫，清除白蚁，蛀蚀严重构件进行剔补加固或予以更换。

（2）檩椽

残损类型：雨水糟朽、顺缝开裂，残损等级Ⅲ级。

修缮范围及规模：檩与椽子 30% 雨水糟朽、顺缝开裂严重。

修缮方法：拆除屋面后，打牮拨正外闪、位移立柱及上部梁架，加固连接部位。对糟朽、开裂构件进行剔补、嵌缝加固，严重的可以更换，补配缺失构件，构件统一进行防虫防腐处理。受白蚁蛀蚀的梁架构件采取药剂除虫，清除白蚁，蛀蚀严重构件进行剔补加固或予以更换。

6. 装修

残损类型：破损、裂缝，残损等级Ⅱ级。

修缮方法：现有门窗保存基本完整，故仅对门窗进行修整或补配。

7. 屋面

（1）望板

残损类型：破损、裂缝，残损等级Ⅰ级。

修缮范围及规模：全部望板。

修缮方法：对屋面做防潮处理。

（2）瓦件

残损类型：缺失、碎裂松动，残损等级Ⅲ级。

修缮范围及规模：局部瓦顶。

修缮方法：按传统工艺补配、剔补屋面瓦件。揭取瓦顶、脊，配制残损瓦件，重新苫背、挂瓦、调脊。瓦顶做法 a. 铺订条编望板；b.60 毫米厚滑秆泥背；c.30 毫米厚苫青灰背；d. 挂瓦；e. 安装补配脊。

（二）修缮设计图纸

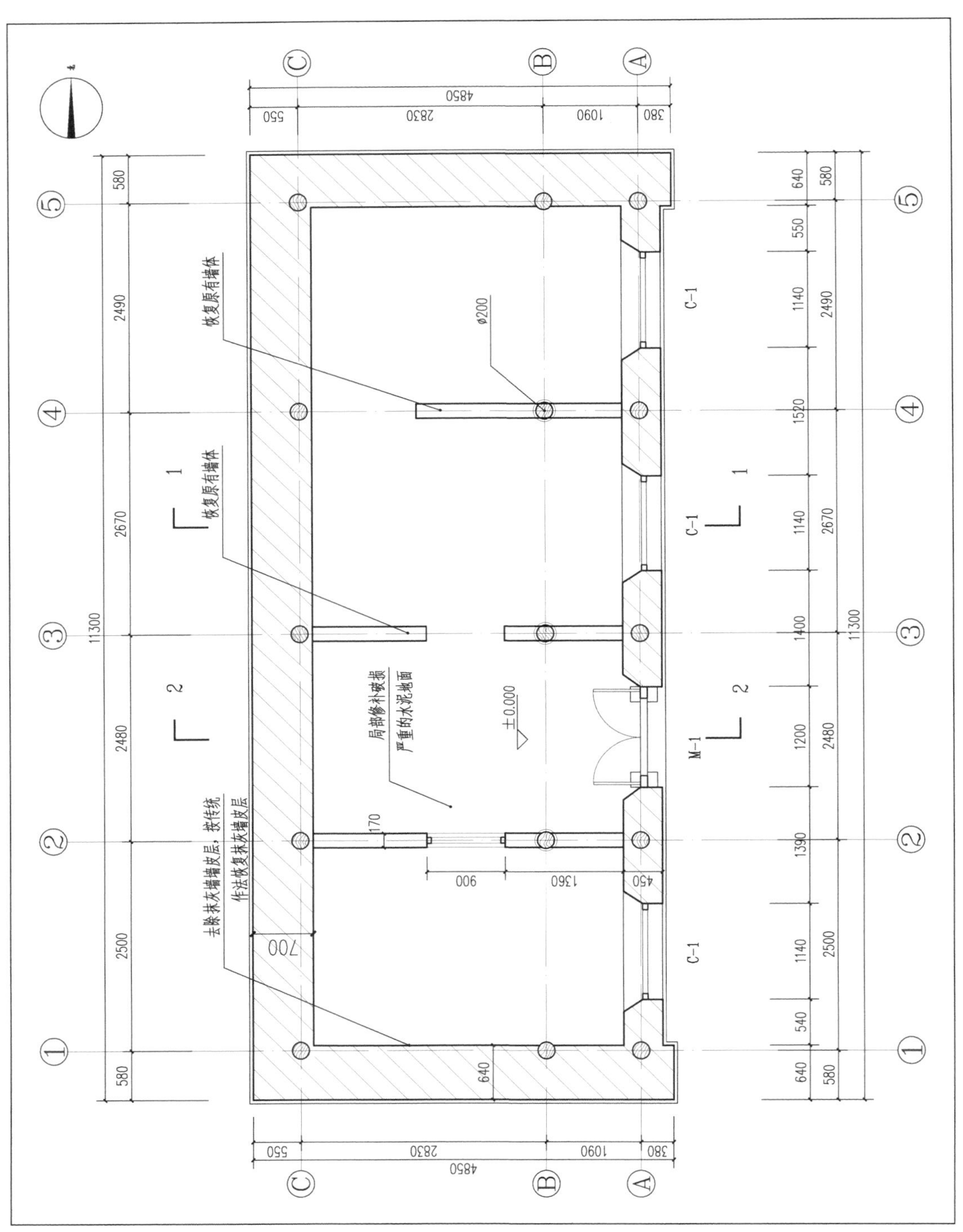

西忠来书斋楼一层平面图

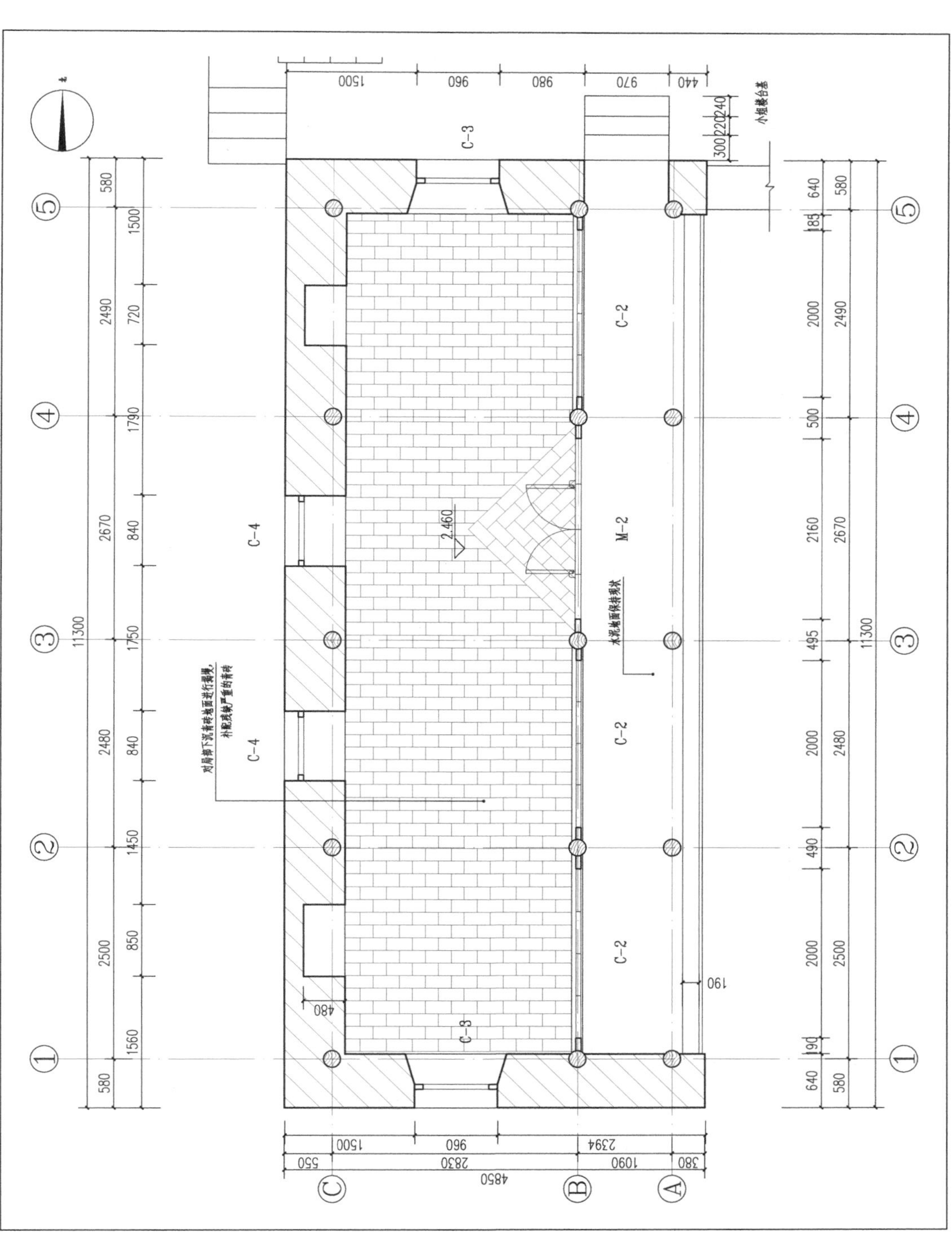

西忠来书斋楼二层平面图

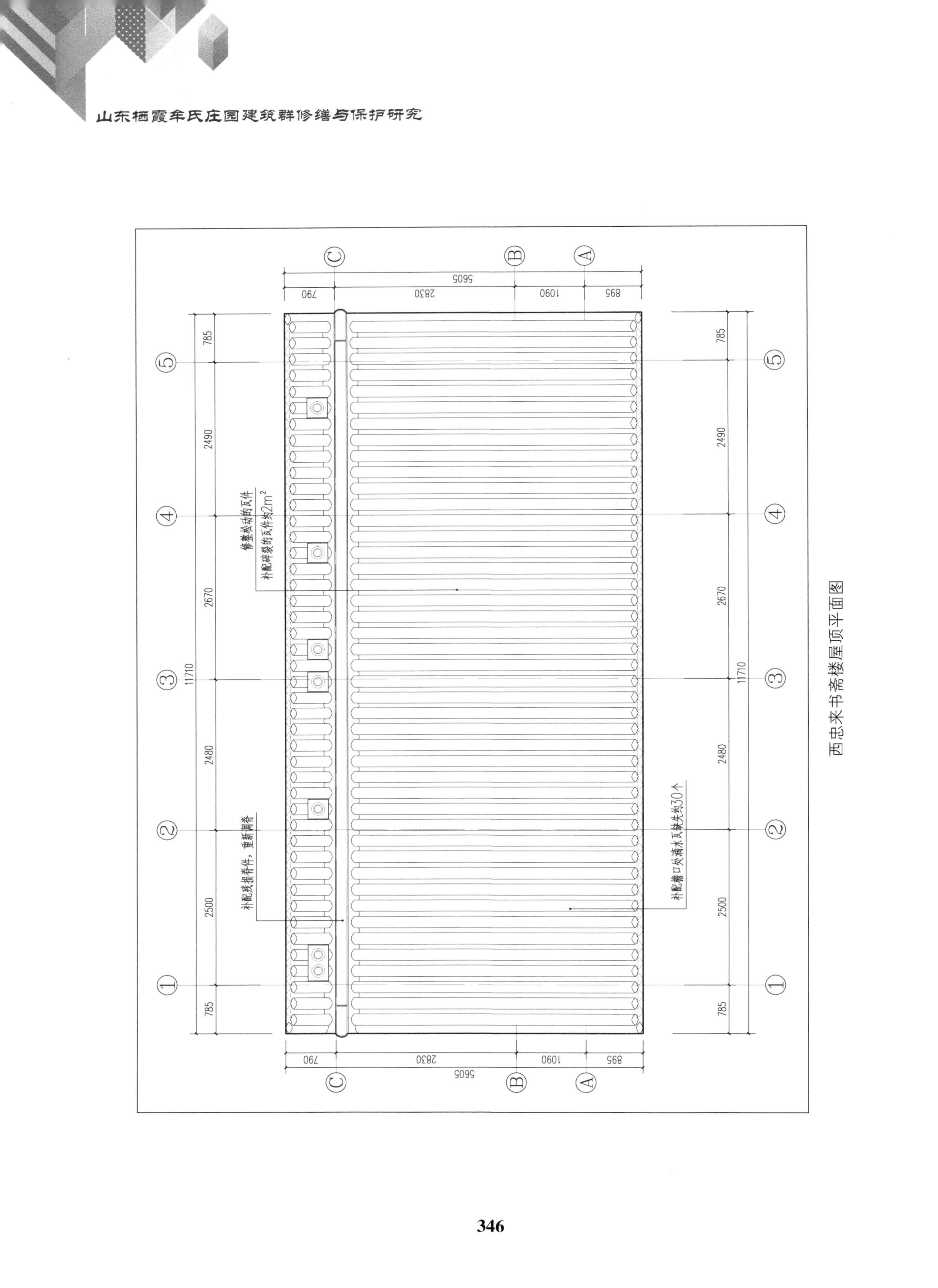

修整松动的瓦件
补配碎裂的瓦件约2m²

补配残损脊件，重新调脊

补配檐口处滴水瓦缺失约30个

西忠来书斋楼屋顶平面图

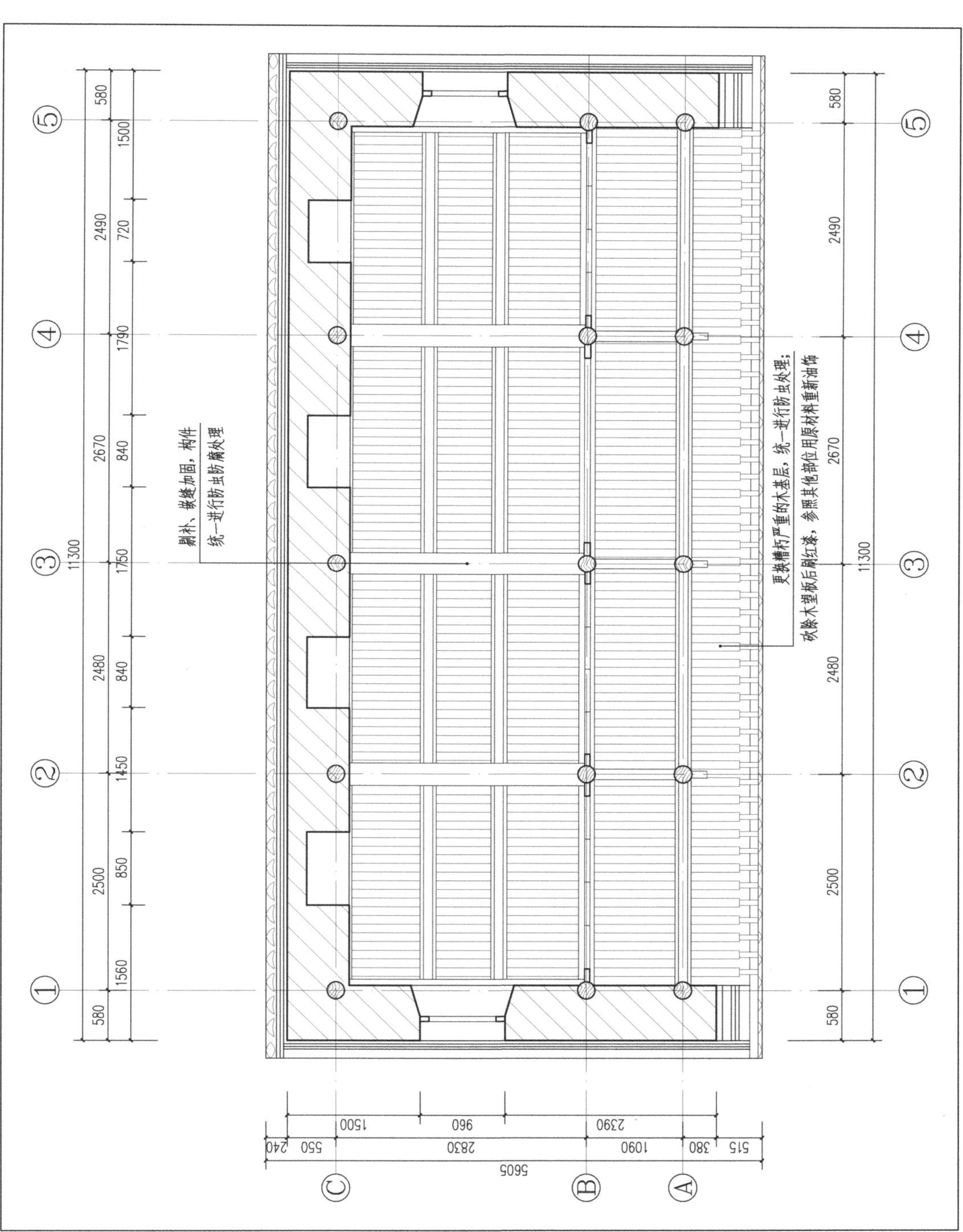

西忠来书斋楼屋架仰视平面图

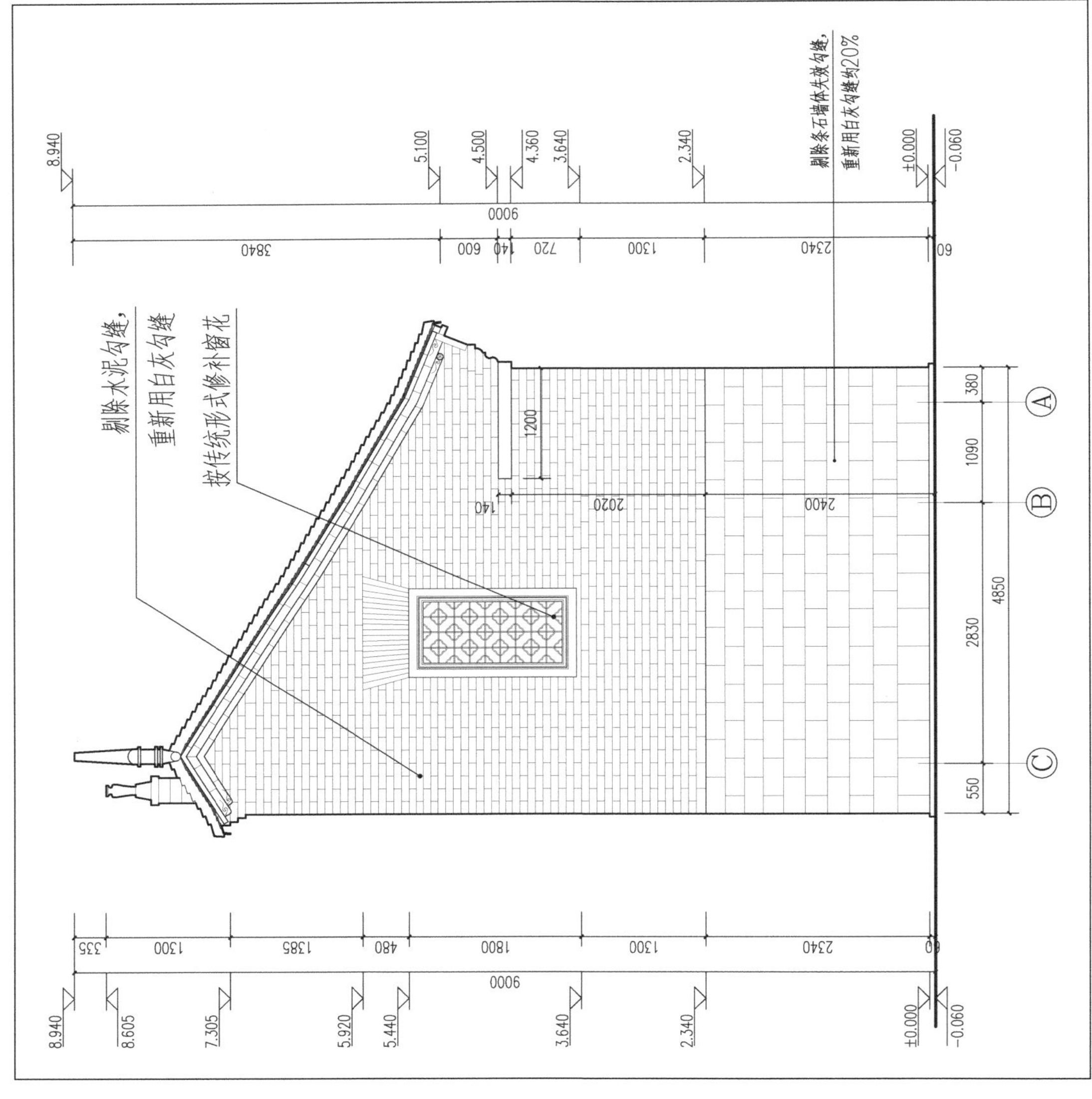

西忠来书斋楼南立面图

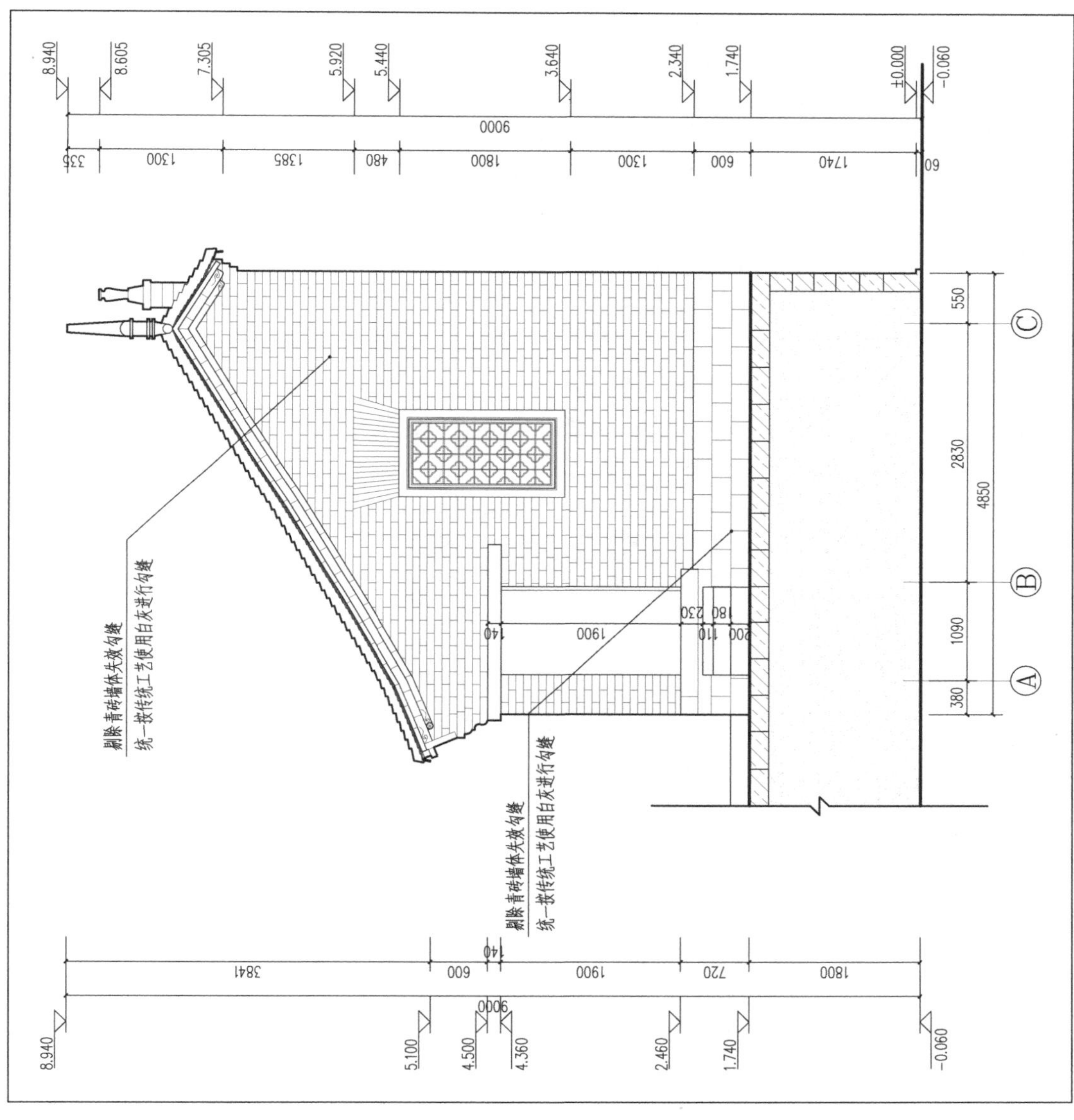
剔除青砖墙体失效勾缝
统一按传统工艺使用白灰进行勾缝
剔除青砖墙体失效勾缝
统一按传统工艺使用白灰进行勾缝

西忠来书斋楼北立面图

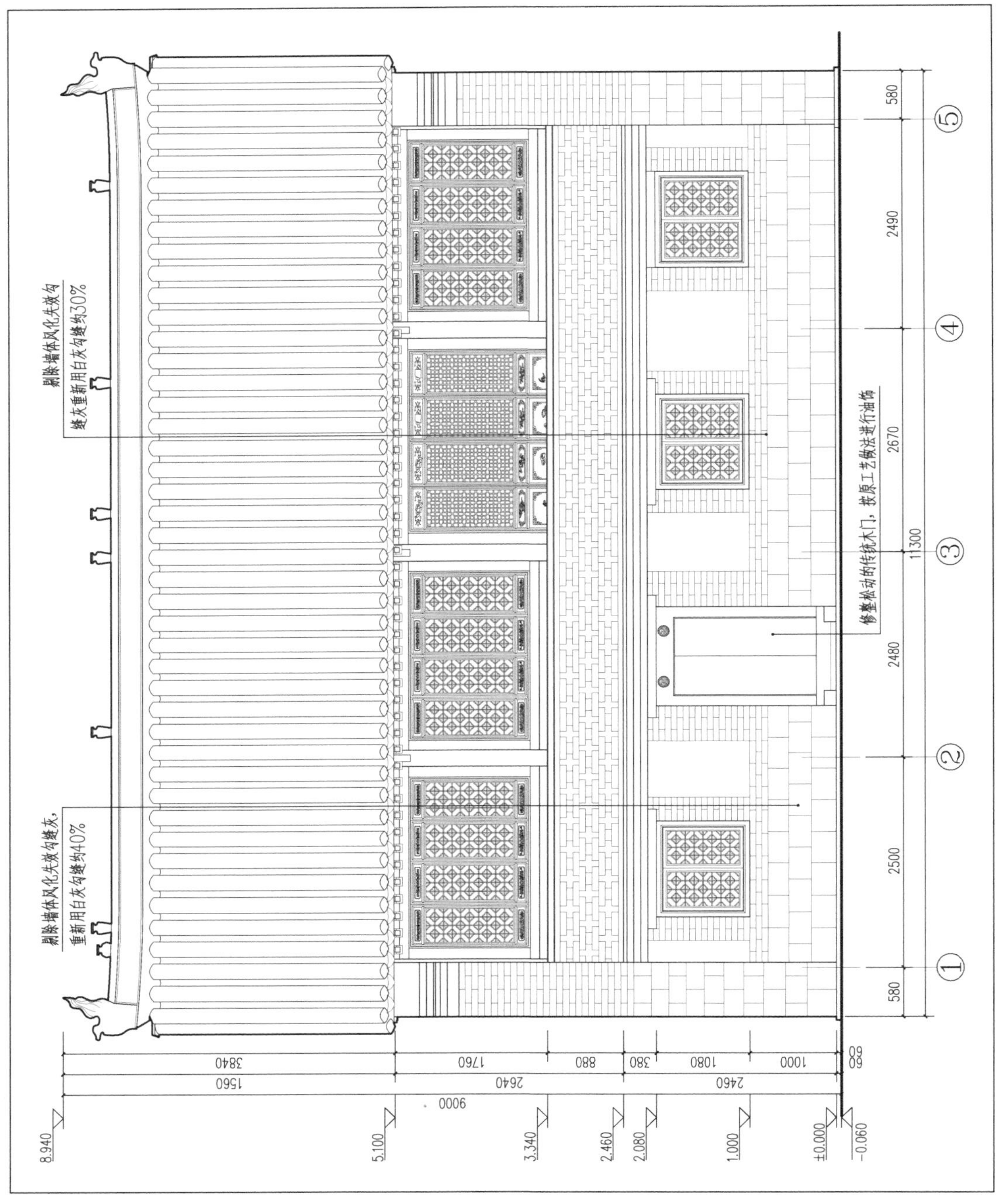
剔除墙体风化失效勾
缝灰重新用白灰勾缝约30%
剔除墙体风化失效勾缝灰，
重新用白灰勾缝约40%
修整松动的传统木门，按原工艺做法进行油饰
580
2490
2670
11300
2480
2500
580
①
②
③
④
⑤
3840
1560
1760
880
380
1080
1000
60
60
2640
2460
9000
8.940
5.100
3.340
2.460
2.080
1.000
±0.000
-0.060
西忠来书斋楼东立面图

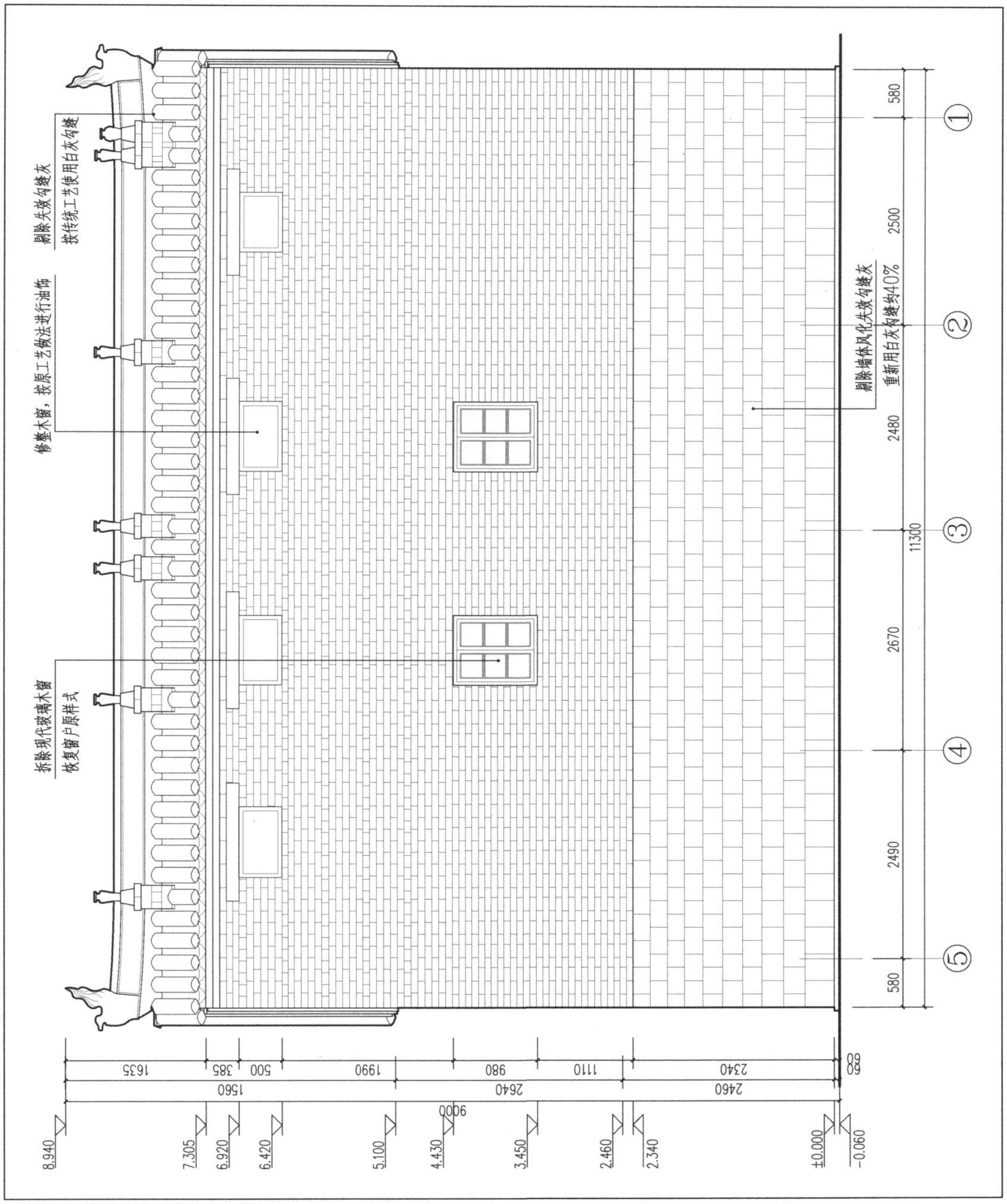

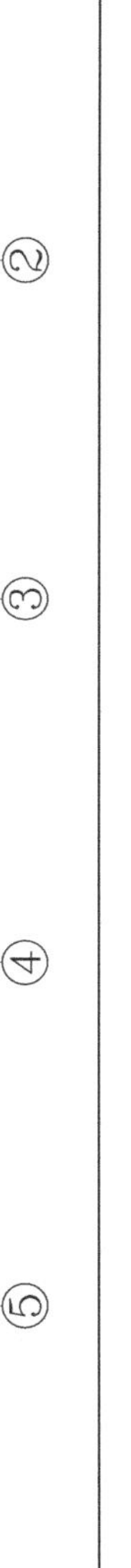

西忠来书斋楼西立面图

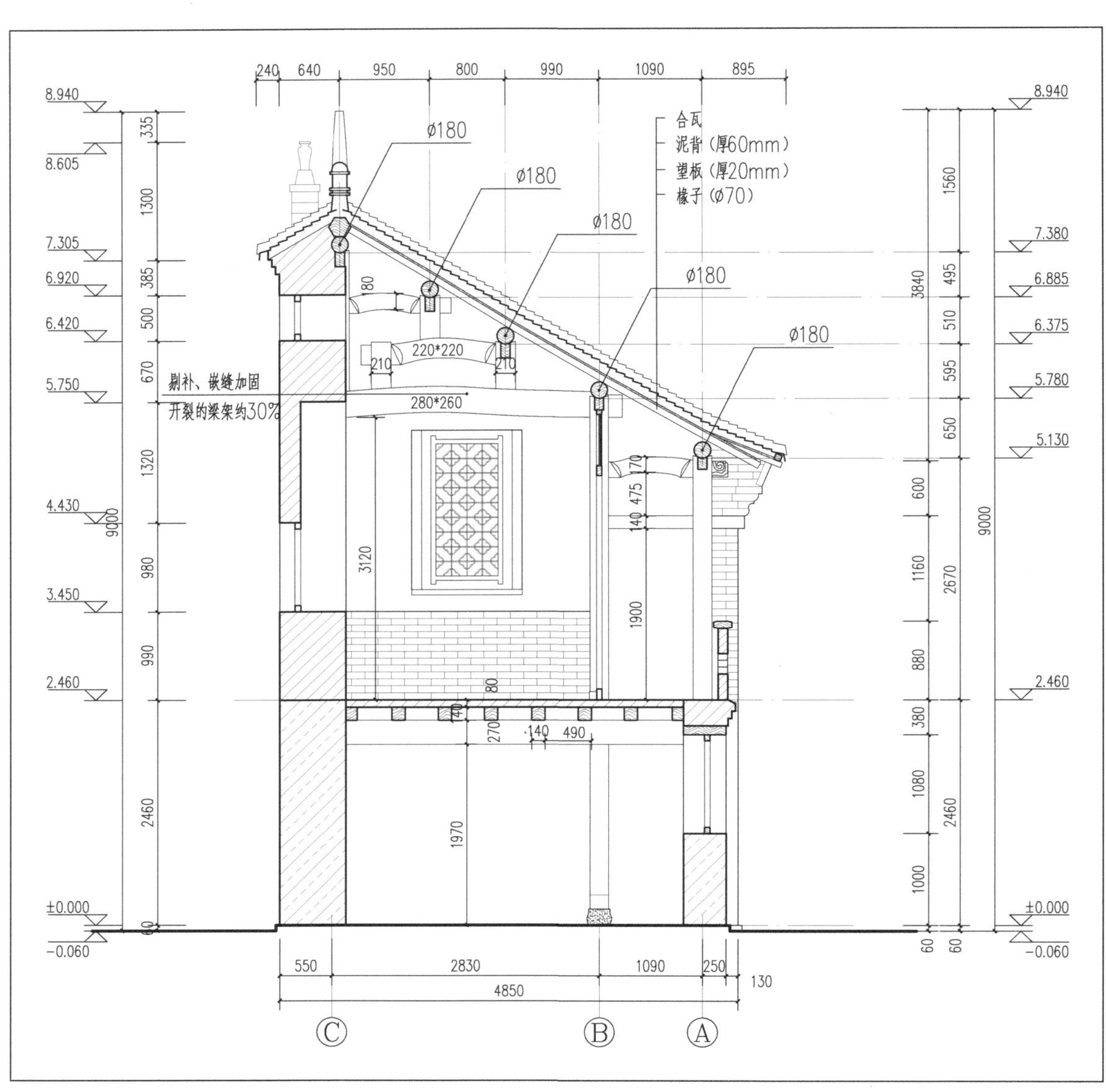

西忠来书斋楼 1-1 剖面图

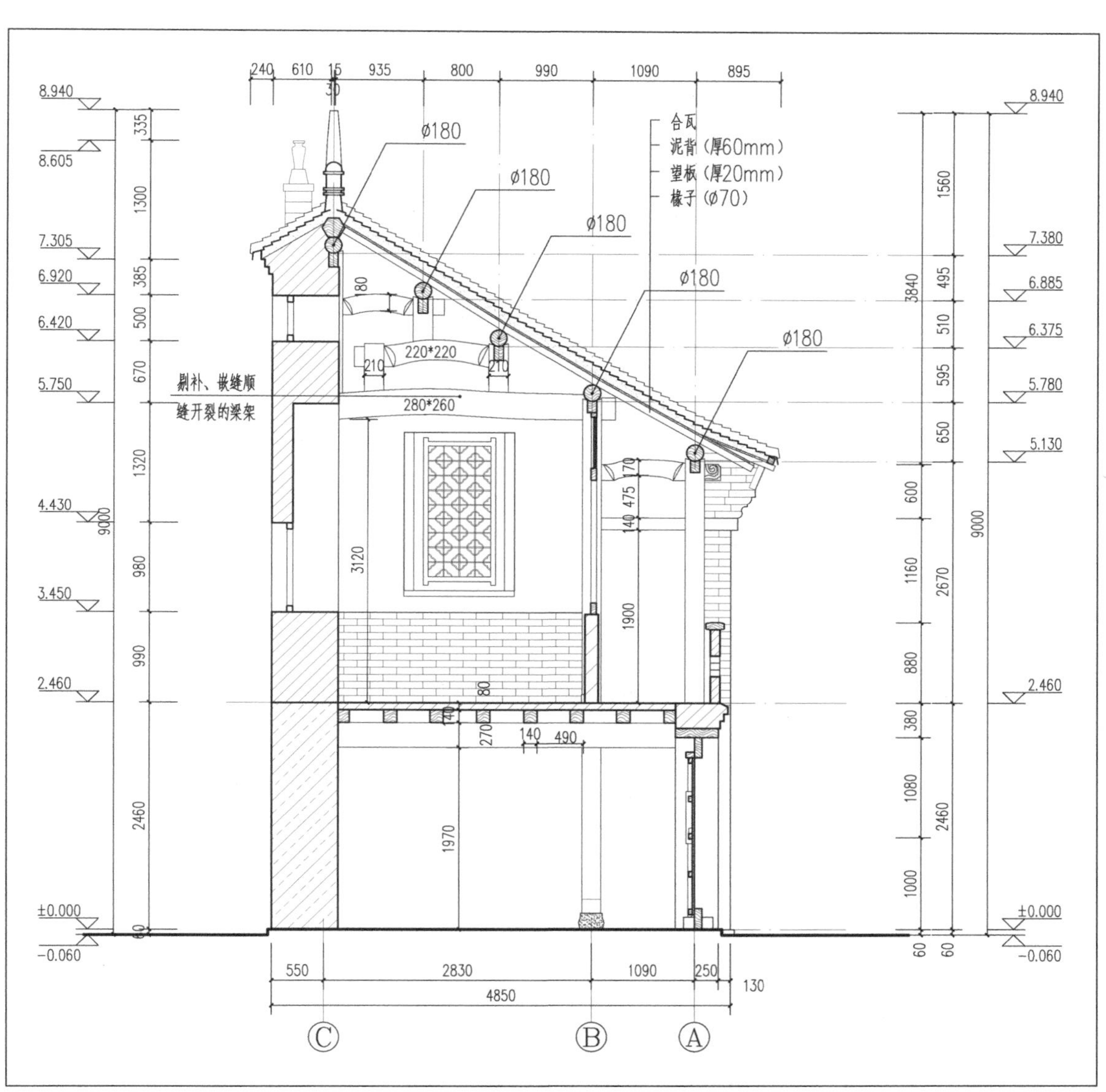

西忠来书斋楼 2-2 剖面图

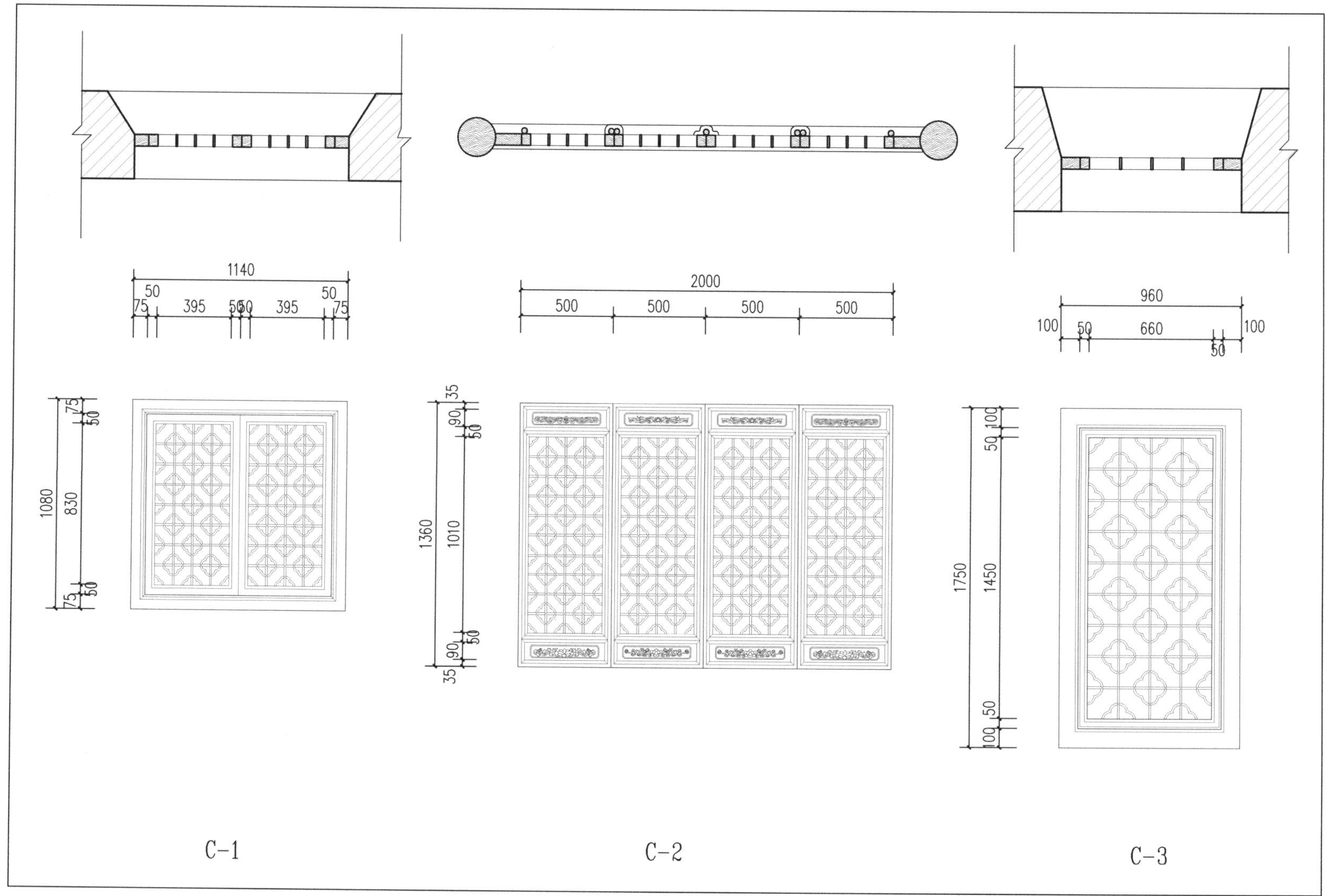

西忠来书斋楼门窗大样

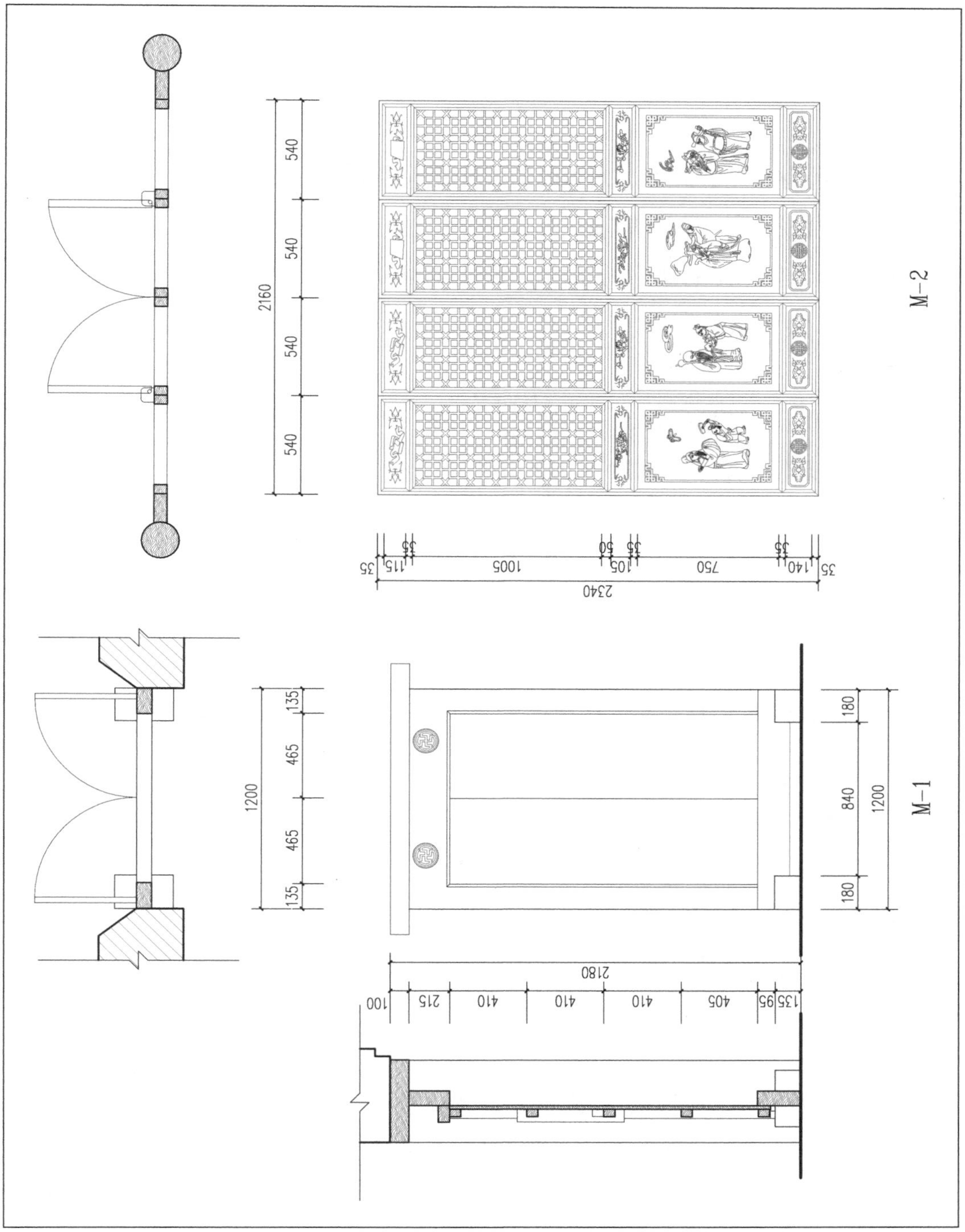
M-2
2160
540
540
540
540
2340
35
115
35
1005
50
105
35
750
35
140
35
M-1
1200
135
465
465
135
180
840
1200
180
2180
100
215
410
410
410
405
95
135

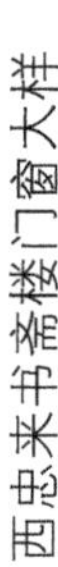

西忠来书斋楼门窗大样

六、西忠来小姐楼

（一）建筑修缮方案

1. 条石墙基

残损类型：位移松动、碎裂、人为改造，残损等级Ⅱ级。

修缮范围及规模：局部条石墙基。

修缮方法：归安，补配缺失的条石，灌浆加固轻微裂缝处，统一重新白灰砂浆勾缝。

2. 青砖墙面

残损类型：磨损、缺棱掉角、人为改造、开裂，残损等级Ⅲ级。

修缮范围及规模：青砖墙面 20 平方米。

修缮方法：采用剔补方法，使用原墙面相一致的青砖补配，恢复青砖墙体。

3. 室内地面

残损类型：磨损、人为改造，残损等级Ⅲ级。

修缮范围及规模：全部室内地面。

修缮方法：清理现有地面至设计标高处，按传统工艺重新做三合土地面。二层木地板拆除重铺。

4. 室内墙面

残损类型：墙皮剥落、污染，残损等级Ⅱ级。

修缮范围及规模：全部室内墙面皮层。

修缮方法：去除墙体抹灰面层，按传统方法恢复抹灰墙皮层。

5. 梁架

（1）梁

残损类型：糟朽、顺缝开裂，残损等级Ⅲ级。

修缮范围及规模：30% 顺缝开裂、虫蛀糟朽严重。

修缮方法：拆除屋面后，打牮拨正外闪、位移立柱及上部梁架，加固连接部位。对糟朽、开裂构件进行剔补、嵌缝加固，严重的可以更换，补配缺失构件，构件统一进行防虫防腐处理。受白蚁蛀蚀的梁架构件采取药剂除虫，清除白蚁，蛀蚀严重构件进行剔补加固或予以更换。

（2）檩椽

残损类型：雨水糟朽、顺缝开裂，残损等级Ⅱ级。

修缮范围及规模：檩与椽子 30% 雨水糟朽、顺缝开裂严重。

修缮方法：拆除屋面后，打牮拨正外闪、位移立柱及上部梁架，加固连接部位。对糟朽、开裂构件进行剔补、嵌缝加固，严重的可以更换，补配缺失构件，构件统一进行防虫防腐处理。受白蚁蛀蚀的梁架构件采取药剂除虫，清除白蚁，蛀蚀严重构件进行剔补加固或予以更换。

6. 装修

残损类型：磨损、开裂、人为改造，残损等级Ⅰ级。

修缮方法：现有门窗保存基本完整，故仅对门窗进行修整或补配。

7. 屋面

（1）望板

残损类型：雨水污渍，残损等级Ⅲ级。

修缮范围及规模：望砖潮湿。

修缮方法：对屋面做防潮处理。

（2）瓦件

残损类型：缺失、碎裂松动，残损等级Ⅲ级。

修缮范围及规模：局部瓦顶。

修缮方法：按传统工艺补配、剔补屋面瓦件。

参考措施：揭取瓦顶、脊，配制残损瓦件，重新苫背、挂瓦、调脊。瓦顶做法 a. 铺订条编望板；b.60 毫米厚滑秆泥背；c.30 毫米厚苫青灰背；d. 挂瓦；e. 安装补配脊。

（二）修缮设计图纸

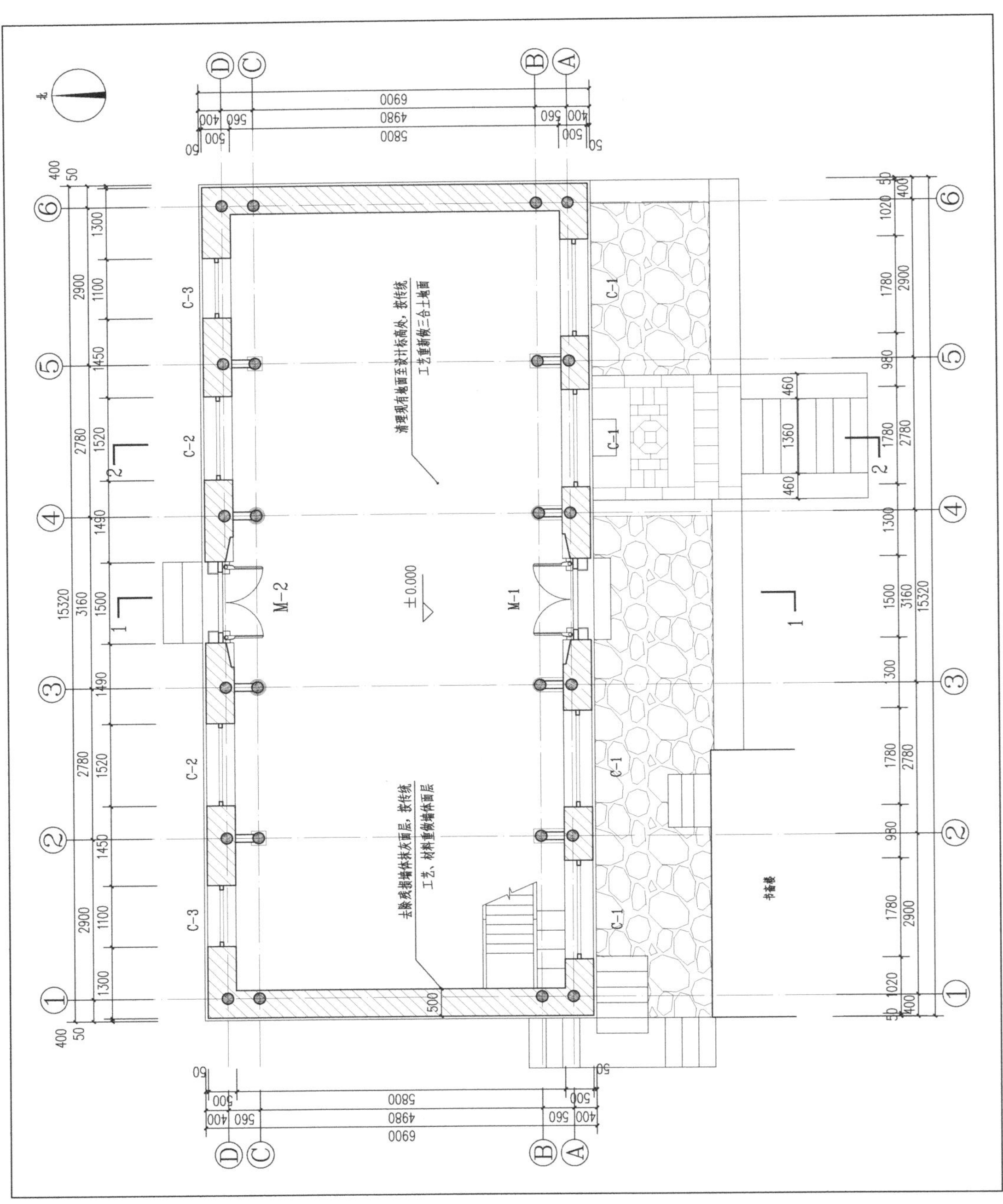

西忠来小姐楼一层平面图

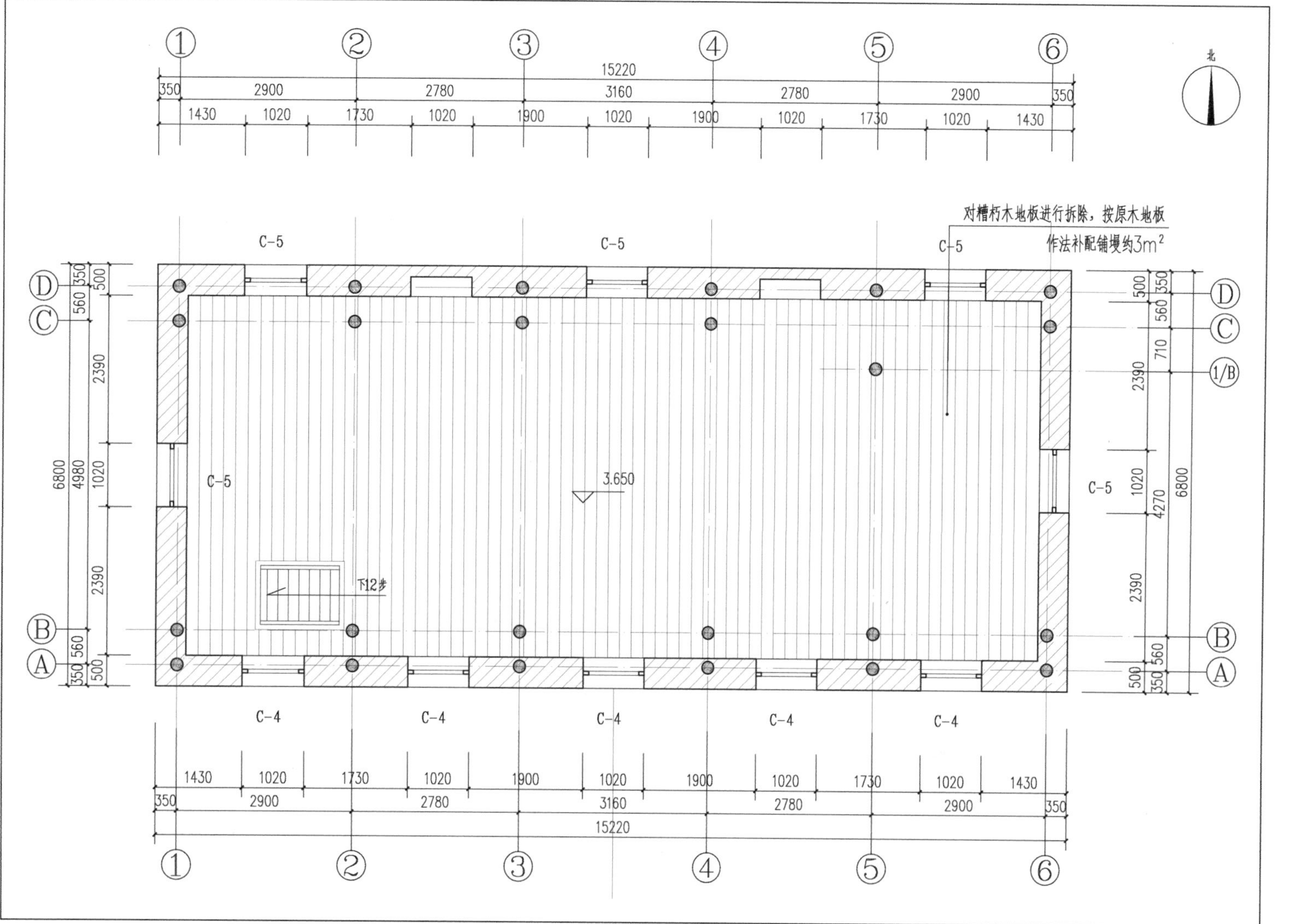

西忠来小姐楼二层平面图

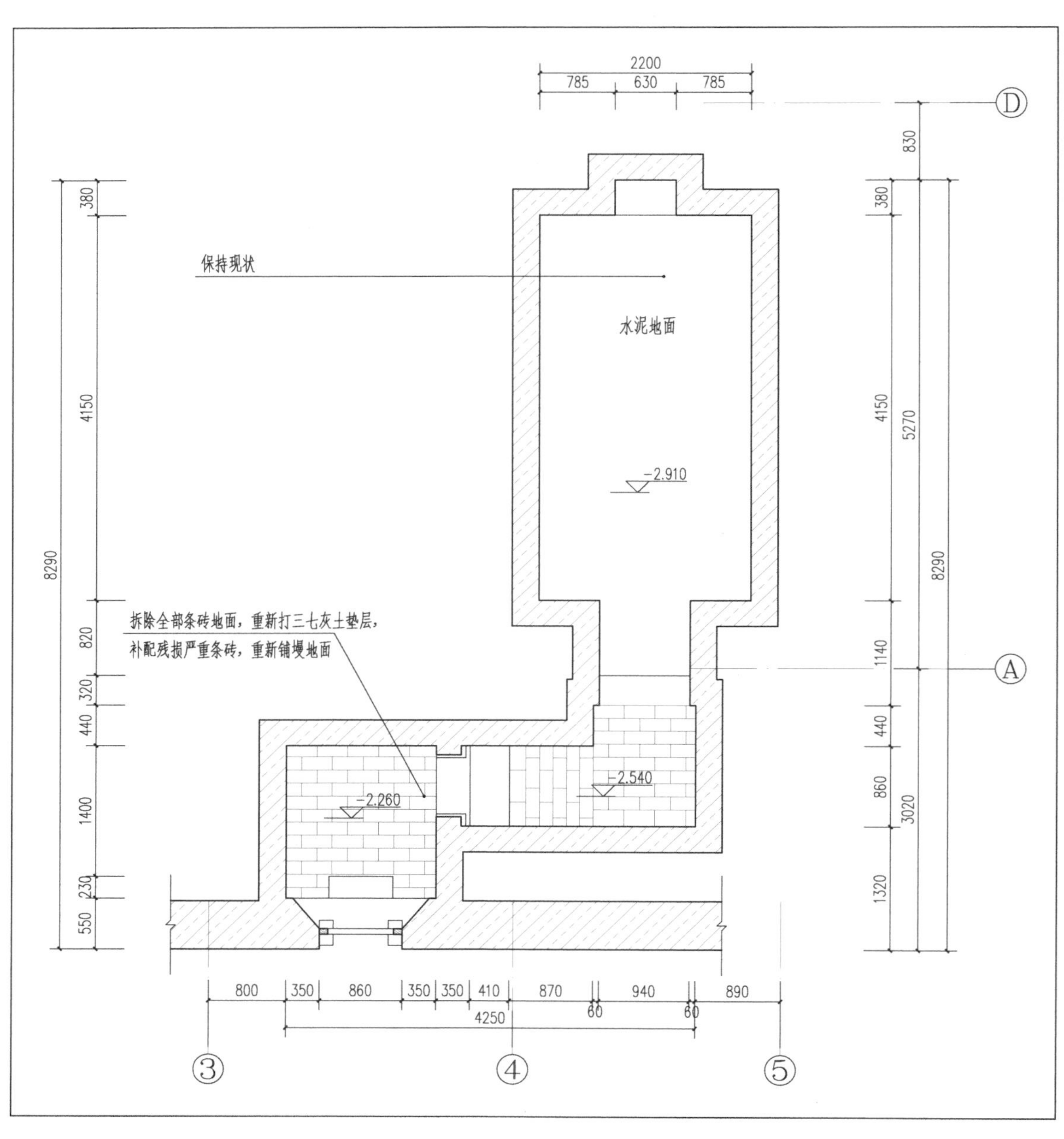

西忠来小姐楼地窖平面图

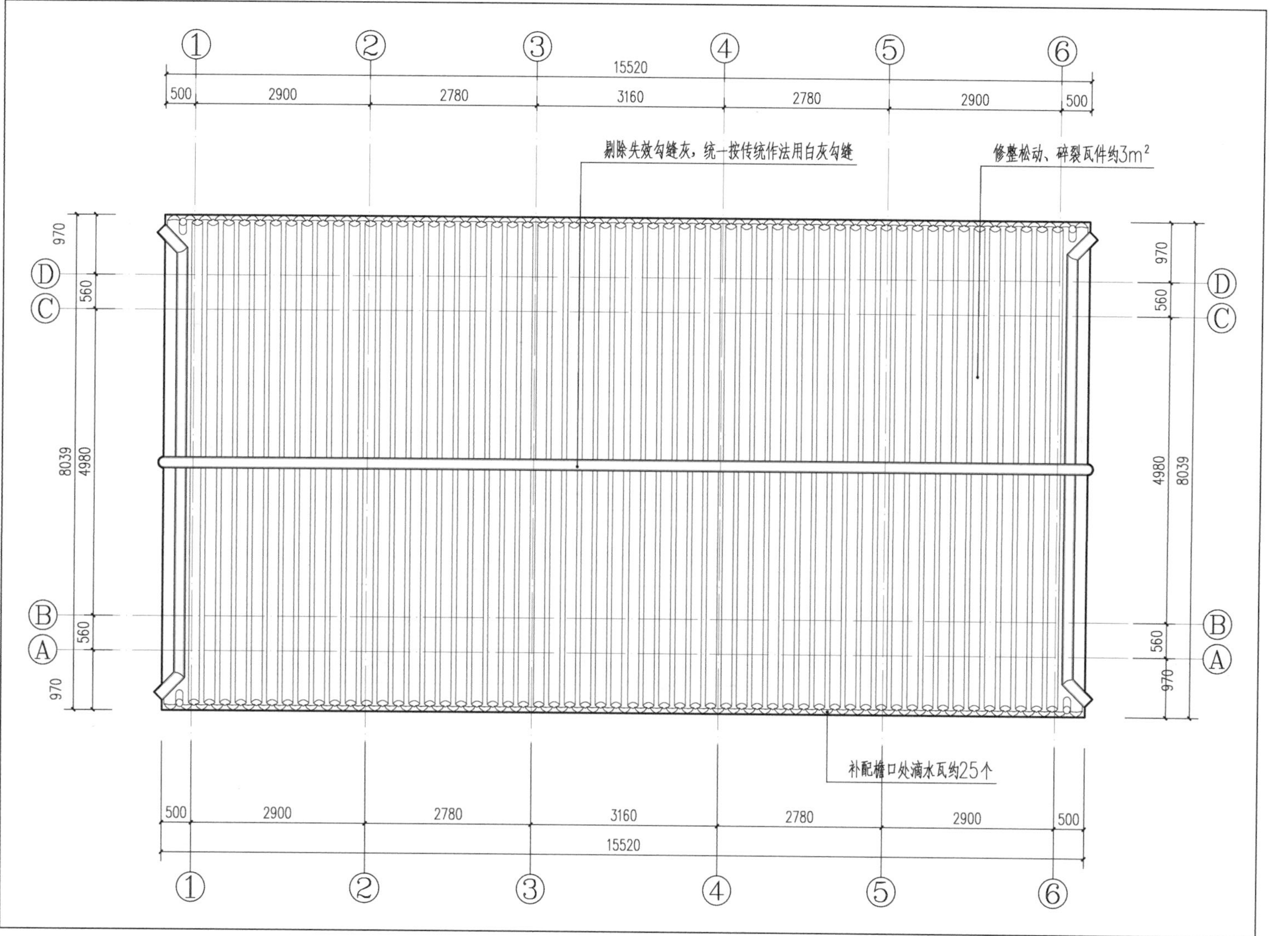

西忠来小姐楼屋顶平面图

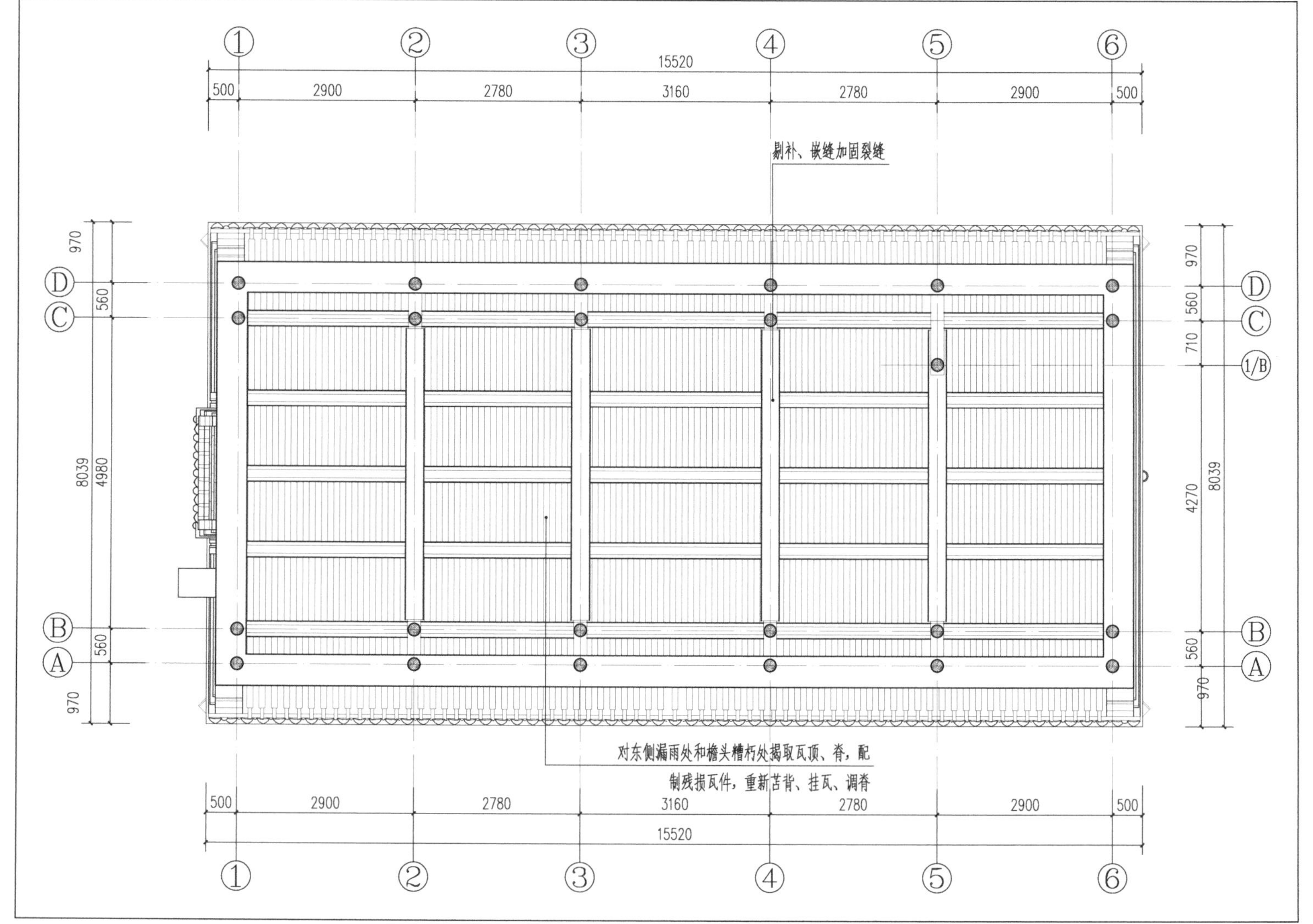

西忠来小姐楼屋架仰视平面图

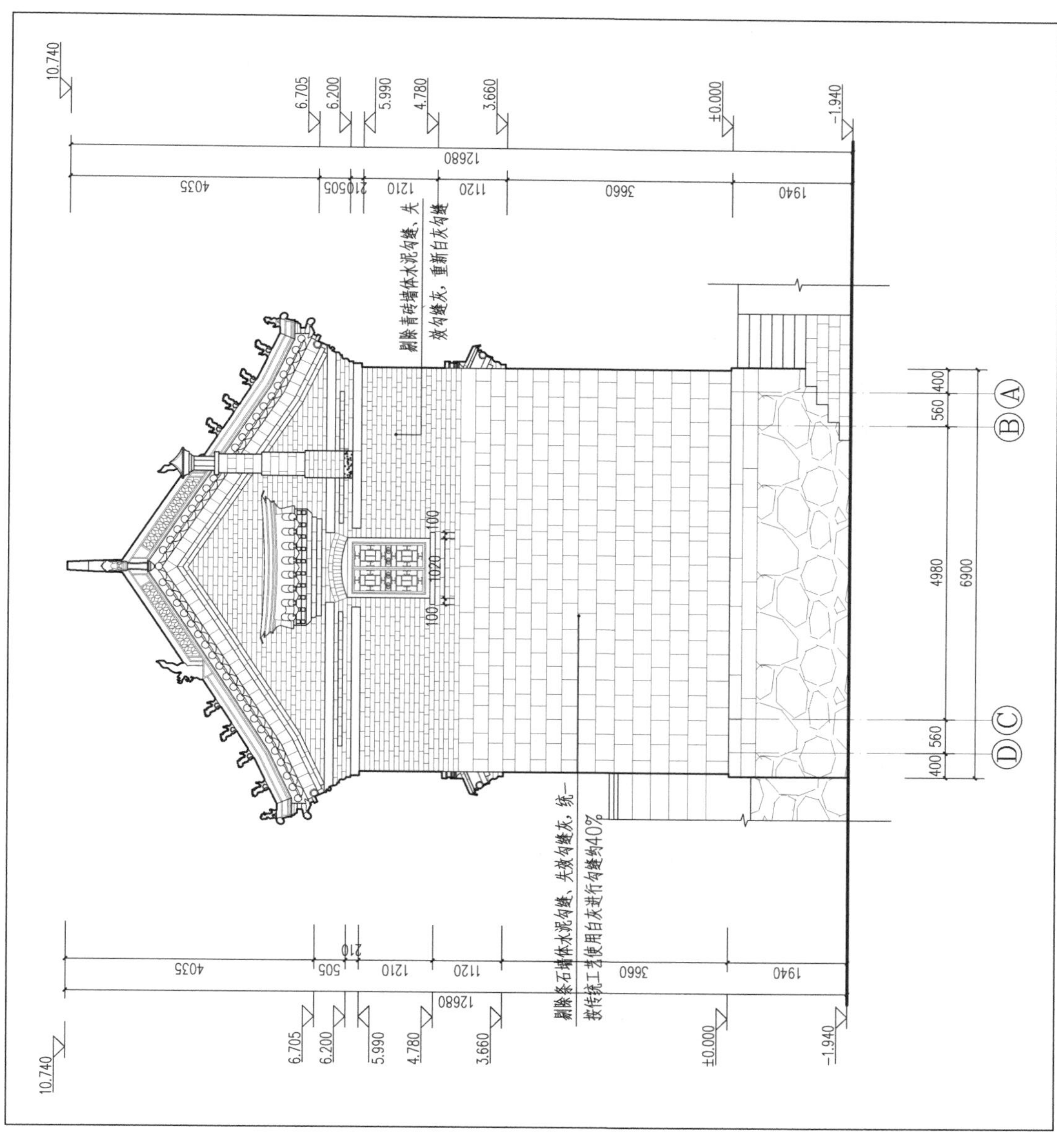
剔除青砖墙体水泥勾缝，失效勾缝灰，重新白灰勾缝
剔除条石墙体水泥勾缝、失效勾缝灰，统一按传统工艺使用白灰进行勾缝约40%
10.740
6.705
6.200
5.990
4.780
3.660
±0.000
-1.940
4035
505
210
1210
1120
3660
1940
12680
1020
100
400
560
4980
6900
A
B
C
D
西忠来小姐楼西立面图

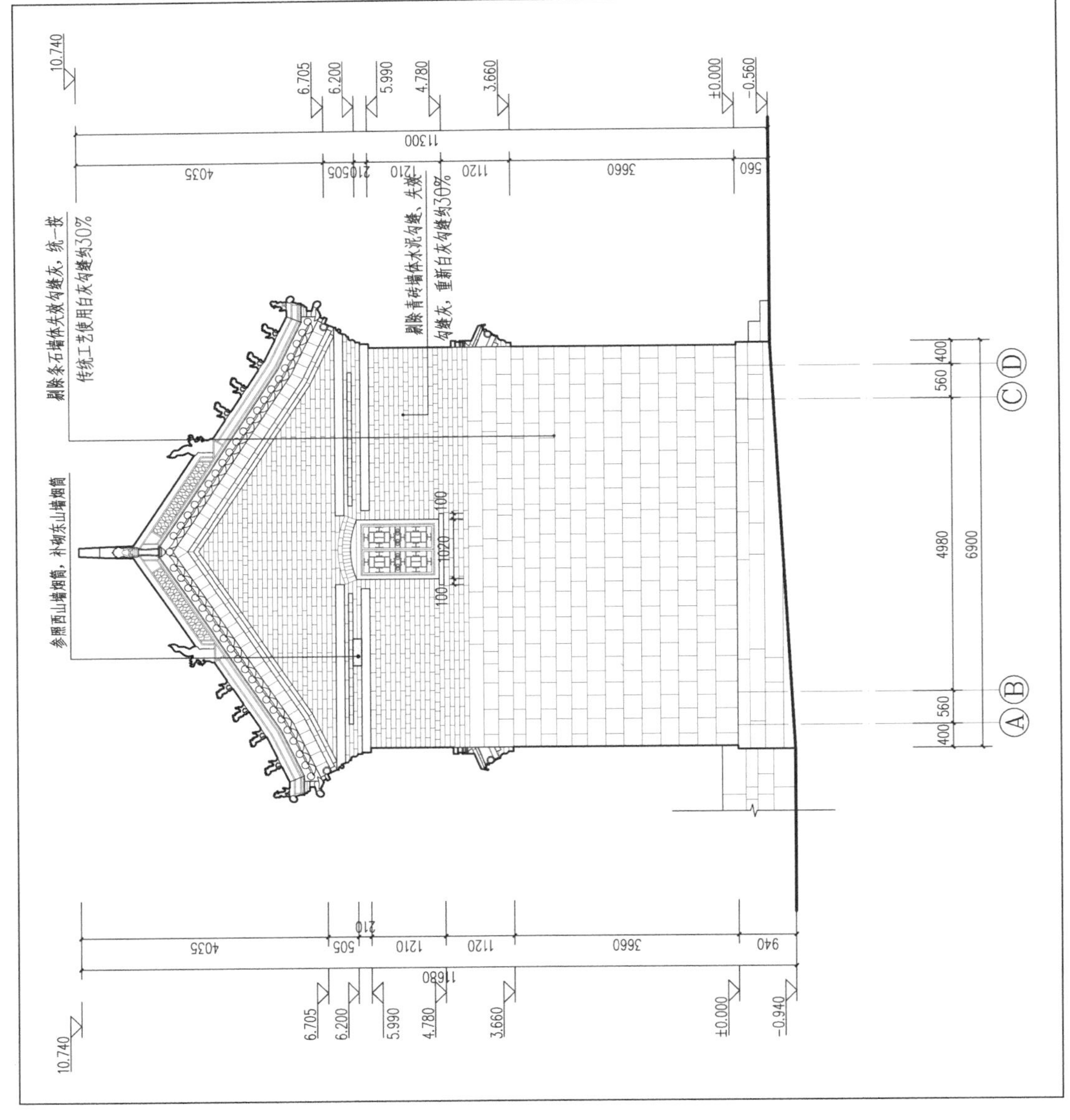
剔除条石墙体失效勾缝灰，统一按传统工艺使用白灰勾缝约30%
剔除青砖墙体水泥勾缝、失效勾缝灰，重新白灰勾缝约30%
参照西山墙烟囱，补砌东山墙烟囱
10.740
6.705
6.200
5.990
4.780
3.660
±0.000
-0.560
-0.940
11300
11680
4035
505
210
1210
1120
3660
560
940
1020
100
400
4980
6900
A
B
C
D

西忠来小姐楼东立面图

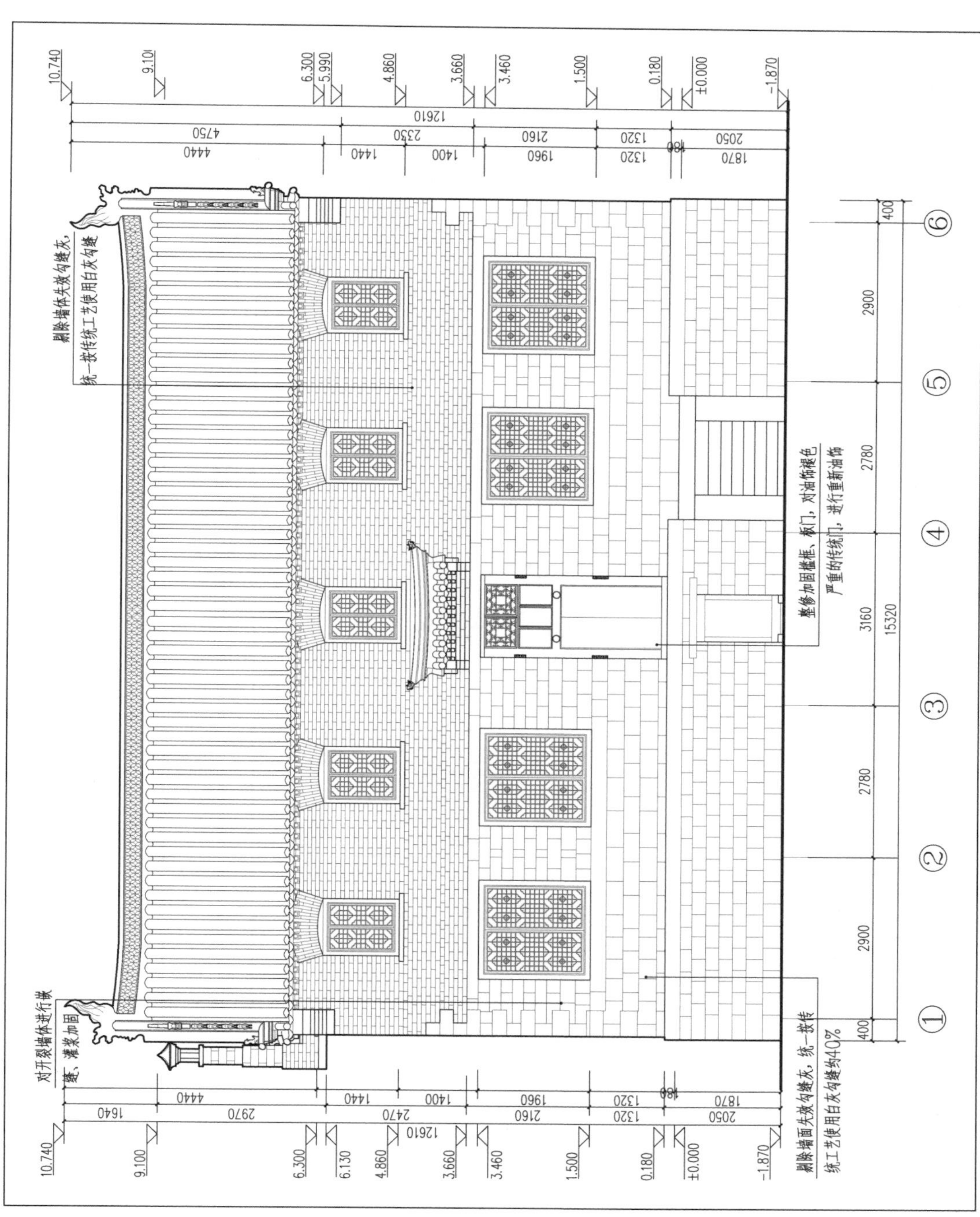
剔除墙体失效勾缝灰，统一按传统工艺使用白灰勾缝
对开裂墙体进行嵌缝、灌浆加固
整修加固槛框、板门，对油饰褪色严重的传统门，进行重新油饰
剔除墙面失效勾缝灰，统一按传统工艺使用白灰勾缝约40%

西忠来小姐楼南立面图

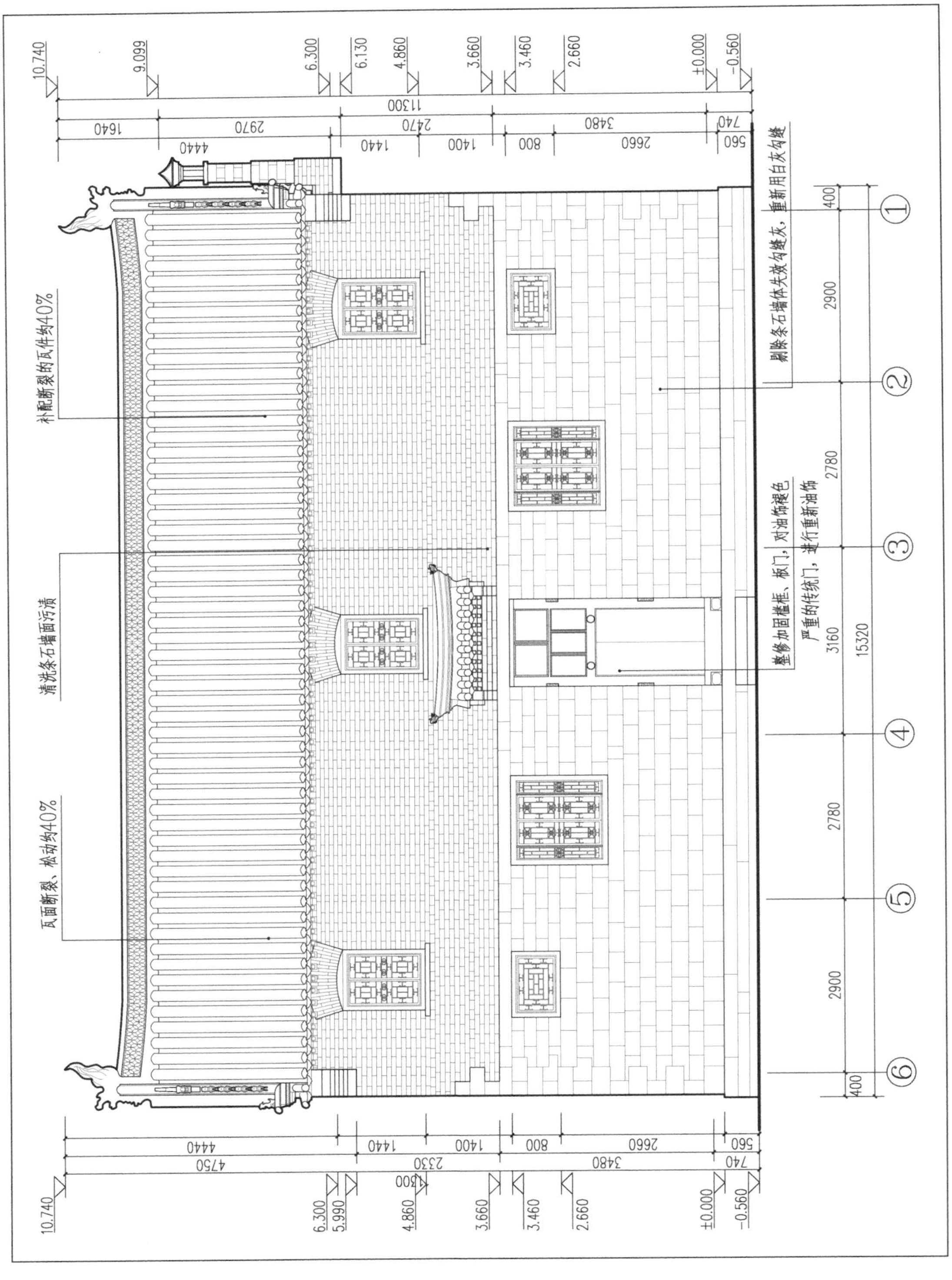

瓦面断裂、松动约40%
清洗条石墙面污渍
补配断裂的瓦件约40%
整修加固槛框、板门，对油饰褪色严重的传统门，进行重新油饰
剔除条石墙体失效勾缝灰，重新用白灰勾缝
10.740
9.099
6.300
6.130
5.990
4.860
3.660
3.460
2.660
±0.000
-0.560
1640
2970
4440
4750
1440
2470
2330
1300
1400
800
3480
2660
740
560
11300
2900
2780
3160
400
15320
①
②
③
④
⑤
⑥

西忠来小姐楼北立面图

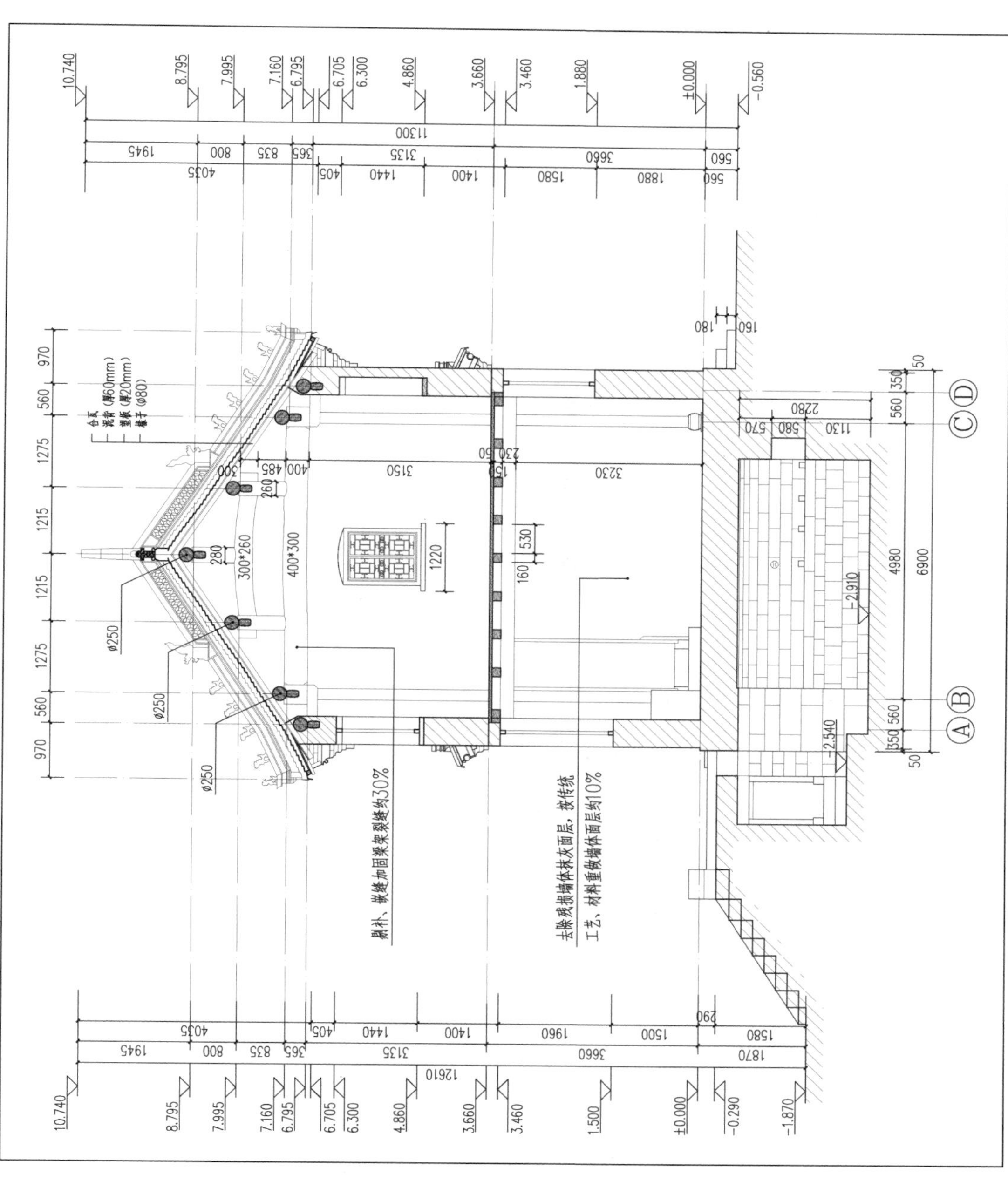

西忠来小姐楼 1-1 剖面图

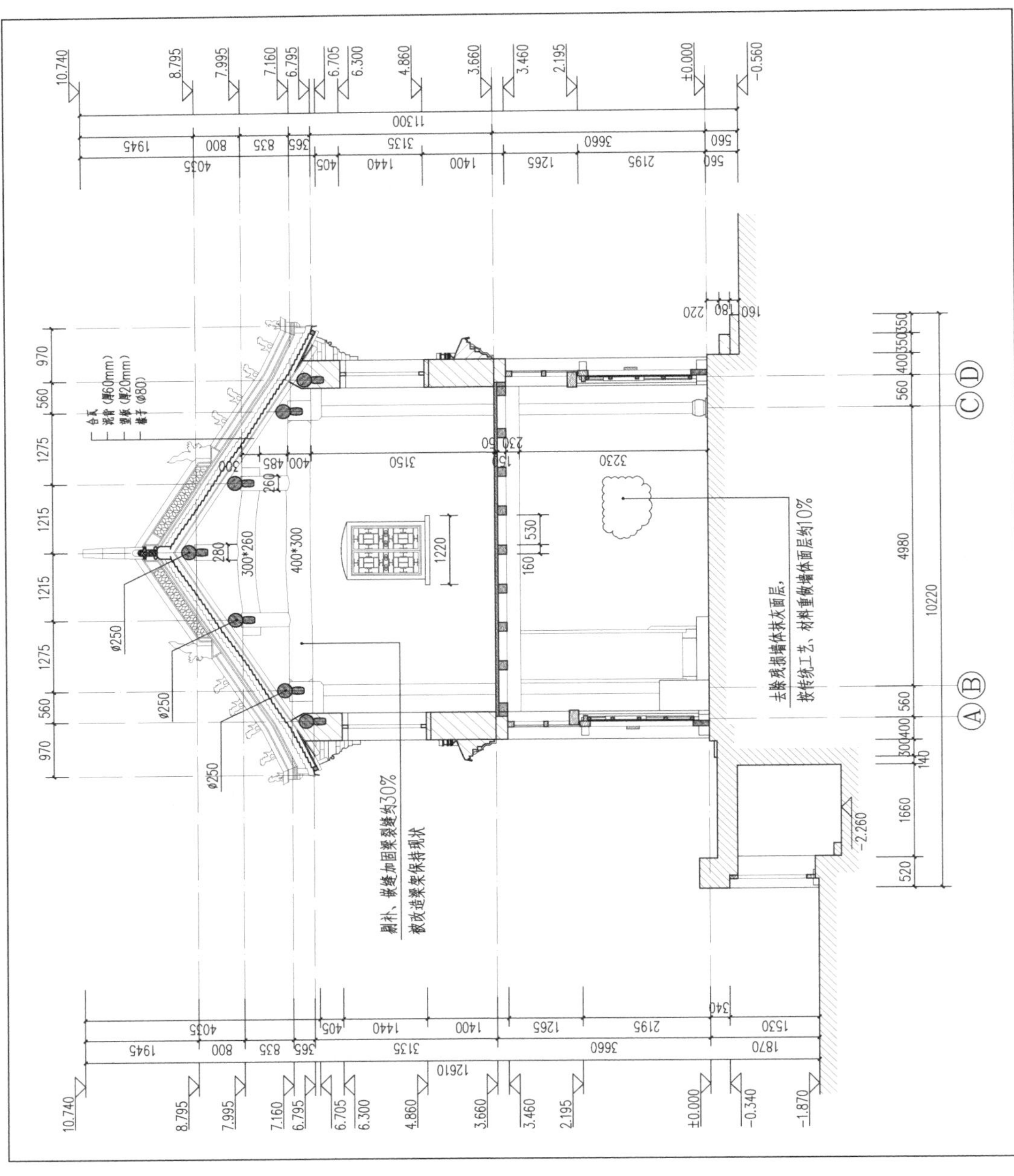

西忠来小姐楼 2-2 剖面图

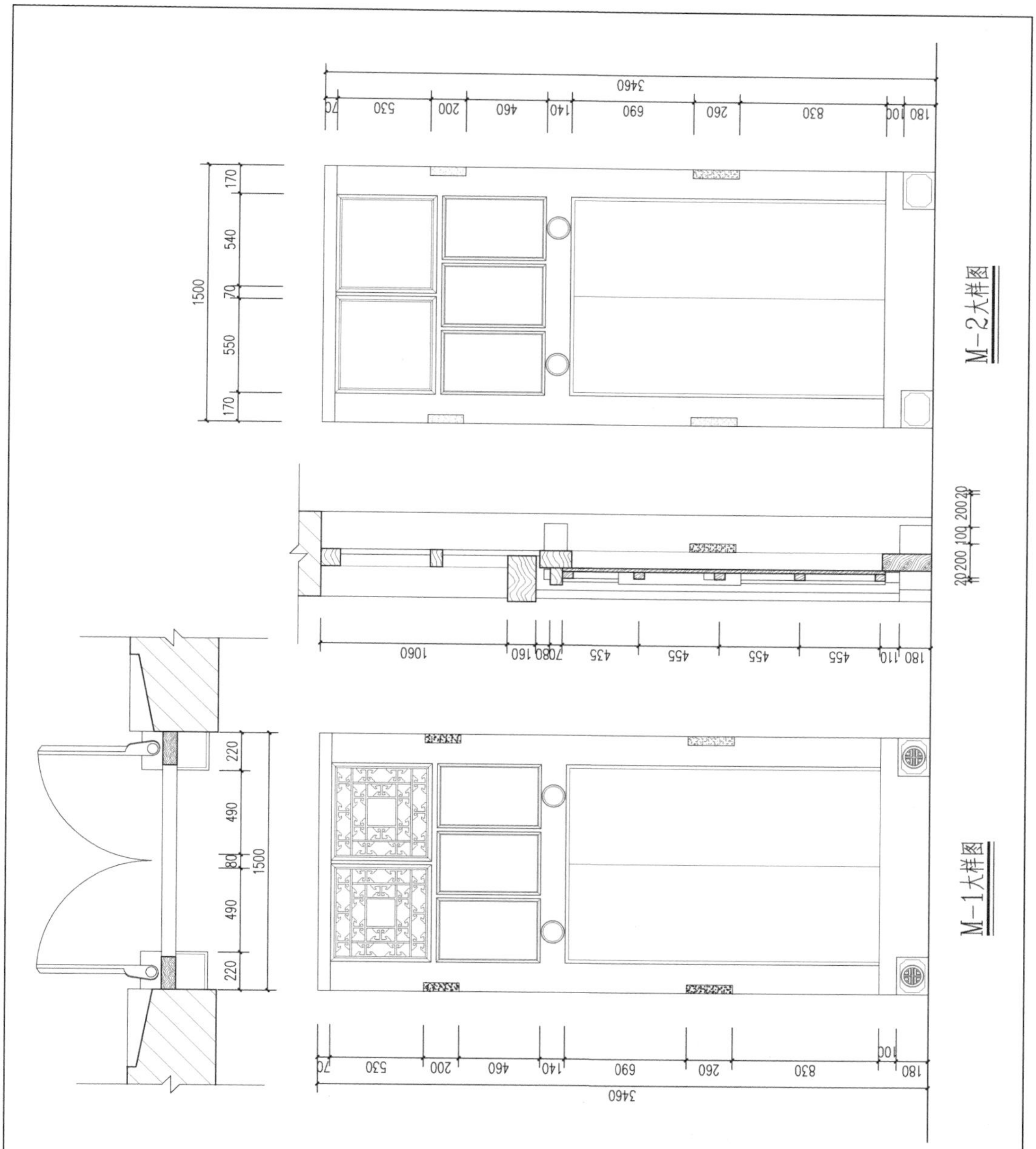

西忠来小姐楼门大样图

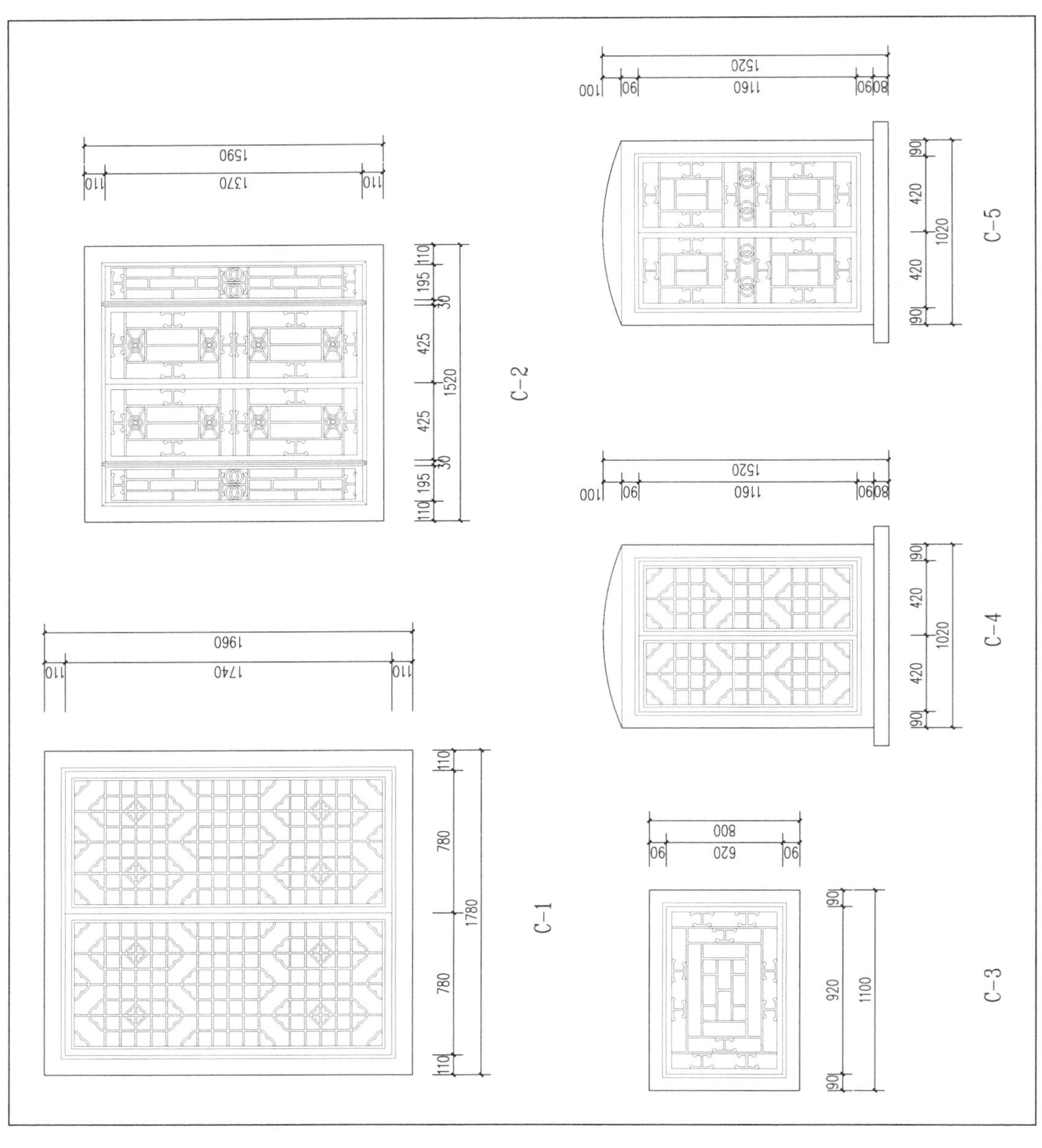

西忠来小姐楼窗户大样图

七、西忠来佛堂

（一）建筑修缮方案

1. 条石墙基

（1）前檐、山墙

残损类型：磨损、开裂，残损等级Ⅱ级。

修缮范围及规模：局部勾缝脱落处。

修缮方法：清理碎石、重新勾缝，剔除墙面失效勾缝灰及水泥勾缝，统一按传统工艺使用白灰勾缝；对前檐和山墙条石墙基裂缝进行灌浆加固。

（2）后檐

残损类型：位移松动、碎裂、人为改造，残损等级Ⅲ级。

修缮范围及规模：全部墙体。

修缮方法：重新勾缝，剔除墙面失效勾缝灰及水泥勾缝，统一按传统工艺使用白灰勾缝。

2. 青砖墙面

残损类型：松动脱落，残损等级Ⅲ级。

修缮范围及规模：青砖墙体松动、磨损处修补。

修缮方法：归安松动青砖，剔除墙面失效勾缝灰，按传统工艺统一使用白灰勾缝，对裂缝进行灌浆加固。

3. 毛石抹灰墙体

残损类型：墙面腐化、变暗，残损等级Ⅰ级。

修缮范围及规模：局部轻微裂缝修补。

修缮方法：重新抹面，剔除抹灰墙面剥落处墙面至墙体毛石处，按传统工艺、材料重新做抹灰表面层。

4. 室内地面

残损类型：破损、人为改造，残损等级Ⅲ级。

修缮范围及规模：全部室内地面。

修缮方法：清除堆放的杂物，重铺墁青砖地面。

5. 室内墙面

残损类型：墙皮剥落、污染、人为改造，残损等级Ⅱ级。

修缮范围及规模：全部室内墙面。

修缮方法：重新抹面，剔除抹灰墙面剥落处墙面至墙体毛石处，按传统工艺、材料重新做抹灰表面层。

6. 梁架

（1）梁

残损类型：糟朽、顺缝开裂，残损等级Ⅲ级。

修缮方法：拆除吊顶，嵌缝加固、补配缺失，剔补、嵌缝加固。打牮拨正外闪、位移立柱及上部梁架，加固连接部位。对糟朽、开裂构件进行剔补、嵌缝加固，严重的可以更换，补配缺失构件。对木构件表面进行清理，采用药剂除虫，对糟朽、开裂构件进行剔补、嵌缝加固，严重的可以更换。

（2）檩椽

残损类型：雨水糟缝开裂，残损等级Ⅱ级。

修缮范围及规模：檩与椽子 40% 雨水糟朽、顺缝开裂严重。

修缮方法：拆除屋面后，打牮拨正外闪、位移立柱及上部梁架，加固连接部位。对糟朽、开裂构件进行剔补、嵌缝加固，严重的可以更换，补配缺失构件，构件统一进行防虫防腐处理。受白蚁蛀蚀的梁架构件采取药剂除虫，清除白蚁，蛀蚀严重构件进行剔补加固或予以更换。

7. 装修

残损类型：磨损、开裂，残损等级Ⅱ级。

修缮范围及规模：10% 漆皮剥落。

修缮方法：对现有门窗进行检修加固；剔除剥落的漆皮，用原材料重新油饰。

参考措施：加固、油饰，检修加固槛框，对油饰褪色严重的门窗，进行重新油饰。

8. 屋面

（1）条编望板

残损类型：雨水糟朽、缺失，残损等级Ⅲ级。

修缮范围及规模：80% 望板。

修缮方法：更换檐头糟朽木望板约 80%；揭取有雨水渗漏望砖上方的瓦面，重新苫背。

（2）瓦件

残损类型：缺失，残损等级Ⅱ级。

修缮范围及规模：局部瓦顶松动、位移。

修缮方法：屋顶重新揭瓦，宽瓦。清除断裂、缺棱掉角的瓦件，按原有规格材料适当补配。白灰泥重新宽瓦，青灰勾缝。

（二）修缮设计图纸

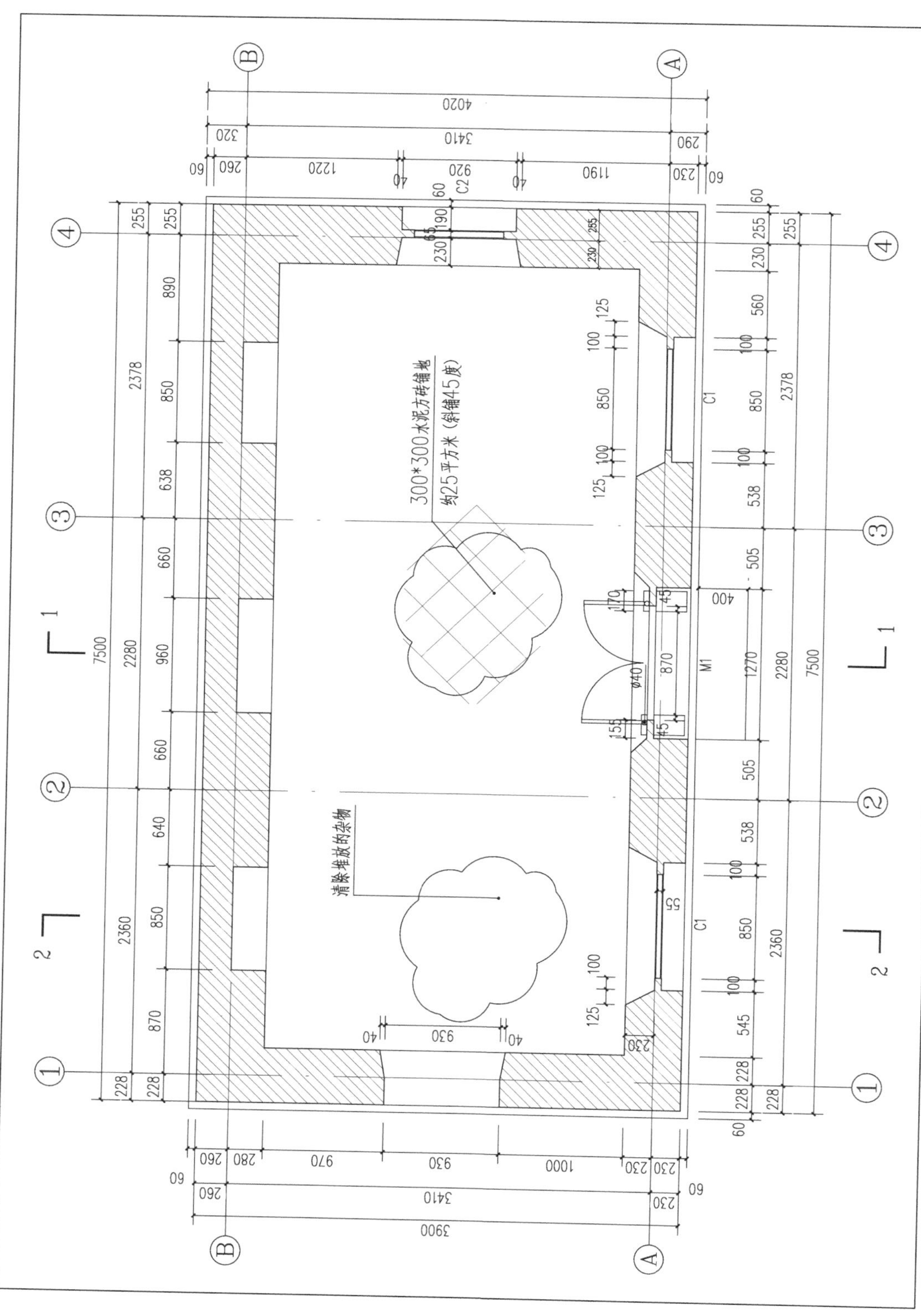

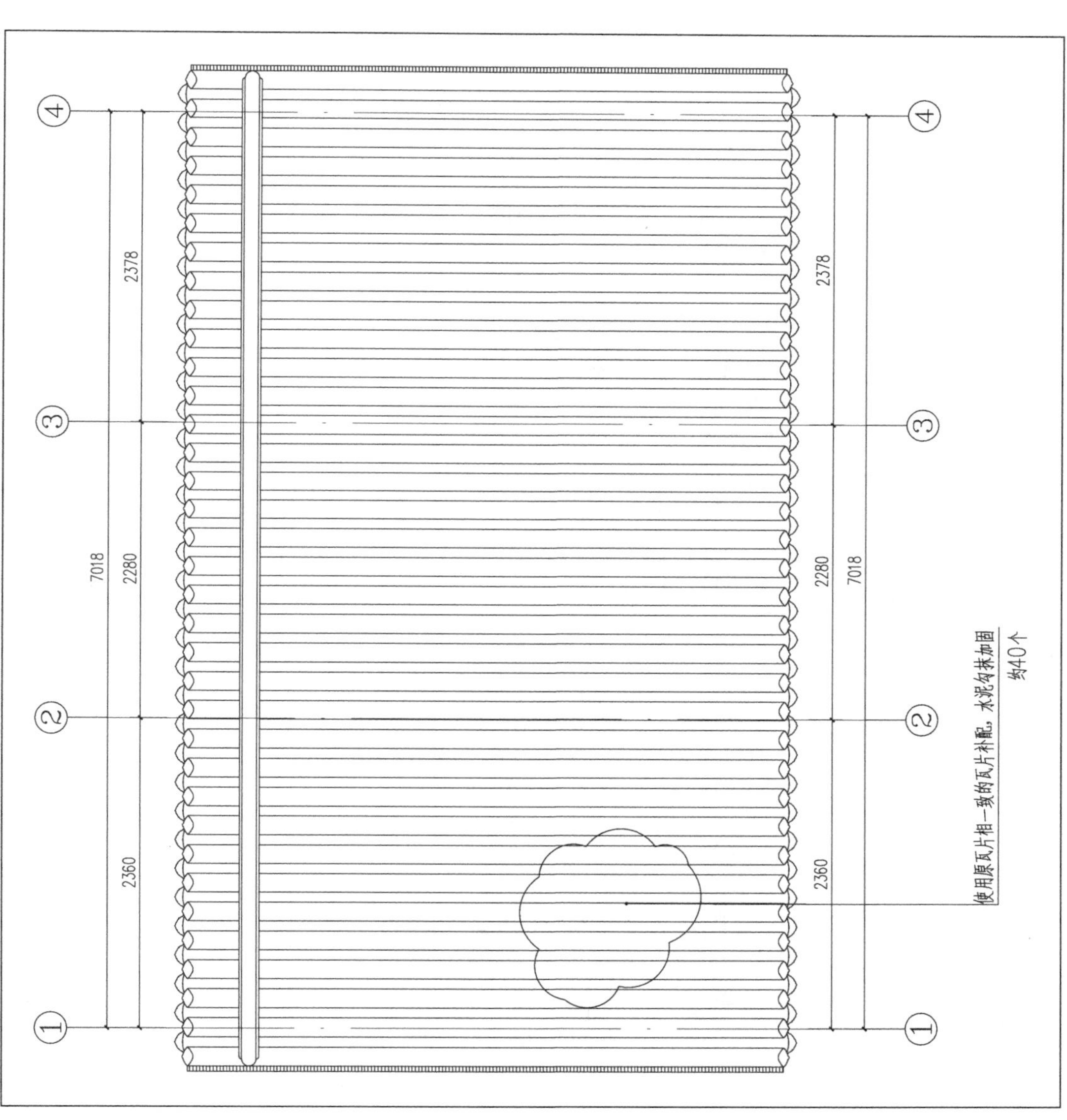

④
③
②
①
2378
2280
2360
7018
使用原瓦片相一致的瓦片补配，水泥勾抹加固
约40个
西忠来佛堂屋顶平面图

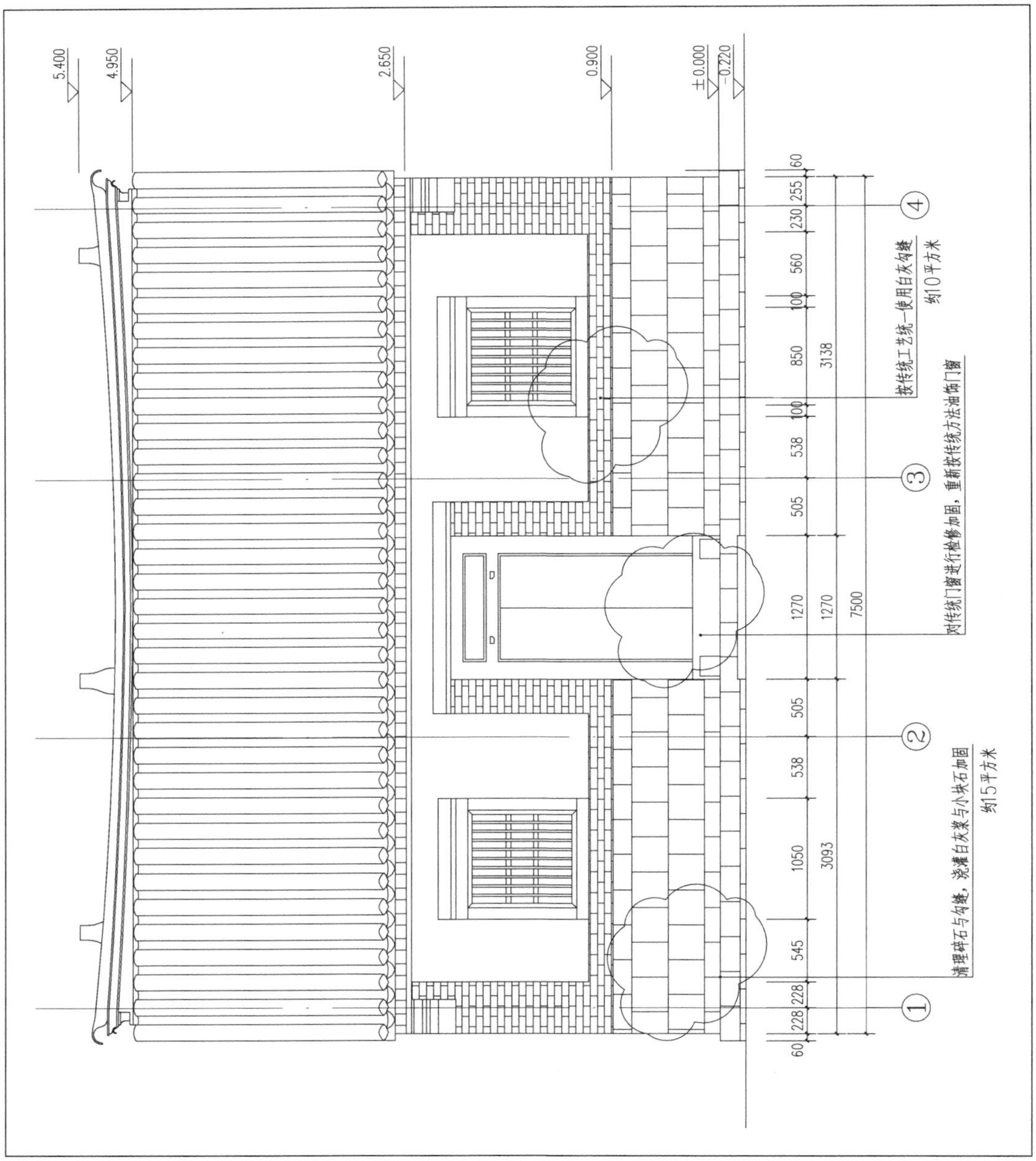

5.400
4.950
2.650
0.900
±0.000
-0.220
60
228
228
545
1050
538
505
1270
505
538
100
850
100
560
230
255
60
3093
1270
3138
7500
①
②
③
④
清理碎石与勾缝，浇灌白灰浆与小块石加固
约15平方米
对传统门窗进行检修加固，重新按传统方法油饰门窗
按传统工艺统一使用白灰勾缝
约10平方米

西忠来佛堂南立面图

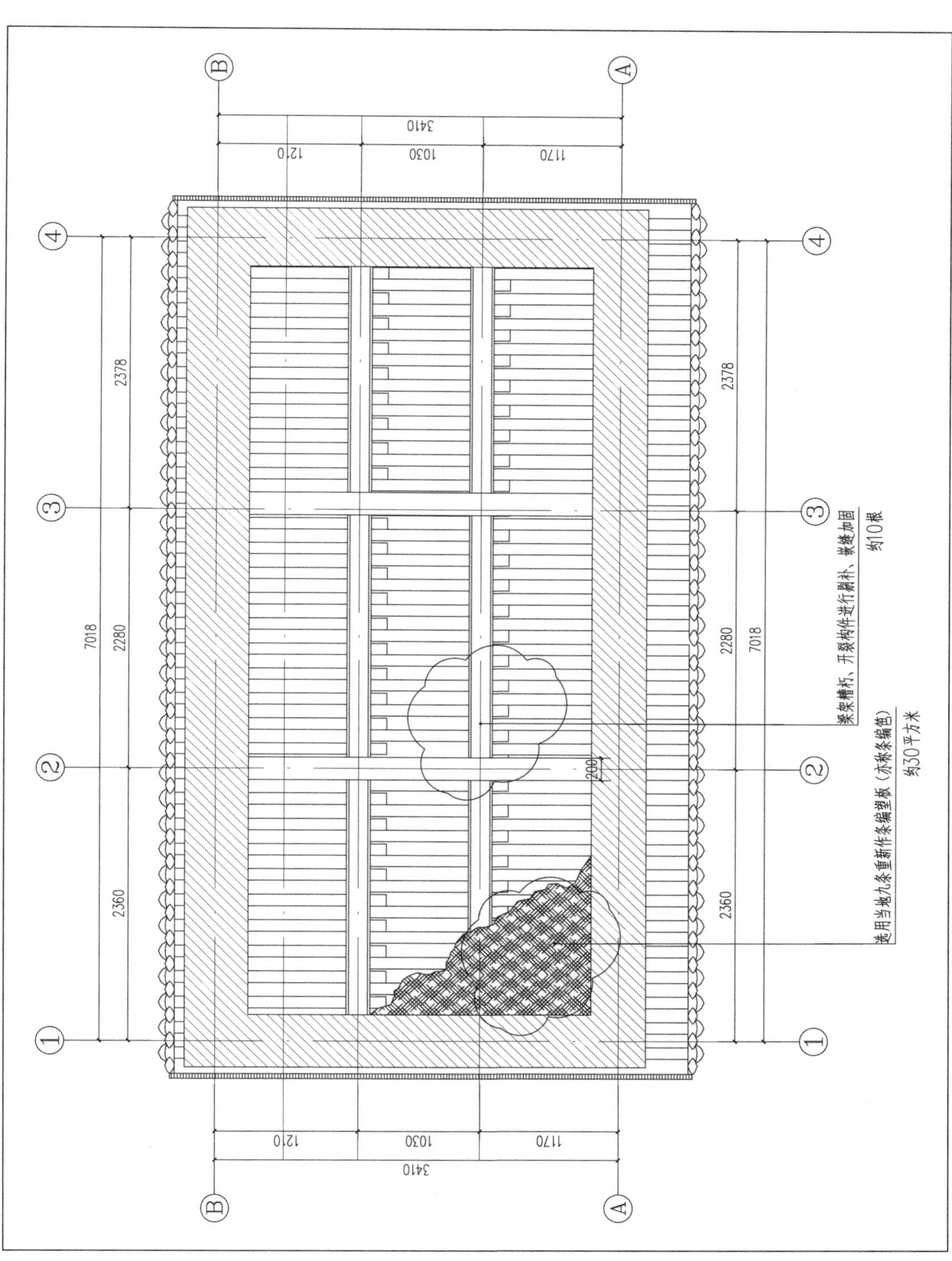
3410
1210
1030
1170
2378
2280
2360
7018
200
梁架糟朽、开裂构件进行剔补、嵌缝加固
约10根
选用当地九条重新作条编望板（亦称条编笆）
约30平方米

西忠来佛堂仰视图

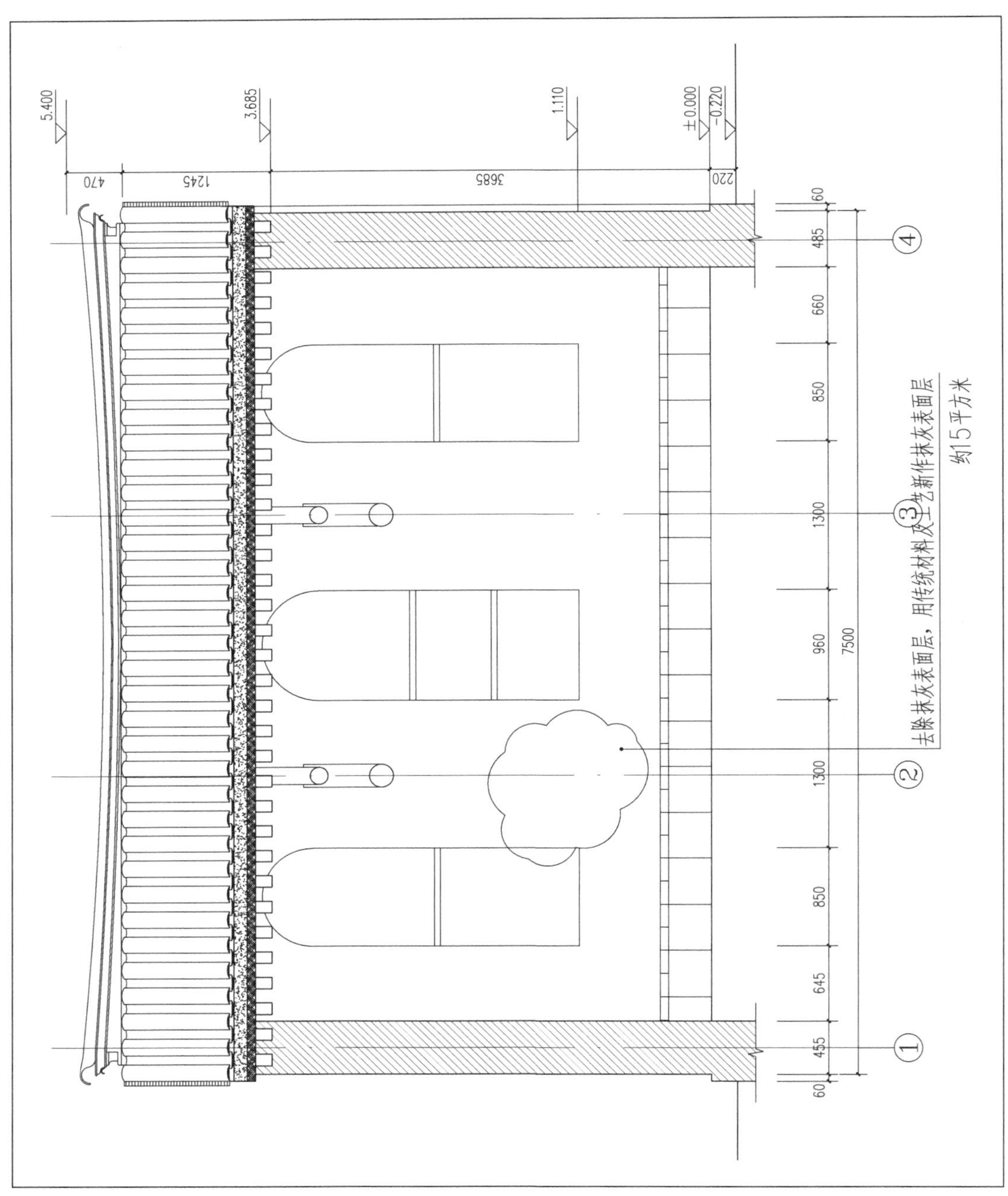
5.400
3.685
1.110
±0.000
-0.220
470
1245
3685
220
60
485
660
850
1300
960
7500
1300
850
645
455
60
去除抹灰表面层，用传统材料及工艺新作抹灰表面层
约15平方米
①
②
③
④
西忠来佛堂纵面图

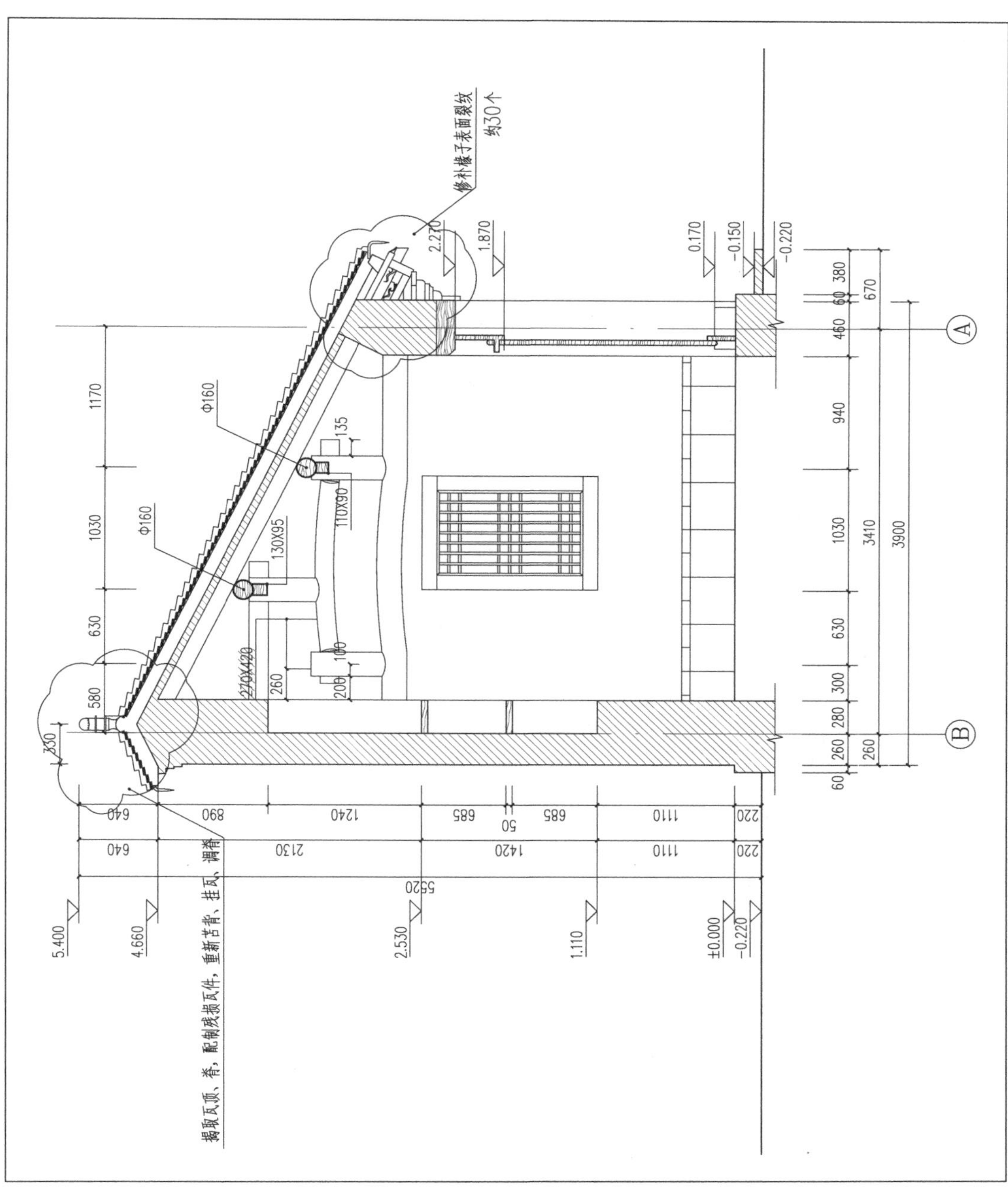

西忠来佛堂 1-1 剖面图

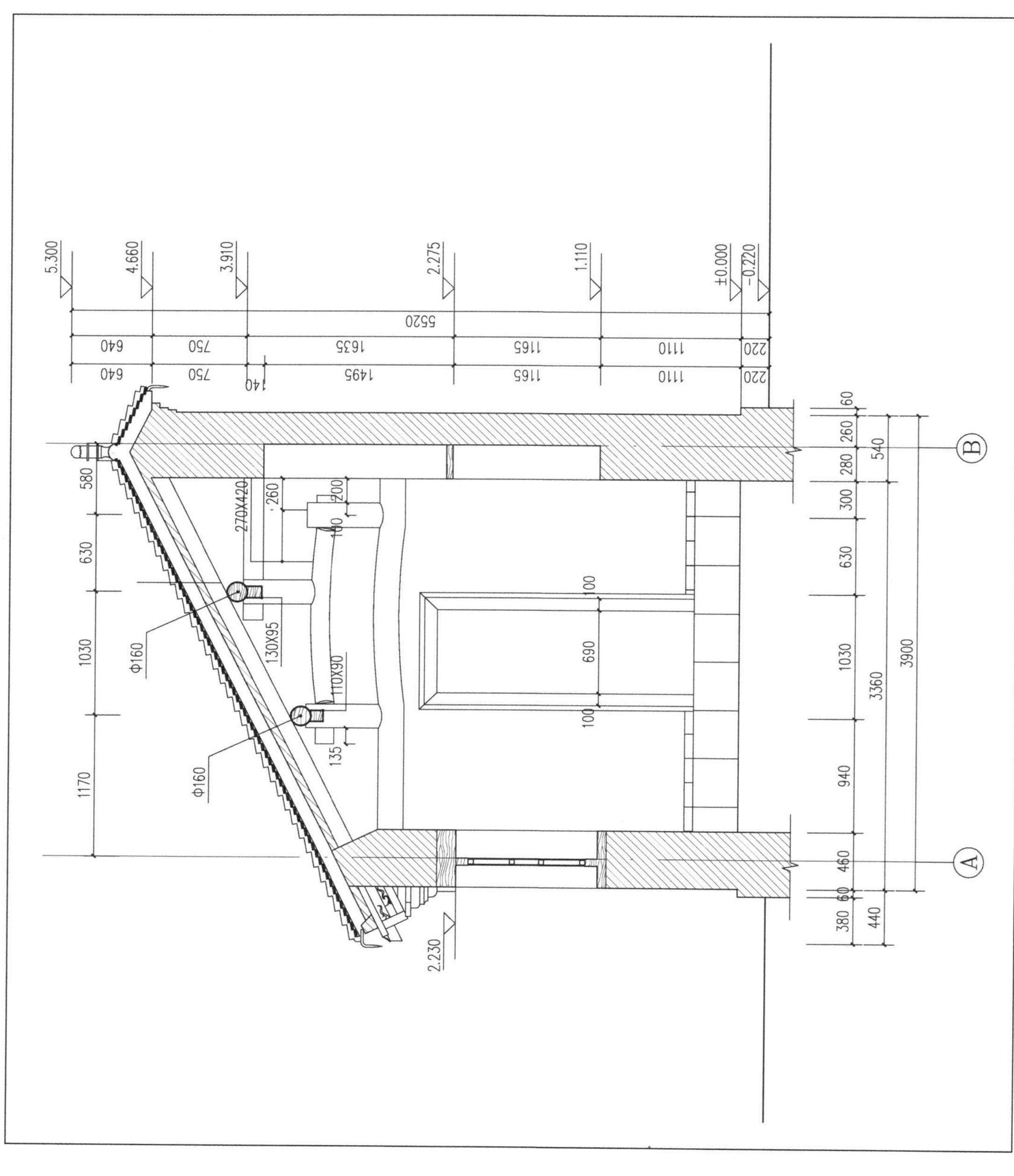
5.300
4.660
3.910
2.275
1.110
±0.000
-0.220
2.230
5520
Φ160
Φ160
270X420
130X95
110X90
3360
3900
A
B

西忠来佛堂 2-2 剖面图

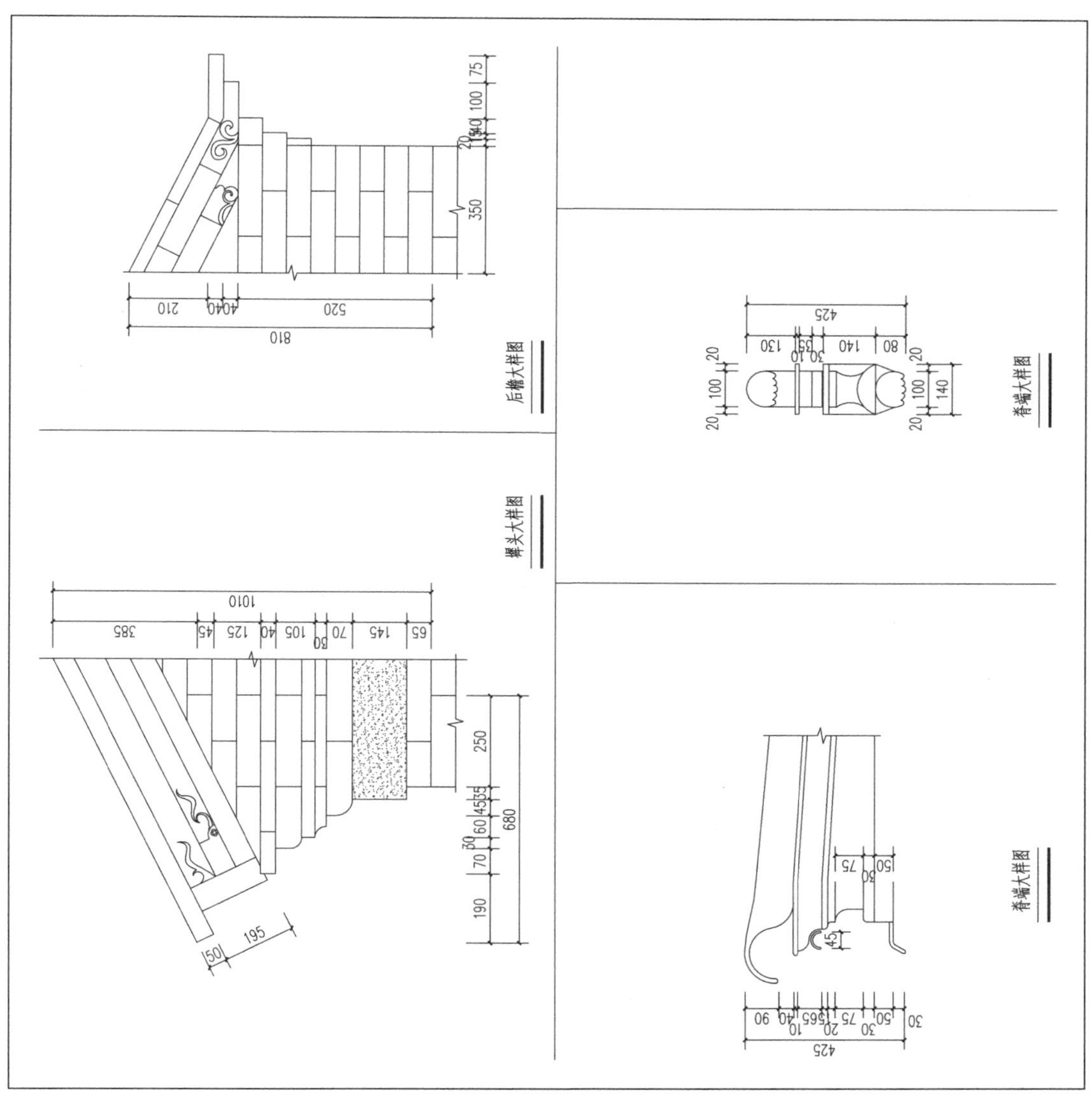

西忠来佛堂大样图

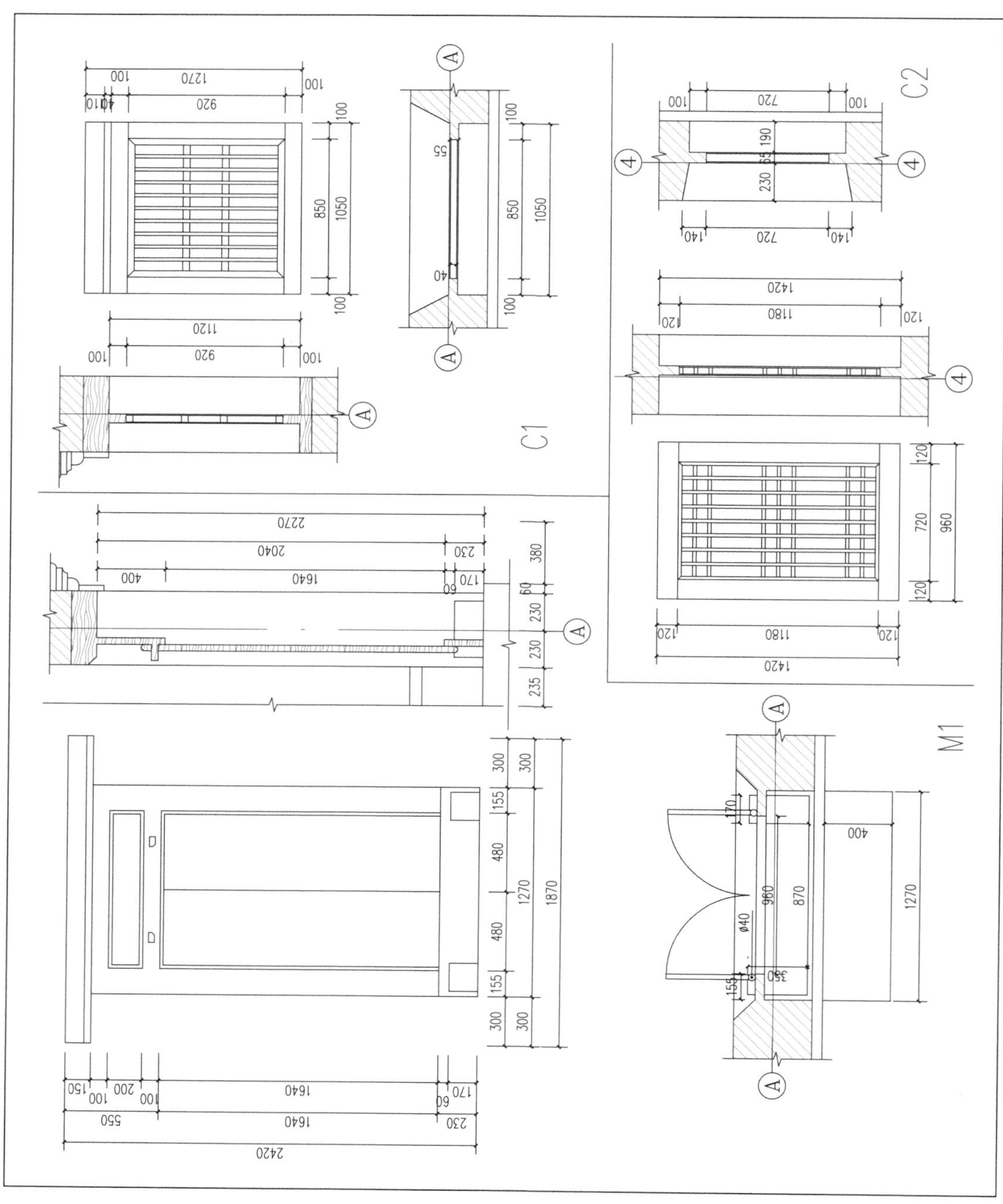

西忠来佛堂门窗详图

八、西忠来剪纸楼

（一）建筑修缮方案

1. 条石墙基

（1）前檐、山墙

残损类型：自然风化，残损等级Ⅱ级（前檐）；自然风化，残损等级Ⅰ级（南山墙、北山墙）。

修缮方法：清理归安条石墙，剔除墙面失效勾缝灰，统一按传统工艺使用白灰勾缝。

（2）后檐

残损类型：磨损、缺棱掉角，残损等级Ⅲ级。

修缮方法：清理碎石与勾缝，浇灌白灰浆与小块石加固，白灰砂浆勾缝；归安、添补，墙基产生松动、移位等现象，若构件出现较大的位移、鼓出，则在勾缝前需对构件进行归安；石构件出现破碎、缺失等情况，可采用与原构件纹理、材质一致或相近的石材进行添补。

2. 青砖墙面

残损类型：松动脱落，残损等级Ⅱ级。

修缮范围及规模：局部发生位移松动迹象，勾缝脱落。

修缮方法：剔除墙体青砖水泥勾缝，重新用白灰勾缝。墙面剔补，使用原墙面相一致的青砖补配，调匀砖缝，恢复青砖墙体。

3. 毛石抹灰墙体

残损类型：墙体裂缝，残损等级Ⅱ级。

修缮范围及规模：局部抹灰墙面。

修缮方法：重新抹面，剔除抹灰墙面剥落处墙面至墙体毛石处，重新做抹灰表面层。

4. 室内地面

残损类型：破损、人为改造，残损等级Ⅲ级。

修缮范围及规模：全部室内地面。

修缮方法：清除堆放的杂物，重铺墁青砖地面，恢复原貌。

5. 室内墙面

残损类型：墙皮剥落、污染、改造使用，残损等级Ⅱ级。

修缮范围及规模：全部室内墙面。

修缮方法：重新抹面，剔除抹灰墙面剥落处墙面至墙体毛石处，按传统工艺、材料重新做抹灰表面层。

6. 梁架

（1）梁

残损类型：加装吊顶，勘测未及。

修缮方法：拆除吊顶；嵌缝加固、补配缺失；剔补、嵌缝加固。打牮拨正外闪、位移立柱及上部梁架，加固连接部位。对糟朽、开裂构件进行剔补、嵌缝加固，严重的可以更换，补配缺失构件。对木构件表面进行清理，采用药剂除虫，对糟朽、开裂构件进行剔补、嵌缝加固，严重的可以更换。

（2）檩椽

残损类型：雨水糟朽、顺缝开裂，残损等级Ⅲ级。

修缮范围及规模：檩与椽子40%雨水糟朽、顺缝开裂严重。

修缮方法：拆除屋面后，打牮拨正外闪、位移立柱及上部梁架，加固连接部位。对糟朽、开裂构件进行剔补、嵌缝加固，严重的可以更换，补配缺失构件，构件统一进行防虫防腐处理。受白蚁蛀蚀的梁架构件采取药剂除虫，清除白蚁，蛀蚀严重构件进行剔补加固或予以更换。

7. 装修

残损类型：磨损、开裂，残损等级Ⅱ级。

修缮范围及规模：门槛磨损开裂，油饰老化、脱落、褪色严重，漆皮剥落。

修缮方法：恢复原貌，去除后改造装修窗，参照相邻传统装修与修缮图纸按传统做法补配，恢复装修门窗。加固、油饰，检修加固槛框，对油饰褪色严重的门窗，进行重新油饰。

8. 屋面

（1）条编望板

残损类型：勘测未及。

修缮方法：按照屋面尺寸大小，选用当地九条重新作条编望板（亦称条编笆）；更换全部条编望板、连檐、瓦口，补配椽。条编笆在屋面上的固定，采用铁钉按照特定尺寸固定的方式。

（2）瓦件

残损类型：碎裂松动，残损等级Ⅲ级。

修缮范围及规模：全部瓦顶。

修缮方法：屋顶重新揭瓦，宽瓦。清除断裂、缺棱掉角的瓦件，按原有规格材料适当补配。白灰泥重新宽瓦，青灰勾缝。

（二）修缮设计图纸

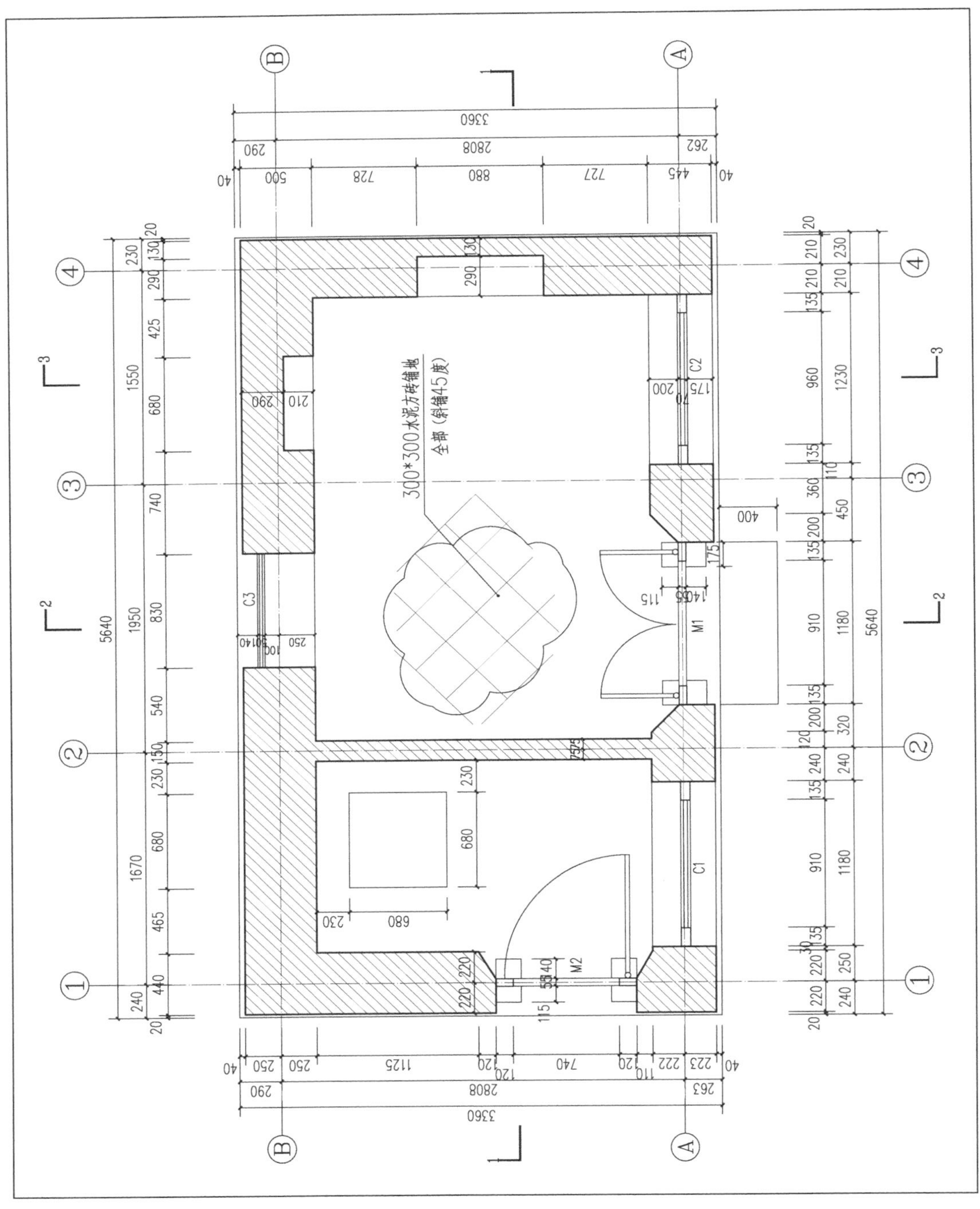

西忠来剪纸楼平面图

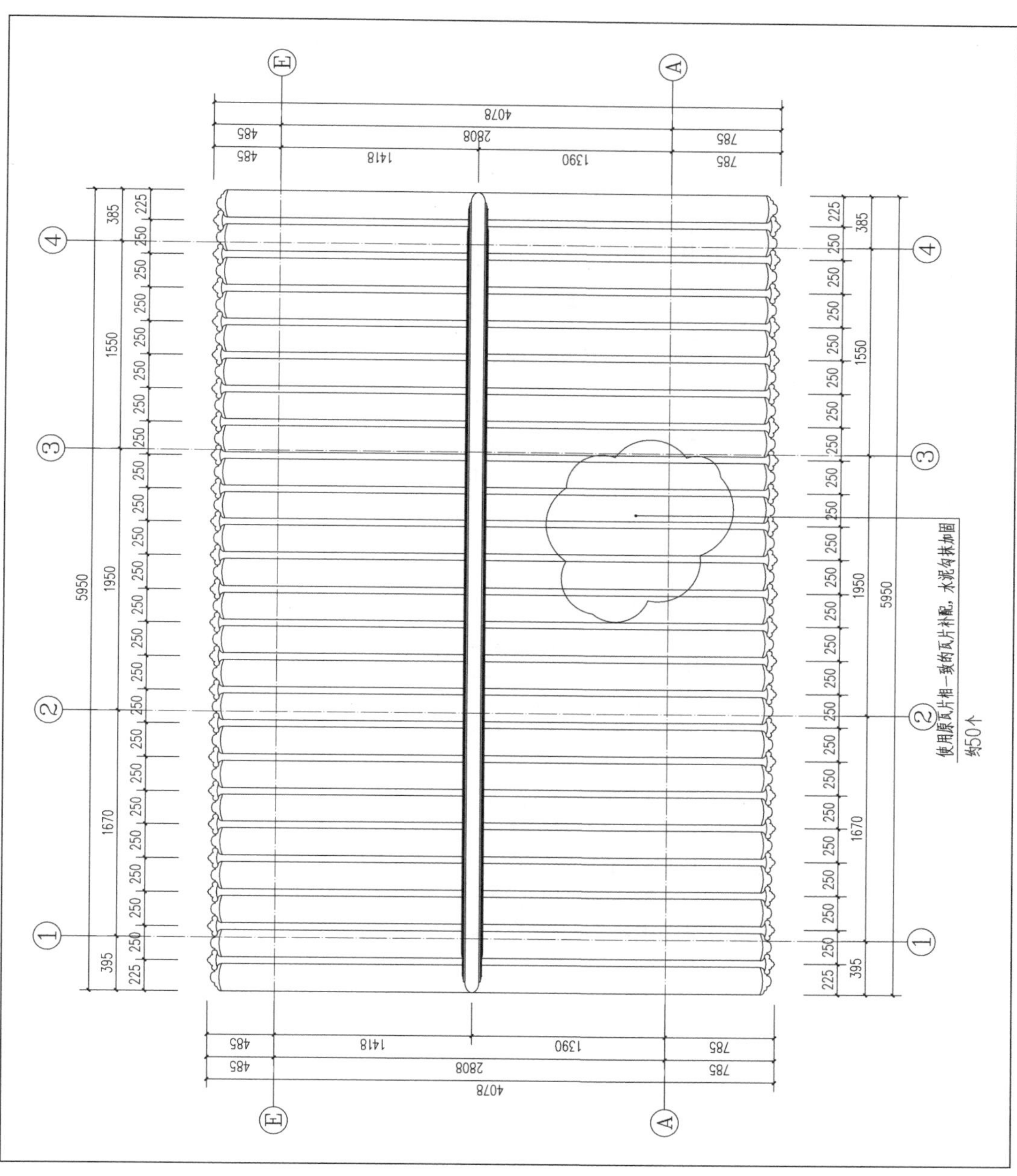

西忠来剪纸楼屋顶平面图

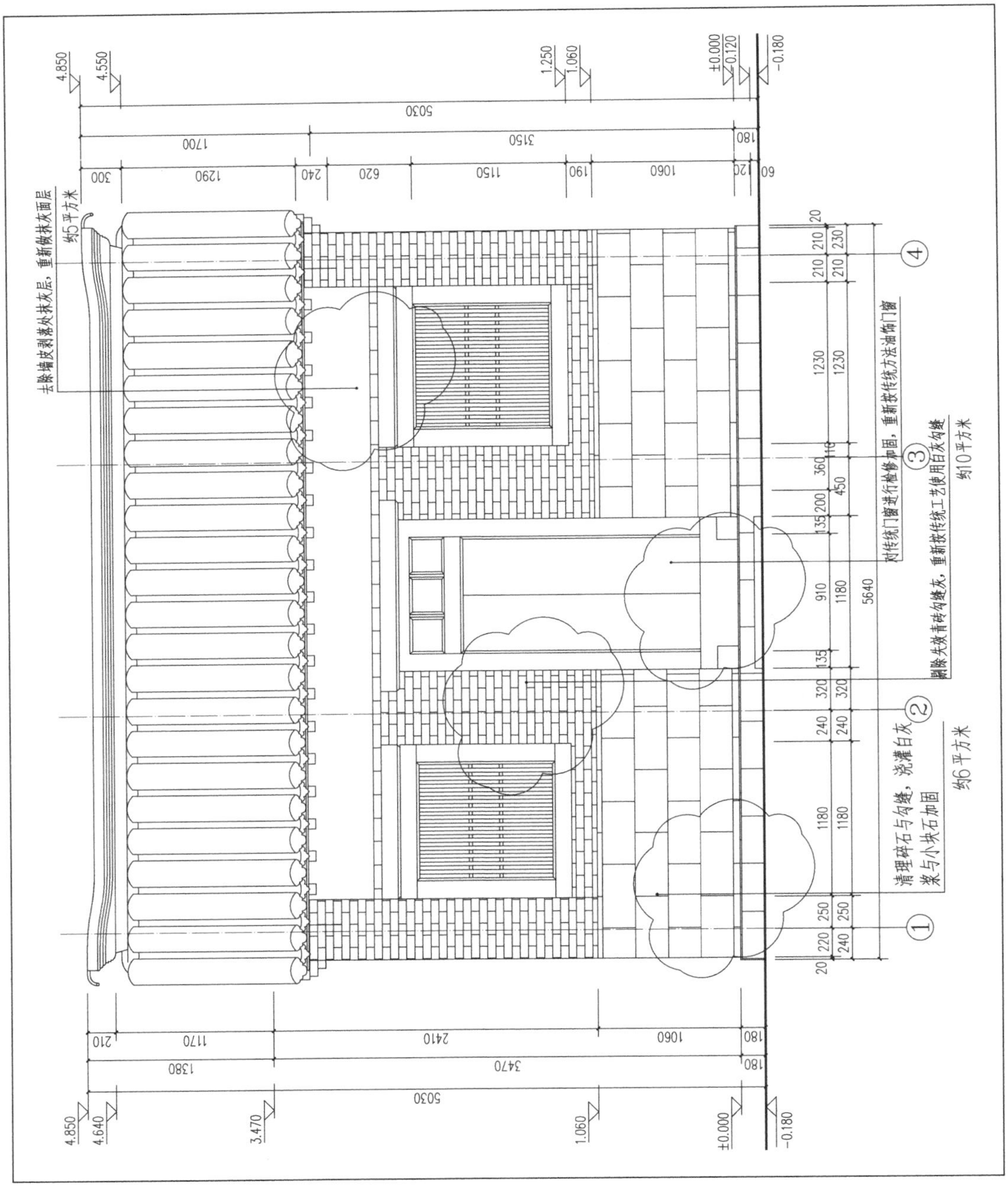

去除墙皮剥落处抹灰层，重新做抹灰面层
约5平方米

对传统门窗进行检修加固，重新按传统方法油饰门窗

剔除失效青砖勾缝灰，重新按传统工艺使用白灰勾缝
约10平方米

清理碎石与勾缝，浇灌白灰浆与小块石加固
约6平方米

西忠来剪纸楼南立面图

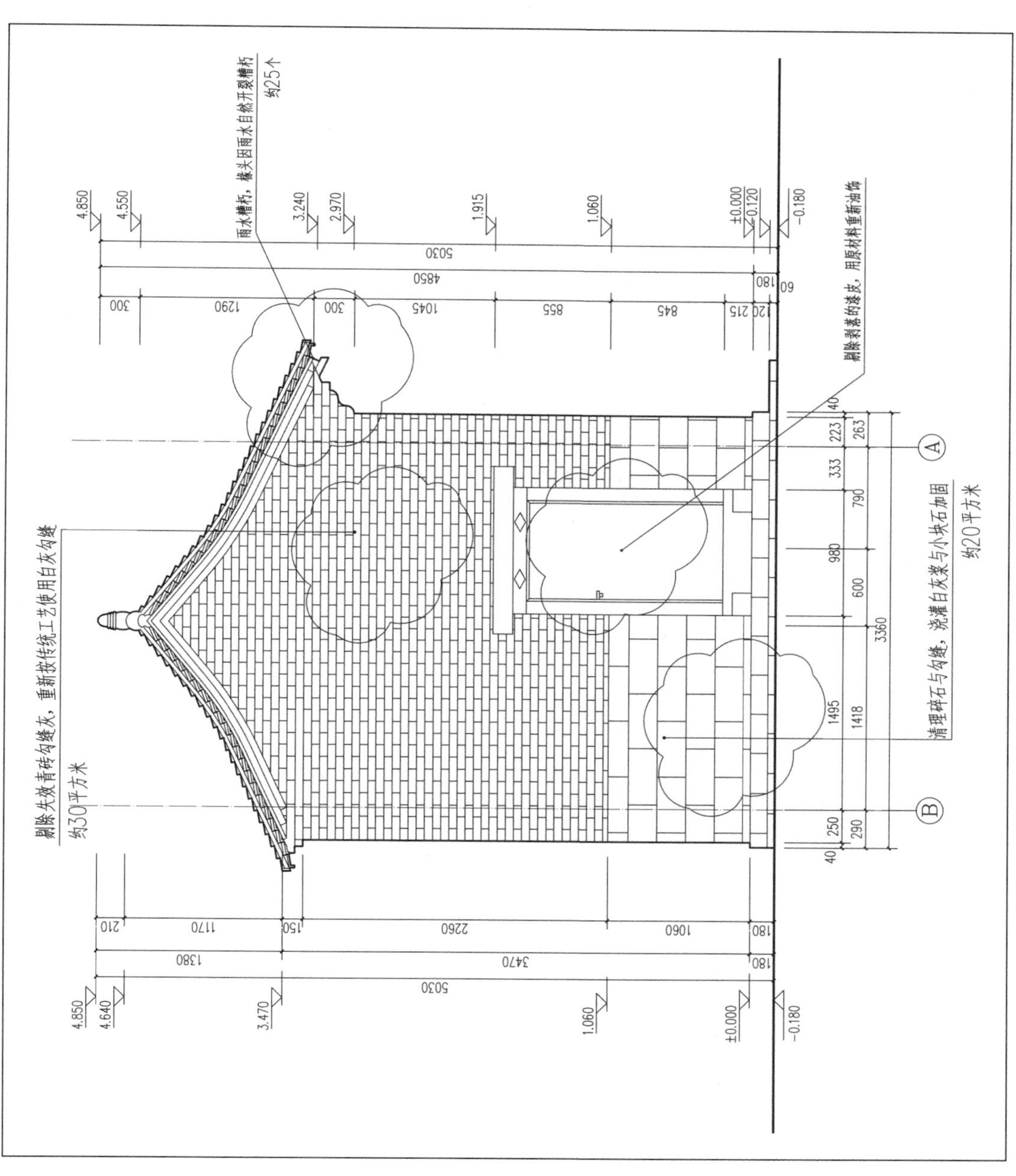

剔除失效青砖勾缝灰，重新按传统工艺使用白灰勾缝
约30平方米
雨水糟朽，椽头因雨水自然开裂糟朽
约25个
剔除剥落的漆皮，用原材料重新油饰
清理碎石与勾缝，浇灌白灰浆与小块石加固
约20平方米

西忠来剪纸楼西立面图

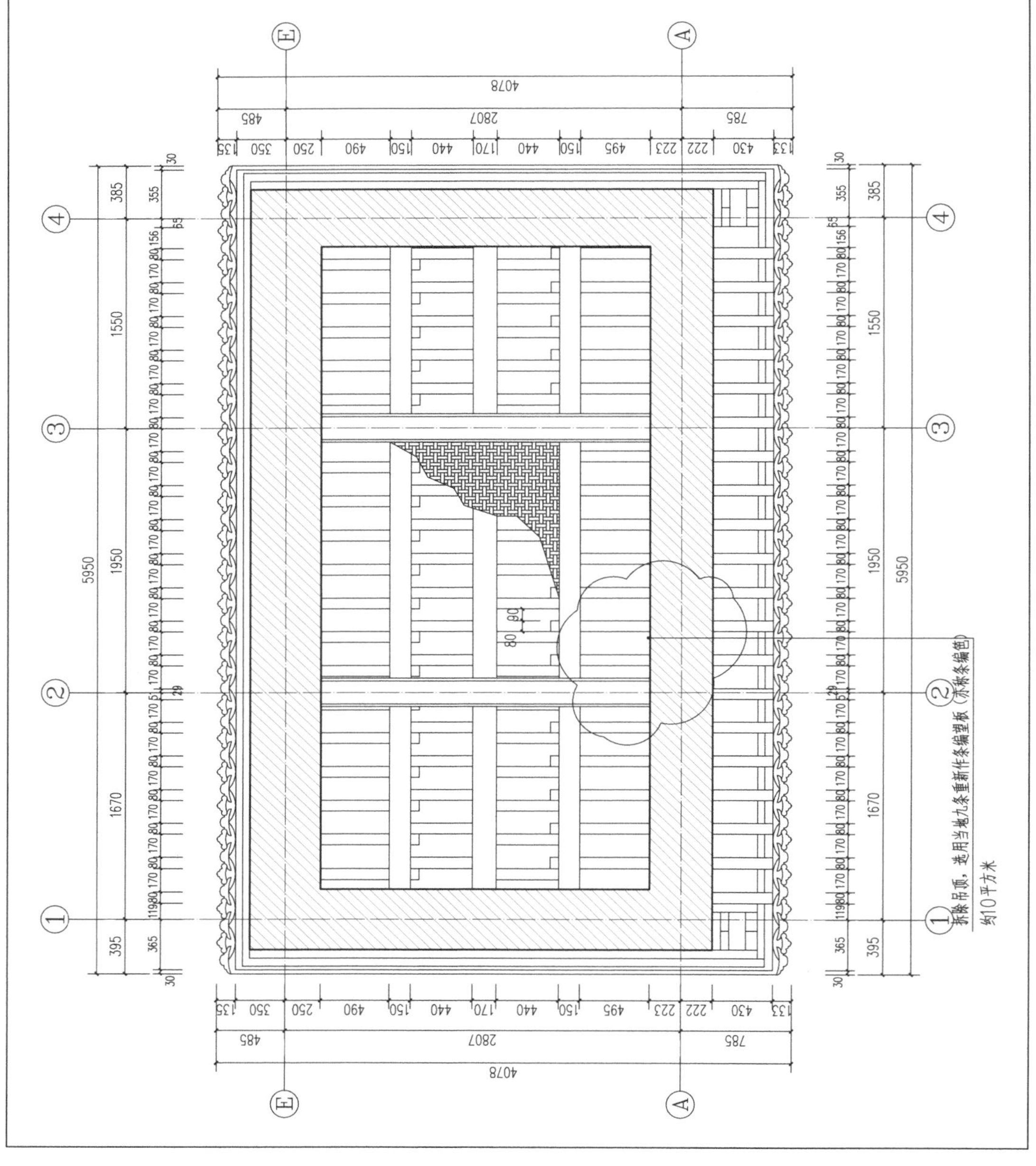

西忠来剪纸楼仰视图

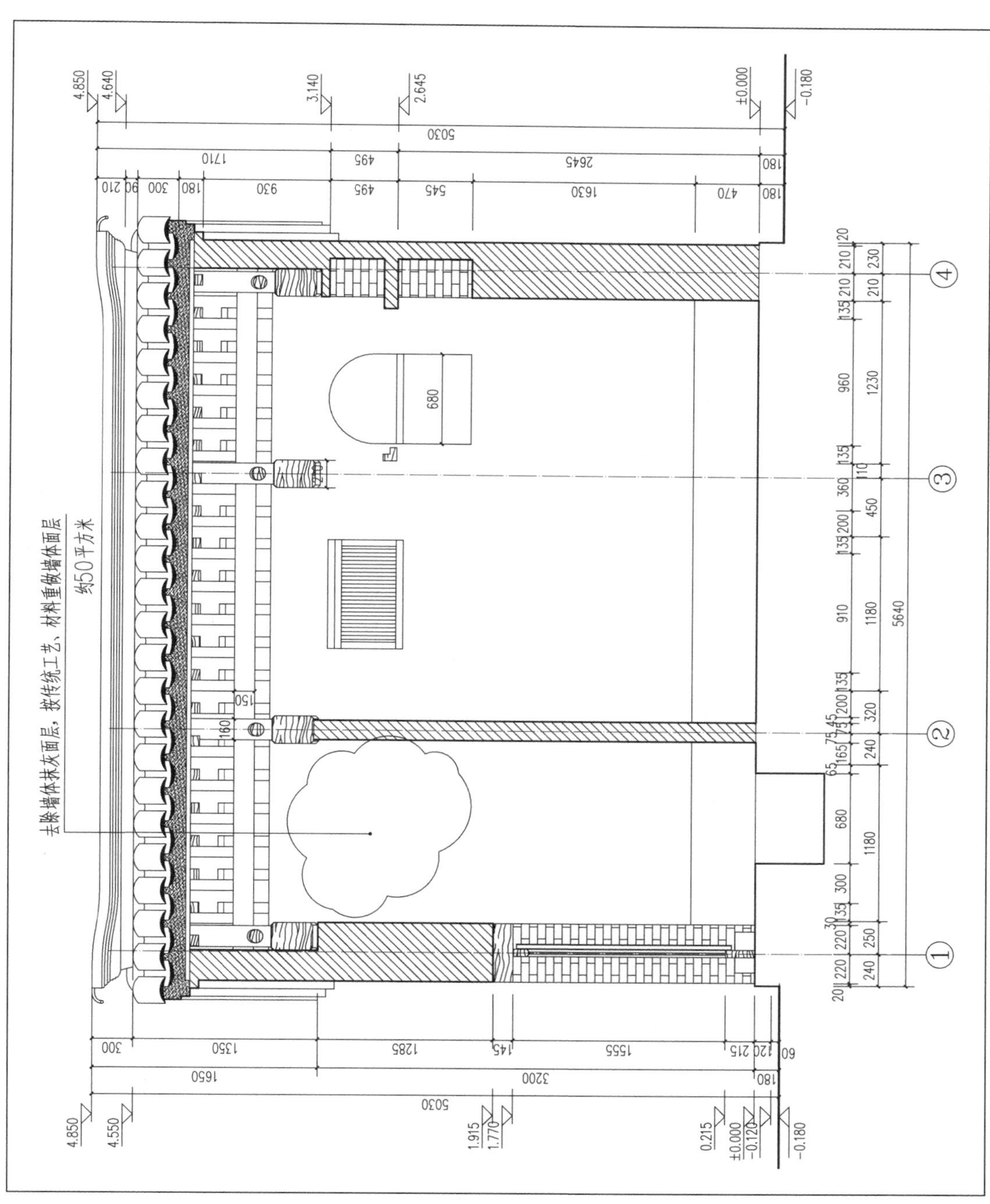

西忠来剪纸楼 1-1 剖面图

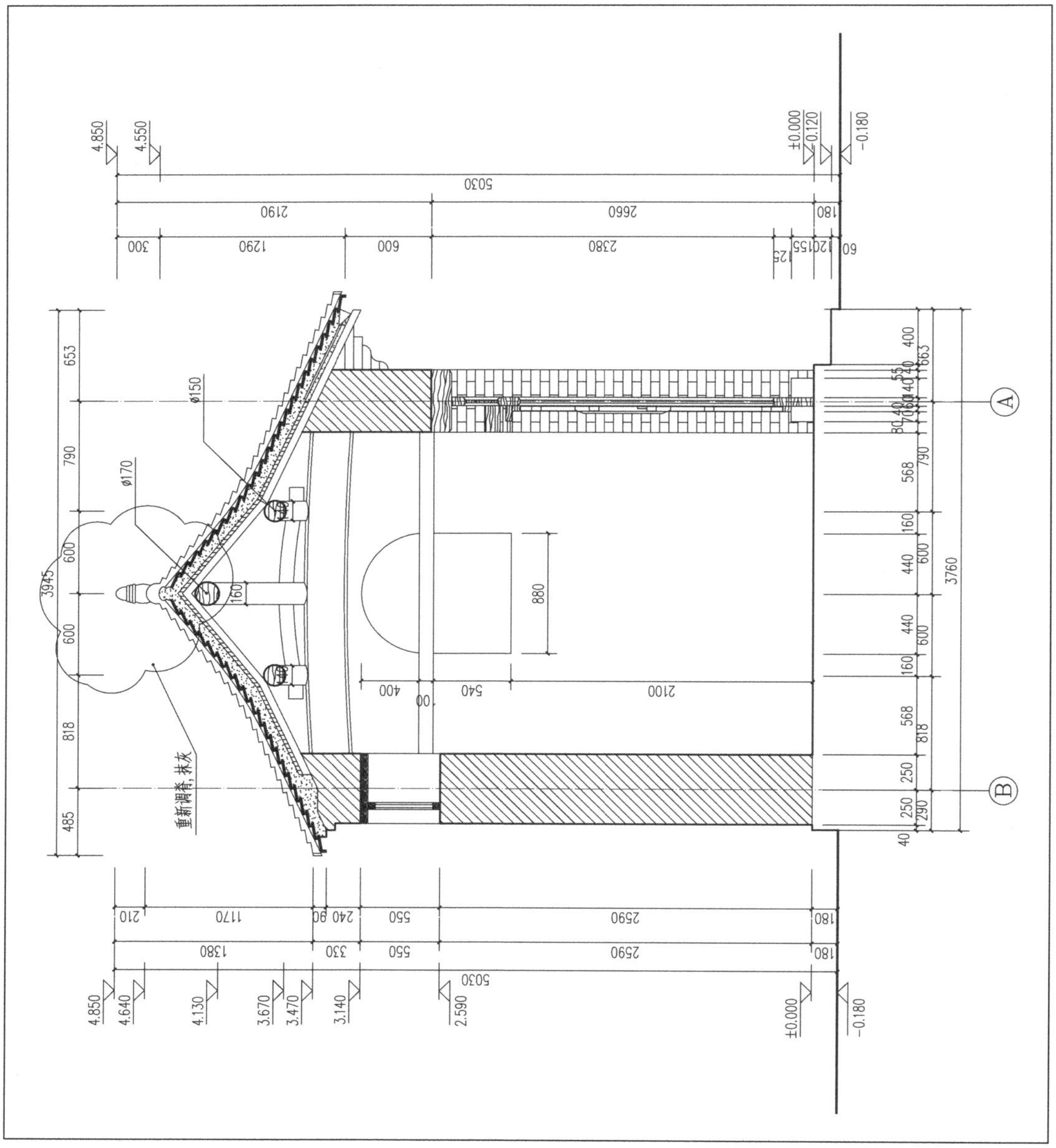

西忠来剪纸楼 2-2 剖面图

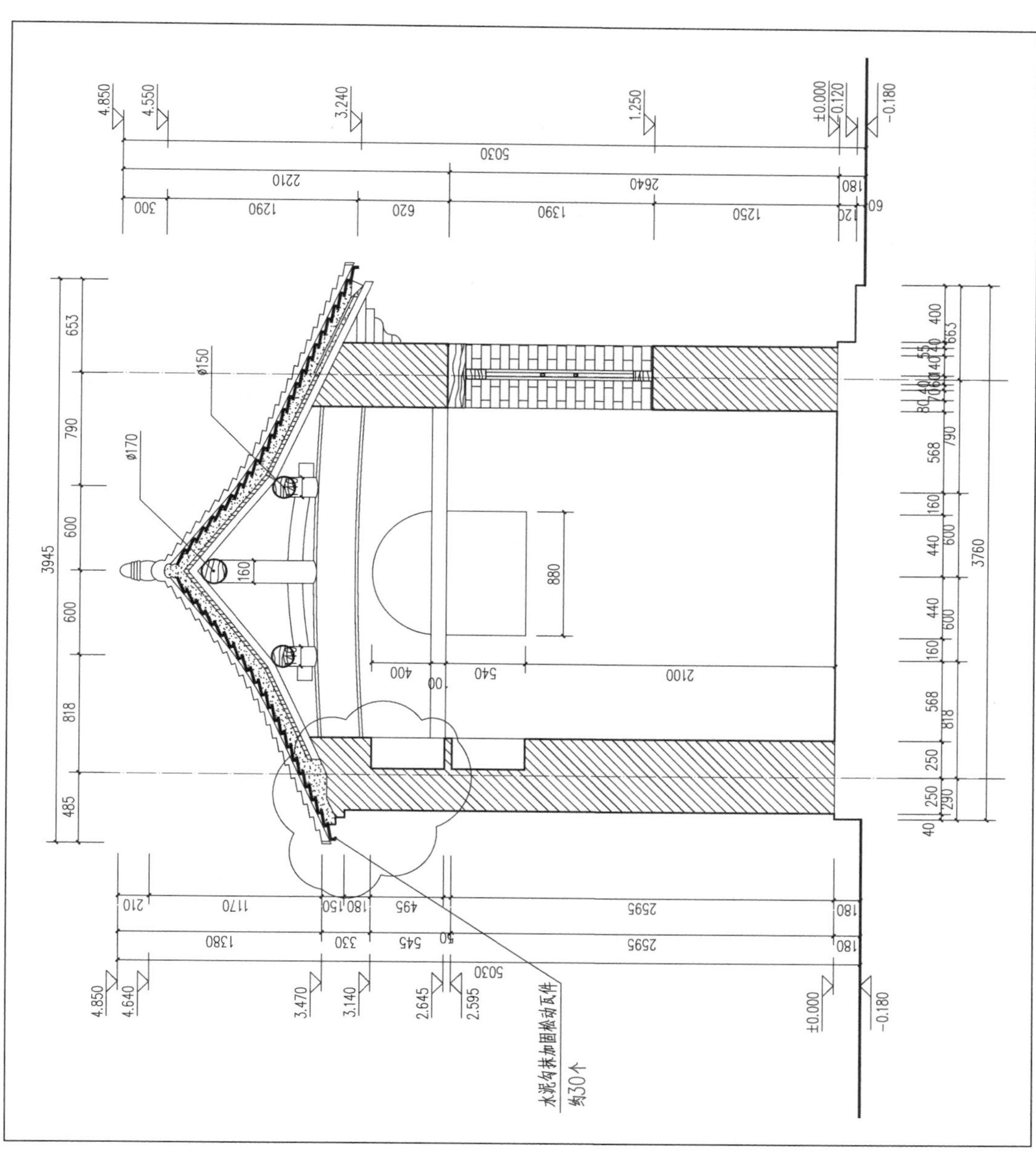

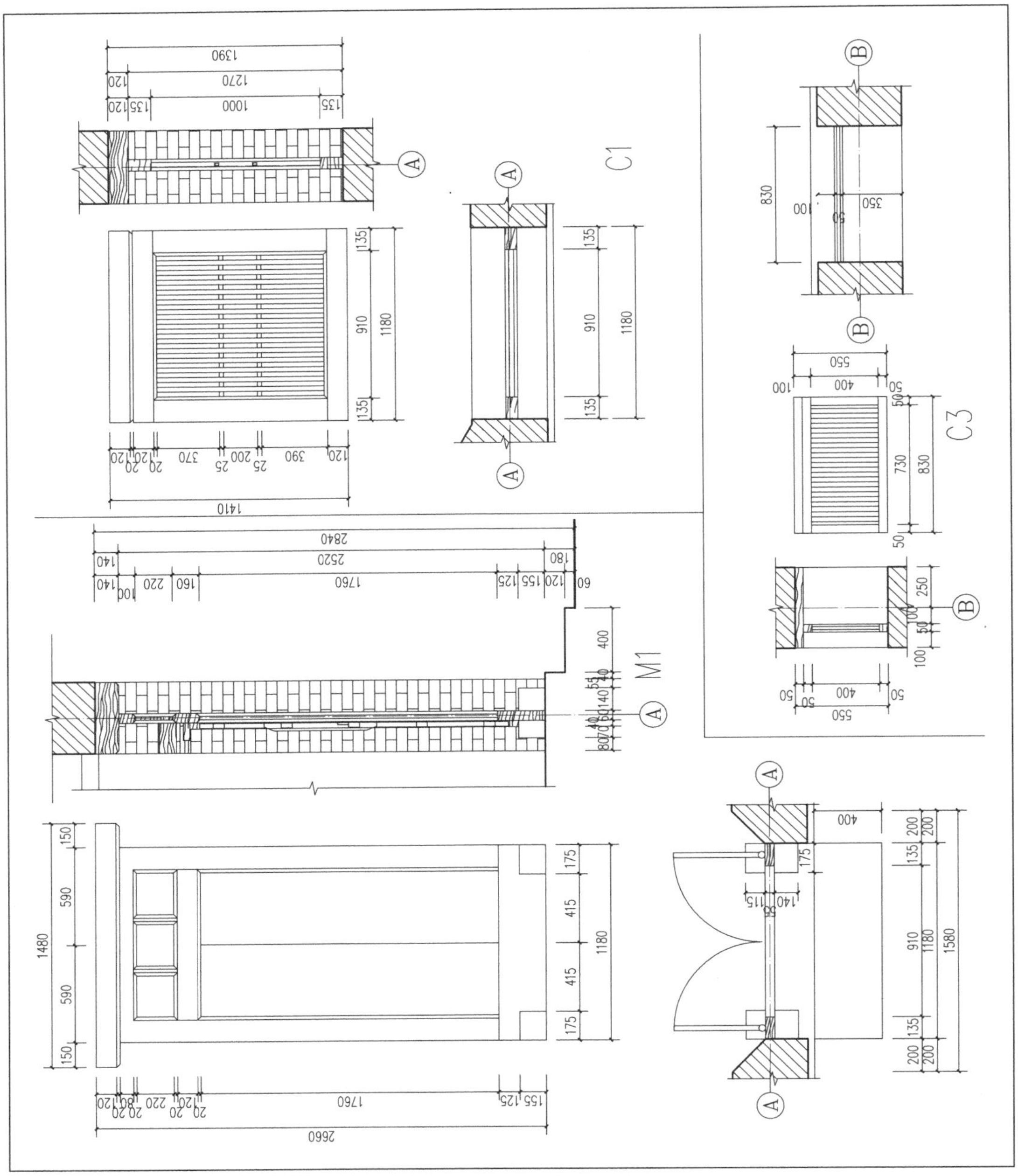

西忠来剪纸楼门窗详图（一）

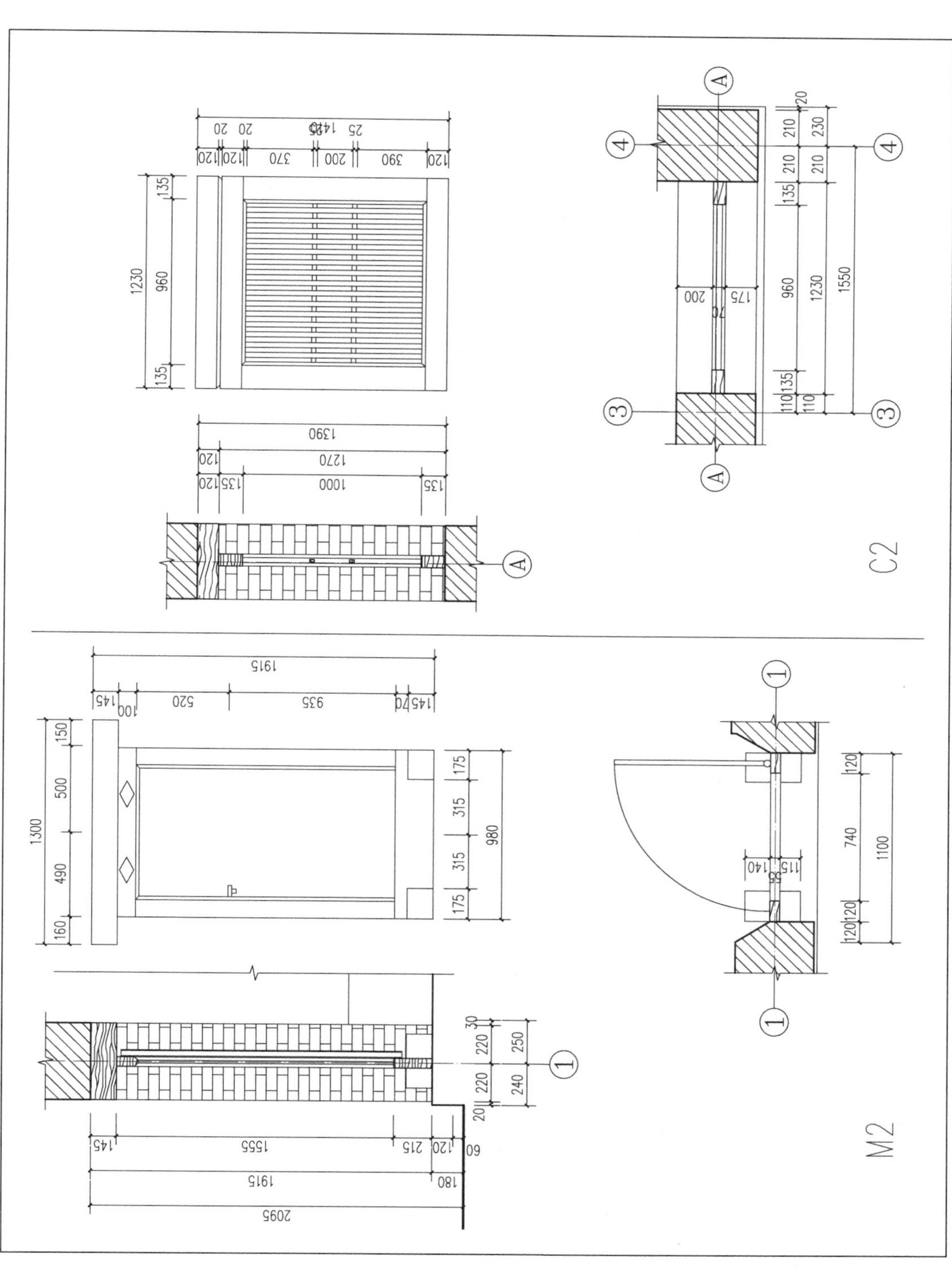

西忠来剪纸楼门窗详图（二）

九、西忠来北群房

（一）建筑修缮方案

1. 条石墙基

（1）前檐

残损类型：位移松动、碎裂，残损等级Ⅱ级。

修缮范围及规模：局部条石墙基。

修缮方法：灌浆加固加固轻微裂缝处，清理碎石与勾缝，浇灌白灰浆与小块石加固，白灰砂浆勾缝。归安、添补，墙基产生松动、移位等现象，若构件出现较大的位移、鼓出，则在勾缝前需对构件进行归安，石构件出现破碎、缺失等情况，可采用与原构件纹理、材质一致或相近的石材进行添补。

（1）后檐

残损类型：自然侵蚀、植物覆盖，残损等级Ⅲ级。

修缮范围及规模：局部条石墙基。

修缮方法：参照前檐墙基，清理后檐墙基污染物、植物，重新用白灰勾缝。

2. 青砖墙面

残损类型：磨损、缺棱掉角、人为改造，残损等级Ⅲ级。

修缮范围及规模：前后檐损、缺棱掉角青砖墙面。

修缮方法：剔除墙体青砖水泥勾缝，重新用白灰勾缝，灌浆加固。墙面剔补，采用剔补方法，使用原墙面相一致的青砖补配，调匀砖缝，恢复青砖墙体。

3. 室内地面

残损类型：人为改造，残损等级Ⅱ级。

修缮范围及规模：全部室内地面。

修缮方法：清除堆放的杂物；按传统工艺重新做三合土地面。

4. 室内墙面

残损类型：裂缝、起皮，残损等级Ⅱ级。

修缮范围及规模：全部室内墙面。

修缮方法：剔除抹灰墙面剥落处墙面至墙体毛石处，重新做抹灰表面层。

5. 梁架

残损类型：糟朽、顺缝开裂，残损等级Ⅲ级。

修缮范围及规模：30% 顺缝开裂、虫蛀糟朽梁架。

修缮方法：拆除吊顶，嵌缝加固、补配缺失，剔补、嵌缝加固。打牮拨正外闪、位移立柱及上部梁架，加固连接部位。对糟朽、开裂构件进行剔补、嵌缝加固，严重的可以更换，补配缺失构件。对木构件表面进行清理，采用药剂除虫，对糟朽、开裂构件进行剔补、嵌缝加固，严重的可以更换。拆除吊顶；嵌缝加固、补配缺失；剔补、嵌缝加固。打牮拨正外闪、位移立柱及上部梁架，加固连接部位。对糟朽、开裂构件进行剔补、嵌缝加固，严重的可以更换，补配缺失构件。对木构件表面进行清理，采用药剂除虫，对糟朽、开裂构件进行剔补、嵌缝加固，严重的可以更换。

6. 装修

残损类型：破损、裂缝，残损等级Ⅲ级。

修缮范围及规模：传统木门窗磨损、裂缝。正门门槛磨损开裂严重，普遍油饰老化、脱落、褪色严重，漆皮剥落。

修缮方法：对现有门窗进行检修加固；剔除剥落的漆皮，用原材料重新油饰。破损严重的参照本建筑其他门的样式，按传统工艺做法重新补配、安装。

7. 屋面

（1）条编望板

残损类型：雨水污渍，残损等级Ⅰ级。

修缮方法：按照屋面尺寸大小，选用当地九条重新作条编望板（亦称条编笆）；更换全部条编望板、连檐、瓦口，补配椽。条编笆在屋面上的固定，采用铁钉按照特定尺寸固定的方式。受白蚁蛀蚀的梁架构件采取药剂除虫，清除白蚁，蛀蚀严重构件进行剔补加固或予以更换。

（2）瓦件

残损类型：缺失、碎裂松动，残损等级Ⅱ级。

修缮范围及规模：全部瓦顶。

修缮方法：按传统工艺补配、剔补屋面瓦件。揭取瓦顶、脊，配制残损瓦件，重新苫背、挂瓦、调脊。瓦顶做法 a. 铺订条编望板；b.60 毫米厚滑秆泥背；c.30 毫米厚苫青灰背；d. 挂瓦 e. 安装补配脊。屋顶重新揭瓦，宽瓦。清除断裂、缺棱掉角的瓦件，按原有规格材料适当补配。白灰泥重新宽瓦，青灰勾缝。

（二）修缮设计图纸

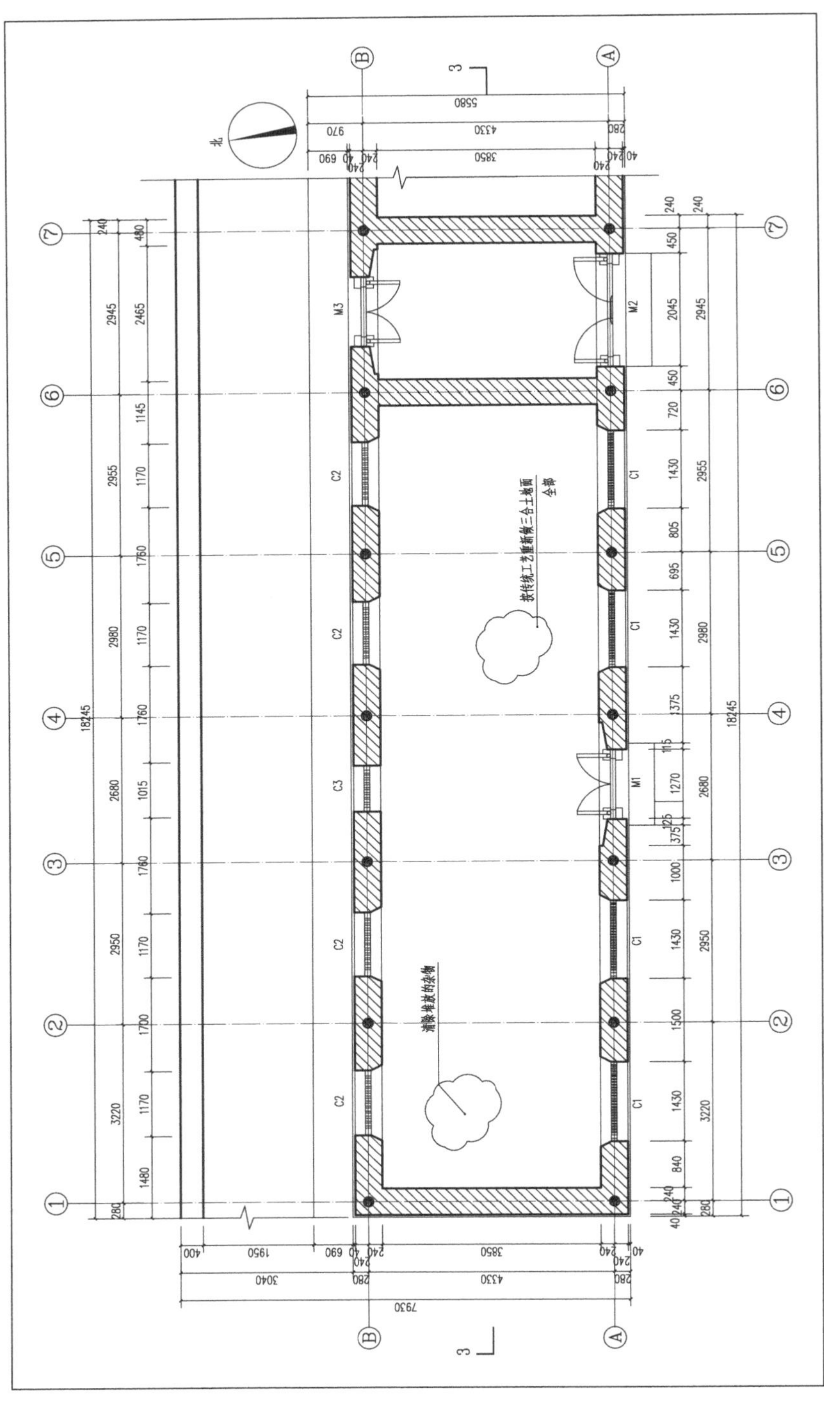

西忠来北群房首层平面图

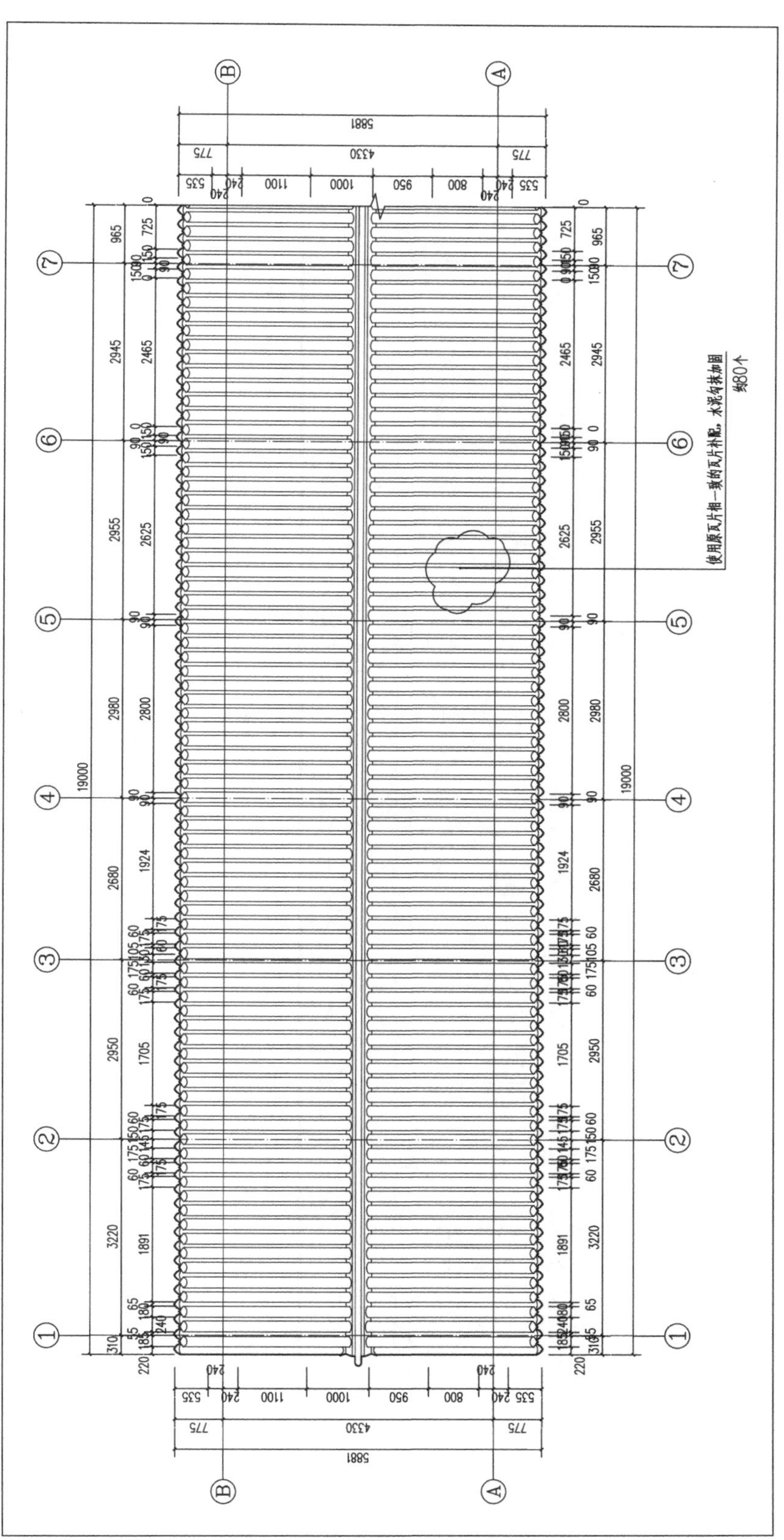

西忠来北群房屋顶平面图

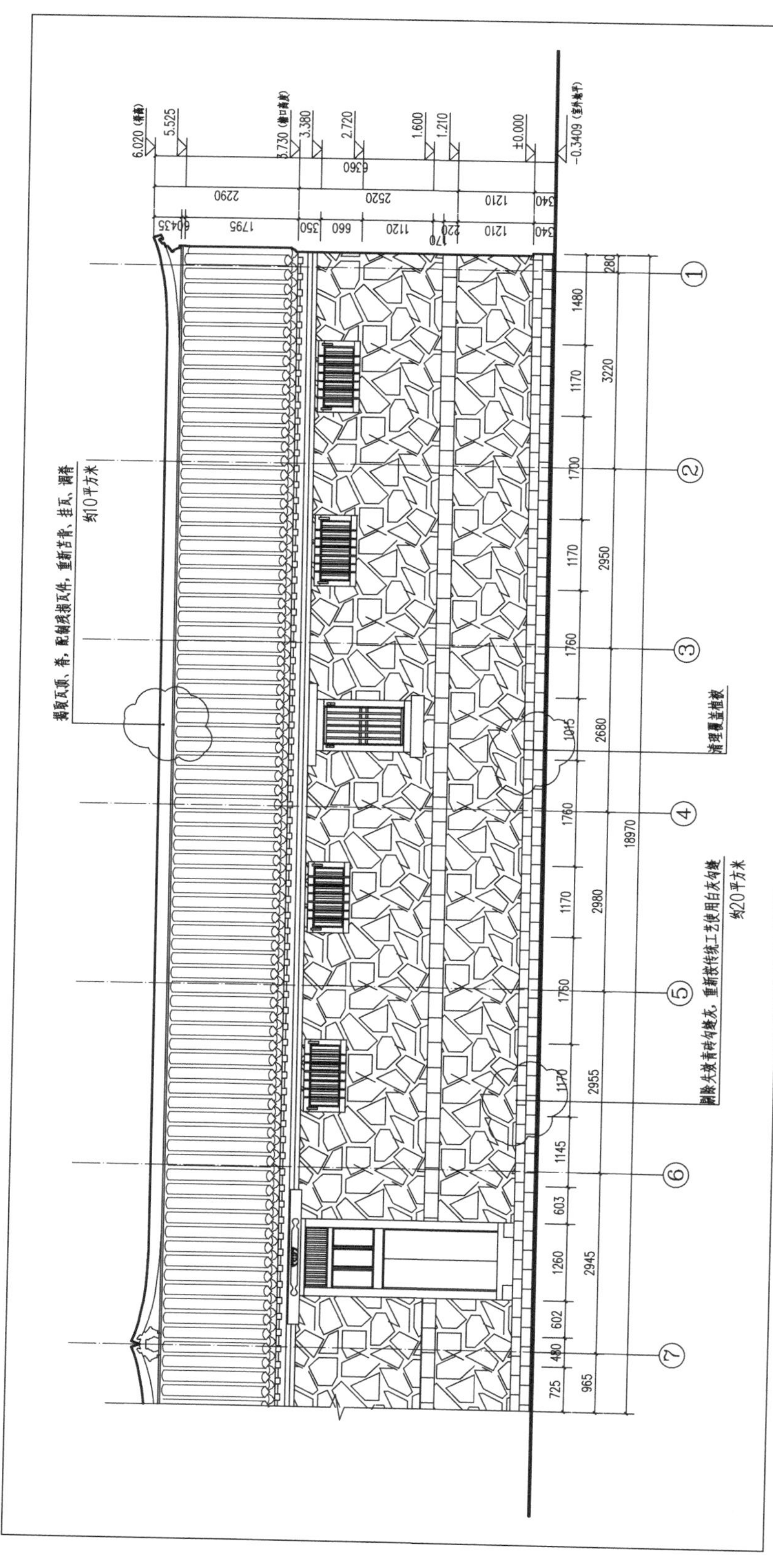

西忠来北群房北立面图

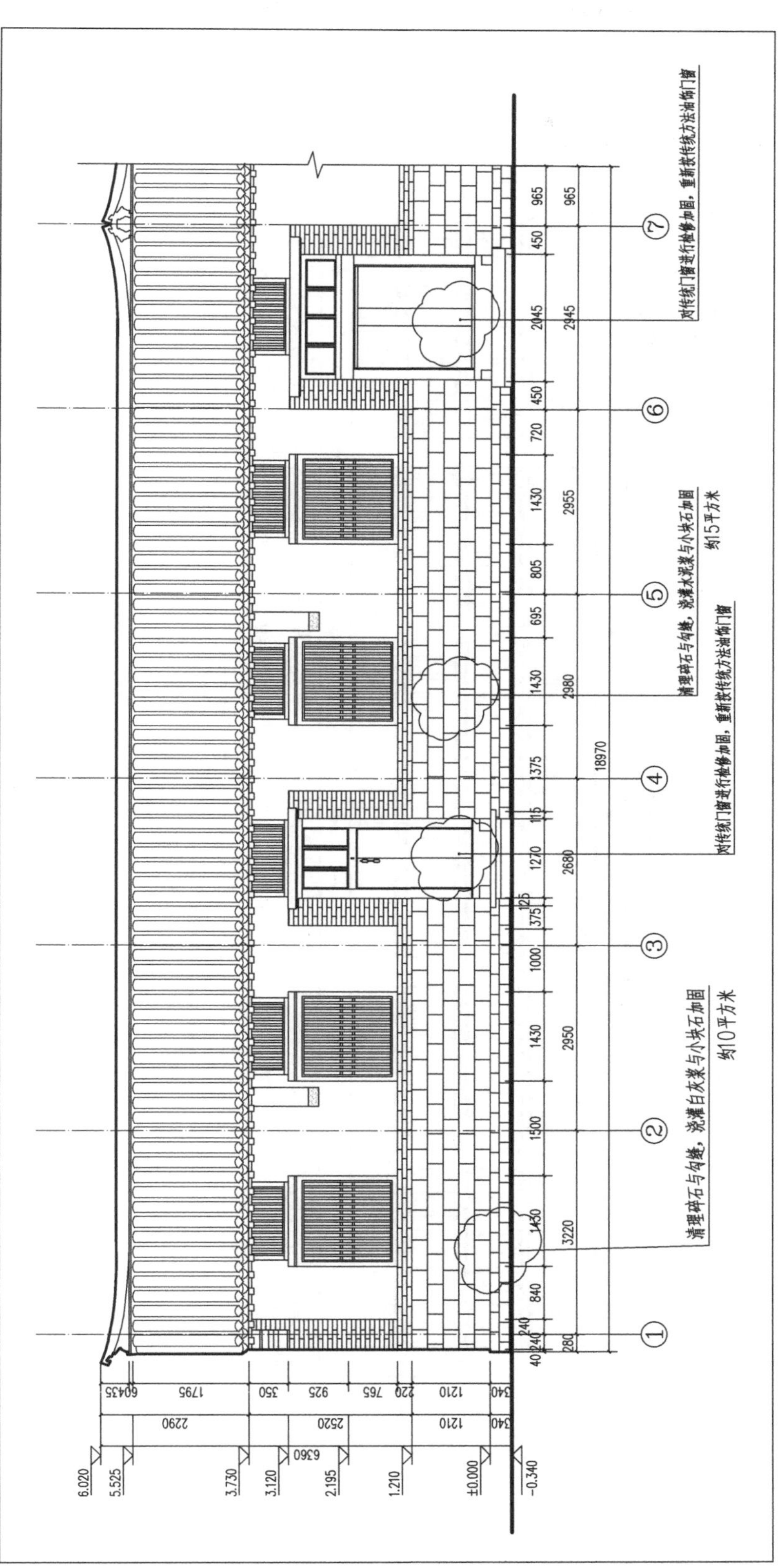
对传统门窗进行检修加固，重新按传统方法油饰门窗
清理碎石与勾缝，浇灌水泥浆与小块石加固
约15平方米
清理碎石与勾缝，浇灌白灰浆与小块石加固
约10平方米
18970

西忠来北群房南立面图

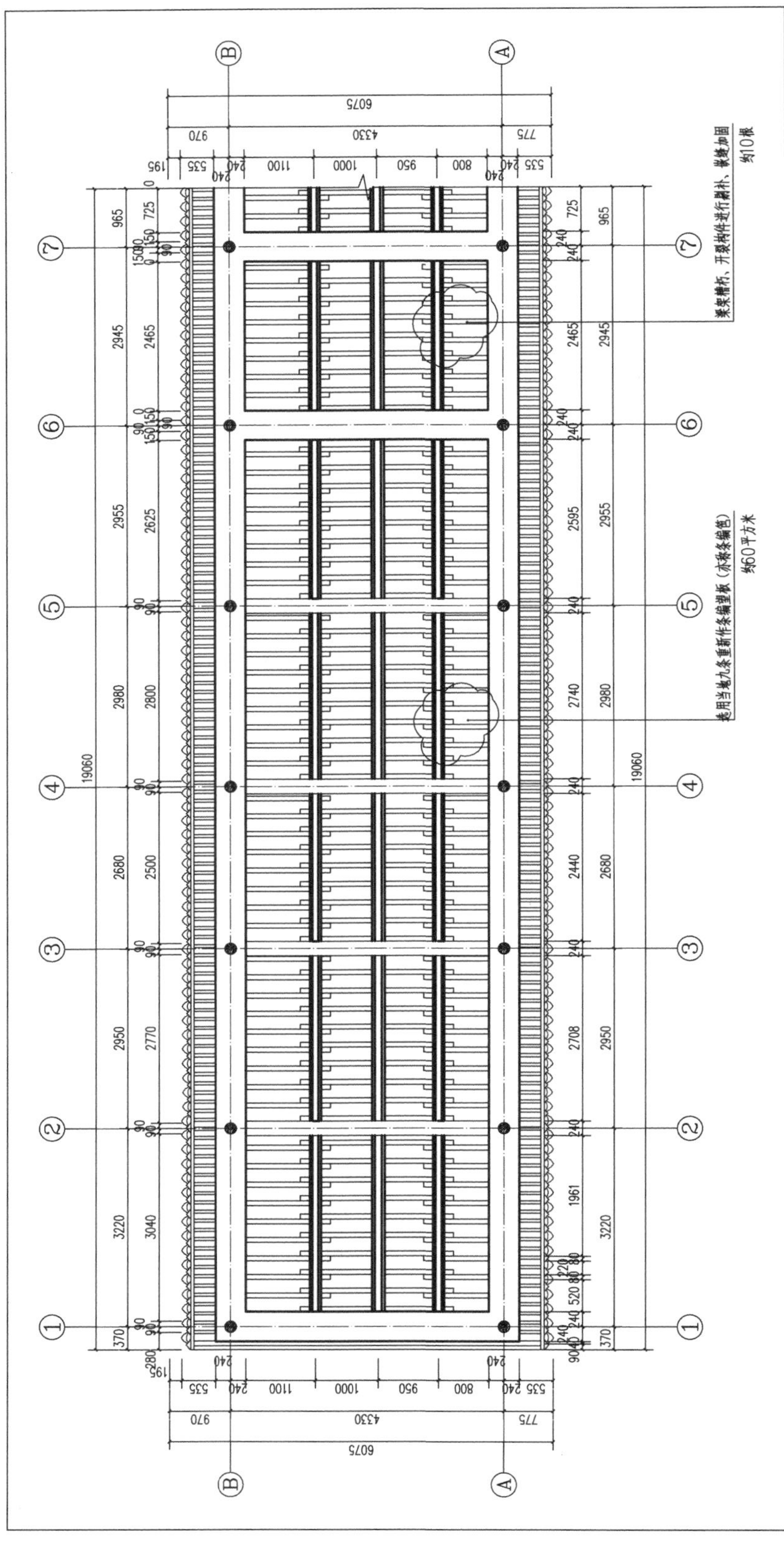

西忠来北群房屋顶仰视图

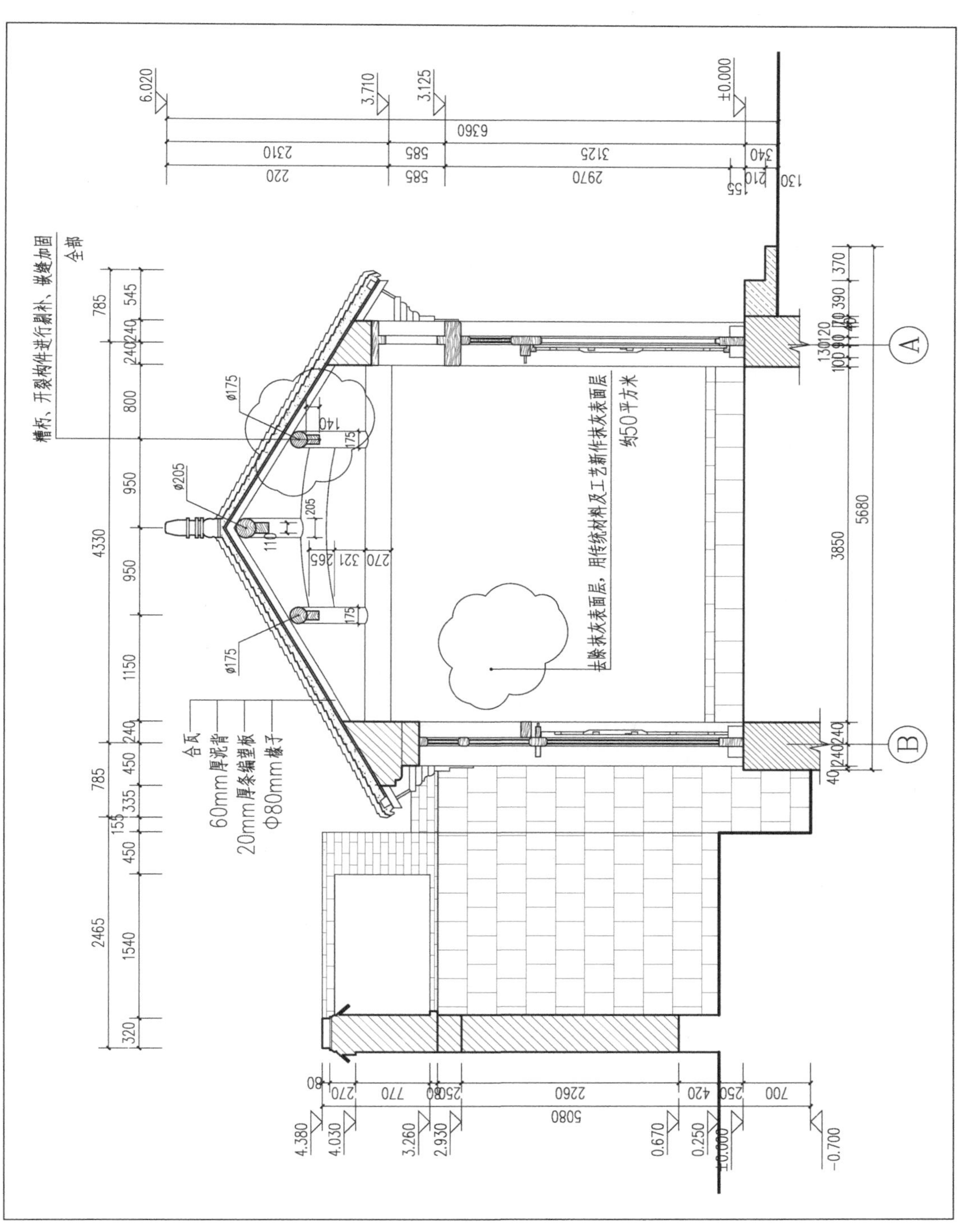

西忠来北群房 1-1 剖面图

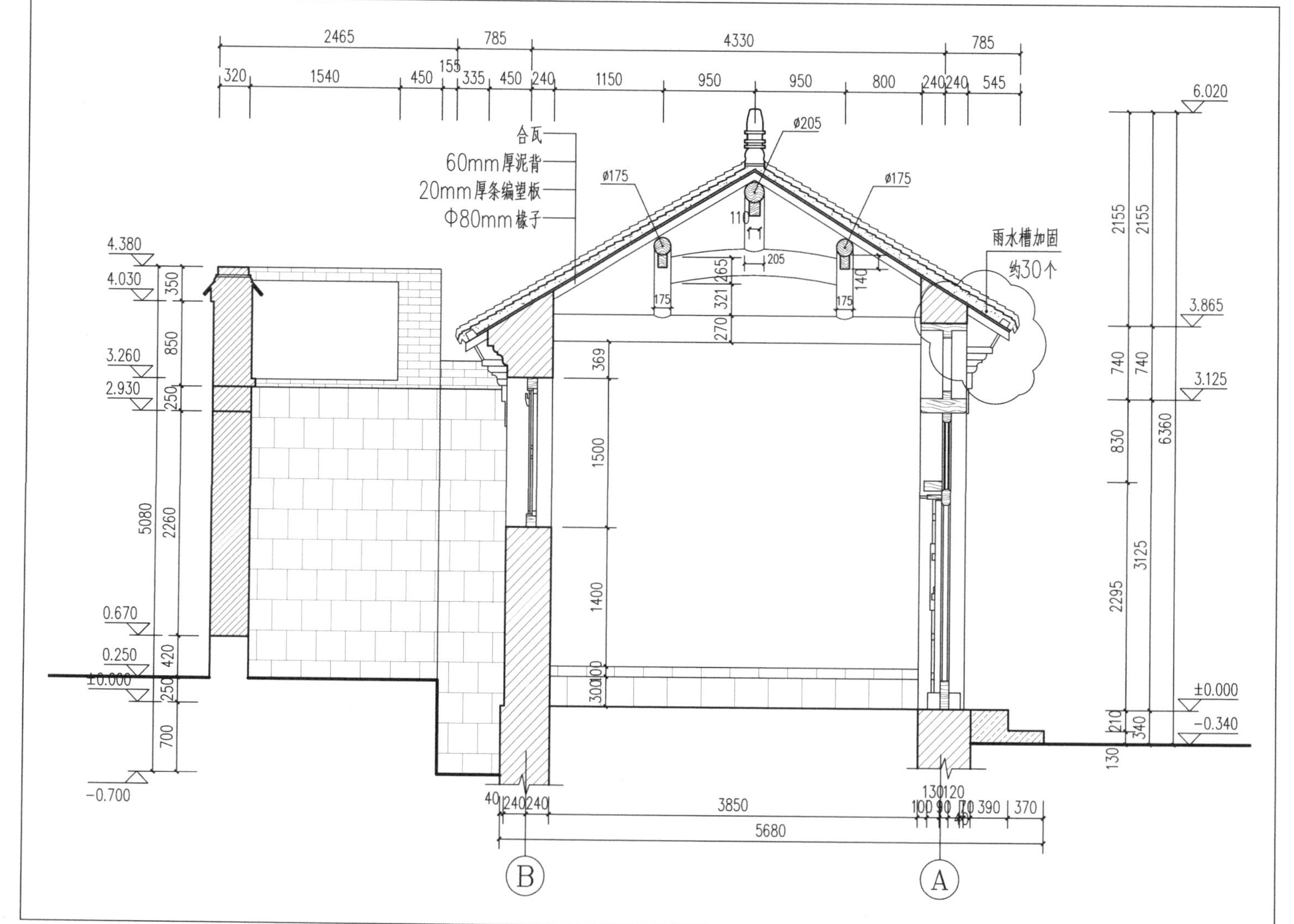

西忠来北群房 2-2 剖面图

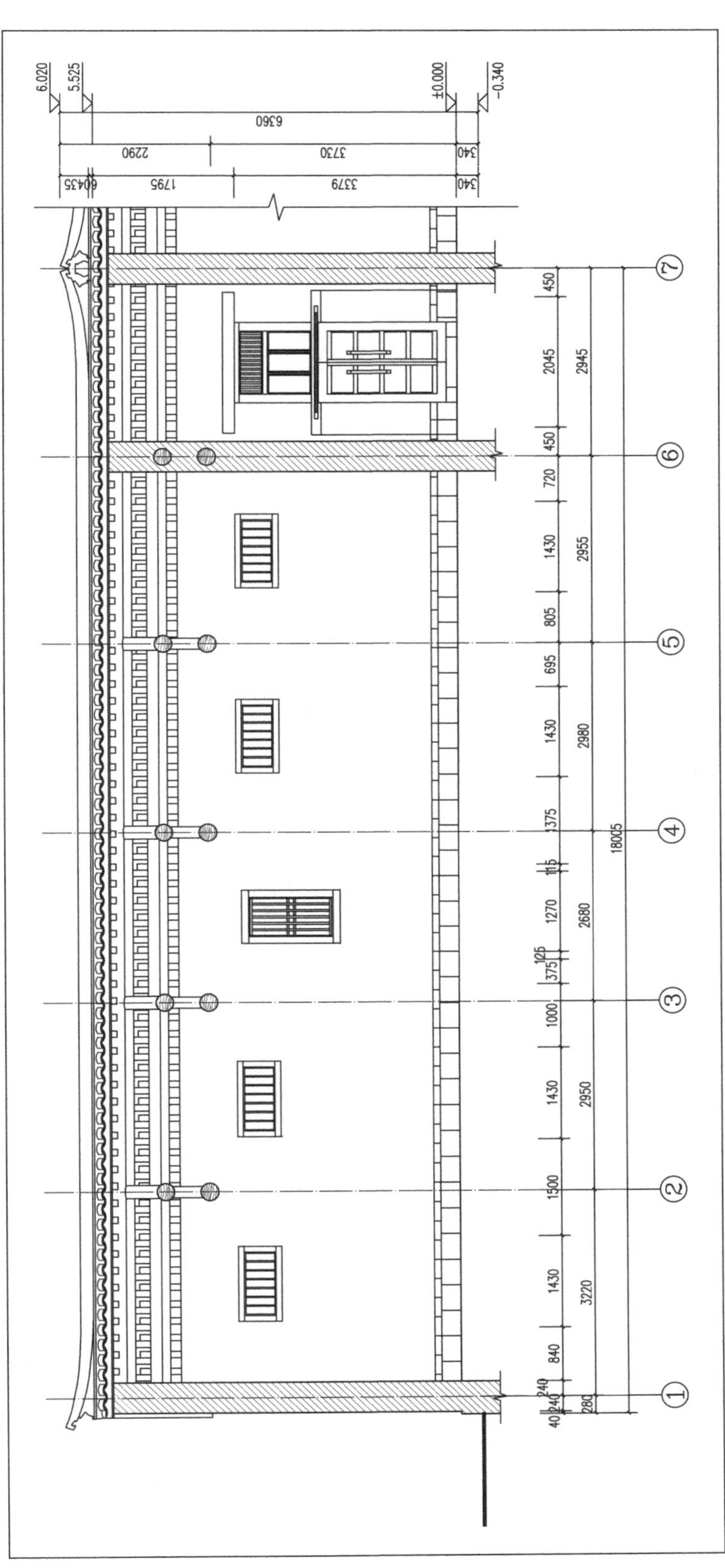

西忠来北群房3-3剖面图

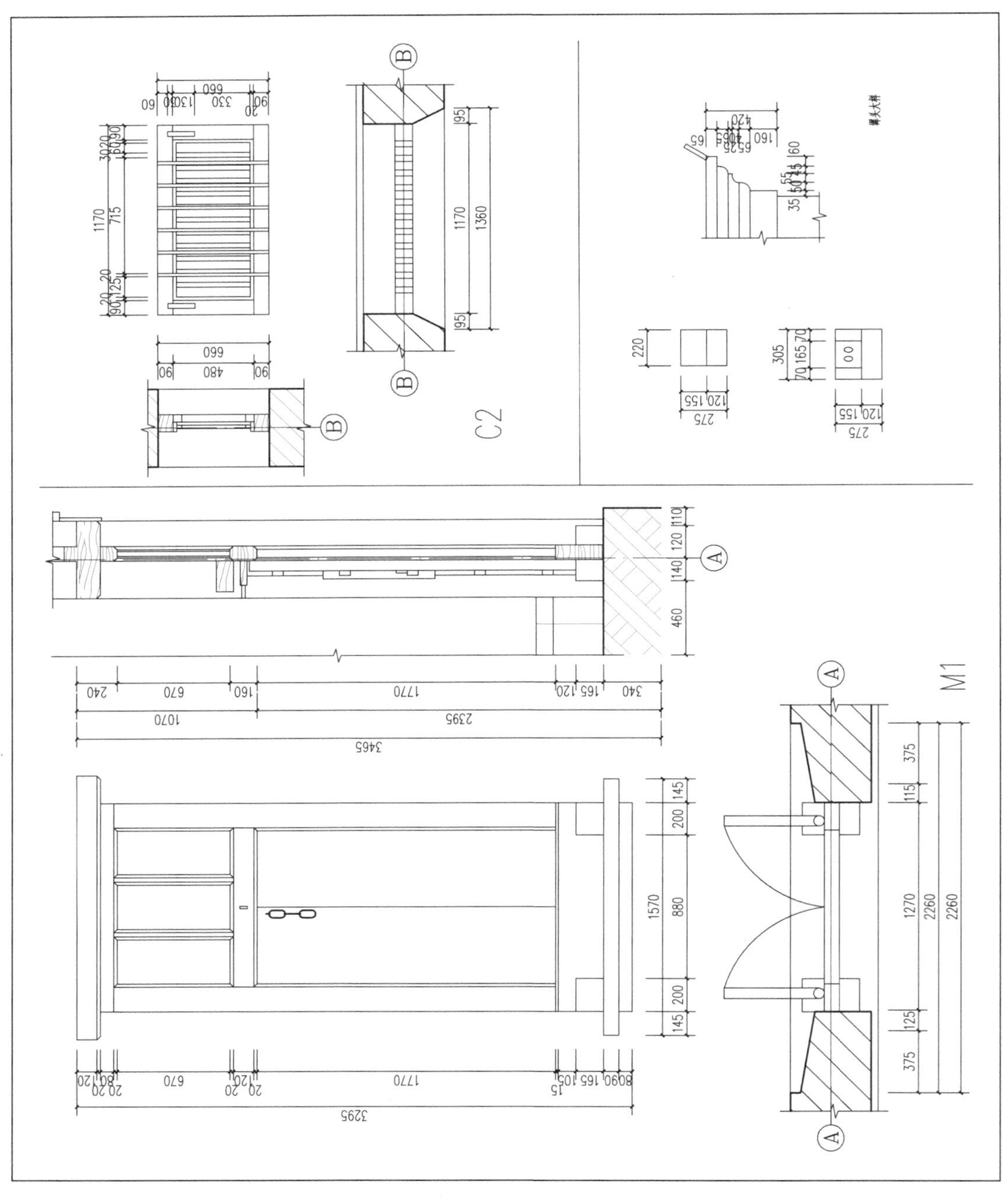

西忠来北群房门窗详图（一）

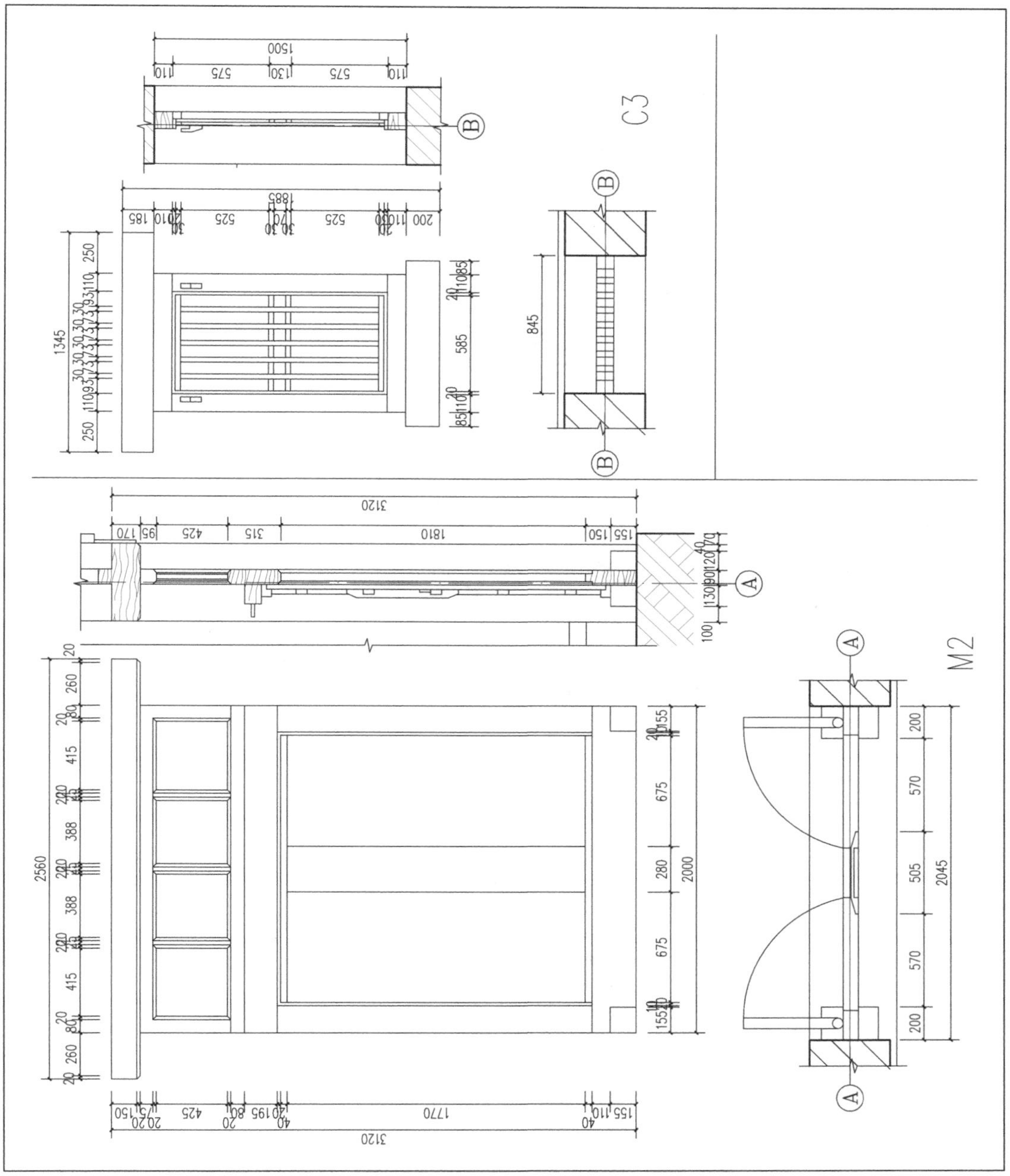

西忠来北群房门窗详图（二）

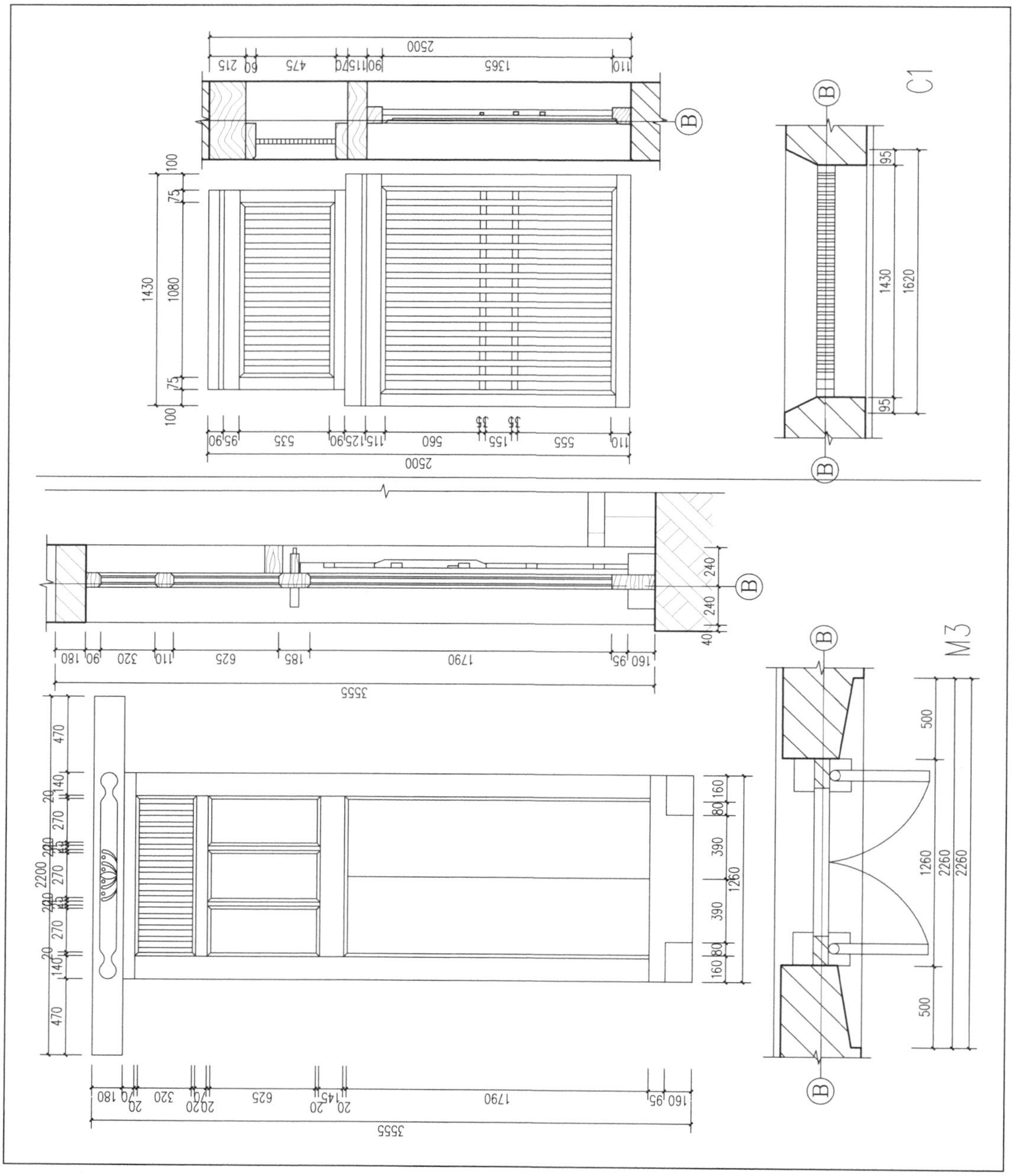

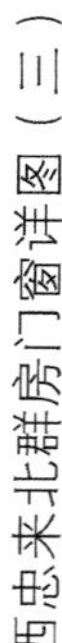

西忠来北群房门窗详图（三）

后记

感谢栖霞市文化旅游部门和牟氏庄园管理处为本书的撰写提供的大力支持。

开展对牟氏庄园的研究勘察工作持续了五年多。一方面是针对庄园庞大的建筑物进行调查研究，另一方面也结合保护工作开展修缮方案编制。在地方文物部门的指导下，积极协助争取国家文物局的专项修缮工程。感谢栖霞市文物旅游部门的范宝敏、解健、樊军等同志长期以来的支持，感谢牟氏庄园管理处每一次的热情接待。同时也感谢清华大学建筑设计研究院项目组同事，感谢杨绪波、刘奇、刘煜、张燕等同事的辛苦工作。

本书虽已付梓，但仍感有诸多不足之处。对于山东传统民居的研究仍然需要长期细致认真的工作，我们将继续努力研究探索。至此再次感谢为本书出版给予帮助、支持的每一位领导、同事、朋友，感谢每一位读者，并期待大家的批评和建议。